TRAITÉ

D'ASTRONOMIE SPHÉRIQUE

ET

D'ASTRONOMIE PRATIQUE.

1

PARIS. — IMPRIMERIE DE GAUTHIER-VILLARS,
rue de Seine-Saint-Germain, 10, près l'Institut.

TRAITÉ
D'ASTRONOMIE SPHÉRIQUE
ET
D'ASTRONOMIE PRATIQUE,

PAR M. F. BRÜNNOW,
DIRECTEUR DE L'OBSERVATOIRE DE DUBLIN.

ÉDITION FRANÇAISE

PUBLIÉE PAR

É. LUCAS,
Agrégé des Sciences mathématiques,
Astronome adjoint à l'Observatoire de Paris.

C. ANDRÉ,
Agrégé des Sciences physiques,
Astronome adjoint à l'Observatoire de Paris.

AVEC UNE PRÉFACE DE

M. C. WOLF,
Astronome titulaire de l'Observatoire de Paris.

— Ire partie —

ASTRONOMIE SPHÉRIQUE.

PARIS,
GAUTHIER-VILLARS, IMPRIMEUR-LIBRAIRE
DE L'ÉCOLE IMPÉRIALE POLYTECHNIQUE, DU BUREAU DES LONGITUDES,
SUCCESSEUR DE MALLET-BACHELIER,
Quai des Grands-Augustins, 55.

1869

TABLE DES MATIÈRES.

INTRODUCTION.

I. — *Transformation des coordonnées. — Formules de la Trigonométrie sphérique.*

II. — *Interpolation.*

III. — *Théorie de quelques intégrales définies employées en Astronomie sphérique*

IV. — *Méthode des moindres carrés.*

V. — *Développement en séries périodiques des fonctions données par des valeurs numériques.*

CHAPITRE PREMIER.

DE LA SPHÈRE CÉLESTE ET DE SON MOUVEMENT DIURNE.

I. — *Des différents systèmes de plans et de cercles de la sphère céleste.*

II. — *Transformation de ces différents systèmes de coordonnées.*

CHAPITRE II.

VARIATIONS DES PLANS FONDAMENTAUX AUXQUELS ON RAPPORTE LES POSITIONS DES ÉTOILES.

CHAPITRE III.

DES ERREURS D'OBSERVATION DUES A LA POSITION DE L'OBSERVATEUR A LA SURFACE DE LA TERRE ET AUX PROPRIÉTÉS DE LA LUMIÈRE.

I. — *De la parallaxe.*

III. — *De l'aberration.*

CHAPITRE IV.

POSITIONS MOYENNES DES ÉTOILES ET VALEURS LES PLUS PROBABLES DES CONSTANTES EMPLOYÉES DANS LES RÉDUCTIONS.

I. — *De la réduction des positions moyennes des étoiles aux lieux apparents, et réciproquement.*

II. — *Détermination de l'ascension droite et de la déclinaison des étoiles, et de l'obliquité de l'écliptique.*

III. — *Des méthodes employées pour déterminer les valeurs les plus probables des constantes qui servent à la réduction des positions des étoiles.*

CHAPITRE V.

DÉTERMINATION DE LA POSITION DES GRANDS CERCLES FIXES DE LA SPHÈRE PAR RAPPORT A L'HORIZON D'UN LIEU.

I. — *Détermination du méridien ou d'un azimut absolu.*

II. — *Détermination du temps ou de la latitude à l'aide d'une seule observation de hauteur.*

III. — *Détermination du temps et de la latitude par la combinaison de plusieurs hauteurs.*

IV. — *Détermination du temps et de la latitude par l'observation des azimuts des étoiles.*

V. — *Détermination de la différence des longitudes géographiques de deux lieux.*

CHAPITRE VI.

DIMENSIONS DE LA TERRE. — PARALLAXES HORIZONTALES DES CORPS CÉLESTES.

I. — *Figure et dimensions de la Terre.*

II. — *Détermination des parallaxes horizontales des corps célestes.*

FIN DE LA TABLE DES MATIÈRES.

ERRATA.

Pages.	Lignes.	*Au lieu de :*	*Lire :*
7	23	$\sin\frac{1}{2}(B+C)$	$\cos\frac{1}{2}(B+C)$
11	5	$\sin a \sin b$	$\sin a \sin B$
38	4	$\frac{2n^3+n}{1.2}$	$\frac{2n^3+n}{12}$
85	Équation (11)	$\frac{n}{4}$	$\frac{n}{4}-1$
»	Équation (13)	$\frac{n}{4}-1$	$\frac{n}{4}$
153	9	x^2	Δx^2
188	2	$1+\rho\frac{\sin\varphi'}{\sin\gamma}$	$\rho\frac{\sin\varphi'}{\sin\gamma}$
221	1	$0'',12$	$-0'',12$
»	1	$-315'',20$	$315'',20$
»	11	$\int_0^{\varphi}$	$\int_0^{\infty}$
230	12	$\log H$	$\log B$
290	18	$\sin 2\varepsilon'$	$\sin 2\varepsilon$
320	27	$a\cos D\sin$	$-a\cos D\cos$
321	3	$=a[$	$=-a[$
326	21	$\cos(\alpha_0-A)dA$	$\cos(\alpha_0-A)a\,dA$
330	15	Chicago	Boston
360	24	$\frac{1}{2}p_0\cos t_0\cot z\sin^2 t_0$	$\frac{1}{2}p_0^2\cot z\sin^2 t_0$
363	26	ζ	ζ'
384	11	$\bar{1},432\,833$	$\bar{1},432\,863$
»	15	$t=35^\circ$	$t=-35^\circ$
448	12	φ	ψ

AVERTISSEMENT.

Ce Traité est divisé en deux Parties qui peuvent être considérées comme formant deux ouvrages distincts.

La première Partie (*Astronomie sphérique*) renferme la solution de tous les problèmes de l'Astronomie sphérique et de l'Astronomie nautique : on y trouvera en outre une exposition élémentaire de la méthode des moindres carrés. La seconde Partie (*Astronomie pratique*) contient la description et la théorie des instruments fixes (lunette méridienne, cercle méridien, équatorial, etc.) et des instruments transportables (théodolite, sextant, etc.), ainsi que plusieurs Tables destinées à simplifier la réduction des observations. Des exemples multipliés et de nombreuses figures facilitent l'intelligence du texte.

Ce Traité sera donc pour les Astronomes, les Marins et les Voyageurs un excellent Aide-Mémoire ; les Auditeurs des Cours de nos Facultés, les Élèves de nos Écoles y puiseront d'utiles renseignements.

Nous sommes heureux de remercier ici M. Brünnow des excellents conseils qu'il nous a donnés, et d'exprimer à M. Wolf toute notre reconnaissance pour le concours bienveillant et précieux qu'il nous a si gracieusement prêté.

É. LUCAS. C. ANDRÉ.

PRÉFACE.

La publication dans notre langue du *Lehrbuch der sphærischen Astronomie* de M. Brünnow répond à un besoin qu'ont senti tous ceux qui ont eu à faire leur propre éducation astronomique, ou à diriger celle des Élèves-Astronomes. Nous ne possédons actuellement en France aucun Traité pratique intermédiaire entre la Mécanique céleste et les Cosmographies ou les Ouvrages élémentaires purement descriptifs. En effet, ou bien les Auteurs, s'étant proposé d'embrasser tout l'ensemble de l'Astronomie, n'ont pu donner les détails nécessaires sur les problèmes de l'Astronomie sphérique, qui constituent en réalité le fondement de la Science pratique; ou bien les méthodes qu'ils exposent ont déjà vieilli. Les Traités de Delambre et de Lalande, très-intéressants au point de vue historique, sont aujourd'hui hors d'usage. L'*Astronomie pratique* de Francœur, qui a obtenu un succès réel, est surtout une explication de la *Connaissance des Temps*, et d'ailleurs cet Ouvrage ne se trouve plus dans le commerce. Le jeune Élève-Astronome ne sait donc où puiser les notions dont il a besoin pour passer de l'Astronomie théorique aux applications.

Cette pénurie paraît avoir sa cause première dans ce fait qu'en France l'éducation astronomique existe à peine en dehors de l'Observatoire, où elle se transmet par tradition orale; et en même temps, elle a contribué à maintenir un état de choses contraire aux véritables intérêts de la science. Tandis qu'en Allemagne, en Italie, les cours d'Astronomie des Universités se font autour des instruments, par ceux-là même qui les emploient chaque jour, chez nous les cours publics sont forcément de théorie pure. De là une ignorance presque complète chez les Élèves de nos Écoles, même les plus savantes, des procédés et des méthodes d'observation. Pendant que les laboratoires s'ouvraient au grand jour et devenaient les lieux habituels de réunion des Savants, l'Observatoire a conservé pour le public son aspect mystérieux, il est resté le temple d'une science d'initiés, au grand détriment de l'Astronomie et des autres Sciences, qui ne peuvent que gagner les unes et les autres à un échange continuel d'idées et de méthodes. De là enfin pour nos Établissements astronomiques une très-grande difficulté à trouver où recruter leur personnel, tandis qu'à l'étranger ce recrutement se fait d'une manière toute naturelle, la vocation astronomique naissant spontanément chez quelques-uns de ces Étudiants sans cesse en rapport avec les Astronomes et les instruments.

C'est encore à ce mode d'enseignement, ou plutôt à cette absence d'un enseignement immédiatement applicable à la pratique, qu'on peut attribuer en très-grande partie l'infériorité où la France se trouve sous le rapport du nombre des Observatoires. Tandis que nous ne possédons qu'un Observatoire à Paris et deux en province, la Grande-Bretagne, l'Amérique, l'Allemagne comptent par douzaines leurs établissements astronomiques. L'Italie elle-même, au milieu de ses bouleversements, a su conserver ses Observatoires, grâce au mode d'enseignement de ses Universités. L'uniformité et la tendance purement spéculative de notre enseignement supérieur n'étaient guère propres à relever ceux dont la France était peuplée au siècle dernier. Si aujourd'hui, chez nous, comme chez nos voisins d'outre-mer, la mode revenait aux instruments d'Astronomie, et il n'en faut pas désespérer, le propriétaire d'un Observatoire serait bien embarrassé pour trouver à qui confier les travaux d'observation, ou pour savoir où en apprendre lui-même l'usage.

Cependant, grâce à l'initiative d'un Ministre dont on ne saurait trop louer l'ardente inquiétude à la recherche du bien, nos Écoles vont peut-être, dans un avenir prochain, se trouver en mesure de fournir à leurs Élèves ces notions pratiques, indispensables pour l'avancement de la science et la création des savants eux-mêmes. Ce que les Claude Bernard, les H. Sainte-Claire Deville, les Wurtz ont fait pour la Physiologie et la Chimie, il reste à le faire pour l'Astronomie : l'École pratique des Hautes Études peut et doit répondre à ce besoin.

Un Observatoire en effet ne peut pas ouvrir ses portes au public et l'admettre à y suivre des cours; le travail astronomique doit se faire dans le recueillement et le silence, et s'accommoderait mal du bruit de la foule. Mais à un Observatoire qui veut vivre et se perpétuer, il faut des Élèves. Il faut que la pratique journalière des instruments, les entretiens avec leurs devanciers et leurs maîtres, la vue continuelle de tableaux représentant les aspects des astres, les initient par tous les sens à la fois aux secrets et aux beautés des cieux; il faut qu'ils puisent dans ce commerce continuel l'enthousiasme pour leur science, ce feu intérieur qui doit guider et animer tout le travail de l'Astronome, s'il ne veut se réduire au triste rôle de manœuvre.

Mais la science est longue, et les novices ont beaucoup à apprendre. L'Astronome peut bien guider ses Élèves, leur indiquer les sources où ils doivent puiser; il lui est plus difficile, s'il travaille lui-même, de leur exposer à fond toutes les théories si diverses dont l'application constitue l'Astronomie pratique. Il ne peut alors que renvoyer ces jeunes intelligences à la lecture des Mémoires originaux, des travaux de Bessel, de Gauss, d'Encke, de M. Le Verrier, etc.; mais c'est là souvent une nourriture trop forte et peu en harmonie avec les premiers besoins des Élèves.

L'Astronome trouve à ce moment le plus utile secours dans l'Ouvrage de M. Brünnow, dont le but est de remplir la lacune que je viens de signaler. La popularité dont il jouit en Allemagne et en Angleterre, où il a été traduit d'abord par M. Main, puis par M. Brünnow lui-même, montre que le but a été atteint. Le *Lehrbuch der sphærischen Astronomie*, dont MM. Lucas et André offrent aujourd'hui une édition française, réunit en effet, sous une forme simple et peu volumineuse, toutes les notions premières indispensables à la pratique de l'Astronomie.

La théorie des instruments, qui ne se trouve exposée dans aucun autre Ouvrage didactique, forme ici une partie importante. Non pas que la simple lecture de ces pages puisse suppléer à la pratique des instruments.

mais elle en est la préparation et le complément indispensable. Cependant, en raison du but que se proposait M. Brünnow et des circonstances dans lesquelles il a publié son Ouvrage, il n'a consacré à cette théorie qu'une faible fraction de son Traité. Il suffit en effet de se reporter à l'origine de cette œuvre pour comprendre la pensée dans laquelle elle a été conçue. « Ce qui m'a beaucoup facilité l'exécution de ce Traité, dit M. Brünnow dans la Préface de sa première édition, c'est cette circonstance que j'ai eu le bonheur d'entendre sur les mêmes sujets les leçons de mon vénéré maître, le Professeur Encke; et l'ordonnance de l'ensemble, comme la manière particulière de traiter chaque problème, est en quelque sorte la reproduction des méthodes que suivait habituellement cet illustre Astronome dans ses cours. » Ainsi c'est à l'Observatoire même de Berlin, dans les leçons pratiques que le Directeur faisait à ses Élèves, que l'un d'eux, aujourd'hui Directeur de l'Observatoire de Dublin, puisait l'idée première de cet Ouvrage, et, par son expérience personnelle, le moulait dans la forme la plus convenable pour l'enseignement de la science pratique.

On voit par là sous quelles garanties se présentait au public le *Traité d'Astronomie sphérique* de M. Brünnow, et l'on comprend l'accueil si favorable qui lui a été fait dans toutes les Universités étrangères. Mais en même temps on doit penser que sa destination toute spéciale était de former les jeunes Astronomes dans un Observatoire, en complétant les leçons du Maître. Un tel but devait suffire dans un pays où il est si facile de s'initier à la pratique des instruments, en raison de la multiplicité des Observatoires.

En France, il lui fallait quelque chose de plus. Si d'ailleurs MM. Lucas et André s'étaient bornés à offrir une traduction littérale de l'Ouvrage de M. Brünnow, on pourrait contester l'utilité de leur travail. Le temps n'est plus où la langue allemande était lettre close pour les Élèves de nos Écoles; aujourd'hui, grâce à une impulsion énergique, sous l'action de l'aiguillon autrement puissant encore de la nécessité, nos Étudiants peuvent lire les Ouvrages scientifiques anglais et allemands dans les originaux. Et ce serait peut-être leur rendre un mauvais service que de leur faciliter le travail par la traduction littérale d'un livre étranger.

Mais il y avait d'abord à mettre les formes de démonstration du Traité allemand en harmonie avec les méthodes usitées chez nous : l'éducation de l'École Normale rendait mes jeunes Collègues particulièrement aptes à ce travail. Il fallait aussi généraliser l'utilité de l'Ouvrage en complétant dans certaines parties les notions succinctes données par l'Auteur. Grâce au désintéressement de l'Éditeur de ce Traité, les Traducteurs ont pu donner au Livre de M. Brünnow, et avec l'assentiment de l'Auteur, des développements qui dans certaines parties en font un Ouvrage entièrement nouveau. D'après ce que je viens de dire, c'est surtout dans l'exposition des méthodes d'observation que ces changements et additions ont dû être introduits. Ils ont eu particulièrement pour but de faire connaître les procédés employés à l'Observatoire de Paris : aussi a-t-on mis largement à contribution les *Annales de l'Observatoire* et les Instructions rédigées pour le service intérieur de l'Établissement. La théorie des instruments, qui ne forme qu'une des sept parties du Traité de M. Brünnow, occupe la seconde Partie presque entière. Enfin l'Ouvrage a été complété et rendu plus pratique par l'addition de Tables auxiliaires calculées spécialement, ou extraites de Traités qui ne se trouvent plus dans le commerce, comme les Tables de Warnstorff, etc.

Ainsi développé, ce Livre s'adresse donc à la généralité des Étudiants qui, dans les Observatoires ou au dehors, désirent se familiariser avec les méthodes et les calculs fondamentaux de l'Astronomie. Il indique et la manière de faire les observations, et les réductions qu'en doivent subir les résultats, avant de pouvoir figurer dans les calculs qui se rattachent à une branche plus élevée de la science, la Mécanique céleste.

Les Marins et les Ingénieurs trouveront également dans cet Ouvrage le plus utile secours : toutes les méthodes de détermination de l'heure, des longitudes, latitudes et azimuts, sont exposées avec détails. Grâce à l'initiative du Bureau des Longitudes, des Officiers et des Ingénieurs hydrographes sont aujourd'hui dirigés sur différents points du globe, dans le but de déterminer, par des observations astronomiques, les positions d'un certain nombre de méridiens fondamentaux, devant servir à assurer les longitudes des lieux intermédiaires. L'Ouvrage de M. Brünnow peut leur être offert, ainsi qu'à tous les missionnaires de la Science, comme une sorte de Manuel ou d'Aide-Mémoire d'Astronomie pratique.

Mes jeunes Collègues ont bien voulu croire qu'il y

aurait quelque avantage à ce que je revisse les épreuves de leur travail, et j'ai déféré avec empressement à leur désir. J'ose espérer que la correction du texte laissera peu à désirer, et que cette Traduction ne déparera pas la belle Collection d'Ouvrages scientifiques sortis des presses de la maison Gauthier-Villars.

Puissent ces efforts réunis être de quelque utilité aux personnes qui voudront consacrer leur temps à l'étude de l'Astronomie! L'ambition des Traducteurs de cet Ouvrage sera satisfaite, s'ils ont contribué, dans la modeste mesure de leur pouvoir, à ranimer en France le goût de la plus noble et de la plus attrayante des sciences.

C. WOLF.

Paris, 1er juillet 1869.

TRAITÉ
D'ASTRONOMIE SPHÉRIQUE.

INTRODUCTION.

I. — TRANSFORMATION DES COORDONNÉES. — FORMULES DE LA TRIGONOMÉTRIE SPHÉRIQUE.

1. *Transformation des coordonnées.* — L'Astronomie sphérique a pour but de déterminer la position apparente des astres sur la voûte céleste au moyen de coordonnées sphériques rapportées à certains grands cercles, ainsi que les relations qui lient ces coordonnées entre elles. On peut encore indiquer le lieu d'un astre dans l'espace par des coordonnées polaires : ce sont les angles que la droite menée de l'astre au centre de la sphère céleste forme avec certains plans et la distance de l'astre au centre de cette sphère, dont le rayon sera toujours pris pour unité. Les coordonnées polaires se transforment facilement en coordonnées rectangulaires; toute l'Astronomie sphérique étant ramenée à des transformations de coordonnées rectangulaires, nous commencerons par rechercher les expressions générales de ces transformations.

Considérons dans un plan un système d'axes rectangulaires, et désignons par x et y les coordonnées d'un point, par r la longueur de la droite qui joint ce point à l'origine, et par v l'angle de cette droite avec la partie positive de l'axe des x; on a

$$x = r\cos v, \quad y = r\sin v.$$

Prenons maintenant dans le même plan un autre système

d'axes de même origine, et désignons les nouvelles coordonnées par x', y' et v'; on a

$$x' = r\cos v', \quad y' = r\sin v'.$$

Soit aussi ω l'angle que fait la partie positive de l'axe des x' avec la partie positive de l'axe des x, et comptons tous les angles dans le même sens de 0° à 360°; on a

$$v = v' + \omega,$$

et dès lors

$$x = r\cos v' \cos\omega - r\sin v' \sin\omega,$$
$$y = r\sin v' \cos\omega + r\cos v' \sin\omega,$$

ou bien

$$(1)\qquad \begin{cases} x = x'\cos\omega - y'\sin\omega, \\ y = x'\sin\omega + y'\cos\omega, \end{cases}$$

et de même

$$(1\,a)\qquad \begin{cases} x' = x\cos\omega + y\sin\omega, \\ y' = -x\sin\omega + y\cos\omega. \end{cases}$$

Ces formules sont vraies pour toutes les valeurs positives ou négatives de x, y et ω.

2. *Application des formules précédentes aux coordonnées polaires.* — Soient x, y, z les coordonnées rectangulaires d'un point O, a' l'angle que le rayon vecteur passant par ce point fait avec sa projection sur le plan des xy, B′ l'angle que cette projection fait avec la partie positive de l'axe des x, ou l'angle qu'un plan passant par l'axe des z et par le point O fait avec le plan des xz, et compté de 0° à 360° de la partie positive de l'axe des x vers la partie positive de l'axe des y. En prenant le rayon vecteur égal à l'unité, on a

$$x = \cos B' \cos a', \quad y = \sin B' \cos a', \quad z = \sin a'.$$

Si l'on appelle a l'angle que le rayon vecteur fait avec la partie positive de l'axe des z, et si l'on compte cet angle de 0° à 360° de la partie positive de l'axe des z vers la partie positive des axes des x et y, on a alors

$$x = \sin a \cos B', \quad y = \sin a \sin B', \quad z = \cos a.$$

Si l'on conçoit maintenant un second système x', y', z' de coordonnées rectangulaires dans lequel l'axe des y' coïncide avec celui des y, et les axes des x' et des z' font l'angle c avec les axes des x et des z; si l'on nomme b l'angle que le rayon vecteur fait avec la partie positive de l'axe des z', A' l'angle que fait le plan passant par le point O et l'axe positif des z' avec le plan passant par les axes positifs des x' et des z' (les deux angles b et A' étant comptés respectivement dans les mêmes sens que a et B'), on a

$$x' = \sin b \cos A', \quad y' = \sin b \sin A', \quad z' = \cos b.$$

Et comme, d'après les formules de transformation des coordonnées,

$$z = x' \sin c + z' \cos c,$$
$$y = y',$$
$$x = x' \cos c - z' \sin c,$$

on obtient

$$\cos a = \sin b \sin c \cos A' + \cos b \cos c,$$
$$\sin a \sin B' = \sin b \sin A',$$
$$\sin a \cos B' = \sin b \cos c \cos A' - \cos b \sin c.$$

3. *Formules fondamentales de la Trigonométrie sphérique.* — Supposons maintenant une sphère ayant pour centre l'origine, et décrite d'un rayon quelconque (supposé égal à l'unité); si l'on joint par des arcs de grands cercles le point O et les intersections Z, Z' des axes des z et des z' avec la surface de la sphère, on obtient ainsi un triangle sphérique OZZ' dans son acception la plus générale, les angles et les côtés pouvant être plus grands que 180°. Les trois côtés OZ, OZ', Z'Z seront respectivement a, b, c. L'angle sphérique A au point Z', formé par les plans passant par O et Z' et par Z' et Z, sera égal à A', tandis que l'angle B au point Z sera généralement égal à 180° — B'. Si l'on introduit donc A et B, au lieu de A' et B', dans les équations du n° 2, on obtient les formules suivantes, applicables à tout triangle sphérique :

$$\cos a = \cos b \cos c + \sin b \sin c \cos A,$$
$$\sin a \sin B = \sin b \sin A,$$
$$\sin a \cos B = \cos b \sin c - \sin b \cos c \cos A.$$

Ce sont là les trois formules fondamentales de la Trigonométrie sphérique, qui n'expriment autre chose qu'une simple transformation de coordonnées.

On peut toujours considérer un sommet quelconque d'un triangle sphérique comme étant la projection du point O sur la surface de la sphère, et les deux autres sommets comme les points d'intersection des axes des z et des z' avec cette surface; alors les formules précédentes sont applicables aux autres éléments, si l'on permute convenablement entre eux les côtés et les angles. On aura, en rassemblant tous les cas,

$$(2)\quad \begin{cases} \cos a = \cos b \cos c + \sin b \sin c \cos A, \\ \cos b = \cos a \cos c + \sin a \sin c \cos B, \\ \cos c = \cos a \cos b + \sin a \sin b \cos C; \end{cases}$$

$$(3)\quad \begin{cases} \sin a \sin B = \sin b \sin A, \\ \sin a \sin C = \sin c \sin A, \\ \sin b \sin C = \sin c \sin B; \end{cases}$$

$$(4)\quad \begin{cases} \sin a \cos B = \cos b \sin c - \sin b \cos c \cos A, \\ \sin a \cos C = \cos c \sin b - \sin c \cos b \cos A, \\ \sin b \cos A = \cos a \sin c - \sin a \cos c \cos B, \\ \sin b \cos C = \cos c \sin a - \sin c \cos a \cos B, \\ \sin c \cos A = \cos a \sin b - \sin a \cos b \cos C, \\ \sin c \cos B = \cos b \sin a - \sin b \cos a \cos C. \end{cases}$$

4. *Diverses formules de Trigonométrie sphérique.* — Si l'on divise les formules (4) par les formules (3) correspondantes, on obtient

$$(5)\quad \begin{cases} \sin A \cot B = \cot b \sin c - \cos c \cos A, \\ \sin A \cot C = \cot c \sin b - \cos b \cos A, \\ \sin B \cot A = \cot a \sin c - \cos c \cos B, \\ \sin B \cot C = \cot c \sin a - \cos a \cos B, \\ \sin C \cot A = \cot a \sin b - \cos b \cos C, \\ \sin C \cot B = \cot b \sin a - \cos a \cos C. \end{cases}$$

Si l'on donne à la dernière équation la forme

$$\sin C \cos B = \frac{\cos b \sin a \sin B}{\sin b} - \cos a \sin B \cos C,$$

on obtient

$$\sin C \cos B = \cos b \sin A - \cos a \sin B \cos C,$$

ou

$$\sin A \cos b = \cos B \sin C + \sin B \cos C \cos a.$$

Cette équation correspond à la première des équations (4) où les angles sont changés en côtés, et réciproquement. En permutant les lettres, on obtient les six équations

$$(6)\quad \left\{\begin{aligned} \sin A \cos b &= \cos B \sin C + \sin B \cos C \cos a,\\ \sin A \cos c &= \cos C \sin B + \sin C \cos B \cos a,\\ \sin B \cos a &= \cos A \sin C + \sin A \cos C \cos b,\\ \sin B \cos c &= \cos C \sin A + \sin C \cos A \cos b,\\ \sin C \cos a &= \cos A \sin B + \sin A \cos B \cos c,\\ \sin C \cos b &= \cos B \sin A + \sin B \cos A \cos c. \end{aligned}\right.$$

La division de ces équations, par les équations (3) correspondantes, donne

$$(7)\quad \left\{\begin{aligned} \sin a \cot b &= \cot B \sin C + \cos C \cos a,\\ \sin a \cot c &= \cot C \sin B + \cos B \cos a,\\ \sin b \cot a &= \cot A \sin C + \cos C \cos b,\\ \sin b \cot c &= \cot C \sin A + \cos A \cos b,\\ \sin c \cot a &= \cot A \sin B + \cos B \cos c,\\ \sin c \cot b &= \cot B \sin A + \cos A \cos c. \end{aligned}\right.$$

Les équations (6) donnent ensuite

$$\cos A \sin C = \sin B \cos a - \sin A \cos C \cos b,$$
$$\cos B \sin C = \sin A \cos b - \sin B \cos C \cos a.$$

Si l'on substitue dans la première équation la valeur de $\sin A \cos b$ tirée de la seconde, on obtient, en divisant par $\sin C$,

$$\cos A = \sin B \sin C \cos a - \cos B \cos C,$$

et, par une permutation des lettres, les trois équations suivantes correspondantes aux formules (2), où les côtés sont changés en angles et *vice versâ* :

$$(8)\quad \begin{cases} \cos A = \sin B \sin C \cos a - \cos B \cos C, \\ \cos B = \sin A \sin C \cos b - \cos A \cos C, \\ \cos C = \sin A \sin B \cos c - \cos A \cos B. \end{cases}$$

5. *Formules de Delambre et de Néper.* — Si l'on ajoute les deux premières des formules (3), on obtient

$$\sin a[\sin B + \sin C] = \sin A[\sin b + \sin c]$$

ou

$$\sin\tfrac{1}{2}a \cos\tfrac{1}{2}(B - C) \cos\tfrac{1}{2}a \sin\tfrac{1}{2}(B + C)$$
$$= \sin\tfrac{1}{2}A \sin\tfrac{1}{2}(b + c) \cos\tfrac{1}{2}A \cos\tfrac{1}{2}(b - c),$$

et par soustraction

$$\sin\tfrac{1}{2}a \sin\tfrac{1}{2}(B - C) \cos\tfrac{1}{2}a \cos\tfrac{1}{2}(B + C)$$
$$= \sin\tfrac{1}{2}A \cos\tfrac{1}{2}(b + c) \cos\tfrac{1}{2}A \sin\tfrac{1}{2}(b - c).$$

On obtient de même, par l'addition et la soustraction des deux premières formules (4),

$$\sin\tfrac{1}{2}a \cos\tfrac{1}{2}(B - C) \cos\tfrac{1}{2}a \cos\tfrac{1}{2}(B + C)$$
$$= \sin\tfrac{1}{2}A \sin\tfrac{1}{2}(b + c) \sin\tfrac{1}{2}A \cos\tfrac{1}{2}(b + c),$$
$$\sin\tfrac{1}{2}a \sin\tfrac{1}{2}(B - C) \cos\tfrac{1}{2}a \sin\tfrac{1}{2}(B + C)$$
$$= \cos\tfrac{1}{2}A \sin\tfrac{1}{2}(b - c) \cos\tfrac{1}{2}A \cos\tfrac{1}{2}(b - c).$$

Ces quatre équations contiennent le produit de deux des formules de Delambre, et on peut, par la combinaison de ces équations, obtenir ces formules isolément; il faut, à cet effet, se procurer encore une autre équation dans laquelle paraisse une combinaison nouvelle de ces formules. Pour cela nous nous servirons d'une des équations suivantes :

$$\cos\tfrac{1}{2}a \cos\tfrac{1}{2}(B + C) \cos\tfrac{1}{2}a \sin\tfrac{1}{2}(B + C)$$
$$= \sin\tfrac{1}{2}A \cos\tfrac{1}{2}(b + c) \cos\tfrac{1}{2}A \cos\tfrac{1}{2}(b - c),$$
$$\sin\tfrac{1}{2}a \cos\tfrac{1}{2}(B - C) \sin\tfrac{1}{2}a \sin\tfrac{1}{2}(B - C)$$
$$= \sin\tfrac{1}{2}A \sin\tfrac{1}{2}(b + c) \cos\tfrac{1}{2}A \sin\tfrac{1}{2}(b - c),$$

que l'on obtient par l'addition et la soustraction des deux premières formules (6).

Si l'on pose maintenant

$$\begin{aligned}
&\sin\tfrac{1}{2}A\sin\tfrac{1}{2}(b+c)=\alpha, &&\sin\tfrac{1}{2}a\cos\tfrac{1}{2}(B-C)=\alpha',\\
&\sin\tfrac{1}{2}A\cos\tfrac{1}{2}(b+c)=\beta, &&\cos\tfrac{1}{2}a\cos\tfrac{1}{2}(B+C)=\beta',\\
&\cos\tfrac{1}{2}A\sin\tfrac{1}{2}(b-c)=\gamma, &&\sin\tfrac{1}{2}a\sin\tfrac{1}{2}(B-C)=\gamma',\\
&\cos\tfrac{1}{2}A\cos\tfrac{1}{2}(b-c)=\delta, &&\cos\tfrac{1}{2}a\sin\tfrac{1}{2}(B+C)=\delta',
\end{aligned}$$

on a les six équations

$$\begin{aligned}
&\alpha'\delta'=\alpha\delta, \quad &&\gamma'\beta'=\gamma\beta, \quad &&\alpha'\beta'=\alpha\beta,\\
&\alpha'\gamma'=\alpha\gamma, \quad &&\gamma'\delta'=\gamma\delta, \quad &&\beta'\delta'=\beta\delta,
\end{aligned}$$

d'où l'on tire

$$\alpha'=\alpha,\quad \beta'=\beta,\quad \gamma'=\gamma,\quad \delta'=\delta,$$

ou bien

$$\alpha'=-\alpha,\quad \beta'=-\beta,\quad \gamma'=-\gamma,\quad \delta'=-\delta.$$

On a ainsi, entre les angles et les côtés d'un triangle sphérique, les relations suivantes :

$$(9)\quad \left\{\begin{aligned}
\sin\tfrac{1}{2}A\sin\tfrac{1}{2}(b+c)&=\sin\tfrac{1}{2}a\cos\tfrac{1}{2}(B-C),\\
\sin\tfrac{1}{2}A\cos\tfrac{1}{2}(b+c)&=\cos\tfrac{1}{2}a\cos\tfrac{1}{2}(B+C),\\
\cos\tfrac{1}{2}A\sin\tfrac{1}{2}(b-c)&=\sin\tfrac{1}{2}a\sin\tfrac{1}{2}(B-C),\\
\cos\tfrac{1}{2}A\cos\tfrac{1}{2}(b-c)&=\cos\tfrac{1}{2}a\sin\tfrac{1}{2}(B+C),
\end{aligned}\right.$$

ou aussi

$$\begin{aligned}
\sin\tfrac{1}{2}A\sin\tfrac{1}{2}(b+c)&=-\sin\tfrac{1}{2}a\cos\tfrac{1}{2}(B-C),\\
\sin\tfrac{1}{2}A\cos\tfrac{1}{2}(b+c)&=-\cos\tfrac{1}{2}a\sin\tfrac{1}{2}(B+C),\\
\cos\tfrac{1}{2}A\sin\tfrac{1}{2}(b-c)&=-\sin\tfrac{1}{2}a\sin\tfrac{1}{2}(B-C),\\
\cos\tfrac{1}{2}A\cos\tfrac{1}{2}(b-c)&=-\cos\tfrac{1}{2}a\sin\tfrac{1}{2}(B+C).
\end{aligned}$$

Soit que l'on cherche deux côtés et l'angle compris, ou bien un côté et les deux angles adjacents, les deux systèmes d'équations donnent les mêmes valeurs, ou, du moins, des valeurs ne différant entre elles que de 360°. Si par exemple on cherche A, b, c, alors les deux systèmes donneraient pour $\frac{1}{2}(b+c)$ et $\frac{1}{2}(b-c)$ les mêmes valeurs et pour $\frac{1}{2}$A des valeurs différant de 180°, ou bien pour $\frac{1}{2}$A les mêmes valeurs, et pour $\frac{1}{2}(b+c)$, $\frac{1}{2}(b-c)$ des valeurs différant de 180°. Ainsi, dans tous les cas, les valeurs de A, de b et de c, tirées de l'un ou de l'autre système, ne différeront jamais que de 360° : ces quatre formules (9) sont donc générales, et il est indifférent, dans le calcul de A, b, c, d'employer les valeurs a, B, C, ou ces mêmes valeurs augmentées ou diminuées de 360° (*).

Les quatre équations (9) sont employées lorsque, connaissant un côté et deux angles adjacents, ou bien deux côtés et l'angle compris, on cherche les trois autres éléments du triangle; on s'en sert le plus commodément de la manière suivante.

Supposons que a, B, C soient donnés; on cherchera d'abord les logarithmes de

(1)	$\cos\frac{1}{2}(B-C)$,	(4)	$\cos\frac{1}{2}(B+C)$,
(2)	$\sin\frac{1}{2}a$,	(5)	$\cos\frac{1}{2}a$,
(3)	$\sin\frac{1}{2}(B-C)$,	(6)	$\sin\frac{1}{2}(B+C)$,

et ceux de

(7)	$\sin\frac{1}{2}a\cos\frac{1}{2}(B-C)$,	(9)	$\sin\frac{1}{2}a\sin\frac{1}{2}(B-C)$,
(8)	$\cos\frac{1}{2}a\cos\frac{1}{2}(B+C)$,	(10)	$\cos\frac{1}{2}a\sin\frac{1}{2}(B+C)$.

Les quotients de (7) par (8) et de (9) par (10) sont, d'après les formules de Delambre, égaux à

$$\operatorname{tang}\tfrac{1}{2}(b+c) \quad \text{et} \quad \operatorname{tang}\tfrac{1}{2}(b-c),$$

ce qui fait connaître b et c. Ensuite on cherche $\cos\frac{1}{2}(b+c)$ ou $\sin\frac{1}{2}(b+c)$, selon que le cosinus est le plus grand, ou le sinus; et de même pour $\cos\frac{1}{2}(b-c)$ et $\sin\frac{1}{2}(b-c)$; on retranche le logarithme du premier (cos ou sin) du plus grand des deux logarithmes (7) ou (8) et le logarithme du second du plus grand

---

(*) Ces formules sont désignées en France sous le nom de *formules de Delambre*, qui les publia pour la première fois, en 1807, dans la *Connaissance des Temps pour* 1809 (p. 443). Gauss ne les donna que deux ans plus tard dans l'ouvrage *Theoria motus corporum cœlestium*, p. 50 et suiv.

(*Note des traducteurs.*)

des deux logarithmes (9) ou (10), on obtient ainsi $\sin\frac{1}{2}A$ et $\cos\frac{1}{2}A$; de là on tire $\tang\frac{1}{2}A$, et par conséquent A. Comme $\sin\frac{1}{2}A$ et $\cos\frac{1}{2}A$ doivent donner le même angle que $\tang\frac{1}{2}A$, on a là un moyen de contrôler l'exactitude du calcul.

Exemple. — Soient données les valeurs suivantes (*)

$$a = 11^\circ 25' 56'',3,$$
$$B = 184.\ 6.55\ ,4,$$
$$C = 11.18.40\ ,3,$$

on a

$\frac{1}{2}(B-C) = 86^\circ 24' 7'',55,$	$\frac{1}{2}(B+C) = 97^\circ 42' 47'',85,$
$\cos\frac{1}{2}(B-C) \ldots \bar{2},797\,6413,$	$\cos\frac{1}{2}(B+C) \ldots \bar{1},127\,8046n,$
$\sin\frac{1}{2}a \ldots \bar{2},998\,2605,$	$\cos\frac{1}{2}a \ldots \bar{1},997\,8351,$
$\sin\frac{1}{2}(B-C) \ldots \bar{1},999\,1432,$	$\sin\frac{1}{2}(B+C) \ldots \bar{1},996\,0526,$
$\frac{1}{2}a\cos\frac{1}{2}(B-C) \ldots \bar{3},795\,9018,$	$\sin\frac{1}{2}a\sin\frac{1}{2}(B-C) \ldots \bar{2},997\,4037,$
$\frac{1}{2}a\cos\frac{1}{2}(B+C) \ldots \bar{1},125\,6397n,$	$\cos\frac{1}{2}a\sin\frac{1}{2}(B+C) \ldots \bar{1},993\,8877,$
$\frac{1}{2}(b+c) = 177^\circ 19' 13'',49,$	$\frac{1}{2}(b-c) = 5^\circ 45' 24'',13,$
$\cos\frac{1}{2}(b+c) \ldots \bar{1},999\,5248\,n,$	$\cos\frac{1}{2}(b-c) \ldots \bar{1},997\,8042,$
$\sin\frac{1}{2}A \ldots \bar{1},126\,1149,$	$b = 183^\circ\ 4' 37'',62,$
$\cos\frac{1}{2}A \ldots \bar{1},996\,0835,$	$c = 171.33.49\ ,36,$
$\frac{1}{2}A = 7^\circ 40' 59'',38,$	$A = 15.21.58\ ,76.$

Si l'on avait pris

$$B = -175^\circ 53'\ 4'',\ 6,$$

et par conséquent

$$\tfrac{1}{2}(B+C) = -\ 82.17.12\ ,15,$$
$$\tfrac{1}{2}(B-C) = -\ 93.35.52\ ,45,$$

on aurait eu

$$\tfrac{1}{2}(b+c) = -\ 2.40.46\ ,51,$$
$$\tfrac{1}{2}(b-c) = 185.45.24\ ,13.$$

(*) La lettre n placée après un logarithme indique que le nombre doit être pris avec le signe —.

et enfin

$$b = \quad 183^\circ\ 4'\ 37'',62,$$
$$c = -188.26.10\ ,64.$$

On trouve les *Analogies de Néper*, en divisant les formules de Delambre les unes par les autres. Si l'on remplace respectivement A, B, C par B, C, A et a, b, c par b, c, a, les équations (9) donnent

$$(9\,a)\quad \left\{ \begin{aligned} \operatorname{tang}\tfrac{1}{2}(A+B) &= \frac{\cos\frac{1}{2}(a-b)}{\cos\frac{1}{2}(a+b)}\cot\tfrac{1}{2}C, \\ \operatorname{tang}\tfrac{1}{2}(A-B) &= \frac{\sin\frac{1}{2}(a-b)}{\sin\frac{1}{2}(a+b)}\cot\tfrac{1}{2}C, \\ \operatorname{tang}\tfrac{1}{2}(a+b) &= \frac{\cos\frac{1}{2}(A-B)}{\cos\frac{1}{2}(A+B)}\operatorname{tang}\tfrac{1}{2}c, \\ \operatorname{tang}\tfrac{1}{2}(a-b) &= \frac{\sin\frac{1}{2}(A-B)}{\sin\frac{1}{2}(A+B)}\operatorname{tang}\tfrac{1}{2}c. \end{aligned} \right.$$

6. *Emploi d'un angle auxiliaire.* — Comme presque toutes les formules des n°s 3 et 4 contiennent des binômes, et sont par conséquent incommodes pour le calcul logarithmique, il peut y avoir avantage à les convertir en monômes; on y parvient par l'introduction d'angles auxiliaires. Soient deux quantités quelconques, x et y, positives ou négatives; on peut toujours poser les équations

$$x = m \sin M,$$
$$y = m \cos M,$$

alors

$$\operatorname{tang} M = \frac{x}{y},$$
$$m = \sqrt{x^2 + y^2},$$

et les valeurs de M et m sont toujours réelles. Or, dans toutes les formules précédentes, les binômes sont formés de deux termes dont l'un contient le sinus et l'autre le cosinus d'un même angle. Si l'on suppose les coefficients du sinus et du cosinus proportionnels au sinus et au cosinus d'un même angle auxiliaire, on pourra appliquer les formules connues pour le sinus et le cosinus d'un binôme, et obtenir de cette manière des expressions commodes pour le calcul logarithmique.

Soient, par exemple, à calculer les trois formules

$$\cos a = \cos b \cos c + \sin b \sin c \cos A,$$
$$\sin a \sin B = \sin b \sin A,$$
$$\sin a \cos B = \cos b \sin c - \sin b \cos c \cos A.$$

On posera

$$\sin b \cos A = m \sin M,$$
$$\cos b = m \cos M;$$

on a alors

$$\cos a = m \cos(c - M),$$
$$\sin a \sin B = \sin b \sin A,$$
$$\sin a \cos B = m \sin(c - M).$$

Lorsqu'on connaît le quadrant dans lequel se trouve B, on peut, en remplaçant m par sa valeur $\frac{\sin b \cos A}{\sin M}$, se servir des formules suivantes. On calcule d'abord

$$\operatorname{tang} M = \operatorname{tang} b \cos A,$$

et l'on trouve

$$\operatorname{tang} B = \frac{\operatorname{tang} A \sin M}{\sin(c - M)},$$
$$\operatorname{tang} a = \frac{\operatorname{tang}(c - M)}{\cos B}.$$

Il faut remarquer qu'au moyen des Tables de logarithmes de Gauss, qui donnent le logarithme de la somme ou de la différence de deux nombres connus seulement par leurs logarithmes, on calcule plus aisément les trois équations sous leur première forme sans le secours d'aucun angle auxiliaire. Ces Tables ont été publiées par Zech avec sept décimales, et par Hoüel avec cinq décimales.

7. *Calcul approché d'un angle au moyen de la tangente ou du sinus.* — En général, on détermine toujours les angles que l'on cherche par leurs tangentes; car celles-ci variant plus rapide-

ment, la valeur de l'angle est alors déterminée avec une plus grande approximation.

Soit Δx une variation très-petite de l'angle, on a

$$\Delta(\mathrm{L}\tang x) = \frac{2\Delta x}{\sin 2x}.$$

On exprime ordinairement les variations d'angle en secondes; mais comme la tangente est exprimée en parties du rayon pris pour unité, il faut exprimer la variation Δx aussi en parties du rayon, par conséquent la diviser par le nombre 206 264,8 (*). Les logarithmes employés ici sont hyperboliques; si l'on veut introduire les logarithmes de Briggs, il faut encore multiplier par le module $M = 0,434\,2945$. Enfin, si l'on veut exprimer $\Delta(\log\tang x)$ en unités de la dernière décimale des logarithmes employés, il faut encore multiplier par 10^7 lorsque les logarithmes ont sept décimales. On obtient ainsi

$$\Delta(\log\tang x) = \frac{2M}{\sin 2x}\,\frac{\Delta x''}{206\,264,8}\,10^7 = \frac{42,1}{\sin 2x}\,\Delta x'',$$

d'où

$$\Delta x'' = \frac{\sin 2x}{42,1}\,\Delta(\log\tang x).$$

Cette équation fait voir avec quelle exactitude on peut obtenir la valeur d'un angle au moyen de la tangente. En effet, supposons que l'on emploie des logarithmes à cinq décimales seulement; comme le calcul, en général, n'est sûr qu'à deux unités près de

---

(*) Le nombre 206 264,8 qui a pour logarithme 5,314 4251, est toujours employé lorsqu'on veut convertir en secondes d'arcs des grandeurs exprimées en parties du rayon, et *vice versâ*. Le nombre de secondes contenues dans la circonférence est 1296000, et la circonférence exprimée en parties du rayon est $2\pi = 6,283\,1853$. Le rapport de ces deux nombres est 206 264,8. Si on veut convertir en secondes d'arc des grandeurs exprimées en parties du rayon, il faut multiplier ces grandeurs par ce nombre, et les diviser au contraire par ce nombre lorsqu'on veut exprimer en parties du rayon des quantités données en secondes d'arc. Ce nombre n'est d'ailleurs autre chose que le nombre de secondes contenues dans le rayon, et son inverse exprime le sinus ou la tangente d'une seconde.

la dernière décimale, on a

$$\Delta(\log \operatorname{tang} x) = 200,$$

et l'erreur résultant pour l'angle sera

$$\Delta x'' = \frac{200''}{42,1} \sin 2x = 5'' \sin 2x.$$

Ainsi, avec cinq décimales, l'erreur ne sera jamais plus grande que $5'' \sin 2x$, et, comme le maximum de $\sin 2x$ est l'unité, la plus grande erreur ne montera qu'à $5''$, pour un angle voisin de $45°$. Avec des logarithmes à sept décimales, l'erreur sera cent fois plus petite, et, par conséquent, l'incertitude de la valeur d'un angle, calculé par la tangente, montera au plus à $0'',05$.

Mais, quand on calcule un angle par le sinus ou par le cosinus, $\Delta(\log \sin x)$ ou $\Delta(\log \cos x)$ contiennent, au lieu du facteur $\sin 2x$, les facteurs $\operatorname{tang} x$, ou $\cot x$, dont les valeurs peuvent varier de 0 à ∞. On voit donc que de petites erreurs, dans le logarithme du sinus ou du cosinus d'un angle, peuvent produire de grandes erreurs dans la détermination de l'angle, et qu'il est ainsi toujours préférable de calculer les angles par les tangentes.

8. *Formules relatives aux triangles rectangles.* — Si dans les formules des triangles sphériques obliquangles on fait un des angles égal à $90°$, on obtient les formules pour les triangles rectangles. Dans la suite, nous représenterons toujours l'hypoténuse par h, les deux côtés de l'angle droit par c et c', et les angles respectivement opposés par C et C'. Si, dans la première des formules (2), on pose $A = 90°$, on a

$$\cos h = \cos c \cos c',$$

et, dans la même hypothèse, la deuxième des formules (3) donne

$$\sin h \sin C = \sin c.$$

De la première des formules (4), on tire

$$\sin h \cos C = \cos c \sin c'.$$

et, en divisant par la valeur de $\cos h$, on a

$$\operatorname{tang} h \cos C = \operatorname{tang} c',$$

tandis que si l'on divise par $\sin h \sin C = \sin c$, on a

$$\cot C = \cot c \sin c'$$

ou

$$\operatorname{tang} c = \operatorname{tang} C \sin c'.$$

On aurait pu aussi obtenir ces deux formules par la deuxième des équations (5) et la troisième des équations (7), en y posant $A = 90^\circ$.

En multipliant la dernière équation par l'équation analogue

$$\operatorname{tang} c' = \operatorname{tang} C' \sin c,$$

on obtient

$$\cos h = \cot C \cot C';$$

enfin, si l'on combine les deux équations

$$\sin h \sin C' = \sin c',$$
$$\sin h \cos C = \cos c \sin c',$$

on obtient

$$\cos C = \sin C' \cos c.$$

Ainsi, on a les six formules suivantes qui comprennent toutes les combinaisons des cinq éléments

$$(10)\quad \left\{\begin{aligned} \cos h &= \cos c \cos c', \\ \sin c &= \sin h \sin C, \\ \operatorname{tang} c &= \operatorname{tang} h \cos C', \\ \operatorname{tang} c &= \operatorname{tang} C \sin c', \\ \cos h &= \cot C \cot C', \\ \cos C &= \cos c \sin C', \end{aligned}\right.$$

au moyen desquelles, deux éléments d'un triangle rectangle étant donnés, on peut trouver les autres.

La comparaison de ces formules avec celles du n° 6 montre que l'emploi des grandeurs auxiliaires m et M repose sur la décomposition du triangle quelconque en deux triangles rectangles.

En effet, si on abaisse, par exemple, du sommet C d'un triangle quelconque un arc de grand cercle perpendiculaire sur le côté c, m représente dans les formules du n° 6 le cosinus de cet arc perpendiculaire et M la portion du côté c comprise entre le sommet A et le pied de l'arc perpendiculaire.

9. *Formules différentielles de la Trigonométrie sphérique.* — En Astronomie, il faut toujours emprunter certaines données à des observations dont on ne peut jamais garantir l'exactitude absolue; on doit donc admettre pour chaque donnée la possibilité d'une petite erreur. Dans chaque problème, on aura à discuter l'influence d'une petite variation des données sur le résultat cherché. Nous sommes ainsi conduits à différentier les formules de la Trigonométrie sphérique, en regardant toutes les grandeurs comme variables.

Si l'on différentie la première des équations (2), on a

$$\begin{aligned} -\sin a\, da = & [-\sin b \cos c + \cos b \sin c \cos A]\, db \\ & + [-\cos b \sin c + \sin b \cos c \cos A]\, dc \\ & - \sin b \sin c \sin A\, dA. \end{aligned}$$

Le coefficient de db est égal à $-\sin a \cos C$; celui de dc est égal à $-\sin a \cos B$, et si l'on remplace le coefficient de dA par $-\sin a \sin c \sin B$, on obtient la formule différentielle

$$da = \cos C\, db + \cos B\, dc + \sin c \sin B\, dA.$$

Différentions la première des équations (3), après avoir pris les logarithmes des deux membres

$$\cot a\, da + \cot B\, dB = \cot b\, db + \cot A\, dA.$$

Au lieu de différentier la première des formules (4), différentions la première des formules (5), résultat de la combinaison des formules (3) et (4), nous obtiendrons

$$\begin{aligned} & -\frac{\sin A}{\sin^2 B}\, dB + [\cot B \cos A - \sin A \cos c]\, dA \\ & = -\frac{\sin c}{\sin^2 b}\, db + [\cot b \cos c + \cos A \sin c]\, dc, \end{aligned}$$

ou

$$-\frac{\sin A}{\sin^2 B}dB - \frac{\cos C}{\sin B}dA = -\frac{\sin c}{\sin^2 b}db + \frac{\cos a}{\sin b}dc.$$

En multipliant cette équation par sin B, on trouve

$$-\frac{\sin a}{\sin b}dB - \cos C\, dA = -\frac{\sin C}{\sin b}db + \frac{\cos a \sin B}{\sin b}dc,$$

ou enfin

$$\sin a\, dB = \sin C\, db - \cos a \sin B\, dc - \sin b \cos C\, dA.$$

La première des formules (8), traitée comme la première des formules (2), donne

$$dA = -\cos c\, dB - \cos b\, dC + \sin b \sin C\, da.$$

En résumé, les équations différentielles de la Trigonométrie sphérique sont donc

$$(11)\quad \begin{cases} da = \cos C\, db + \cos B\, dc + \sin b \sin C\, dA, \\ \cot a\, da + \cot B\, dB = \cot b\, db + \cot A\, dA, \\ \sin a\, dB = \sin C\, db - \cos a \sin B\, dc - \sin b \cos C\, dA, \\ dA = -\cos c\, dB - \cos b\, dC + \sin b \sin C\, da. \end{cases}$$

10. *Formules approchées pour de petits angles.* — Quand on emploie de petits angles, on peut, sans erreur sensible, prendre le cosinus égal à l'unité, et l'arc égal à son sinus ou à sa tangente; ainsi, si l'on veut exprimer l'arc en secondes, on peut remplacer $\sin a$, ou $\tang a$, par $206\,265\, a$. Mais, si les angles ne sont pas assez petits pour qu'il soit permis de négliger le carré de l'arc, on peut procéder de la manière suivante; on a

$$\frac{\sin a}{a} = 1 - \tfrac{1}{6}a^2 + \tfrac{1}{120}a^4 - \ldots,$$

et

$$\cos a = 1 - \tfrac{1}{2}a^2 + \tfrac{1}{24}a^4 - \ldots;$$

d'où

$$\sqrt[3]{\cos a} = 1 - \tfrac{1}{6}a^2 + \ldots.$$

On obtient donc, en ne conservant que les troisièmes puissances,

$$\frac{\sin a}{a} = \sqrt[3]{\cos a},$$

ou

$$a = \sin a \sqrt[3]{\text{séc}\, a}.$$

Cette formule peut être employée jusqu'aux angles de 10°, pour lesquels l'erreur n'atteint pas une seconde, car

$$\log \sin 10^\circ \sqrt[3]{\text{séc}\, 10^\circ} = \bar{1},241\,8864,$$

et en y ajoutant le logarithme 5,314 4251, on trouve pour nombre correspondant 36000″,74 ou 10°0′0″,74.

11. *Développements en séries fréquemment employés dans l'Astronomie sphérique.* — 1° Si l'on a une expression de la forme

$$\tang y = \frac{a \sin x}{1 - a \cos x},$$

on peut facilement développer y en une série qui procède d'après les sinus des multiples de l'angle x. En effet, posons $\tang z = \frac{m}{n}$, d'où $dz = \frac{n\,dm - m\,dn}{m^2 + n^2}$. l'expression précédente nous donne, en considérant a et y comme variables,

$$\frac{dy}{da} = \frac{\sin x}{1 - 2a \cos x + a^2},$$

et si, par la méthode des coefficients indéterminés, nous développons en série suivant les puissances croissantes de a, nous avons, en supposant $a < 1$,

$$\frac{dy}{da} = \sin x + a \sin 2x + a^2 \sin 3x + \ldots \quad (*).$$

(*) On voit facilement que le premier terme est $\sin x$ et que le coefficient A_n de a^n se trouve par la relation de récurrence

$$A_n = 2A_{n-1} \cos x - A_{n-2}.$$

Intégrons cette équation, en observant que y s'annule avec x, nous obtenons

$$(12) \qquad y = a\sin x + \tfrac{1}{2}a^2\sin 2x + \tfrac{1}{3}a^3\sin 3x + \ldots.$$

2° On rencontre souvent deux équations de la forme

$$A\sin B = a\sin x,$$
$$A\cos B = 1 - a\cos x.$$

Il s'agit d'exprimer B et log A en séries procédant suivant les sinus et les cosinus des multiples de x. Or

$$\operatorname{tang} B = \frac{a\sin x}{1 - a\cos x}.$$

La formule (12), appliquée à l'angle B, le donne immédiatement en une série procédant suivant les sinus des multiples de x. Pour développer log A en série, prenons la valeur de A

$$A = \sqrt{1 - 2a\cos x + a^2}.$$

La méthode des coefficients indéterminés donne

$$\frac{a\cos x - a^2}{1 - 2a\cos x + a^2} = a\cos x + a^2\cos 2x + a^3\cos 3x + \ldots \ (^*).$$

En multipliant cette expression par $-\frac{da}{a}$, le premier membre est égal à

$$\frac{1}{2}\,\frac{d\log(1 - 2a\cos x + a^2)}{da},$$

et, en intégrant, il vient

$$(13) \quad \left\{ \begin{aligned} \log\sqrt{1 - 2a\cos x + a^2} &= \log A \\ &= -\left(a\cos x + \tfrac{1}{2}a^2\cos 2x + \tfrac{1}{3}a^3\cos 3x + \ldots\right), \end{aligned} \right.$$

car pour $a = 0$, on a $\log A = 0$.

(*) On voit que le coefficient de a est $\cos x$ et que le coefficient A_n de a^n est donné par la relation

$$A_n = 2A_{n-1}\cos x - A_{n-2}.$$

3° Soient les deux autres équations

$$A \sin B = a \sin x,$$
$$A \cos B = 1 + a \cos x,$$

en remplaçant, dans (12) et (13), x par $180^\circ - x$, on obtient

(14) $$B = a \sin x - \tfrac{1}{2} a^2 \sin 2x + \tfrac{1}{3} a^3 \sin 3x - \ldots,$$

(15) $$\left\{ \begin{aligned} &\log \sqrt{1 + 2a \cos x + a^2} = \log A \\ &\quad = a \cos x - \tfrac{1}{2} a^2 \cos 2x + \tfrac{1}{3} a^3 \cos 3x - \ldots. \end{aligned} \right.$$

4° Lorsqu'on a l'expression

$$\operatorname{tang} y = n \operatorname{tang} x,$$

on peut la ramener facilement à la forme

$$\operatorname{tang} y = \frac{a \sin x}{1 - a \cos x};$$

car

$$\begin{aligned} \operatorname{tang}(y - x) &= \frac{\operatorname{tang} y - \operatorname{tang} x}{1 + \operatorname{tang} y \operatorname{tang} x} = \frac{(n-1) \operatorname{tang} x}{1 + n \operatorname{tang}^2 x} \\ &= \frac{(n-1) \sin x \cos x}{\cos^2 x + n \sin^2 x} \\ &= \frac{(n-1) \sin x \cos x}{\frac{1}{2} + \frac{1}{2} \cos 2x + \frac{n}{2} - \frac{n}{2} \cos 2x} \\ &= \frac{(n-1) \sin 2x}{(n+1) - (n-1) \cos 2x} = \frac{\frac{n-1}{n+1} \sin 2x}{1 - \frac{n-1}{n+1} \cos 2x}. \end{aligned}$$

Ainsi, étant donnée l'équation $\operatorname{tang} y = n \operatorname{tang} x$, on obtient

(16) $$\left\{ \begin{aligned} y = x &+ \frac{n-1}{n+1} \sin 2x + \frac{1}{2} \left(\frac{n-1}{n+1} \right)^2 \sin 4x \\ &+ \frac{1}{3} \left(\frac{n-1}{n+1} \right)^3 \sin 6x + \ldots. \end{aligned} \right.$$

Si l'on fait

$$n = \cos\alpha,$$

on aura

$$\frac{n-1}{n+1} = -\operatorname{tang}^2 \tfrac{1}{2}\alpha,$$

et l'équation

$$\operatorname{tang} y = \cos\alpha \operatorname{tang} x$$

donne

$$(17)\quad \left\{ \begin{array}{l} y = x - \operatorname{tang}^2 \tfrac{1}{2}\alpha \sin 2x + \tfrac{1}{2}\operatorname{tang}^4 \tfrac{1}{2}\alpha \sin 4x \\ \qquad - \tfrac{1}{3}\operatorname{tang}^6 \tfrac{1}{2}\alpha \sin 6x + \ldots \end{array} \right.$$

Si

$$n = \operatorname{séc}\alpha,$$

alors

$$\frac{n-1}{n+1} = \operatorname{tang}^2 \tfrac{1}{2}\alpha,$$

et l'équation $\operatorname{tang} y = \operatorname{séc}\alpha \operatorname{tang} x$ donne

$$(18)\quad y = x + \operatorname{tang}^2 \tfrac{1}{2}\alpha \sin 2x + \tfrac{1}{2}\operatorname{tang}^4 \tfrac{1}{2}\alpha \sin 4x + \ldots$$

Puisque l'on a

$$\frac{\cos\alpha - \cos\beta}{\cos\alpha + \cos\beta} = \operatorname{tang} \tfrac{1}{2}(\beta - \alpha) \operatorname{tang} \tfrac{1}{2}(\beta + \alpha),$$

et

$$\frac{\sin\alpha - \sin\beta}{\sin\alpha + \sin\beta} = \operatorname{tang} \tfrac{1}{2}(\alpha - \beta) \cot \tfrac{1}{2}(\alpha + \beta);$$

on obtiendra donc, si $\operatorname{tang} y = \dfrac{\cos\alpha}{\cos\beta}\operatorname{tang} x$,

$$\begin{array}{l} y = x - \operatorname{tang} \tfrac{1}{2}(\alpha - \beta) \operatorname{tang} \tfrac{1}{2}(\alpha + \beta) \sin 2x \\ \qquad + \tfrac{1}{2}\operatorname{tang}^2 \tfrac{1}{2}(\alpha - \beta) \operatorname{tang}^2 \tfrac{1}{2}(\alpha + \beta) \sin 4x - \ldots; \end{array}$$

et si $\operatorname{tang} y = \dfrac{\sin\alpha}{\sin\beta}\operatorname{tang} x$,

$$\begin{array}{l} y = x + \operatorname{tang} \tfrac{1}{2}(\alpha - \beta) \cot \tfrac{1}{2}(\alpha + \beta) \sin 2x \\ \qquad + \tfrac{1}{2}\operatorname{tang}^2 \tfrac{1}{2}(\alpha - \beta) \cot^2 \tfrac{1}{2}(\alpha + \beta) \sin 4x + \ldots \end{array}$$

Au moyen des deux dernières formules, on peut développer en séries les analogies de Néper, car l'équation

$$\operatorname{tang}\tfrac{1}{2}(a-b)=\frac{\sin\frac{1}{2}(A-B)}{\sin\frac{1}{2}(A+B)}\operatorname{tang}\tfrac{1}{2}c$$

donne

$$\tfrac{1}{2}(a-b)=\tfrac{1}{2}c-\operatorname{tang}\tfrac{1}{2}B\cot\tfrac{1}{2}A\sin c$$
$$+\tfrac{1}{2}\operatorname{tang}^2\tfrac{1}{2}B\cot^2\tfrac{1}{2}A\sin 2c-\ldots,$$

ou

$$\tfrac{1}{2}c=\tfrac{1}{2}(a-b)+\operatorname{tang}\tfrac{1}{2}B\cot\tfrac{1}{2}A\sin(a-b)$$
$$+\tfrac{1}{2}\operatorname{tang}^2\tfrac{1}{2}B\cot^2\tfrac{1}{2}A\sin 2(a-b)+\ldots.$$

De même l'équation

$$\operatorname{tang}\tfrac{1}{2}(a+b)=\frac{\cos\frac{1}{2}(A-B)}{\cos\frac{1}{2}(A+B)}\operatorname{tang}\tfrac{1}{2}c$$

donne les séries

$$\tfrac{1}{2}(a+b)=\tfrac{1}{2}c+\operatorname{tang}\tfrac{1}{2}A\operatorname{tang}\tfrac{1}{2}B\sin c$$
$$+\tfrac{1}{2}\operatorname{tang}^2\tfrac{1}{2}A\operatorname{tang}^2\tfrac{1}{2}B\sin 2c+\ldots,$$

$$\tfrac{1}{2}c=\tfrac{1}{2}(a+b)-\operatorname{tang}\tfrac{1}{2}A\operatorname{tang}\tfrac{1}{2}B\sin(a+b)$$
$$+\tfrac{1}{2}\operatorname{tang}^2\tfrac{1}{2}A\operatorname{tang}^2\tfrac{1}{2}B\sin 2(a+b)-\ldots.$$

On transforme en séries semblables les deux autres analogies

$$\operatorname{tang}\tfrac{1}{2}(A-B)=\frac{\sin\frac{1}{2}(a-b)}{\sin\frac{1}{2}(a+b)}\operatorname{tang}\tfrac{1}{2}(180^\circ-C),$$

$$\operatorname{tang}\tfrac{1}{2}(A+B)=\frac{\cos\frac{1}{2}(a-b)}{\cos\frac{1}{2}(a+b)}\operatorname{tang}\tfrac{1}{2}(180^\circ-C).$$

5° Il arrive souvent qu'une quantité y donnée par une équation de la forme

$$\cos y=\cos x+b,$$

doit être développée en série ordonnée suivant les puissances de b. Le théorème de Taylor appliqué à l'équation

$$y=\operatorname{arc}\cos(\cos x+b),$$

donne, en posant

$$\cos x = z \quad \text{et} \quad y = f(z + b),$$

$$y = f(z) + \frac{df}{dz} b + \frac{1}{2} \frac{d^2 f}{dz^2} b^2 + \frac{1}{6} \frac{d^3 f}{dz^3} b^3 + \ldots;$$

et puisque

$$f(z) = x,$$

$$\frac{df}{dz} = \frac{dx}{d(\cos x)} = -\frac{1}{\sin x},$$

$$\frac{d^2 f}{dz^2} = \frac{d\left(-\frac{1}{\sin x}\right)}{dx} \frac{dx}{d(\cos x)} = -\frac{\cos x}{\sin^3 x},$$

$$\frac{d^3 f}{dz^3} = \frac{d\left(-\frac{\cos x}{\sin^3 x}\right)}{dx} \frac{dx}{d(\cos x)} = -\frac{1 + 3\cot^2 x}{\sin^3 x},$$

$$(19) \quad \left\{ \begin{aligned} y = x - \frac{b}{\sin x} - \tfrac{1}{2} \cot x \frac{b^2}{\sin^2 x} \\ - \tfrac{1}{6}(1 + 3\cot^2 x) \frac{b^3}{\sin^3 x} + \ldots \end{aligned} \right.$$

6° De même si on avait l'équation

$$\sin y = \sin x + b,$$

on aurait la série

$$(20) \quad \left\{ \begin{aligned} y = x + \frac{b}{\cos x} + \tfrac{1}{2} \cot x \frac{b^2}{\cos^2 x} \\ + \tfrac{1}{6}[1 + 3\,\text{tang}^2 x] \frac{b^3}{\cos^3 x} + \ldots \end{aligned} \right.$$

Remarque. — Voir, pour les développements en séries, un Mémoire de Encke, inséré dans le n° 562 des *Astronomische Nachrichten.*

II. — Interpolation.

12. *But de l'interpolation.* — On se sert constamment, en Astronomie, de Tables qui donnent les valeurs de certaines fonctions correspondant à des valeurs déterminées des variables. Mais, dans l'application, on a aussi besoin de connaître les valeurs de la fonction pour des valeurs des variables qui ne sont pas contenues dans les Tables. Les méthodes qui permettent d'obtenir ce résultat portent le nom de *méthodes d'interpolation*. Elles ont pour but de substituer à la fonction, dont l'expression analytique est ou entièrement inconnue, ou incommode pour le calcul numérique, une autre fonction plus simple, déduite des valeurs numériques données, et qui puisse remplacer la véritable fonction dans les limites des applications qu'on veut en faire.

D'après le théorème de Taylor, on peut toujours développer une fonction en série, suivant les puissances entières des variables. Ce théorème ne souffre d'exception que dans le cas où, pour une valeur déterminée de la variable, un des coefficients différentiels devenant infini, la fonction cesse d'être continue dans le voisinage de cette valeur; le calcul d'interpolation étant une conséquence de ce théorème, exige que la fonction soit continue entre les limites des applications.

Notation des différences. — Soit ω l'intervalle ou la différence de deux arguments consécutifs (différence qu'on regarde ici comme constante); un des arguments étant représenté par a, un autre le sera par $a + n\omega$, n étant la variable; soit, de plus, $f(a + n\omega)$ la fonction correspondante à cet argument.

Désignons par $f'(a + n + \frac{1}{2})$ la différence entre deux valeurs consécutives $f(a + n\omega)$, et $f[a + (n + 1)\omega]$, $(a + n + \frac{1}{2})$ est la moyenne arithmétique des deux arguments consécutifs, le facteur ω étant sous-entendu (*). Ainsi, la différence $f(a + \omega) - f(a)$ est désignée par $f'(a + \frac{1}{2})$; la différence $f(a + 2\omega) - f(a + \omega)$ est désignée par $f'(a + \frac{3}{2})$. La même notation sert pour les différences d'ordres supérieurs, ordres qui sont indiqués par le nombre des accents. Par exemple, la différence $f'(a + \frac{5}{2}) - f'(a + \frac{3}{2})$ est désignée par $f''(a + 2)$, différence seconde.

On a ainsi le tableau suivant des arguments, des valeurs correspondantes de la fonction et de ses différences.

(*) Cette notation très-commode a été introduite par Encke dans son Mémoire *Sur les quadratures mécaniques*, dans le *Jahrbuch* de Berlin, 1837.

Argument.	Fonction.	Diff. I.	Diff. II.	Diff. III.	Diff. IV.	Diff. V.
$a-3w$	$f(a-3w)$					
		$f'(a-\frac{5}{2})$				
$a-2w$	$f(a-2w)$		$f''(a-2)$			
		$f'(a-\frac{3}{2})$		$f'''(a-\frac{3}{2})$		
$a-w$	$f(a-\ w)$		$f''(a-1)$		$f^{\text{iv}}(a-1)$	
		$f'(a-\frac{1}{2})$		$f'''(a-\frac{1}{2})$		$f^{\text{v}}(a-\frac{1}{2})$
a	$f(a)$		$f''(a)$		$f^{\text{iv}}(a)$	
		$f'(a+\frac{1}{2})$		$f'''(a+\frac{1}{2})$		$f^{\text{v}}(a+\frac{1}{2})$
$a+w$	$f(a+\ w)$		$f''(a+1)$		$f^{\text{iv}}(a+1)$	
		$f'(a+\frac{3}{2})$		$f'''(a+\frac{3}{2})$		
$a+2w$	$f(a+2w)$		$f''(a+2)$			
		$f'(a+\frac{5}{2})$				
$a+3w$	$f(a+3w)$					

Toutes les différences qui ont même argument sous le signe fonctionnel se trouvent sur la même ligne horizontale; les différences d'ordre impair ont toutes un argument égal à a augmenté ou diminué d'une fraction dont le dénominateur est 2.

13. *Formule d'interpolation de Newton.* — D'après le théorème de Taylor, on a

$$(a) \quad f(a+nw) = \alpha + \beta nw + \gamma n^2 w^2 + \delta n^3 w^3 + \ldots.$$

Si l'expression analytique de la fonction était connue, on pourrait évaluer α, β, γ, δ, ..., car

$$\alpha = f(a), \quad \beta = \frac{d.f(a)}{da}, \ldots;$$

or on suppose que cette expression n'est pas donnée, ou du moins ne peut être employée, et qu'on connaît seulement des valeurs numériques de la fonction répondant à des valeurs déterminées de l'argument. Mais, si dans l'équation (a) on substitue successivement les diverses valeurs de n, on obtient autant d'équations qu'on connaît de valeurs de la fonction, lesquelles serviront à faire connaître autant de coefficients, α, β, γ, δ, ...

On voit immédiatement que $\alpha = f(a)$ et que βw, γw^2, ..., s'expriment linéairement au moyen des différences de la fonction donnée qui peuvent elles-mêmes se ramener à une certaine série de différences, de telle sorte qu'en général $f(a+nw)$ peut être pris sous la forme

$$f(a+nw) = f(a) + \mathrm{A}f'(a+\tfrac{1}{2}) + \mathrm{B}f''(a+1) + \mathrm{C}f'''(a+\tfrac{3}{2}) + \ldots,$$

où A, B, C,... sont des fonctions de n déterminées par l'introduction de certaines valeurs de cette variable.

Si n est un nombre entier, la fonction $f(a + nw)$ se déduit de $f(a)$ et des différences précédentes par de simples additions successives, en considérant les différences d'un certain ordre comme constantes, supposant ainsi que les valeurs de la fonction forment une progression arithmétique d'ordre supérieur. Si les différences premières sont constantes, $f(a + nw)$ sera simplement égal à $f(a) + nf'(a + \frac{1}{2})$; si les différences secondes sont constantes, on devra ajouter à la valeur précédente le produit de $f''(a + 1)$ par la somme des nombres de 1 à $n - 1$, c'est-à-dire par $\frac{n(n-1)}{1.2}$; si les différences troisièmes sont constantes, on devra ajouter à la valeur obtenue précédemment le produit de $f'''(a + \frac{3}{2})$ par la somme des nombres 1, $1 + 2$, $1 + 2 + 3, \ldots$, $1 + 2 + \ldots (n - 2)$, c'est-à-dire par $\frac{n(n-1)(n-2)}{1.2.3}$. On a donc, en général,

$$A = n, \quad B = \frac{n(n-1)}{1.2}, \quad C = \frac{n(n-1)(n-2)}{1.2.3}, \ldots,$$

et par suite

$$(1)\quad \left\{ \begin{aligned} f(a + nw) = f(a) + nf'(a + \tfrac{1}{2}) + \frac{n(n-1)}{1.2} f''(a + 1) \\ + \frac{n(n-1)(n-2)}{1.2.3} f'''(a + \tfrac{3}{2}) + \ldots \; (*). \end{aligned} \right.$$

(*) On le voit aisément par la manière dont la fonction est formée à l'aide de ses différences. Si on les désigne en effet, pour abréger, par $f', f'', f''', \ldots$, on obtient le tableau suivant :

	DIFF. I.	DIFF. II.	DIFF. III.
$f(a)$	f'	f''	f'''
$f(a) + f'$	$f' + f''$	$f'' + f'''$	f'''
$f(a) + 2f' + f''$	$f' + 2f'' + f'''$	$f'' + 2f'''$	f'''
$f(a) + 3f' + 3f'' + f'''$	$f' + 3f'' + 3f'''$	$f'' + 3f'''$	f'''
$f(a) + 4f' + 6f'' + 4f'''$	$f' + 4f'' + 6f'''$	$f'' + 4f'''$	f'''
$f(a) + 5f' + 10f'' + 10f'''$	$f' + 5f'' + 10f'''$	$f'' + 5f'''$	f'''
$f(a) + 6f' + 15f'' + 20f'''$	$f' + 6f'' + 15f'''$		
$f(a) + 7f' + 21f'' + 35f'''$			

Cette formule est connue sous le nom de *formule d'interpolation de Newton*. Le coefficient de la différence de l'ordre n est le coefficient de x^n dans le développement de $(1+x)^n$.

Exemple. — Le *Jahrbuch* de Berlin de 1850 donne pour les longitudes héliocentriques de Mercure, à midi moyen :

		Diff. I.	Diff. II.	Diff. III.	Diff. IV.
Janv. 0	303°25′ 1″,5				
		+6°41′50″,0			
2	310. 6.51,5		+18′48″,0		
		+7. 0.38,0		+2′44″,4	
4	317. 7.29,5		+21.32,4		+10″,1
		+7.22.10,4		+2.54,5	
6	324.29.39,9		+24.26,9		+4,7
		+7.46.37,3		+2.59,2	
8	332.16.17,2		+27.26,1		
		+8.14. 3,4			
10	340.30.20,6				

Si l'on veut en déduire la longitude de Mercure à midi moyen pour janvier 1, on fera

$$f(a) = 303°\,25'\,1'',5 \quad \text{et} \quad n = \tfrac{1}{2},$$

ensuite

		Produits.
$'(a+\frac{1}{2}) = +6°\,41'\,50'',0,$	$n = \frac{1}{2}$	$+3°20'55'',0;$
$''(a+1) = +0.18.48,0,$	$\frac{n(n-1)}{1.2} = -\frac{1}{8}$	$-0.\ 2.21,0;$
$'''(a+\frac{3}{2}) = +0.\ 2.44,4,$	$\frac{n(n-1)(n-2)}{1.2.3} = +\frac{1}{16}$	$+0.\ 0.10,3;$
${}^{\text{IV}}(a+2) = +0.\ 0.10,1,$	$\frac{n(n-1)(n-2)(n-3)}{1.2.3.4} = -\frac{5}{128}$	$-0.\ 0.\ 0,4.$

Il faut ajouter à $f(a)$

$$+3°\,18'\,43'',9.$$

La longitude de Mercure, pour janvier 1 à 0^h, est donc

$$306°\,43'\,45'',4.$$

La formule de Newton peut s'écrire sous une forme plus commode qui offre l'avantage de multiplier par des fractions plus simples

$$(1a)\quad \left\{ f(a+nw) = f(a) + n\left(f'(a+\tfrac{1}{2}) + \frac{n-1}{2}\left\{ f''(a+1) + \frac{n-2}{3}\left[f'''(a+\tfrac{3}{2}) + \frac{n-3}{4} f^{\text{iv}}(a+2)\right]\right\}\right).\right.$$

On a alors dans l'exemple précédent

			Produits.
$^{\text{iv}}(a+2)$	$= +0^\circ\ 0'\ 10'',1,$	$\frac{n-3}{4} = -\frac{5}{8}$	$-0^\circ\ 0'\ 6'',3$
$'''(a+\frac{3}{2}) - 0'\ 6'',3$	$= +0.\ 2.38\ ,1,$	$\frac{n-2}{3} = -\frac{1}{2}$	$-0.\ 1.19\ ,0$
$''(a+1) - 1.19\ ,0$	$= +0.17.28\ ,8,$	$\frac{n-1}{2} = -\frac{1}{4}$	$-0.\ 4.22\ ,2$
$'(a+\frac{1}{2}) - 4.22\ ,2$	$= +6.37.27\ ,8,$	$\frac{n}{2} = +\frac{1}{2}$	$+3.18.43\ ,9$

$$f(a) + 3^\circ 18' 43'',9 = 306^\circ 43' 45'',4,$$

14. *Autres formules d'interpolation.* — On peut encore transformer la formule de Newton de manière à n'employer que les différences placées sur une même ligne horizontale, c'est-à-dire en partant de $f(a)$, les différences qui ont pour argument a et $a+\frac{1}{2}$; les deux premiers termes de la formule de Newton sont ainsi conservés; et on a

$$\begin{aligned}
f''(a+1) &= f''(a) + f'''(a+\tfrac{1}{2}),\\
f'''(a+\tfrac{3}{2}) &= f'''(a+\tfrac{1}{2}) + f^{\text{iv}}(a+1)\\
&= f'''(a+\tfrac{1}{2}) + f^{\text{iv}}(a) + f^{\text{v}}(a+\tfrac{1}{2}),\\
f^{\text{iv}}(a+2) &= f^{\text{iv}}(a+1) + f^{\text{v}}(a+\tfrac{3}{2})\\
&= f^{\text{iv}}(a) + 2f^{\text{v}}(a+\tfrac{1}{2}) + f^{\text{vi}}(a+1),\\
f^{\text{v}}(a+\tfrac{5}{2}) &= f^{\text{v}}(a+\tfrac{3}{2}) + f^{\text{vi}}(a+2)\\
&= f^{\text{v}}(a+\tfrac{1}{2}) + f^{\text{vi}}(a+1) + f^{\text{vi}}(a+2),\\
&\ldots\ldots\ldots\ldots\ldots\ldots\ldots\ldots;
\end{aligned}$$

on obtient ainsi, pour coefficient de $f''(a)$

$$\frac{n(n-1)}{2};$$

pour coefficient de $f'''(a+\frac{1}{2})$

$$\frac{n(n-1)}{1.2}+\frac{n(n-1)(n-2)}{1.2.3}=\frac{(n+1)n(n-1)}{1.2.3};$$

pour coefficient de $f^{\text{iv}}(a)$

$$\frac{n(n-1)(n-2)}{1.2.3}+\frac{n(n-1)(n-2)(n-3)}{1.2.3.4}=\frac{(n+1)n(n-1)(n-2)}{1.2.3.4};$$

et enfin pour coefficient de $f^{\text{v}}(a+\frac{1}{2})$

$$\begin{aligned}\frac{n(n-1)(n-2)}{1.2.3}&+2\,\frac{n(n-1)(n-2)(n-3)}{1.2.3.4}\\&+\frac{n(n-1)(n-2)(n-3)(n-4)}{1.2.3.4.5}\\&=\frac{(n+2)(n+1)n(n-1)(n-2)}{1.2.3.4.5}.\end{aligned}$$

La loi de formation est évidente, et la formule complète s'écrit

$$(2)\quad\left\{\begin{aligned}f(a+nw)=f(a)+nf'(a+\tfrac{1}{2})&+\frac{n(n-1)}{1.2}f''(a)\\&+\frac{(n+1)n(n-1)}{1.2.3}f'''(a+\tfrac{1}{2})\\&+\frac{(n+1)n(n-1)(n-2)}{1.2.3.4}f^{\text{iv}}(a)\\&+\frac{(n+2)(n+1)n(n-1)(n-2)}{1.2.3.4.5}f^{\text{v}}(a+\tfrac{1}{2})+\ldots\end{aligned}\right.$$

A la place des différences contenant $(a+\frac{1}{2})$, introduisons les différences contenant $(a-\frac{1}{2})$, il vient

$$\begin{aligned}f'(a+\tfrac{1}{2})&=f'(a-\tfrac{1}{2})+f''(a),\\f'''(a+\tfrac{1}{2})&=f'''(a-\tfrac{1}{2})+f^{\text{iv}}(a),\\f^{\text{v}}(a+\tfrac{1}{2})&=f^{\text{v}}(a-\tfrac{1}{2})+f^{\text{vi}}(a).\end{aligned}$$

Ainsi, les coefficients des différences d'ordre impair restent les mêmes, tandis que le coefficient de $f''(a)$ est

$$n + \frac{n(n-1)}{1.2} = \frac{n(n+1)}{1.2},$$

et le coefficient de $f^{\text{iv}}(a)$ est

$$\frac{(n+1)n(n-1)}{1.2.3} + \frac{(n+1)n(n-1)(n-2)}{1.2.3.4} = \frac{(n-1)n(n+1)(n+2)}{1.2.3.4}.$$

On obtient ainsi

$$\begin{aligned} f(a+n\omega) = f(a) + nf'(a-\tfrac{1}{2}) &+ \frac{n(n+1)}{1.2}f''(a) \\ &+ \frac{(n-1)n(n+1)}{1.2.3}f'''(a-\tfrac{1}{2}) \\ &+ \frac{-1)n(n+1)(n+2)}{1.2.3.4.}f^{\text{iv}}(a) \\ &+ \frac{(n-2)(n-1)n(n+1)(n+2)}{1.2.3.4.5}f^{\text{v}}(a-\tfrac{1}{2}) + \ldots \end{aligned}$$

où la loi de formation est évidente.

Quand on doit interpoler une valeur dont l'argument tombe entre a et $a-\omega$, n est négatif. Mais si l'on veut que n soit toujours une quantité positive, il faut dans la formule précédente remplacer n par $-n$; et l'on a

$$(3)\left\{\begin{aligned} f(a-n\omega) = f(a) - nf'(a-\tfrac{1}{2}) &+ \frac{n(n-1)}{1.2}f''(a) \\ &- \frac{(n+1)n(n-1)}{1.2.3}f'''(a-\tfrac{1}{2}) \\ &+ \frac{(n+1)n(n-1)(n-2)}{1.2.3.4}f^{\text{iv}}(a) \\ &- \frac{(n+2)(n+1)n(n-1)(n-2)}{1.2.3.4.5}f^{\text{v}}(a-\tfrac{1}{2}) + \ldots \end{aligned}\right.$$

On emploiera cette formule dans tous les cas où l'on voudra interpoler pour des arguments qui précèdent a.

En écrivant les formules (2) et (3) comme on a fait précdemment pour la formule de Newton, on obtient

$$
(2a)\left\{\begin{aligned}
f(a+nw) = f(a) + n\Big\{ f'(a+\tfrac{1}{2}) &+ \frac{n-1}{2}\Big(f''(a) \\
&+ \frac{n+1}{3}\Big[f'''(a+\tfrac{1}{2}) + \frac{n-2}{4}[f^{\text{IV}}(a)+\ldots]\Big]\Big)\Big\},
\end{aligned}\right.
$$

$$
(3a)\left\{\begin{aligned}
f(a-nw) = f(a) - n\Big\{ f'(a-\tfrac{1}{2}) &- \frac{n-1}{2}\Big(f'''(a) \\
&- \frac{n+1}{3}\Big[f'''(a-\tfrac{1}{2}) - \frac{n-2}{4}[f^{\text{IV}}(a)-\ldots]\Big]\Big)\Big\}.
\end{aligned}\right.
$$

On emploiera la première formule $(2a)$ si $(a+nw)$ est plus près de a que de $(a+w)$, la seconde $(3a)$ si $(a-nw)$ est plus près de a que de $(a-w)$; et si, dans le tableau donné ci-dessus des fonctions et de leurs différences, on imagine une droite horizontale dans la région de la valeur de la fonction qu'on veut interpoler, il faudra toujours se servir des différences qui sont les plus rapprochées de la ligne horizontale, soit en dessus, soit en dessous. On n'a pas besoin d'avoir égard aux signes des différences, il faut seulement corriger chaque différence de manière qu'elle se rapproche de celle qui est de l'autre côté de la ligne horizontale. Par exemple, si l'on emploie la première formule, et que l'argument tombe entre a et $a+\frac{1}{2}w$, la droite horizontale passera entre $f''(a)$ et $f''(a+1)$; il faudra donc ajouter à $f''(a)$

$$
+\frac{n+1}{3}f'''(a+\tfrac{1}{2}) = +\frac{n+1}{3}[f''(a+1)-f''(a)].
$$

Donc suivant que $f''(a)$ sera plus grande ou plus petite que $f''(a+1)$, $f''(a)$ sera diminuée ou augmentée par cette correction, et ainsi s'approchera toujours de $f''(a+1)$.

On atteint encore une exactitude plus grande, si l'on prend pour dernière différence, la moyenne arithmétique des différences qui sont les plus rapprochées de la ligne horizontale. Nous désignerons la moyenne arithmétique des deux différences, en conservant le même nombre d'accents, et en mettant entre parenthèses la moyenne arithmétique des deux arguments, de sorte que

$$f'(a+n)=\frac{f'(a+n-\frac{1}{2})+f'(a+n+\frac{1}{2})}{2}.$$

Alors, contrairement à ce qui avait lieu précédemment, on a des fractions pour les différences d'ordre pair, et des nombres entiers pour les différences d'ordre impair, de sorte qu'aucune ambiguïté n'est à craindre. Par exemple, si l'on s'arrête à la seconde différence, dans cette extrapolation, on prendra la moyenne arithmétique entre $f''(a)$ et $f''(a+1)$, c'est-à-dire $f''(a+\frac{1}{2})$; au lieu du terme

$$\frac{n(n-1)}{1.2}f''(a),$$

on prendra le terme

$$\frac{n(n-1)}{2}f''(a+\tfrac{1}{2}),$$

c'est-à-dire

$$\frac{n(n-1)}{1.2}[f''(a)+\tfrac{1}{2}f'''(a+\tfrac{1}{2})].$$

Lorsqu'on ne prenait que $f''(a)$, tout le troisième terme manquait, tandis que maintenant il manque seulement

$$\left[\frac{n(n-1)(n+1)}{1.2.3}-\frac{n(n-1)}{1.2.2}\right]f'''(a+\tfrac{1}{2})$$
$$=\frac{n(n-1)(n-\frac{1}{2})}{1.2.3}f'''(a+\tfrac{1}{2}).$$

Ainsi, pour $n=\frac{1}{2}$, l'erreur qui ne dépend que des différences troisièmes est exactement nulle.

Pour le cas de $n=\frac{1}{2}$, interpolant au milieu de l'intervalle, il est indifférent d'employer la formule (2) ou la formule (3), car on peut interpoler en avant avec l'argument a, et en arrière avec $a+w$. La combinaison des deux équations donne une formule plus commode. Pour $n=\frac{1}{2}$, la formule (2) devient

$$f(a+\tfrac{1}{2}w)=f(a)+\tfrac{1}{2}f'(a+\tfrac{1}{2})+\frac{(\frac{1}{2})(-\frac{1}{2})}{1.2}f''(a)$$
$$+\frac{(\frac{3}{2})(\frac{1}{2})(-\frac{1}{2})}{1.2.3}f'''(a+\tfrac{1}{2})$$
$$+\frac{(\frac{3}{2})(\frac{1}{2})(-\frac{1}{2})(-\frac{3}{2})}{1.2.3.4}f^{\text{IV}}(a)+\ldots.$$

Au contraire, la formule (3) appliquée à l'argument $a+w$ donne

$$f(a+\tfrac{1}{2}w)=f(a+1)-\tfrac{1}{2}f'(a+\tfrac{1}{2})+\frac{(\frac{1}{2})(-\frac{1}{2})}{1.2}f''(a+1)$$
$$-\frac{(-\frac{1}{2})\frac{1}{2}\frac{3}{2}}{1.2.3}f'''(a+\tfrac{1}{2})$$
$$+\frac{\frac{3}{2}\cdot\frac{1}{2}(-\frac{1}{2})(-\frac{3}{2})}{1.2.3.4}f^{\text{IV}}(a+1)-\ldots.$$

Si l'on prend la moyenne arithmétique des deux formules, les termes contenant les différences d'ordre impair disparaissent, et on obtient, pour l'interpolation faite au milieu de l'intervalle des arguments, la formule suivante qui est très-commode et ne contient que les moyennes arithmétiques des différences d'ordre pair

$$(4)\quad \begin{cases} f(a+\frac{1}{2}w)=f(a+\frac{1}{2})-\frac{1}{8}f''(a+\frac{1}{2}) \\ \qquad +\frac{3}{128}f^{\text{IV}}(a+\frac{1}{2})-\frac{5}{1024}f^{\text{VI}}(a+\frac{1}{2})+\ldots \end{cases}$$

ou

$$(4a)\quad \begin{cases} f(a+\frac{1}{2}w)=f(a+\frac{1}{2})-\frac{1}{8}[f''(a+\frac{1}{2}) \\ \qquad -\frac{3}{16}\{f^{\text{IV}}(a+\frac{1}{2})-\frac{5}{24}[f^{\text{VI}}(a+\frac{1}{2})+\ldots]\}], \end{cases}$$

où la loi de formation est évidente.

Exemple. — Cherchons la longitude de Mercure pour janvier 4, 12^{h}. Nous emploierons la formule (2a) et les différences suivantes :

		Diff. I.	Diff. II.	Diff. III.	Diff. IV.
		+7° 0′38″,0		+2′44″,4	
Janv. 4	317° 7′29″,5		+21′32″,4		+10″,1
		+7.22.10,4		+2.54,5	
6	324.29.39,9		+24.26,9		+4,7

Ici $n = \frac{1}{4}$; donc en ne faisant aucune attention aux signes

$$\frac{n-1}{2} = \frac{3}{8}, \quad \frac{n+1}{3} = \frac{5}{12}, \quad \frac{n-2}{4} = \frac{7}{16},$$

et l'on obtient

Moyenne arithmétique des		
Diff. IV.............	$0^\circ\ 0'\ 7'',4 \times \frac{7}{16}$	$= 0^\circ\ 0'\ 3'',2$
Diff. III corrigées.....	$0.\ 2.51\ ,3 \times \frac{5}{12}$	$= 0.\ 1.11\ ,4$
Diff. II corrigées......	$0.22.43\ ,8 \times \frac{3}{8}$	$= 0.\ 8.31\ ,4$
Diff. I corrigées......	$7.13.39\ ,0 \times \frac{1}{4}$	$= 1.48.24\ ,7$

la longitude de Mercure pour janvier 4,5 est donc

$$318^\circ 55' 54'',2.$$

Si l'on cherche la longitude pour janvier 5,5, on emploie la formule ($3a$), et l'on prend les différences qui se trouvent des deux côtés de la ligne horizontale inférieure. On trouve ainsi :

Janvier 5,5, longitude $= 322^\circ 36' 56'',7$.

Comme application de la formule ($4a$), nous chercherons la longitude pour janvier 5,0. Nous obtenons

Moyenne arithmétique des		
Diff. IV.............	$\times -\frac{3}{16} = -$	$0^\circ\ 0'\ 1'',4$
Diff. II corrigées......	$\times -\frac{1}{8} = -$	$0.\ 2.52\ ,3$
Valeurs de la fonction..	$=$	$320.48.34\ ,7$

et, par suite, la longitude pour janvier 5,0 est

$$320^\circ 45' 42'',4\ (*).$$

Formons maintenant le tableau des valeurs interpolées et de leurs différences :

(*) Hansen a donné dans ses *Tables de la Lune* des Tables qui facilitent l'emploi des formules précédentes.

			Diff. I.	Diff. II.	Diff. III.
Janv.	4,0	317° 7′ 29″,5			
			+ 1°48′24″,7		
	4,5	318.55.54,2		+ 1′23″,5	
			+ 1.49.48,2		+ 2″,6
	5,0	320.45.42,4		+ 1.26,1	
			+ 1.51.14,3		+ 2,8
	5,5	322.36.56,7		+ 1.28,9	
			+ 1.52.43,2		
	6,0	324.29.39,9			

La régularité de la marche des différences montre l'exactitude du calcul de l'interpolation. Cette preuve, au moyen des différences, est souvent employée dans les calculs servant à la détermination d'une série de valeurs d'une fonction dont les arguments croissent par intervalles égaux. En effet, si par exemple il s'est introduit dans le calcul de $f(a)$ une erreur x, le tableau des différences deviendra le suivant :

$f(a-3w)$				
	$f'(a-\frac{5}{2})$			
$f(a-2w)$		$f''(a-2)$		
	$f'(a-\frac{3}{2})$		$f'''(a-\frac{3}{2})+x$	
$f(a-w)$		$f''(a-1)+x$		$f^{iv}(a-1)-4$
	$f'(a-\frac{1}{2})+x$		$f'''(a-\frac{1}{2})-3x$	
$f(a)+x$		$f''(a)-2x$		$f^{iv}(a)+6x$
	$f'(a+\frac{1}{2})-x$		$f'''(a+\frac{1}{2})+3x$	
$f(a+w)$		$f''(a+1)+x$		$f^{iv}(a+1)-4$
	$f'(a+\frac{3}{2})$		$f'''(a+\frac{3}{2})-x$	
$f(a+2w)$		$f''(a+2)$		
	$f'(a+\frac{5}{2})$			
$f(a+3w)$				

On voit ainsi que le calcul des différences met en évidence l'erreur commise sur la valeur de la fonction, et que la plus grande irrégularité se manifeste dans la ligne horizontale contenant la valeur inexacte de la fonction.

15. *Calcul des dérivées d'une fonction donnée par des valeurs numériques.* — Il arrive souvent qu'on ait à employer les valeurs numériques des dérivées d'une fonction dont l'expression analytique est inconnue, et qui n'est donnée que par une série de valeurs numériques correspondantes à des valeurs équidistantes de l'argument. Pour trouver dans ce cas les valeurs numériques des dérivées, on se sert des formules d'interpolation.

Si l'on développe la formule d'interpolation de Newton suivant les puissances de n, on a

$$f(a+nw) = f(a) + n\left[f'(a+\tfrac{1}{2}) - \tfrac{1}{2}f''(a+1) + \tfrac{1}{3}f'''(a+\tfrac{3}{2}) - \ldots\right] + \frac{n^2}{1.2}\left[f''(a+1) - f'''(a+\tfrac{3}{2}) + \ldots\right] + \frac{n^3}{1.2.3}\left[f'''(a+\tfrac{3}{2}) - \ldots\right] + \ldots;$$

on a aussi, par le théorème de Taylor,

$$f(a+nw) = f(a) + \frac{df(a)}{da}nw + \frac{d^2f(a)}{da^2}\frac{n^2w^2}{1.2} + \ldots;$$

et par la comparaison des deux séries,

$$\frac{df(a)}{da} = \frac{1}{w}\left[f'(a+\tfrac{1}{2}) - \tfrac{1}{2}f''(a+1) + \tfrac{1}{3}f'''(a+\tfrac{3}{2}) - \ldots\right],$$

$$\frac{d^2f(a)}{da^2} = \frac{1}{w^2}\left[f''(a+1) - f'''(a+\tfrac{3}{2}) + \ldots\right],$$

....

On trouve des valeurs plus commodes pour les dérivées à l'aide de la formule (2) du n° 14. Introduisons dans cette formule les moyennes arithmétiques des différences d'ordre impair en posant

$$f'(a+\tfrac{1}{2}) = f'(a) + \tfrac{1}{2}f''(a),$$

$$f'''(a+\tfrac{1}{2}) = f'''(a) + \tfrac{1}{2}f^{\text{IV}}(a),$$

........................;

nous obtenons

$$f(a+nw) = f(a) + nf'(a) + \frac{n^2}{1.2}f''(a) + \frac{(n+1)n(n-1)}{1.2.3}f'''(a) + \frac{(n+1)n^2(n-1)}{1.2.3.4}f^{\text{IV}}(a) + \ldots,$$

formule qui contient les différences d'ordre pair qui se trouvent sur la même ligne horizontale que $f(a)$, et les moyennes arithmétiques des différences d'ordre impair qui sont des deux côtés de cette ligne. Si on la développe suivant les puissances de n on a

$$
\begin{aligned}
&f(a+nw)\\
&\quad=f(a)+n\left[f'(a)-\tfrac{1}{6}f'''(a)+\tfrac{1}{30}f^{\text{v}}(a)-\tfrac{1}{140}f^{\text{vii}}(a)+\ldots\right]\\
&\qquad+\frac{n^2}{1.2}\left[f''(a)-\tfrac{1}{12}f^{\text{iv}}(a)+\tfrac{1}{90}f^{\text{vi}}(a)-\ldots\right]\\
&\qquad+\frac{n^3}{1.2.3}\left[f'''(a)-\tfrac{1}{4}f^{\text{v}}(a)+\tfrac{7}{120}f^{\text{vii}}(a)-\ldots\right]\\
&\qquad+\frac{n^4}{1.2.3.4}\left[f^{\text{iv}}(a)-\tfrac{1}{6}f^{\text{vi}}(a)+\ldots\right]\\
&\qquad+\frac{n^5}{1.2.3.4.5}\left[f^{\text{v}}(a)-\tfrac{1}{3}f^{\text{vii}}(a)+\ldots\right]\\
&\qquad+\ldots\ldots\ldots\ldots\ldots\ldots\ldots\ldots
\end{aligned}
$$

et, par suite,

$$
(5)\quad\left\{
\begin{aligned}
\frac{df(a)}{da}&=\frac{1}{w}\Big[f'(a)-\tfrac{1}{6}f'''(a)\\
&\qquad\qquad+\tfrac{1}{30}f^{\text{v}}(a)-\tfrac{1}{140}f^{\text{vii}}(a)+\ldots\Big],\\
\frac{d^2f(a)}{da^2}&=\frac{1}{w^2}\left[f''(a)-\tfrac{1}{12}f^{\text{iv}}(a)+\tfrac{1}{90}f^{\text{vi}}(a)-\ldots\right],\\
\frac{d^3f(a)}{da^3}&=\frac{1}{w^3}\left[f'''(a)-\tfrac{1}{4}f^{\text{v}}(a)+\tfrac{7}{120}f^{\text{vii}}(a)-\ldots\right],\\
&\ldots\ldots\ldots\ldots\ldots\ldots\ldots\ldots\ldots\ldots
\end{aligned}
\right.
$$

Si l'on cherche les dérivées pour une valeur de la fonction qui n'est pas comprise dans les données, par exemple $f(a+nw)$, on remplacera dans ces formules a par $(a+n)$, de sorte que

$$
(6)\quad\left\{
\begin{aligned}
\frac{df(a+nw)}{da}&=\frac{1}{w}\Big[f'(a+n)-\tfrac{1}{6}f'''(a+n)\\
&\qquad\qquad+\tfrac{1}{30}f^{\text{v}}(a+n)-\ldots\Big],\\
\frac{d^2f(a+nw)}{da^2}&=\frac{1}{w^2}\left[f''(a+n)-\tfrac{1}{12}f^{\text{iv}}(a+n)+\ldots\right],\\
&\ldots\ldots\ldots\ldots\ldots\ldots\ldots\ldots\ldots\ldots
\end{aligned}
\right.
$$

Les différences que l'on doit employer ne se trouvent pas dans le tableau, il faut les calculer; pour les différences d'ordre pair, par exemple $f''(a+n)$, cela est facile, car on peut les obtenir par l'interpolation ordinaire en considérant $f''(a), f''(a+n),\ldots$ comme les fonctions, et les différences troisièmes, comme leurs différences premières. Quant aux différences d'ordre impair, ce sont des moyennes arithmétiques, et l'on doit tout d'abord trouver une formule pour l'interpolation des moyennes arithmétiques. Nous avons

$$f'(a+n)=\frac{f'(a+n-\frac{1}{2})+f'(a+n+\frac{1}{2})}{2},$$

et, par la formule (2) du n° 14,

$$f'(a-\tfrac{1}{2}+n)=f'(a-\tfrac{1}{2})+nf''(a)+\frac{n(n-1)}{1.2}f'''(a-\tfrac{1}{2})$$
$$+\frac{(n+1)n(n-1)}{1.2.3}f^{\text{IV}}(a)+\ldots,$$

$$f'(a+\tfrac{1}{2}+n)=f'(a+\tfrac{1}{2})+nf''(a)+\frac{n(n+1)}{1.2}f'''(a+\tfrac{1}{2})$$
$$+\frac{(n+1)n(n-1)}{1.2.3}f^{\text{IV}}(a)+\ldots.$$

On obtient ainsi, en prenant leur moyenne arithmétique, la formule d'interpolation des moyennes arithmétiques :

$$f'(a+n)=f'(a)+nf''(a)+\frac{n^2}{1.2}f'''(a)$$
$$+\frac{n}{4}f^{\text{IV}}(a)+\frac{(n+1)n(n-1)}{1.2.3}f^{\text{IV}}(a)+\ldots;$$

les deux termes

$$\frac{n^2}{1.2}f'''(a)+\frac{n}{4}f^{\text{IV}}(a)$$

proviennent en effet de la moyenne arithmétique des termes

$$\frac{n(n-1)}{1.2}f'''(a-\tfrac{1}{2}) \quad \text{et} \quad \frac{n(n+1)}{1.2}f'''(a+\tfrac{1}{2}),$$

qui donne

$$\frac{n^2}{1.2}f'''(a)+\frac{n}{4}[f'''(a+\tfrac{1}{2})-f'''(a-\tfrac{1}{2})].$$

En combinant les deux termes qui contiennent $f^{\text{IV}}(a)$, on pourra écrire ainsi la formule précédente

$$(7)\quad \begin{cases} f'(a+n) = f'(a) + nf''(a) \\ \qquad + \dfrac{n^2}{1.2} f'''(a) + \dfrac{2n^3+n}{12} f^{\text{IV}}(a) + \ldots \end{cases}$$

Lorsqu'on donne une série de valeurs numériques d'une fonction dont les arguments procèdent par intervalles égaux, on peut, avec les formules (5), (6) et (7), calculer les valeurs numériques des dérivées de cette fonction pour un argument quelconque, au moyen des différences d'ordre pair et des moyennes arithmétiques des différences d'ordre impair.

On peut encore trouver pour ces dérivées d'autres formules dans lesquelles on emploie les différences d'ordre impair et les moyennes arithmétiques des différences d'ordre pair.

En effet, si dans la formule d'interpolation (3) du nº 14 on introduit la moyenne arithmétique des différences d'ordre pair, en posant

$$\begin{aligned} f(a) &= f(a+\tfrac{1}{2}) - \tfrac{1}{2} f'(a+\tfrac{1}{2}), \\ f''(a) &= f''(a+\tfrac{1}{2}) - \tfrac{1}{2} f'''(a+\tfrac{1}{2}), \\ f^{\text{IV}}(a) &= f^{\text{IV}}(a+\tfrac{1}{2}) - \tfrac{1}{2} f^{\text{V}}(a+\tfrac{1}{2}), \\ &\ldots\ldots\ldots\ldots\ldots\ldots\ldots\ldots, \end{aligned}$$

et remarquant que

$$\frac{(n+1)n(n-1)}{1.2.3} - \frac{1}{2}\,\frac{n(n-1)}{1.2} = \frac{n(n-1)(n-\frac{1}{2})}{1.2.3},$$
$$\ldots\ldots\ldots\ldots\ldots\ldots\ldots\ldots\ldots\ldots\ldots\ldots,$$

on obtient

$$\begin{aligned} f(a+nw) = f(a+\tfrac{1}{2}) + (n-\tfrac{1}{2})f'(a+\tfrac{1}{2}) + \frac{n(n-1)}{1.2} f''(a+\tfrac{1}{2}) \\ + \frac{n(n-1)(n-\frac{1}{2})}{1.2.3} f'''(a+\tfrac{1}{2}) \\ + \frac{(n+1)n(n-1)(n-2)}{1.2.3.4} f^{\text{IV}}(a+\tfrac{1}{2}) + \ldots \end{aligned}$$

Si l'on remplace n par $n+\frac{1}{2}$, la loi des coefficients devient plus simple, et on a

$$f[a+(n+\tfrac{1}{2})\omega]=f(a+\tfrac{1}{2})+nf'(a+\tfrac{1}{2})$$
$$+\frac{(n+\frac{1}{2})(n-\frac{1}{2})}{1.2}f''(a+\tfrac{1}{2})$$
$$+\frac{(n+\frac{1}{2})\,n\,(n-\frac{1}{2})}{1.2.3}f'''(a+\tfrac{1}{2})$$
$$+\frac{(n+\frac{3}{2})(n+\frac{1}{2})(n-\frac{1}{2})(n-\frac{3}{2})}{1.2.3.4}f^{\text{IV}}(a+\tfrac{1}{2})+\ldots$$

En développant cette formule suivant les puissances de n, on obtient, d'après la formule (4) du n° 14,

$$f[a+(n+\tfrac{1}{2})\omega]=f(a+\tfrac{1}{2})$$
$$+\frac{n}{1}\left[f'(a+\tfrac{1}{2})-\frac{1}{24}f'''(a+\tfrac{1}{2})\right.$$
$$\left.+\frac{3}{640}f^{\text{v}}(a+\tfrac{1}{2})-\ldots\right]$$
$$+\frac{n^2}{1.2}\left[f''(a+\tfrac{1}{2})-\frac{5}{24}f^{\text{IV}}(a+\tfrac{1}{2})\right.$$
$$\left.+\frac{259}{5760}f^{\text{VI}}(a+\tfrac{1}{2})-\ldots\right]$$
$$+\frac{n^3}{1.2.3}\left[f'''(a+\tfrac{1}{2})-\frac{1}{8}f^{\text{v}}(a+\tfrac{1}{2})\right.$$
$$\left.+\frac{37}{1920}f^{\text{VII}}(a+\tfrac{1}{2})-\ldots\right]$$
$$+\frac{n^4}{1.2.3.4}\left[f^{\text{IV}}(a+\tfrac{1}{2})-\frac{7}{24}f^{\text{VI}}(a+\tfrac{1}{2})+\ldots\right]$$
$$+\ldots\ldots\ldots\ldots\ldots\ldots\ldots\ldots$$

La comparaison de cette formule avec le développement de

$f[a+(n+\frac{1}{2})\omega]$ donné par la série de Taylor, montre que

$$(8)\left\{\begin{aligned}
\frac{df(a+\frac{1}{2}\omega)}{da} &= \frac{1}{\omega}\Big[f'(a+\tfrac{1}{2}) - \frac{1}{24}f'''(a+\tfrac{1}{2}) \\
&\qquad + \frac{3}{640}f^{\text{v}}(a+\tfrac{1}{2}) - \ldots\Big], \\
\frac{d^2f(a+\frac{1}{2}\omega)}{da^2} &= \frac{1}{\omega^2}\Big[f''(a+\tfrac{1}{2}) - \frac{5}{24}f^{\text{iv}}(a+\tfrac{1}{2}) \\
&\qquad + \frac{259}{5760}f^{\text{vi}}(a+\tfrac{1}{2}) - \ldots\Big], \\
&\ldots\ldots\ldots\ldots\ldots\ldots\ldots\ldots
\end{aligned}\right.$$

Ces formules sont surtout commodes quand on veut calculer les dérivées d'une fonction pour un argument qui est la moyenne de deux arguments consécutifs. Soit l'argument $a+(n+\frac{1}{2})\omega$, on aura

$$(9)\left\{\begin{aligned}
\omega\frac{df[a+(n+\frac{1}{2})\omega]}{da} &= f'(a+\tfrac{1}{2}+n) - \frac{1}{24}f'''(a+\tfrac{1}{2}+n) \\
&\qquad + \frac{3}{640}f^{\text{v}}(a+\tfrac{1}{2}+n) - \ldots, \\
&\ldots\ldots\ldots\ldots\ldots\ldots\ldots\ldots
\end{aligned}\right.$$

et alors on calculera la différence $f'(a+\frac{1}{2}+n)$ et généralement toutes les différences d'ordre impair par les formules ordinaires de l'interpolation. Comme les différences d'ordre pair sont des moyennes arithmétiques, la formule à employer se déduira de la formule (7) pour l'interpolation des moyennes arithmétiques d'ordre impair, en y remplaçant a par $a+\frac{1}{2}$ et en augmentant tous les accents d'une unité; on aura, par exemple,

$$\begin{aligned}
f''(a+\tfrac{1}{2}+n) &= f''(a+\tfrac{1}{2}) + nf'''(a+\tfrac{1}{2}) \\
&\quad + \frac{n^2}{2}f^{\text{iv}}(a+\tfrac{1}{2}) + \frac{2n^3+n}{12}f^{\text{v}}(a+\tfrac{1}{2}) + \ldots.
\end{aligned}$$

EXEMPLE. — Dans le *Jahrbuch* de Berlin de 1848, on trouve, pour les ascensions droites de la Lune,

	h	h m s	Diff. I.	Diff. II.	Diff. III.	Diff. IV.
Juill. 12.	0	16 14 26,33				
			+25^{m} 3^{s},99			
	12	16.39.30,32		+23^{s},75		
			+25.27,74		−1^{s},39	
13.	0	17. 4.58,06		+22,36		−0^{s},85
			+25.50,10		−2,24	
	12	17.30.48,16		+20,12		−0,79
			+26.10,22		−3,03	
14.	0	17.56.58,38		+17,09		−0,67
			+26.27,31		−3,70	
	12	18.23.25,69		+13,39		
			+26.40,70			
15.	0	18.50. 6,39				

Si l'on cherche la dérivée première pour juillet 13, 10^{h}, 11^{h} et 12^{h}, à l'aide de la formule (9), on doit d'abord calculer pour ces époques les différences premières et les différences troisièmes. La troisième des différences premières se rapporte à l'argument juillet 13, 6^{h}; elle est $f'(a+\frac{1}{2})$. Pour 10^{h}, 11^{h}, 12^{h}, n sera respectivement $\frac{1}{3}$, $\frac{5}{12}$, $\frac{1}{2}$. Si l'on interpole d'après la méthode ordinaire, on obtient

	$f'(a+\frac{1}{2}+n)$.	$f'''(a+\frac{1}{2}+n)$.
Pour 10^{h}......	+ 25^{m} 57^{s},11	− 2^{s},51,
Pour 11^{h}......	+ 25. 58 ,81	− 2 ,58,
Pour 12^{h}......	+ 26. 0 ,49	− 2 ,64.

Pour un intervalle $w = 12^{h}$, les dérivées sont donc

Pour 10^{h}.........	+ 25^{m} 57^{s},21,
Pour 11^{h}.........	+ 25. 58 ,92,
Pour 12^{h}.........	+ 26. 0 ,60;

si l'on veut les avoir pour 1^{h} d'intervalle, on doit diviser par 12, et l'on obtient les valeurs suivantes

Pour 10^{h}..........	+ 2^{m} 9^{s},77,
Pour 11^{h}..........	+ 2. 9 ,91,
Pour 12^{h}..........	+ 2. 10 ,05,

qui expriment pour ces époques le mouvement horaire de la Lune en ascension droite.

On aurait pu employer la formule (6), qui renferme les moyennes arithmétiques des différences d'ordre impair; alors, en prenant $a =$ juillet 13, 12ʰ et $n = -\frac{1}{6}$, ce qui correspond à juillet 13, 10ʰ, et en remarquant que d'après la formule (7)

$$f'(a - \tfrac{1}{6}) = +\ 25^m 56^s,77 \quad \text{et} \quad f'''(a - \tfrac{1}{6}) = -\ 2^s,51,$$

on aurait obtenu pour valeur de la dérivée

$$+\ 2^m 9^s,77.$$

Les différences secondes sont

Pour 10ʰ............	+ 20ˢ,55,
Pour 11ʰ............	+ 20 ,34,
Pour 12ʰ............	+ 20 ,12.

En retranchant le douzième des différences quatrièmes et divisant par 144, on obtient les dérivées secondes :

Pour 10ʰ............	+ 0ˢ,1432,
Pour 11ʰ............	+ 0 ,1417,
Pour 12ʰ............	+ 0 ,1402,

où l'heure est prise pour unité de temps.

Remarque. — Consulter sur l'interpolation le Mémoire de Encke, dans le *Jahrbuch*, pour 1830, et le Mémoire déjà cité sur les quadratures mécaniques, dans le *Jahrbuch*, pour 1837.

III. — Théorie de quelques intégrales définies employées en Astronomie sphérique.

16. *De l'intégrale* $\int_0^\infty e^{-t^2}\,dt$. — L'intégrale $\int e^{-t^2}\,dt$, prise entre les limites 0 et ∞, 0 et T, T et ∞, est assez souvent employée en Astronomie pour que nous établissions quelques théorèmes qui s'y rapportent et quelques formules qui servent à son évaluation numérique.

L'intégrale $\int_0^\infty e^{-t^2}dt$ est une transformation de l'intégrale eulérienne de première espèce, qu'on appelle *fonction-gamma*. Pour cette intégrale, on emploie la notation

$$(1) \qquad \int_0^\infty e^{-x}x^{a-1}\,dx = \Gamma(a),$$

où a est toujours une quantité positive, et on trouve en même temps

$$\int e^{-x}x^{a-1}\,dx = \int e^{-x}\,d\left(\frac{x^a}{a}\right) = e^{-x}\frac{x^a}{a} + \frac{1}{a}\int x^a e^{-x}\,dx,$$

la partie en dehors du signe $\int$ s'annulant aux limites, on obtient

$$\int_0^\infty e^{-x}x^{a-1}\,dx = \frac{1}{a}\int_0^\infty e^{-x}x^a\,dx,$$

ou bien

$$(2) \qquad a\Gamma(a) = \Gamma(a+1).$$

Mais, comme on le voit facilement,

$$\int_0^\infty e^{-x}\,dx = \Gamma(1) = 1.$$

On trouve donc pour n entier

$$\Gamma(n) = (n-1)(n-2)(n-3)\ldots 1.$$

Si l'on pose, dans l'équation (1), $x = t^2$, on aura

$$2\int_0^\infty e^{-t^2}t^{2(a-1)+1}\,dt = \Gamma(a),$$

et pour $a = \frac{1}{2}$,

$$\int_0^\infty e^{-t^2}\,dt = \tfrac{1}{2}\Gamma\left(\tfrac{1}{2}\right).$$

Pour trouver la valeur de cette intégrale, on la multiplie par son égale $\int_0^\infty e^{-y^2}\,dy$, ce qui donne

$$\left(\int_0^\infty e^{-t^2}\,dt\right)^2 = \int_0^\infty e^{-t^2}\,dt \int_0^\infty e^{-y^2}\,dy$$
$$= \int_0^\infty \int_0^\infty e^{-(t^2+y^2)}\,dt\,dy.$$

Si l'on pose maintenant $y = xt$, alors $dy = t\,dx$, et on obtient

$$\left(\int_0^\infty e^{-t^2}\,dt\right)^2 = \int_0^\infty dx \int_0^\infty e^{-(1+x^2)t^2}\,t\,dt;$$

et comme

$$\int_0^\infty e^{-(1+x^2)t^2}\,t\,dt = \frac{1}{2(1+x^2)},$$

on aura

$$\left(\int_0^\infty e^{-t^2}\,dt\right)^2 = \tfrac{1}{2}\int_0^\infty \frac{dx}{1+x^2}$$
$$= \tfrac{1}{2}\,(\text{arc tang}\,\infty - \text{arc tang}\,0) = \frac{\pi}{4},$$

et ainsi

(3) $$\int_0^\infty e^{-t^2}\,dt = \tfrac{1}{2}\,\Gamma\left(\tfrac{1}{2}\right) = \frac{\sqrt{\pi}}{2}.$$

On déduit de là

$$\Gamma\left(\tfrac{1}{2}\right) = \sqrt{\pi},$$

et de l'équation (2),

$$\Gamma\left(\tfrac{3}{2}\right) = \tfrac{1}{2}\sqrt{\pi}, \quad \Gamma\left(\tfrac{5}{2}\right) = \tfrac{3}{4}\sqrt{\pi}, \ldots$$

On peut introduire dans l'équation (1) une nouvelle constante; car, en posant $x = ky$, k étant positif, les limites ne changeront pas, et on aura

$$\int_0^\infty e^{-ky}\,k^{a-1}\,y^{a-1}\,k\,dy = \Gamma(a);$$

donc

(4) $$\int_0^\infty e^{-ky}\,y^{a-1}\,dy = \frac{\Gamma(a)}{k^a}.$$

17. *Diverses méthodes de calcul de l'intégrale* $\int_{T}^{\infty} e^{-t^2}\,dt$. — Pour trouver l'intégrale $\int_{T}^{\infty} e^{-t^2}\,dt$, on emploie différentes méthodes.

1° Si la valeur de T est petite, on l'obtiendra facilement en développant e^{-t^2} en série; on a

$$(5)\quad \int_{0}^{T} e^{-t^2}\,dt = T - \frac{T^3}{3} + \frac{1}{1.2}\frac{T^5}{5} - \frac{1}{1.2.3}\frac{T^7}{7} + \ldots + \frac{(-1)^n}{1.2\ldots n}\frac{T^{2n+1}}{2^{n+1}};$$

et comme $\int_{0}^{\infty} e^{-t^2}\,dt = \frac{\sqrt{\pi}}{2}$, on obtiendra aussi $\int_{T}^{\infty} e^{-t^2}\,dt$.

Cette série sera toujours convergente, car à partir d'un certain rang ses termes décroissent indéfiniment; mais la convergence ne sera suffisamment rapide que pour de petites valeurs de T.

2° Si T est grand, on se sert pour calculer la transcendante d'une autre série obtenue à l'aide d'une intégration par parties; cette série prolongée à l'infini est cependant divergente et ne représente pas l'intégrale; mais elle peut néanmoins servir à l'évaluer avec une approximation convenable, car elle possède cette propriété remarquable, que la somme d'un certain nombre de termes de la série diffère de l'intégrale d'une quantité plus petite que le dernier terme conservé. On a en effet

$$\int e^{-t^2}\,dt = \int \frac{d\left(-\frac{1}{2}e^{-t^2}\right)}{dt}\frac{dt}{t},$$

et, en intégrant par parties,

$$\int e^{-t^2}\,dt = -\frac{1}{2}\frac{e^{-t^2}}{t} - \frac{1}{2}\int e^{-t^2}\frac{dt}{t^2}.$$

De même

$$-\frac{1}{2}\int e^{-t^2}\frac{dt}{t^2} = -\frac{1}{2}\int \frac{d\left(-\frac{1}{2}e^{-t^2}\right)}{dt}\frac{dt}{t^3}$$

$$= +\frac{1}{2}\,\frac{1}{2}\,\frac{e^{-t^2}}{t^3} + \frac{1}{2}\,\frac{3}{2}\int e^{-t^2}\frac{dt}{t^4},$$

$$\frac{3}{4}\int e^{-t^2}\frac{dt}{t^4} = \frac{3}{4}\int \frac{d\left(-\frac{1}{2}e^{-t^2}\right)}{dt}\frac{dt}{t^5} = -\frac{3}{4}\,\frac{1}{2}\,\frac{e^{-t^2}}{t^5} - \ldots;$$

par suite

$$\int e^{-t^2}dt = -\frac{e^{-t^2}}{2t}\left[1 - \frac{1}{2t^2} + \frac{1.3}{(2t^2)^2} - \frac{1.3.5}{(2t^2)^3} + \ldots \pm \frac{1.3.5\ldots(2n-1)}{(2t^2)^n}\right] \mp \frac{1.3.5\ldots(2n+1)}{2^{n+1}}\int e^{-t^2}\frac{dt}{t^{2n+2}},$$

et, en prenant pour limites T et ∞,

$$(6)\quad \left\{ \begin{aligned} \int_T^\infty e^{-t^2}dt = \frac{e^{-T^2}}{2T}\Big[1 - \frac{1}{2T^2} + \frac{1.3}{(2T^2)^2} - \frac{1.3.5}{(2T^2)^3} + \ldots \\ \pm \frac{1.3.5\ldots(2n-1)}{(2T^2)^n}\Big] \\ \mp \frac{1.3.5\ldots(2n+1)}{2^{n+1}}\int_T^\infty e^{-t^2}\frac{dt}{t^{2n+2}}. \end{aligned} \right.$$

Les facteurs du numérateur vont continuellement en croissant; ils deviendront donc, au bout d'un certain temps, plus grands que $2T^2$, et, à partir de ce moment, chaque terme sera plus grand que celui qui le précède, puisqu'on l'obtiendra en multipliant le précédent par un facteur plus grand que l'unité.

En considérant maintenant le reste

$$\mp \frac{1.3.5\ldots(2n+1)}{2^{n+1}}\int_T^\infty e^{-t^2}\frac{dt}{t^{2n+2}},$$

il est facile de montrer qu'il est plus petit que le terme qui le précède immédiatement. La valeur de l'intégrale est en effet plus petite que le produit de l'intégrale

$$\int_{T}^{\infty} \frac{dt}{t^{2n+2}}$$

par la plus grande valeur de e^{-t^2} entre les limites T et ∞, c'est-à-dire e^{-T^2}, et comme

$$\int_{T}^{\infty} \frac{dt}{t^{2n+2}} = \frac{1}{2n+1} \frac{1}{T^{2n+1}},$$

le reste sera toujours plus petit que

$$\mp \frac{1.3.5\ldots(2n-1)}{2^{n+1}\,T^{2n+1}} e^{-T^2}.$$

Mais cette expression est précisément le terme indiqué pris avec un signe contraire. Si donc on s'arrête à un terme négatif, le reste sera positif, mais plus petit que le dernier terme employé. Par suite, pour avoir au moyen de cette série la valeur de la transcendante avec la plus grande approximation, on continuera la série jusqu'au terme le plus petit, et l'erreur commise sera plus petite que ce dernier terme.

Une autre méthode de calcul repose sur la transformation de cette transcendante en fraction continue, ainsi que Laplace l'a effectuée le premier.

Posons

$$(\alpha) \qquad e^{t^2}\int_{t}^{\infty} e^{-x^2}\,dx = \mathrm{U};$$

alors

$$\frac{d\mathrm{U}}{dt} = 2t\,e^{t^2}\int_{t}^{\infty} e^{-x^2}\,dx - e^{t^2}e^{-t^2},$$

$$(\beta) \qquad \frac{d\mathrm{U}}{dt} = 2t\mathrm{U} - 1.$$

Mais la dérivée $n^{\text{ième}}$ du produit xy est

$$\frac{d^n xy}{dt^n} = \frac{d^n x}{dt^n}y + n\frac{d^{n-1}x}{dt^{n-1}}\frac{dy}{dt} + \frac{n(n-1)}{1.2}\frac{d^{n-2}x}{dt^2}\frac{d^2y}{dt^2} + \ldots,$$

et alors

$$\frac{d^{n+1}U}{dt^{n+1}} = 2t\frac{d^nU}{dt^n} + 2n\frac{d^{n-1}U}{dt^{n-1}},$$

équation qu'on pourra écrire de la manière suivante, en désignant par $n!$ le produit $1.2.3\ldots n$,

$$(n+1)\frac{d^{n+1}U}{(n+1)!\,dt^{n+1}} = 2t\frac{d^nU}{n!\,dt^n} + 2\frac{d^{n-1}U}{(n-1)!\,dt^{n-1}},$$

ou, en représentant $\frac{d^nU}{n!\,dt^n}$ par U_n,

$$(n+1)U_{n+1} = 2tU_n + 2U_{n-1}.$$

Cette équation est vraie pour toutes les valeurs de n à partir de $n=1$, en supposant toutefois $U_0 = U$. On déduit de cette dernière relation

$$-2\frac{U_{n-1}}{U_n} = 2t - (n+1)\frac{U_{n+1}}{U_n},$$

par suite

$$-\frac{1}{2}\frac{U_n}{U_{n-1}} = \frac{1}{2t-(n+1)\frac{U_{n+1}}{U_n}} = \frac{\frac{1}{2t}}{1-(n+1)\frac{1}{2t}\frac{U_{n+1}}{U_n}},$$

ou bien

$$(\gamma)\qquad -\frac{U_n}{2tU_{n-1}} = \frac{\frac{1}{2t^2}}{1-(n+1)\frac{1}{2t}\frac{U_{n+1}}{U_n}}.$$

Mais l'équation (β) nous donne

$$\frac{U_1}{U} = 2t - \frac{1}{U};$$

donc

$$U = \frac{1}{2t-\frac{U_1}{U}} = \frac{\frac{1}{2t}}{1-\frac{1}{2t}\frac{U_1}{U}},$$

de l'équation (7) résulte

$$-\frac{1}{2t}\frac{U_1}{U} = \frac{\frac{1}{2t^2}}{1 - 2\frac{1}{2t}\frac{U_2}{U_1}};$$

substituant cette valeur dans l'équation précédente et continuant le développement, on obtient

$$U = \cfrac{\frac{1}{2t}}{1 + \cfrac{\frac{1}{2t^2}}{1 + 2\cfrac{\frac{1}{2t^2}}{1 + 3\cfrac{\frac{1}{2t^2}}{1 + \ldots}}}}.$$

On a donc, en posant $\frac{1}{2T^2} = q$,

$$(7) \qquad 2Te^{T^2}\int_T^\infty e^{-t^2}dt = \cfrac{1}{1 + \cfrac{q}{1 + \cfrac{2q}{1 + \cfrac{3q}{1 + \ldots}}}}$$

A l'aide des formules (5), (6) et (7), on pourra toujours calculer les valeurs des intégrales $\int_0^T e^{-t^2}dt$ et $\int_T^\infty e^{-t^2}dt$. A cause de l'emploi fréquent de cette transcendante, on a construit des Tables que l'on trouve, par exemple, dans les *Fundamenta Astronomiæ* de Bessel pour la transcendante

$$e^{T^2}\int_T^\infty e^{-t^2}dt,$$

de laquelle il est facile de déduire toutes les autres. La première partie de la Table de Bessel a pour argument T et s'étend de $T=0$ à $T=1$ en procédant par centièmes. Mais comme, d'après la formule (6), la transcendante s'approche d'autant plus de devenir inversement proportionnelle à son argument que les valeurs de T sont plus grandes, on prend pour argument le logarithme ordinaire de T pour les valeurs supérieures à $T=1$. Cette seconde partie de la Table s'étend ainsi depuis le logarithme 0,000 jusqu'à 1,000, ce qui suffit dans la plupart des cas. Quand la valeur de l'argument sera plus grande, le calcul de la transcendante se fera directement au moyen de la formule (6).

18. L'intégrale

$$\int_0^\infty \frac{e^{-r\beta x}\sin\zeta}{\sqrt{\cos^2\zeta+2x\sin^2\zeta}}\,dx$$

se ramène facilement à la transcendante que nous venons d'étudier. Si, en effet, au lieu de la variable x on prend la variable t donnée par l'équation

$$\frac{1}{2}\cot^2\zeta+x=\frac{1}{\beta r}t^2,$$

alors

$$dx=\frac{2t}{\beta r}\,dt,$$

et en posant

$$T=\sqrt{\frac{\beta r}{2}}\cot\zeta,$$

on trouve

$$\sqrt{\frac{2}{\beta r}}\,e^{T^2}\int_T^\infty e^{-t^2}\,dt.$$

Si donc nous introduisons la notation suivante

$$e^{T^2}\int_T^\infty e^{-t^2}\,dt=\psi(r),$$

nous aurons

$$(8)\qquad \int_0^\infty \frac{e^{-r\beta x}\sin\zeta}{\sqrt{\cos^2\zeta+2x\sin^2\zeta}}\,dx=\sqrt{\frac{2}{\beta r}}\,\psi(r),$$

et aussi

$$(9)\qquad \int_0^\infty \frac{e^{-rx}\sin\zeta}{\sqrt{\cos^2\zeta + \frac{2x}{\beta}\sin^2\zeta}}\,dx = \sqrt{\frac{2\beta}{r}}\,\psi(r).$$

Différentions l'expression $e^{-x}\sqrt{\cos^2\zeta + \frac{2x}{\beta}\sin^2\zeta}$ par rapport à x, et intégrons ensuite entre les limites o et ∞ l'équation obtenue, nous avons

$$\left[e^{-x}\sqrt{\cos^2\zeta+\frac{2x}{\beta}\sin^2\zeta}\right]_0^\infty = \frac{\sin\zeta}{\beta}\int_0^\infty \frac{e^{-x}\sin\zeta}{\sqrt{\cos^2\zeta+\frac{2x}{\beta}\sin^2\zeta}}\,dx - \int_0^\infty \frac{e^{-x}\left(\cos^2\zeta+\frac{2x}{\beta}\sin^2\zeta\right)}{\sqrt{\cos^2\zeta+\frac{2x}{\beta}\sin^2\zeta}}\,dx,$$

et par suite

$$\int_0^\infty \frac{xe^{-x}\sin\zeta}{\sqrt{\cos^2\zeta+\frac{2x}{\beta}\sin^2\zeta}}\,dx = \sqrt{2\beta}\left[\left(\tfrac{1}{2}-\mathrm{T}^2\right)\psi(1)+\frac{\mathrm{T}}{2}\right],$$

où

$$\mathrm{T} = \sqrt{\frac{\beta}{2}}\cot\zeta.$$

On obtiendra aussi

$$(10)\qquad \int_0^\infty \frac{(1-x)e^{-x}\sin\zeta}{\sqrt{\cos^2\zeta+\frac{2x}{\beta}\sin^2\zeta}}\,dx = \sqrt{2\beta}\left[\left(\tfrac{1}{2}+\mathrm{T}^2\right)\psi(1)-\frac{\mathrm{T}}{2}\right].$$

IV. — MÉTHODE DES MOINDRES CARRÉS.

19. *Remarques préliminaires. — Forme des équations de condition données par les observations.* — En Astronomie, on détermine constamment les grandeurs par l'observation. Mais quand on observe plusieurs fois un même phénomène, on doit trouver des résultats différents pour chaque observation; car l'imperfection des instruments employés et celle de nos sens introduisent dans les observations des causes simultanées d'erreurs qui altèrent les résultats. Il est donc important d'établir une méthode à l'aide de laquelle, et malgré les erreurs de chaque observation, on puisse de l'ensemble des observations déduire un résultat aussi approché que possible de la vérité.

Les erreurs que l'on rencontre dans chaque observation peuvent être divisées en deux classes : elles sont en effet *constantes* ou *accidentelles*. Les premières sont communes à toutes les observations et peuvent tenir soit à une propriété particulière de l'instrument employé, soit à la personnalité de l'observateur (*) qui produit dans chaque observation la même erreur. Les erreurs accidentelles au contraire sont différentes dans chaque observation tout aussi bien par leur grandeur que par leur signe, et, par suite, n'indiquent pas l'existence d'une cause agissant toujours dans le même sens. On peut éliminer ces dernières en multipliant le plus possible les observations; car on doit s'attendre à ce que, dans un très-grand nombre d'observations, le résultat propre à chacune d'elles soit aussi souvent trop grand que trop petit. Le résultat final sera encore affecté des erreurs constantes, s'il en existe, aussi longtemps, par exemple, que le même observateur emploiera le même instrument. Pour éliminer ces erreurs, on changera la méthode d'observation, l'instrument et l'observateur, de telle sorte qu'en combinant les résultats obtenus au moyen de chaque méthode, ces erreurs deviennent des erreurs accidentelles, et que, dans le résultat final, elles se compensent en grande partie l'une par l'autre. Dans ce qui va suivre, on considérera donc toutes les erreurs comme accidentelles, en supposant que les méthodes aient été assez multipliées pour rendre cette hypothèse admissible. Dans le cas où ceci n'a pas lieu, il faut regarder les résultats obtenus par les méthodes suivantes comme affectés d'erreurs constantes.

Quand on détermine une grandeur par une mesure directe, il

(*) *Voir*, à la fin du second volume, une Note de M. Wolf sur l'équation personnelle.

est naturel de prendre la moyenne arithmétique de toutes les observations comme une valeur s'approchant le plus près possible de la vérité. Souvent on ne détermine pas une grandeur isolée par l'observation directe, mais on trouve des valeurs qui donnent certaines relations entre plusieurs quantités inconnues, et l'on peut toujours supposer que les équations entre les grandeurs observées et les inconnues sont linéaires. En général, il est vrai, la fonction $f(\xi, \eta, \zeta, \ldots)$ qui lie les grandeurs observées et les inconnues $\xi, \eta, \zeta, \ldots$ n'est pas linéaire; mais si $\xi_0, \eta_0, \zeta_0, \ldots$ désignent des valeurs approchées des inconnues, qu'on peut toujours déduire facilement des observations, et $\xi_0 + x$, $\eta_0 + y$, $\zeta_0 + z, \ldots$ les valeurs exactes des inconnues, chaque observation donnera une équation de la forme suivante :

$$f(\xi, \eta, \zeta, \ldots) = f(\xi_0, \eta_0, \zeta_0, \ldots) + \frac{df}{d\xi_0}x + \frac{df}{d\eta_0}y + \frac{df}{d\zeta_0}z + \ldots,$$

en supposant que les valeurs adoptées soient assez approchées pour qu'on puisse négliger les puissances supérieures de $x, y, z, \ldots$. Ici $f(\xi, \eta, \zeta, \ldots)$ est la valeur observée, $f(\xi_0, \eta_0, \zeta_0, \ldots)$ celle que l'on a calculée au moyen des valeurs approchées des inconnues; dès lors $f(\xi_0, \eta_0, \zeta_0, \ldots) - f(\xi, \eta, \zeta, \ldots) = n$ est une quantité connue. Désignons $\frac{df}{d\xi_0}, \frac{df}{d\eta_0}, \frac{df}{d\zeta_0}, \ldots$ par $a, b, c, \ldots$, et distinguons par des accents les grandeurs de même espèce se rapportant à des observations différentes. Les diverses observations donneront des équations de la forme

$$\begin{aligned} 0 &= n + ax + by + cz + \ldots, \\ 0 &= n' + a'x + b'y + c'z + \ldots, \\ &\ldots\ldots\ldots\ldots\ldots\ldots\ldots\ldots, \end{aligned}$$

dans lesquelles $x, y, z, \ldots$ sont les inconnues à déterminer, et n la différence entre la valeur calculée et la valeur observée de la fonction de ces inconnues. Nous aurons autant d'équations qu'il y a d'observations; le nombre de ces dernières doit être pris assez grand pour que les valeurs obtenues pour $x, y, z, \ldots$ soient autant que possible indépendantes des erreurs d'observation; de plus, comme on le voit facilement, les observations doivent être telles, que les coefficients a, b, c,..., dans ces différentes équations, aient des valeurs diverses; car, si par exemple deux des coefficients étaient presque égaux ou proportionnels dans toutes ces équations, les valeurs des deux inconnues correspondantes ne pourraient pas être séparées.

Pour obtenir à l'aide d'un grand nombre de pareilles équations les meilleures valeurs des inconnues, on emploie quelquefois la méthode suivante. On change les signes de certaines équations pour donner le même signe à tous les coefficients de x; la somme de toutes ces équations en fournit une où le coefficient de x est le plus grand possible. On trouve de même des équations analogues pour y, z,...; on a ainsi autant d'équations que d'inconnues, et par leur résolution des valeurs déjà fort approchées de ces inconnues. Cette méthode a toujours quelque chose d'arbitraire, et il est préférable de traiter ces équations par la méthode des moindres carrés, qui donne une idée de l'approximation du résultat. Si les observations étaient parfaitement exactes, un nombre d'équations égal à celui des inconnues suffirait pour trouver les valeurs exactes des inconnues; mais chaque valeur de n tirée des observations est en général affectée d'une certaine erreur; par conséquent si l'on substituait les valeurs exactes de x, y, z,..., aucune des équations ne serait satisfaite. Désignons par Δ l'erreur qui en résulte, et que nous appellerons *erreur résiduelle*, les équations précédentes s'écriront ainsi :

$$(1)\qquad \begin{cases} \Delta = n + ax + by + cz + \ldots, \\ \Delta' = n' + a'x + b'y + c'z + \ldots, \\ \ldots\ldots\ldots\ldots\ldots\ldots\ldots\ldots, \end{cases}$$

et le problème est maintenant celui-ci : « Déduire d'un grand nombre de pareilles équations, celles des valeurs de x, y, z,... qui sont, de toutes les valeurs possibles, les plus probables. »

20. *Loi des erreurs d'observation. — Mesure de la précision des observations.* — On peut admettre que les petites erreurs sont plus probables que les autres, que les observations les plus exactes sont les plus fréquentes, et que les erreurs qui dépassent une certaine limite ne peuvent se présenter. La présence d'une certaine erreur sera donc régie par une loi déterminée, qui dépend de sa grandeur elle-même. Soit m le nombre de toutes les observations, et supposons qu'une erreur de grandeur Δ se présente p fois, $\frac{p}{m}$ sera la probabilité de l'erreur Δ, que nous désignerons par $\varphi(\Delta)$. Cette expression $\varphi(\Delta)$ sera nulle quand Δ surpassera une certaine limite; elle sera maximum pour $\Delta = 0$ et possédera des valeurs égales pour des valeurs de Δ égales et de signes contraires. Puisque $p = m\varphi(\Delta)$, dans les m observations il se présentera $m\varphi(\Delta)$ erreurs de grandeur Δ, $m\varphi(\Delta')$ erreurs de grandeur Δ',...; mais le nombre de toutes les erreurs doit être égal au nombre des observations; on doit donc avoir

$$m\varphi(\Delta) + m\varphi(\Delta') + \ldots = m$$

ou

$$\sum \varphi(\Delta) = 1.$$

Cette somme, qui est l'erreur totale, doit être prise entre certaines limites $-k$ et $+k$; mais puisque, par hypothèse, $\varphi(\Delta)$ est nul en dehors de ces limites, il est indifférent de prendre cette somme entre les limites $-k$ et $+k$ ou entre les limites $-\infty$ et $+\infty$. De plus, comme toutes les valeurs de Δ comprises entre ces limites sont admissibles, car aucune grandeur ne peut être donnée entre $-k$ et $+k$ sans qu'elle soit une erreur possible, le nombre des erreurs, et par conséquent celui des $\varphi(\Delta)$, est infiniment grand, et, d'après l'équation précédente, chaque $\varphi(\Delta)$ est un infiniment petit. La probabilité qu'une erreur soit comprise entre certaines limites est égale à la somme des valeurs de $\varphi(\Delta)$ comprises entre ces limites; si ces deux limites sont infiniment rapprochées, $\varphi(\Delta)$ peut être considéré comme constant dans l'intervalle, et $\varphi(\Delta)\,d\Delta$ exprime la probabilité qu'une erreur soit comprise entre Δ et $\Delta + d\Delta$. La probabilité qu'une erreur soit comprise entre les limites a et b est donc exprimée par l'intégrale définie

$$\int_a^b \varphi(\Delta)\,d\Delta,$$

et par ce qui précède,

$$\int_{-\infty}^{+\infty} \varphi(\Delta)\, d\Delta = 1.$$

D'après les principes du calcul des probabilités, si $\varphi(\Delta)$, $\varphi(\Delta')$,... sont les probabilités des erreurs Δ, Δ', ..., la probabilité de la présence simultanée de toutes ces erreurs est égale au produit des probabilités des erreurs isolées. Désignons par W la probabilité de la présence d'une série d'erreurs Δ, Δ',... dans un certain nombre d'observations, nous avons

$$(2) \qquad W = \varphi(\Delta)\varphi(\Delta')\varphi(\Delta'')\ldots.$$

Si donc, pour certaines valeurs adoptées de $x, y, z, \ldots$, les erreurs Δ, Δ', Δ'',... expriment les erreurs résiduelles des équations (1), W est la probabilité que ces erreurs ont été commises et représente la mesure de la probabilité du système des valeurs de $x, y, z\ldots$ Chaque autre système de valeurs de x, y, z... donnera aussi un autre système d'erreurs résiduelles, et les valeurs les plus acceptables pour $x, y, z, \ldots$ seront celles qui rendront maximum la probabilité que ces erreurs aient été commises, et par conséquent celles pour lesquelles la fonction W est un maximum; pour la détermination de ce maximum, il est nécessaire de connaître la forme de la fonction $\varphi(\Delta)$.

Plaçons-nous maintenant dans le cas où l'on aurait une seule inconnue, et supposons que l'observation ait donné les m valeurs n, n', n'',...; prenons pour valeur la plus probable de x la moyenne de toutes les observations :

$$x = \frac{n + n' + n'' + \ldots}{m},$$

d'où

$$(a) \qquad n - x + n' - x + n'' - x + \ldots = 0,$$

$n - x$, $n' - x$, $n'' - x$,... correspondant aux erreurs Δ, de telle sorte que $n - x = \Delta$, $n' - x = \Delta'$,.... Mais, pour la valeur la plus probable de x, W est un maximum; différentions l'équation (2) après avoir pris les logarithmes :

$$\frac{d\log\varphi(\Delta)}{d\Delta}\frac{d\Delta}{dx}+\ldots=0.$$

Or, dans ce cas,

$$\frac{d\Delta}{dx}=\frac{d\Delta'}{dx}=\ldots=-1,$$

donc

$$\frac{d\log\varphi(n-x)}{d(n-x)}+\frac{d\log\varphi(n'-x)}{d(n'-x)}+\ldots=0,$$

ou

$$(b)\quad\left\{\begin{aligned}&(n-x)\frac{d\log\varphi(n-x)}{(n-x)\,d(n-x)}\\&\quad+(n'-x)\frac{d\log\varphi(n'-x)}{(n'-x)\,d(n'-x)}+\ldots=0.\end{aligned}\right.$$

Mais si la moyenne arithmétique est la valeur la plus probable qui puisse être adoptée, les équations (a) et (b) doivent donner pour x la même valeur, et l'on doit avoir

$$\frac{1}{n-x}\frac{d\log\varphi(n-x)}{d(n-x)}=\frac{1}{n'-x}\frac{d\log\varphi(n'-x)}{d(n'-x)}=\ldots=k,$$

où k désigne une constante. On obtient par conséquent, pour déterminer la fonction $\varphi(\Delta)$, l'équation

$$\frac{d\log\varphi(\Delta)}{\Delta\,d\Delta}=k,$$

d'où

$$\log\varphi(\Delta)=\tfrac{1}{2}k\Delta^2+\log C,$$

$$\varphi(\Delta)=Ce^{\frac{k}{2}\Delta^2}.$$

Quant au signe de k, on peut le déterminer facilement; car $\varphi(\Delta)$ diminue quand Δ augmente, donc k doit être négatif; en conséquence, nous poserons $\frac{1}{2}k=-h^2$, et par suite $\varphi(\Delta)=Ce^{-h^2\Delta^2}$. La valeur de C est donnée par l'équation

$$\int_{-\infty}^{+\infty}\varphi(\Delta)\,d\Delta=C\int_{-\infty}^{+\infty}e^{-h^2\Delta^2}d\Delta=1,$$

et puisque $\int_{-\infty}^{+\infty} e^{-x^2}\,dx = \sqrt{\pi}$,

$$\int_{-\infty}^{+\infty} e^{-h^2\Delta^2}\,d\Delta = \frac{\sqrt{\pi}}{h},$$

d'où

$$\frac{C\sqrt{\pi}}{h} = 1, \quad C = \frac{h}{\sqrt{\pi}},$$

et enfin

$$(3) \qquad \varphi(\Delta) = \frac{h}{\sqrt{\pi}}\,e^{-h^2\Delta^2}.$$

La constante h reste la même pour un système d'observations également bonnes, c'est-à-dire pour lesquelles la probabilité d'une certaine erreur Δ reste la même. Dans ce système, la probabilité qu'une erreur soit comprise entre $-\delta$ et $+\delta$ est

$$\frac{h}{\sqrt{\pi}}\int_{-\delta}^{+\delta} e^{-h^2\Delta^2}\,d\Delta = \frac{1}{\sqrt{\pi}}\int_{-h\delta}^{+h\delta} e^{-x^2}\,dx.$$

Dans un autre système d'observations, la probabilité d'une erreur Δ est exprimée par $\frac{h'}{\sqrt{\pi}}e^{-h'^2\Delta^2}$, et la probabilité qu'une erreur soit comprise entre les limites $-\delta'$ et $+\delta'$ est

$$\frac{h'}{\sqrt{\pi}}\int_{-\delta'}^{+\delta'} e^{-h'^2\Delta^2}\,d\Delta = \frac{1}{\sqrt{\pi}}\int_{-h'\delta'}^{+h'\delta'} e^{-x^2}\,dx.$$

Les deux intégrales sont égales si $h\delta = h'\delta'$; et par conséquent si $h = 2h'$, il est clair qu'une erreur $2x$ est aussi probable dans le second système qu'une erreur x dans le premier. Le premier système est donc d'une exactitude deux fois plus grande que le second, et la constante h peut dès lors être considérée comme *mesure de la précision* ou *module de la convergence* des observations.

21. *Erreur moyenne. — Erreur probable.* — Au lieu de la mesure de la précision des observations, on emploie plus habi-

tuellement l'erreur probable. Dans une série d'erreurs rangées par ordre de grandeur absolue, et où chacune d'elles est écrite autant de fois qu'elle se présente réellement, on donne à celle qui occupe exactement le milieu le nom d'*erreur probable*. Désignons-la par r; la probabilité qu'une erreur soit comprise entre $-r$ et $+r$ est égale à $\frac{1}{2}$, et on a l'équation

$$\frac{h}{\sqrt{\pi}}\int_{-r}^{+r} e^{-h^2\Delta^2}\,d\Delta = \frac{1}{2},$$

ou, si l'on pose $h\Delta = t$,

$$\frac{2}{\sqrt{\pi}}\int_{0}^{hr} e^{-t^2}\,dt = \frac{1}{2}, \quad \text{d'où} \quad \int_{0}^{hr} e^{-t^2}\,dt = \frac{\sqrt{\pi}}{4}.$$

Cette intégrale atteint la valeur

$$\frac{\sqrt{\pi}}{4} = 0,44311 \quad \text{lorsque} \quad hr = 0,47694 \ (^*),$$

et, par suite, la relation entre r et h est

$$r = \frac{0,47694}{h}.$$

L'intégrale $\frac{2}{\sqrt{\pi}}\int_{0}^{nhr} e^{-t^2}\,dt$ donnera la probabilité d'une erreur moindre que n fois l'erreur probable, et si l'on calcule, par exemple, la valeur de l'intégrale pour $n = \frac{1}{2}$, on prendra $nhr = 0,23847$, et on trouvera $0,264$ pour la probabilité d'une erreur qui est moitié moins grande que l'erreur probable; c'est-à-dire que sur 1000 observations, il s'en présentera certainement 264 où l'erreur est plus petite que la moitié de l'erreur probable. On trouve de même en faisant successivement n égal

---

(*) *Voir* pour le calcul de cette intégrale le nº 17.

à $\frac{3}{2}$, 2, $\frac{5}{2}$, 3, $\frac{7}{2}$, 4, $\frac{9}{2}$, 5 que sur 1000 observations, il y en aura

$$\left.\begin{array}{r} 688 \\ 823 \\ 908 \\ 956 \\ 982 \\ 993 \\ 998 \\ 999 \end{array}\right\} \text{ où l'erreur sera plus petite que } \left\{\begin{array}{l} \frac{3}{2}r, \\ 2r, \\ \frac{5}{2}r, \\ 3r, \\ \frac{7}{2}r, \\ 4r, \\ \frac{9}{2}r, \\ 5r, \end{array}\right.$$

et, quand on compare ainsi une longue série d'erreurs d'observations arrivées réellement, on peut se convaincre que la présence d'une erreur de grandeur déterminée s'accorde presque exactement avec les résultats de cette théorie.

On peut encore arriver, d'une autre manière, à la valeur de l'erreur probable d'une certaine série d'observations. Supposons qu'on ait une série d'erreurs réelles d'observations Δ, Δ', ...; la probabilité de leur présence simultanée est

$$W = \frac{h^m}{\pi^{\frac{m}{2}}} e^{-h^2[\Delta^2 + \Delta'^2 + \ldots]},$$

et, si l'on suppose que ces erreurs aient lieu réellement et ne puissent varier beaucoup, le maximum de W dépendra seulement de h, et cette valeur de h, pour laquelle le maximum a lieu, sera la valeur la plus probable qui convient à ces observations. Désignons, pour abréger, la somme des carrés de toutes les erreurs Δ, Δ', ... par $[\Delta\Delta]$, en sorte que

$$W = \frac{h^m}{\pi^{\frac{m}{2}}} e^{-h^2[\Delta\Delta]},$$

nous aurons pour la condition du maximum

$$0 = \frac{mh^{m-1}}{\pi^{\frac{m}{2}}} e^{-h^2[\Delta\Delta]} - \frac{2h^{m+1}}{\pi^{\frac{m}{2}}} e^{-h^2[\Delta\Delta]}[\Delta\Delta]$$

ou

$$0 = m - 2h^2[\Delta\Delta],$$

d'où résulte

$$\frac{1}{h\sqrt{2}} = \sqrt{\frac{[\Delta\Delta]}{m}}.$$

La racine carrée du quotient de la somme des carrés des erreurs vraies d'observation par le nombre des observations, s'appelle *erreur moyenne* de ces observations; si cette erreur avait été commise sur chaque observation, elle aurait donné pour somme des carrés d'erreurs celle que l'on a réellement. Désignons-la par ε, en sorte que

$$\varepsilon = \sqrt{\frac{[\Delta\Delta]}{m}};$$

nous avons alors

$$\frac{1}{h\sqrt{2}} = \varepsilon,$$

et

$$r = 0,47694\sqrt{2}\,\varepsilon,$$
$$r = 0,674489\,\varepsilon.$$

22. *Détermination de la valeur la plus probable d'une inconnue déduite d'un système d'équations et de son erreur probable.* — Nous pouvons maintenant résoudre le problème proposé : « Déduire du système d'équations (1) donné par des observations, les valeurs les plus probables des inconnues $x, y, z, \ldots$, leurs erreurs probables, ainsi que celles de chaque observation. »

Dans l'expression (2), de la fonction W, qui donne la probabilité de la présence simultanée des erreurs $\Delta, \Delta', \Delta'', \ldots$, substituons, au lieu de $\varphi(\Delta)$, $\varphi(\Delta'), \ldots$, leurs valeurs tirées de l'équation (3); nous aurons, si toutes les observations sont également bonnes,

$$W = \frac{h^m}{\pi^{\frac{m}{2}}} e^{-h^2[\Delta^2+\Delta'^2+\Delta''^2+\ldots]}.$$

Ici Δ, Δ', Δ'',... ne sont pas les erreurs réelles d'observation, et dépendent encore des valeurs de x, y, z,...; mais, pour les valeurs les plus probables de x, y, z,..., la probabilité de la présence simultanée des erreurs résiduelles doit être aussi grande que possible, et ces mêmes erreurs doivent être aussi égales que possible aux erreurs réelles que l'on doit attendre dans un nombre donné d'observations; on voit donc que les valeurs des inconnues devront être déterminées par l'équation

$$\Delta^2 + \Delta'^2 + \Delta''^2 + \ldots = \text{minimum},$$

c'est-à-dire que la somme des carrés des erreurs résiduelles dans l'équation (1) est un minimum. De là vient le nom de *méthode des moindres carrés* donné à ce procédé de déterminer à l'aide d'équations semblables les valeurs les plus probables des inconnues.

Plaçons-nous d'abord dans le cas le plus simple, celui où les valeurs des inconnues sont données par des observations directes; on peut alors adopter pour valeur la plus probable la moyenne arithmétique de toutes les observations, comme cela résulte aussi de la condition précédente du minimum.

Soient, en effet,

$$\Delta = x - n, \quad \Delta' = x' - n, \quad \Delta'' = x'' - n, \ldots$$

les erreurs résiduelles correspondantes à des valeurs quelconques de x, et désignons

la somme $n + n' + n'' + \ldots$ par $[n]$,
la somme $n^2 + n'^2 + n''^2 + \ldots$ par $[nn]$,

et le nombre des observations par m; nous obtenons, pour la somme des carrés des erreurs résiduelles :

$$\sum (x - n)^2 = mx^2 - 2x[n] + [nn]$$
$$= [nn] - \frac{[n]^2}{m} + m\left(x - \frac{[n]}{m}\right)^2;$$

cette équation montre que la somme des carrés des erreurs est un minimum lorsque

$$x = \frac{[n]}{m},$$

et, dans ce cas, cette somme a pour valeur

$$[nn] - \frac{[n]^2}{m} = [nn_1].$$

Pour trouver l'erreur probable de ce résultat par rapport à une inconnue x quand on connaît l'erreur probable d'une observation isolée, on a besoin de traiter un problème que nous résoudrons d'une manière générale, à cause des applications qu'on en fera dans la suite : « Trouver l'expression de l'erreur probable d'une fonction linéaire de plusieurs variables x, x',... dont les erreurs probables sont données. »

Soient r l'erreur probable de x, et $X = \alpha x$ une fonction linéaire de x; il est clair que αr est l'erreur probable de X. En effet, si x_0 est la valeur la plus probable de x, αx_0 est la valeur la plus probable de X, et le nombre des cas dans lesquels x sera compris entre les limites $x_0 - r$ et $x_0 + r$ est égal à celui des cas dans lesquels X sera compris entre $\alpha x_0 - \alpha r$ et $\alpha x_0 + \alpha r$.

Soit maintenant X une fonction linéaire de deux variables

$$X = x + x',$$

et soient a et a' les valeurs les plus probables de x et x', r et r' leurs erreurs probables. Puisque, pour les erreurs de x et x', nous pouvons prendre $h = \frac{c}{r}$ et $h' = \frac{c}{r'}$, où $c = 0,47694$, la probabilité d'une valeur quelconque de x est

$$\frac{c}{r\sqrt{\pi}} e^{-\frac{c^2}{r^2}(x-a)^2},$$

et celle d'une valeur quelconque de x'

$$\frac{c}{r'\sqrt{\pi}} e^{-\frac{c^2}{r'^2}(x'-a')^2};$$

par conséquent, la probabilité de la présence simultanée de deux valeurs quelconques de x et de x' est

$$\frac{c^2}{rr'\pi}\,e^{-\left[\frac{c^2}{r^2}(x-a)^2+\frac{c^2}{r'^2}(x'-a')^2\right]},$$

et la probabilité de la présence simultanée de deux valeurs de x et x', qui satisfont à l'équation $x+x'=\mathrm{X}$, s'obtient en remplaçant dans l'expression précédente x' par $\mathrm{X}-x$. Désignons cette probabilité par W, nous avons

$$\mathrm{W}=\frac{c^2}{rr'\pi}\,e^{-\left[\frac{c^2}{r^2}(x-a)^2+\frac{c^2}{r'^2}(\mathrm{X}-x-a')^2\right]}.$$

Faisons maintenant la somme de tous les cas dans lesquels un x se combine avec un x' pour produire X, et donnons à x toutes les valeurs comprises entre $-\infty$ et $+\infty$, c'est-à-dire prenons par rapport à x l'intégrale de W entre ces limites; nous aurons considéré tous les cas dans lesquels X sera obtenu, c'est-à-dire que nous aurons déterminé la probabilité de X.

Réunissons tous les termes qui contiennent x et donnons-leur la forme quadratique, nous obtiendrons facilement l'intégrale de W sous la forme suivante :

$$\frac{c^2}{rr'\pi}\int_{-\infty}^{+\infty} e^{-c^2\frac{r^2+r'^2}{r^2r'^2}\left[x-\frac{r^2(\mathrm{X}-a')+r'^2a}{r^2+r'^2}\right]^2-\frac{c^2}{r^2+r'^2}(\mathrm{X}-a'-a)^2}\,dx$$

$$=\frac{c}{\sqrt{r^2+r'^2}\sqrt{\pi}}\,e^{-\frac{c^2}{r^2+r'^2}(\mathrm{X}-a'-a)^2}\times\frac{2}{\sqrt{\pi}}\int_0^{\infty}e^{-u^2}du,$$

où l'on pose

$$u=\frac{c\sqrt{r^2+r'^2}}{rr'}\left(x-\frac{r^2(\mathrm{X}-a')+r'^2a}{r^2+r'^2}\right),$$

et, puisque

$$\int_0^{\infty}e^{-u^2}du=\frac{\sqrt{\pi}}{2},$$

on obtient, pour probabilité d'une valeur de X,

$$\frac{c}{\sqrt{r^2+r'^2}\sqrt{\pi}}\,e^{-\frac{c^2}{r^2+r'^2}(\mathrm{X}-a'-a)^2}.$$

Cette expression est maximum quand $X = a + a'$; la valeur la plus probable de X est ainsi égale à la somme des valeurs les plus probables de x et x', et puisque la mesure de la précision de cette détermination est $\frac{r}{\sqrt{r^2+r'^2}}$, il en résulte que $\sqrt{r^2+r'^2}$ est l'erreur probable de X.

De plus, en combinant ce résultat avec celui qui précède, on voit que si

$$X = \alpha x + \alpha' x',$$

l'erreur probable de X sera égale à

$$\sqrt{\alpha^2 r^2 + \alpha'^2 r'^2}.$$

On peut facilement étendre cette proposition à un nombre quelconque de termes; ainsi dans le cas de trois termes, on en prendra deux d'abord, puis on combinera le résultat avec le troisième. Par conséquent, si l'on a une fonction linéaire quelconque,

$$X = \alpha x + \alpha' x' + \alpha'' x'' + \ldots,$$

et si r, r', r'',... sont les erreurs probables de x, x', x'',..., l'erreur probable de X sera égale à

$$\sqrt{\alpha^2 r^2 + \alpha'^2 r'^2 + \alpha''^2 r''^2 + \ldots}.$$

On en conclut immédiatement l'erreur probable de la moyenne arithmétique de m observations, quand l'erreur probable de chacune d'elles est r; car puisque

$$x = \frac{n + n' + n'' + \ldots}{m},$$

l'erreur probable est

$$\sqrt{m\frac{r^2}{m^2}} \quad \text{ou} \quad \frac{r}{\sqrt{m}}.$$

Il résulte de là que le rapport de l'erreur probable de m observations à l'erreur probable d'une seule est $\frac{1}{\sqrt{m}}$, ou que le rapport de la mesure de la précision de la moyenne à celle d'une observation est $\frac{h\sqrt{m}}{h}$.

Souvent aussi on exprime la précision relative de deux grandeurs par leur *poids*. On désigne sous le nom de *poids* d'une grandeur le nombre d'observations également bonnes qu'il faut prendre pour que leur moyenne arithmétique donne une détermination d'exactitude égale à celle de la valeur donnée. Si donc le poids d'une observation isolée est 1, la moyenne arithmétique de m observations aura m pour poids. Les poids de deux grandeurs seront donc entre eux dans le rapport direct des carrés des mesures respectives de leur précision et dans le rapport inverse des carrés des erreurs probables (*).

Il reste maintenant à déterminer l'erreur probable d'une observation isolée. Si, dans les équations $x - n = \Delta$, les erreurs résiduelles étaient, après l'introduction de la valeur la plus probable de x, égales aux erreurs réelles d'observation, la somme de leurs carrés divisée par m donnerait, d'après le nº 21, le carré de l'erreur moyenne d'une observation, c'est-à-dire que cette erreur serait égale à $\sqrt{\frac{[nn_1]}{m}}$. Mais, la moyenne arithmétique des observations faites n'est pas la vraie valeur de l'inconnue, elle n'est que la valeur la plus probable qu'on puisse tirer de ces observations, sauf le cas où le nombre de ces observations serait infiniment grand; les erreurs résiduelles ne sont donc pas les erreurs réelles d'observation, mais en diffèrent plus ou moins. Soient x_0 la valeur la plus probable de x trouvée par la moyenne arithmétique, et $x + \xi$ la véritable valeur. En substituant cette valeur dans les équations de condition, on obtient pour les erreurs d'observation les valeurs $x_0 - n$, $x_0 - n'$,..., que nous désignerons par Δ, Δ',..., tandis que la substitution de la valeur véritable aurait donné pour ces erreurs les valeurs

$$x_0 + \xi - n = \delta, \ldots.$$

(*) Si donc deux grandeurs ont pour poids $p = \frac{1}{r^2}$ et $p' = \frac{1}{r'^2}$, le poids de leur somme sera $\frac{1}{r^2 + r'^2} = \frac{pp'}{p + p'}$.

On a d'ailleurs les équations

$$\Delta + \xi = \delta,$$
$$\Delta' + \xi = \delta',$$
$$\dots\dots\dots\dots$$

Si l'on fait la somme des carrés des deux membres, et si l'on se rappelle que la somme de tous les Δ doit être nulle, on obtient, d'après la notation employée plus haut,

$$[\Delta\Delta] + m\xi^2 = [\delta\delta],$$

d'où l'on voit que la somme des carrés des erreurs trouvée à l'aide de la moyenne arithmétique est toujours trop petite.

Puisque $[\delta\delta] = m\varepsilon^2$, ε étant l'erreur moyenne d'une observation, et que $[\Delta\Delta] = [nn_1]$, cette équation peut s'écrire encore

$$[nn_1] + m\xi^2 = m\varepsilon^2.$$

Quoique cette équation ne permette pas de calculer la valeur de ε puisque ξ est inconnu, on pourra néanmoins approcher autant que possible de la vérité en substituant à ξ l'erreur moyenne de x_0, et comme, d'après ce qui précède, cette erreur moyenne est égale à $\frac{\varepsilon}{\sqrt{m}}$, l'introduction de cette valeur donne, pour l'erreur moyenne d'une observation,

$$\varepsilon = \sqrt{\frac{[nn_1]}{m-1}}$$

et pour l'erreur probable

$$r = 0,674489\sqrt{\frac{[nn_1]}{m-1}}.$$

De plus, l'erreur moyenne de la moyenne arithmétique est

$$\varepsilon(x) = \frac{1}{\sqrt{m}}\sqrt{\frac{[nn_1]}{m-1}},$$

et l'erreur probable

$$r(x) = \frac{0,674489}{\sqrt{m}}\sqrt{\frac{[nn_1]}{m-1}}.$$

Exemple. — Dans la détermination télégraphique de la différence des longitudes de l'Observatoire de Ann-Arbor et de la station hydrographique de Détroit, on a obtenu, au moyen de trente et une étoiles différentes observées le 21 mai 1861 dans les deux lieux, les différences de longitude suivantes :

Étoiles.	Différence de longitude.	Écart de la moyenne.	Étoiles.	Différence de longitude.	Écart de la moyenne.
	m s	s		m s	s
1	2.43,60	− 0,11	17	2.43,44	+ 0,05
2	2.43,49	0,00	18	2.43,37	+ 0,12
3	2.43,63	− 0,14	19	2.43,32	+ 0,17
4	2.43,52	− 0,03	20	2.43,12	+ 0,37
5	2.43,31	+ 0,18	21	2.43,30	+ 0,19
6	2.43,67	− 0,18	22	2.43,72	− 0,23
7	2.43,98	− 0,49	23	2.43,25	+ 0,24
8	2.43,63	− 0,14	24	2.43,13	+ 0,36
9	2.43,83	− 0,34	25	2.43,27	+ 0,22
10	2.43,79	− 0,30	26	2.43,34	+ 0,15
11	2.43,54	− 0,05	27	2.43,15	+ 0,34
12	2.43,18	+ 0,31	28	2.43,86	− 0,37
13	2.43,45	+ 0,04	29	2.43,29	+ 0,20
14	2.43,68	− 0,19	30	2.43,40	+ 0,09
15	2.43,32	+ 0,17	31	2.43,95	− 0,46
16	2.43,50	− 0,01	Moy.	2.43,49	

On trouve, pour la somme des carrés des erreurs résiduelles,

$$[nn_1] = 1,77,$$

et, puisque le nombre m des observations est égal à 31, l'erreur probable d'une observation isolée est

$$\pm 0^s,164,$$

et l'erreur probable de la moyenne

$$\pm 0^s,029.$$

Quoiqu'on ne puisse pas admettre qu'avec aussi peu d'observations, les erreurs seront distribuées comme l'indique la loi donnée au n° 21, on peut cependant être convaincu que l'on a, dans ce cas, une approximation suffisante. En effet, d'après la théorie avec trente et une observations, les nombres des erreurs qui sont plus petites que

$$\tfrac{1}{2}r, \quad r, \quad \tfrac{3}{2}r, \quad 2r, \quad \tfrac{5}{2}r, \quad 3r,$$

sont respectivement

$$8, \quad 15, \quad 21, \quad 25, \quad 28, \quad 30,$$

tandis que ces nombres sont, d'après le tableau ci-dessus,

$$6, \quad 12, \quad 22, \quad 24, \quad 29, \quad 30.$$

L'erreur qui est exactement placée au milieu, dans le tableau des erreurs rangées par ordre de grandeur absolue, c'est-à-dire l'erreur probable, est 0,18.

23. *Détermination des valeurs les plus probables de plusieurs inconnues tirées d'un système d'équations.* — Dans le cas général où les équations de condition (1) données par les observations contiennent plusieurs inconnues, trois par exemple, les valeurs les plus probables de ces inconnues sont encore celles pour lesquelles la somme des carrés des erreurs résiduelles est un minimum. Mais cette somme de carrés devant être un minimum tout aussi bien par rapport à x que par rapport à y et z, cette condition donnera autant d'équations que d'inconnues, et ces dernières pourront alors être déterminées.

L'équation du minimum relativement à x est

$$\Delta \frac{d\Delta}{dx} + \Delta' \frac{d\Delta'}{dx} + \Delta'' \frac{d\Delta''}{dx} + \ldots = 0,$$

ou puisque, d'après les équations (1), $\dfrac{d\Delta}{dx} = a$, $\dfrac{d\Delta'}{dx} = a', \ldots,$

$$\Delta a + \Delta' a' + \Delta'' a'' + \ldots = 0.$$

Substituons pour Δ, Δ',... leurs expressions tirées de (1), et posons

$$aa + a'a' + a''a'' + \ldots = [aa],$$
$$ab + a'b' + a''b'' + \ldots = [ab],$$

et ainsi des autres; nous aurons, pour les équations du minimum,

$$\text{(A)}\qquad [aa]x+[ab]y+[ac]z+[an]=0,$$
$$\text{(B)}\qquad [ab]x+[bb]y+[bc]z+[bn]=0,$$
$$\text{(C)}\qquad [ac]x+[bc]y+[cc]z+[cn]=0.$$

On tire de ces trois équations les valeurs les plus probables de x, y et z.

Pour les résoudre, multiplions la première par $\frac{[ab]}{[aa]}$, et retranchons le produit de la seconde; multiplions de même la première par $\frac{[ac]}{[aa]}$, et retranchons de la troisième; nous obtenons deux équations ne contenant plus x

$$\text{(D)}\qquad [bb_1]y+[bc_1]z+[bn_1]=0,$$
$$\text{(E)}\qquad [bc_1]y+[cc_1]z+[cn_1]=0,$$

dans lesquelles on a posé

$$[bb_1]=[bb]-\frac{[ab][ab]}{[aa]},\quad [bc_1]=[bc]-\frac{[ab][ac]}{[aa]},$$

et ainsi des autres.

Multiplions ensuite l'équation (D) par $\frac{[bc_1]}{[bb_1]}$, et retranchons de (E), nous aurons l'équation

$$\text{(F)}\qquad [cc_2]z+[cn_2]=0,$$

dans laquelle

$$[cc_2]=[cc_1]-\frac{[bc_1][bc_1]}{[bb_1]},\quad [cn_2]=[cn_1]-\frac{[bc_1][bn_1]}{[bb_1]}.$$

L'équation (F) donne la valeur de z, et les équations (D) et (A) les valeurs de y et de x.

Si l'on déduit maintenant $[\Delta\Delta]$ des équations (1), et si l'on se reporte aux équations (A), (B), (C), on trouve pour la somme des carrés des erreurs résiduelles

$$[\Delta\Delta]=[nn]+[an]x+[bn]y+[cn]z.$$

Pour éliminer x, y, z, on multiplie l'équation (A) par $\frac{[an]}{[aa]}$, et on retranche de la précédente, ce qui donne

$$[\Delta\Delta] = [nn] - \frac{[an]^2}{[aa]} + [bn_1]y + [cn_1]z.$$

Après avoir multiplié l'équation (D) par $\frac{[bn_1]}{[bb_1]}$, retranchons de la précédente, il vient

$$[\Delta\Delta] = [nn] - \frac{[an]^2}{[aa]} - \frac{[bn_1]^2}{[bb_1]} + [cn_2]z,$$

et en remplaçant z par sa valeur tirée de l'équation (F), on obtient enfin, pour le minimum de la somme des carrés,

$$[\Delta\Delta] = [nn] - \frac{[an]^2}{[aa]} - \frac{[bn_1]^2}{[bb_1]} - \frac{[cn_2]^2}{[cc_2]} = [nn_3].$$

On aurait pu obtenir l'équation du minimum sans l'emploi du calcul différentiel. Multiplions en effet chacune des équations primitives (1) successivement par ax, by, cz, et ajoutons-les, nous aurons

$$(a)\qquad [\Delta\Delta] = [a\Delta]x + [b\Delta]y + [c\Delta]z + [n\Delta],$$

où

$$(b)\qquad \left\{\begin{array}{l} [a\Delta] = [aa]x + [ab]y + [ac]z + [an], \\ \dots\dots\dots\dots\dots\dots\dots\dots\dots\dots \end{array}\right.$$

En substituant à x dans (a) sa valeur tirée de (b), on obtient

$$(c)\qquad [\Delta\Delta] = \frac{[a\Delta]^2}{[aa]} + [b\Delta_1]y + [c\Delta_1]z + [n\Delta_1],$$

où

$$(d)\qquad \left\{\begin{array}{l} [b\Delta_1] = [bb_1]y + [bc_1]z + [bn_1], \\ [c\Delta_1] = [bc_1]y + [cc_1]z + [cn_1], \\ [n\Delta_1] = [bn_1]y + [cn_1]z + [nn_1]. \end{array}\right.$$

Si maintenant dans (c) l'on remplace y par sa valeur tirée de la première des équations (a), il vient

$$(e)\qquad [\Delta\Delta] = \frac{[a\Delta]^2}{[aa]} + \frac{[b\Delta_1]^2}{[bb_1]} + [c\Delta_2]z + [n\Delta_2],$$

équation dans laquelle

$$(f) \qquad \begin{cases} [c\Delta_2] = [cc_2]z + [cn_2], \\ [n\Delta_1] = [cn_2]z + [nn_1], \end{cases}$$

et enfin, après avoir dans l'équation (e), remplacé z par sa valeur tirée de la première des équations (f), on a

$$(g) \qquad [\Delta\Delta] = \frac{[a\Delta]^2}{[aa]} + \frac{[b\Delta_1]^2}{[bb_1]} + \frac{[c\Delta_2]^2}{[cc_2]} + [n\Delta_3],$$

où, comme on le voit facilement,

$$[n\Delta_3] = [nn_3].$$

Puisque dans le second membre de l'équation (g) les trois premiers termes qui contiennent x, y, z sont des carrés, il faut, pour obtenir le minimum de la somme des carrés des erreurs, poser $[a\Delta] = 0$, $[b\Delta_1] = 0$, $[c\Delta_2] = 0$, équations identiques avec celles trouvées plus haut; il en résulte, de plus, que le minimum du carré des erreurs est $[nn_3]$.

24. *Détermination de l'erreur probable des inconnues.* — On peut pour cela se servir du théorème énoncé dans le n° 22 relativement à l'erreur probable; les équations (A), (D), (F), relatives aux valeurs les plus probables de x, y, z, montrent en effet que ces valeurs peuvent être considérées comme des fonctions linéaires des grandeurs observées n, n', n'', ...

Si l'on veut tirer x de ces trois équations, il faut multiplier chacune d'elles par un certain coefficient choisi de telle sorte que, dans l'équation formée par leur somme, les coefficients de y et de z soient nuls. Multiplions (A) par $\frac{1}{[aa]}$, (D) par $\frac{A'}{[bb_1]}$, (F) par $\frac{A''}{[cc_2]}$, et ajoutons les trois résultats, nous aurons pour déterminer A′ et A″ les deux équations de condition

$$(\alpha) \qquad \frac{[ab]}{[aa]} + A' = 0,$$

$$(\beta) \qquad \frac{[ac]}{[aa]} + A'\frac{[bc_1]}{[bb_1]} + A'' = 0,$$

et pour trouver x

$$(\gamma) \qquad x = -\frac{[an]}{[aa]} - A'\frac{[bn_1]}{[bb_1]} - A''\frac{[cn_2]}{[cc_2]}.$$

Pour déterminer y, on multiplie (D) par $\frac{1}{[bb_1]}$, (F) par $\frac{B'}{[cc_2]}$, on ajoute et on a

$$(\delta) \qquad \frac{[bc_1]}{[bb_1]} + B' = 0$$

et

$$(\varepsilon) \qquad y = -\frac{[bn_1]}{[bb_1]} - B'\frac{[cn_2]}{[cc_2]},$$

et enfin

$$(\zeta) \qquad z = -\frac{[cn_2]}{[cc_2]}.$$

Si l'on développe les quantités $[bn_1]$ et $[cn_2]$, on obtient facilement

$$(\eta) \qquad [bn_1] = A'[an] + [bn],$$

$$(\vartheta) \qquad [cn_2] = A''[an] + B'[bn] + [cn];$$

en raison de la symétrie des grandeurs renfermées entre crochets, il sera permis d'échanger les lettres et d'écrire aussi

$$(\iota) \qquad [bb_1] = A'[ab] + [bb],$$

$$(\varkappa) \qquad [cc_2] = A''[ac] + B'[bc] + [cc],$$

$$(\lambda) \qquad [bc_2] = A''[ab] + B'[bb] + [bc] = 0,$$

$$(\mu) \qquad [ac_2] = A''[aa] + B'[ab] + [ac] = 0 \ (^*).$$

Puisque $[an]$, $[bn_1]$ et $[cn_2]$ sont des fonctions linéaires des n, on peut aisément déterminer les erreurs probables de ces grandeurs. D'abord $[an] = an + a'n' + a''n'' + \ldots$ Soit donc r l'erreur probable d'une observation ou d'un n, alors l'erreur probable de $[an]$ est

$$r([an]) = r\sqrt{aa + a'a' + a''a''} + \ldots = r\sqrt{[aa]}.$$

(*) On voit de suite à l'aide des équations (α), (β) et (δ) que les deux dernières expressions sont nulles.

De plus, dans $[bn_1]$, chaque terme a la forme $(A'a + b)n$. Pour élever ce terme au carré, multiplions d'abord par $A'an$, puis par bn, nous aurons, pour le coefficient de n^2,

$$A'(A'aa + ab) + A'ab + bb.$$

Telle est donc la forme du coefficient de chaque r^2 dans l'expression du carré de l'erreur probable de $[bn_1]$; on aura par conséquent

$$(r[bn_1])^2 = \big[A'(A'[aa] + [ab]) + A'[ab] + [bb]\big]\, r^2$$

ou

$$r[bn_1] = r\sqrt{[bb_1]},$$

comme il résulte immédiatement des équations $(\varkappa)$ et (ι).

Enfin, le coefficient de chaque n dans $[cn_2]$ est

$$A''a + B'b + c.$$

En l'élevant au carré, on obtient

$$A''(A''aa + B'ab + ac) + B''(A''ab + B'bb + bc) \\ + A''ac + B'bc + cc.$$

Si l'on prend maintenant la somme de tous les carrés isolés, on aura pour le coefficient de r^2 dans l'expression de $(r[cn_2])^2$,

$$A''(A''[aa] + B'[ab] + [ac]) + B'(A''[ab] + B'[bb] + [bc]) \\ + A''[ac] + B'[bc] + [cc],$$

ou simplement $[cc_2]$, d'après les équations $(\varkappa)$, (λ) et (μ); ainsi

$$r[cn_2] = r\sqrt{[cc_2]}.$$

On trouve facilement, dès lors, les erreurs probables de x, y et z. D'après l'équation (γ), on obtient, en effet, pour le carré de l'erreur probable de x,

$$[r(x)]^2 = \frac{(r[an])^2}{[aa]^2} + \frac{A'A'}{[bb_1]^2}(r[bn_1])^2 + \frac{A''A''}{[cc_2]^2}(r[cn_2])^2 \\ = r^2\left(\frac{1}{[aa]} + \frac{A'A'}{[bb_1]} + \frac{A''A''}{[cc_2]}\right).$$

On a de même

$$[r(y)]^2 = r^2\left(\frac{1}{[bb_1]} + \frac{B'B'}{[cc_2]}\right)$$

et

$$[r(z)]^2 = r^2\frac{1}{[cc_2]}.$$

Il nous reste encore à déterminer l'erreur probable d'une observation. Si, dans les équations primitives (1), on donne à x, y, z des valeurs quelconques, on peut écrire la somme des carrés des erreurs de la manière suivante :

$$[\Delta\Delta] = \frac{[a\Delta]^2}{[aa]} + \frac{[b\Delta_1]^2}{[bb_1]} + \frac{[c\Delta_2]^2}{[cc_2]} + [nn_3].$$

Dans le cas où l'on remplace x, y, z, par leurs valeurs les plus probables résultant du système des équations, les grandeurs $[a\Delta]$, $[b\Delta_1]$ et $[c\Delta_2]$ sont nulles, et $[nn_3]$ est la somme des carrés des erreurs résiduelles. Ces valeurs ne deviennent les valeurs véritables que lorsque le nombre des observations est infiniment grand. Supposons maintenant que les erreurs véritables soient connues, et qu'on les substitue dans les équations précédentes, $[\Delta\Delta]$ serait la somme des carrés des erreurs véritables; de sorte qu'on aurait

$$m\varepsilon^2 = \frac{[a\Delta]^2}{[aa]} + \frac{[b\Delta_1]^2}{[bb_1]} + \frac{[c\Delta_2)^2}{[cc_2]} + [nn_3],$$

où les grandeurs $[a\Delta]$, $[b\Delta_1]$ et $[c\Delta_2]$ ne seraient pas nulles, mais ne pourraient différer beaucoup de zéro. Puisque ces grandeurs sont élevées au carré, on voit que la somme des carrés des erreurs trouvées au moyen des valeurs les plus probables est trop petite, et, pour se rapprocher de la vérité, on peut, dans le cas du minimum, remplacer les grandeurs $[a\Delta]$, $[b\Delta_1]$, $[c\Delta_2]$ par leurs erreurs moyennes. Mais comme dans les équations

$$ax_0 + by_0 + cz_0 + n = \Delta,$$

$$\dots\dots\dots\dots\dots\dots$$

aucune des grandeurs du premier membre, autre que n, n'est affectée d'erreur, Δ est donc affectée de la même erreur que n, et les erreurs moyennes de $[a\Delta]$, $[b\Delta_1]$ et $[c\Delta_2]$ sont égales à celles qu'on a trouvées pour $[an]$, $[bn_1]$ et $[cn_2]$. Substituons-les dans les équations précédentes, nous aurons

$$m\varepsilon^2 = \varepsilon^2 + \varepsilon^2 + \varepsilon^2 + [nn_3]$$

ou

$$\varepsilon = \sqrt{\frac{[nn_3]}{m-3}}.$$

Ainsi, dans le cas d'un nombre fini d'équations avec plusieurs inconnues, on aura l'erreur moyenne d'une observation en divisant la somme des carrés des erreurs que donne la condition du minimum, par le nombre des observations diminué du nombre des inconnues, et prenant la racine du carré du résultat.

De même, l'erreur probable d'une observation sera

$$r = 0,674489\sqrt{\frac{[nn_3]}{m-3}}.$$

Remarque I. — Dans ce qui précède, on a toujours supposé que toutes les observations employées à la détermination des inconnues sont également bonnes; si tel n'est point le cas, et si l'on désigne par $h, h', h'', \ldots$, la mesure de la précision d'une observation isolée, la probabilité des erreurs $\Delta, \Delta', \Delta'', \ldots$, pour chaque observation isolée sera

$$\frac{h}{\sqrt{\pi}} e^{-h^2\Delta^2}, \quad \frac{h'}{\sqrt{\pi}} e^{-h'^2\Delta'^2}, \ldots.$$

La fonction W aura pour valeur

$$W = \frac{hh'\ldots}{\pi^{\frac{m}{2}}} e^{-(h^2\Delta^2 + h'^2\Delta'^2 + \ldots)},$$

et les valeurs les plus probables de x, y, z seront celles pour lesquelles la somme

$$h^2\Delta^2 + h'^2\Delta'^2 + h''^2\Delta''^2 + \ldots$$

sera minimum. Pour les obtenir on devra donc multiplier les équations primitives de la série par $h, h', \ldots$, faire les sommes avec les nouveaux coefficients et conduire le calcul comme précédemment.

Remarque II. — Si l'on a une seule inconnue à déterminer, et si les équations primitives données par les observations ont la forme

$$0 = n + ax, \quad 0 = n' + a'x, \quad 0 = n'' + a''x, \ \ldots,$$

x sera égal à $-\frac{[an]}{[aa]}$, avec l'erreur probable $r_x = \frac{r}{\sqrt{[aa]}}$, r étant l'erreur probable d'une observation.

25. Exemple. — Pour éclaircir ce qui précède, nous traiterons l'exemple suivant tiré du 7ᵉ volume des *Kœnigsberger Beobachtungen*, p. XXIII, où Bessel détermine les corrections à faire à la constante de la réfraction. Des cinquante-deux équations contenues dans ce Mémoire, nous choisirons seulement les vingt suivantes, que nous supposons de même poids, et dans lesquelles le terme numérique désigne une grandeur tirée de l'observation des étoiles, y la correction de la constante de la réfraction, et x l'erreur constante dont on suppose affectés tous les résultats d'observation.

La forme génerale des équations de condition est dans ce cas

$$n = x + by;$$

puisque le coefficient désigné ci-dessus par a est égal à l'unité, et les équations de condition déduites de l'ensemble des observations de chaque étoile sont :

		Erreurs résiduelles.
α Petite Ourse.....	$0 = +0'',02 + x + 0,2y$	$-0'',03$
β Petite Ourse.....	$0 = +0,45 + x + 8,2y$	$+0,43$
β Céphée.........	$0 = +0,10 + x + 20,1y$	$+0,14$
α Grande Ourse...	$0 = -0,14 + x + 36,0y$	$-0,03$
α Céphée.........	$0 = -0,62 + x + 43,9y$	$-0,47$
δ Céphée.........	$0 = -0,25 + x + 65,9y$	$0,00$
ε Céphée.........	$0 = -0,03 + x + 74,9y$	$+0,26$
μ Céphée.........	$0 = -1,24 + x + 77,8y$	$-0,94$
α Cassiopée.......	$0 = +0,59 + x + 75,5y$	$+0,88$
γ Grande Ourse...	$0 = -0,47 + x + 79,6y$	$-0,16$
β Dragon.........	$0 = 0,00 + x + 104,5y$	$+0,42$
γ Dragon.........	$0 = -0,51 + x + 114,3y$	$-0,04$
η Grande Ourse...	$0 = -1,20 + x + 125,6y$	$-0,68$
α Persée.........	$0 = +0,12 + x + 142,1y$	$+0,72$
α Cocher.........	$0 = -1,31 + x + 216,8y$	$-0,37$
α Cygne..........	$0 = -1,64 + x + 254,8y$	$-0,53$
ε Cocher.........	$0 = -1,39 + x + 280,2y$	$-0,16$
γ Andromède.....	$0 = -1,24 + x + 393,5y$	$+0,51$
η Cocher.........	$0 = -1,80 + x + 419,6y$	$+0,06$
β Persée.........	$0 = -2,16 + x + 481,2y$	$-0,01$

Pour trouver les équations qui donnent les valeurs les plus probables de x et y [équations (A), (B) du nº 23], on doit d'abord former toutes les sommes $[aa]$, $[ab]$, $[an]$, $[bb]$ et $[bn]$. Dans le cas actuel, où les inconnues sont en petit nombre, et où l'un des coefficients est égal à 1, ce calcul est très-facile; mais si l'on a un grand nombre d'inconnues, dont les coefficients sont, par exemple, a, b, c, d,... on fera bien de calculer les sommes algébriques de tous les coefficients de chaque équation, que nous désignerons par s, et de former avec elles les sommes $[as]$, $[bs]$, ...; car on a ensuite les formules de vérification

$$[ns] = [an] + [bn] + [cn] + [dn] + \ldots,$$
$$[as] = [aa] + [ab] + [ac] + [ad] + \ldots,$$
$$\ldots\ldots\ldots\ldots\ldots\ldots\ldots\ldots\ldots$$

Ces sommes une fois formées, on trouve les équations qui déterminent les valeurs les plus probables de x et y :

$$20{,}00x + 3014{,}70y - 12{,}72 = 0,$$
$$3014{,}70x + 844586{,}25y - 3700{,}55 = 0,$$

et leur résolution se fait d'après le tableau suivant, qu'on peut facilement étendre à tous les cas :

$$[aa] = +20{,}00, \quad [ab] = 3014{,}70,$$
$$[an] = -12{,}72, \quad [nn] = 20{,}28;$$

Calcul de y.

$$[bb] = +844586{,}25 \qquad [bn] = -3700{,}55$$
$$\frac{[ab]^2}{[aa]} = +454420{,}80 \qquad \frac{[ab][an]}{[aa]} = -1917{,}35$$
$$[bb_1] = +390165{,}45 \qquad [bn_1] = -1783{,}20$$
$$\log[bb_1] = 5{,}5912483 \qquad \log[bn_1] = 3{,}2512001\,n$$
$$\log y = \bar{3}{,}6599518$$
$$y = +0{,}00457037,$$

Calcul de x.

$$\log[ab]y = 1{,}1391759$$
$$[ab]y = 13{,}7776$$
$$[aa]x = -1{,}0576$$
$$x = -0'',0528.$$

Si l'on formait les grandeurs $[as]$, $[bs]$,..., on obtiendrait encore dans le cas précédent pour vérification du calcul $[bb_1] = [bs_1]$; avec trois inconnues, on aurait

$$[bb_1] + [bc_1] = [bs_1] \quad \text{et} \quad [cc_2] = [cs_2],$$

et de même pour un plus grand nombre d'inconnues.

Pour déterminer les erreurs probables de x et y, le calcul se fait comme il suit :

$$\begin{array}{lll} [nn] = 20,28 & [nn_1] = 12,19 & [aa] = +20,00 \\ \dfrac{[an]^2}{[aa]} = \underline{\ 8,09\ } & \dfrac{[bn_1]^2}{[bb_1]} = \underline{\ 8,15\ } & \dfrac{[ab]^2}{[bb]} = \underline{+10,76} \\ [nn_1] = 12,19 & [nn_2] = 4,04 & [aa_1] = +\ 9,24 \end{array}$$

$$r = 0,674489\sqrt{\frac{[nn_2]}{18}} = \pm 0'',31969,$$

$$r(x) = \frac{r}{\sqrt{[aa_1]}} = \pm 0'',105169,$$

$$r(y) = \frac{r}{\sqrt{[bb_1]}} = \pm 0'',0005118,$$

d'où l'on voit que le calcul de x, au moyen des équations précédentes, est très-inexact, puisque son erreur probable surpasse la valeur trouvée, mais aussi que l'erreur probable de la correction trouvée pour la constante de la réfraction est au plus égale au $\frac{1}{9}$ de sa valeur.

Si l'on substitue les valeurs les plus probables de x et y dans les équations précédentes, on obtient les erreurs résiduelles que nous avons déjà placées à côté de chaque équation. En formant la somme des carrés de ces erreurs résiduelles, on a 4,04, valeur qui s'accorde avec celle de $[nn_2]$, nouvelle preuve de l'exactitude du calcul.

Remarque. — Consulter sur la méthode des moindres carrés :

GAUSS. — *Theoria motus corporum cœlestium*, p. 205 et suivantes.

GAUSS. — *Theoria combinationis observationum erroribus minimis obnoxiæ.*

ENCKE. — Articles du *Jahrbuch*, de Berlin, pour 1834, 1835, 1836 et 1853.

LIAGRE. — *Calcul des probabilités et Théorie des erreurs.* — Bruxelles, 1852.

BERTRAND. — Traduction française des Mémoires de Gauss, *sur la Combinaison des observations.* — Paris, 1855.

V. — Développement en séries périodiques des fonctions données par des valeurs numériques.

26. *Théorèmes concernant les séries périodiques.* — Les fonctions périodiques sont fréquemment employées en Astronomie, quand il s'agit, par exemple, de trouver les périodes dans lesquelles certains phénomènes se reproduisent. Puisque ces phénomènes sont toujours renfermés entre certaines limites qui ne peuvent devenir infinies, on peut les représenter par des fonctions des sinus et cosinus d'une variable. Soit donc X une telle fonction périodique; on peut lui supposer la forme suivante :

$$\begin{aligned} X = a_0 + a_1 \cos x + a_2 \cos 2x + a_3 \cos 3x + \ldots \\ + b_1 \sin x + b_2 \sin 2x + b_3 \sin 3x + \ldots . \end{aligned}$$

Le cas le plus fréquent est celui où l'on donne, pour des valeurs déterminées de x, les valeurs numériques de X au moyen desquelles on doit calculer les coefficients. La solution de ce problème sera surtout facile, si l'on connaît les valeurs numériques de X pour la série des valeurs de x

$$0, \quad \frac{2\pi}{n}, \quad 2\frac{2\pi}{n}, \quad 3\frac{2\pi}{n}, \ldots, \quad (n-1)\frac{2\pi}{n}$$

correspondantes aux points de division de la circonférence en n parties égales, et tout d'abord nous démontrerons quelques théorèmes dont l'emploi rendra la solution plus facile.

Soit A une fraction de la circonférence, telle que $nA = 2\pi$, et h un nombre entier; la somme de la série

$$\sin hA + \sin 2hA + \sin 3hA + \ldots + \sin(n-1)hA$$

est *toujours* nulle, et celle de la série

$$1 + \cos hA + \cos 2hA + \cos 3hA + \ldots + \cos(n-1)hA$$

est nulle, en *exceptant* le cas où hA est égal à 2π ou à un multiple de 2π; alors la somme de la série est égale à n.

Posons, en effet,

$$\cos\frac{2\pi}{n} + i\sin\frac{2\pi}{n} = e^{i\frac{2\pi}{n}} = T,$$

où $i=\sqrt{-1}$; nous aurons

$$\sum_{r=0}^{r=n-1}\cos hrA + i\sum_{r=0}^{r=n-1}\sin hrA = \sum_{r=0}^{r=n-1} T^{rh} = \frac{T^{nh}-1}{T^{h}-1},$$

et puisque

$$T^{nh} = \cos 2h\pi + i\sin 2h\pi = 1,$$

le numérateur de la fraction est nul; on a donc en général

$$(1)\qquad \sum_{r=0}^{r=n-1}\sin hrA = 0,$$

$$(2)\qquad \sum_{r=0}^{r=n-1}\cos hrA = 0.$$

Cependant, si le dénominateur est nul, c'est-à-dire si $T^h=1$, la fraction se présente sous la forme $\frac{0}{0}$; mais alors sa valeur est n, comme on le voit, en se reportant à l'expression proposée; l'équation (1) subsiste donc, et le second membre de l'équation (2) est égal à n; cette exception correspond au cas où $hA=2k\pi$, c'est-à-dire lorsque h est divisible par n.

Des deux équations (1) et (2), on déduit facilement les suivantes dont nous ferons usage :

$$(3)\qquad \sum_{r=0}^{r=n-1}\sin hrA\cos hrA = \frac{1}{2}\sum_{r=0}^{r=n-1}\sin 2hrA = 0;$$

$$(4)\qquad \left\{\begin{aligned}\sum_{r=0}^{r=n-1}\cos^2 hrA = \frac{n}{2}+\frac{1}{2}\sum_{r=0}^{r=n-1}\cos 2hrA &= \frac{n}{2}\ \text{en général},\\ &= n\ \text{par exception};\end{aligned}\right.$$

$$(5)\qquad \left\{\begin{aligned}\sum_{r=0}^{r=n-1}\sin^2 hrA = \frac{n}{2}-\frac{1}{2}\sum_{r=0}^{r=n-1}\cos 2hrA &= \frac{n}{2}\ \text{en général},\\ &= 0\ \text{par exception}.\end{aligned}\right.$$

27. *Détermination des coefficients d'une série périodique à l'aide de valeurs numériques données.*

Posons

$$X = \sum (a_p \cos px + b_p \sin px),$$

où p prend successivement toutes les valeurs entières à partir de o, et soit q un nombre déterminé, nous avons

$$X \cos qx = \sum \left[\frac{a_p}{2} \cos(p+q)x + \frac{a_p}{2} \cos(p-q)x \right.$$
$$\left. + \frac{b_p}{2} \sin(p+q)x + \frac{b_p}{2} \sin(p-q)x \right].$$

Dans cette équation, donnons successivement à x les valeurs $0, A, 2A, \ldots, (n-1)A$, où $A = \frac{2\pi}{n}$, et ajoutons les équations obtenues; d'après les formules (1) et (2) du n° 26, le second membre sera nul, sauf la somme des termes cosinus dans lesquels $p+q = kn$ ou $p-q = kn$, somme qui contient le facteur n.

Si l'on désigne par X_{rA} la valeur de X correspondante à la valeur rA de x, on a

$$\sum_{r=0}^{r=n-1} X_{rA} \cos qrA = \sum \left(\frac{n}{2} a_{-q+kn} + \frac{n}{2} a_{q+kn} \right).$$

Le signe $\sum$ du second membre s'applique à toutes les valeurs entières de k; mais dans X il ne peut y avoir aucun coefficient à indice négatif, on doit donc poser $a_{-q} = 0$ et on a

$$(6) \quad \left\{ \begin{aligned} &\sum_{r=0}^{r=n-1} X_{rA} \cos qrA \\ &\quad = \frac{n}{2} [a_q + a_{n-q} + a_{n+q} + a_{2n-q} + a_{2n+q} + \ldots]. \end{aligned} \right.$$

Ici se présentent deux cas particuliers :

1° Si $q = 0$, $a_{-q} = a_0 = a_{+q}$, $a_{n-q} = a_{n+q}, \ldots$; donc

$$(7) \qquad \sum_{r=0}^{r=n-1} X_{rA} = n[a_0 + a_n + a_{2n} + \ldots];$$

2° Si $q = \frac{n}{2}$, n étant un nombre pair, $a_q = a_{n-q}$, $a_{n+q} = a_{2n-q}, \ldots$; donc

$$(8) \qquad \sum_{r=0}^{r=n-1} X_{rA} \cos\frac{nrA}{2} = n\left[a_{\frac{n}{2}} + a_{\frac{3n}{2}} + \ldots\right].$$

Puisque

$$X \sin qx = \sum\left[\frac{a_p}{2}\sin(p+q)x - \frac{a_p}{2}\sin(p-q)x + \frac{b_p}{2}\cos(p-q)x - \frac{b_p}{2}\cos(p+q)x\right],$$

on trouve de même

$$(9) \quad \left\{ \begin{aligned} &\sum_{r=0}^{r=n-1} X_{rA} \sin qrA \\ &\quad = \frac{n}{2}[b_q - b_{n-q} + b_{n+q} - b_{2n-q} + b_{2n+q} - \ldots]. \end{aligned} \right.$$

Supposons maintenant, suivant le degré de convergence de la série, n assez grand pour que, dans le second membre des équations (6), (7), (8) et (9), tous les termes, excepté le premier, puissent être négligés, il sera facile de déduire de ces équations les coefficients a_q des cosinus pour toutes les valeurs de q comprises entre o et $\frac{n}{2}$, et les coefficients b_q des sinus pour toutes les valeurs de q comprises entre o et $\frac{n}{2} - 1$; les valeurs plus grandes de q reproduisent les équations déjà obtenues, comme on le voit, en remplaçant q par $n - q$ dans les équations précédentes. On voit aussi que plus est grande la valeur de n, plus sont exactes les valeurs obtenues pour les premiers coefficients, et que les derniers d'entre eux resteront nécessairement inexacts. Par exemple, pour $n=12$ et $q=4$,

$$\sum X\cos 4x = 6(a_4 + a_8 + \ldots);$$

et l'erreur commise sur la valeur de a_4 dépendra déjà de a_8; si nous avions pris $n=24$, la première erreur commise sur ce coefficient proviendrait de a_{20}.

De ce qui précède, on déduit les équations suivantes :

$$a_p = \frac{2}{n}\sum_{r=0}^{r=n-1} X_{rA}\cos prA,$$

$$b_p = \frac{2}{n}\sum_{r=0}^{r=n-1} X_{rA}\sin prA,$$

et si $p=0$ ou $p=\frac{n}{2}$, on doit remplacer $\frac{2}{n}$ par $\frac{1}{n}$.

Il est toujours avantageux de prendre pour n un nombre divisible par 4, car chaque quadrant est alors divisé en un nombre exact de parties, et les valeurs des sinus et des cosinus se reproduisent aux signes près. Puisque les angles, dont la somme est 360°, ont les mêmes cosinus, on ajoutera d'abord les valeurs de X dont les indices donnent une somme égale à 360°, et on multipliera le résultat par le cosinus; dans le cas des sinus, au contraire, il faudra retrancher l'une de l'autre celles dont les indices donnent une somme égale à 360°. Désignons par $\underset{+}{X_{rA}}$ la somme des deux quantités $X_{rA} + X_{(n-r)A}$, par $\underset{-}{X_{rA}}$ leur différence $X_{rA} - X_{(n-r)A}$:

$$a_p = \frac{2}{n}\sum_{r=0}^{r=\frac{n}{2}} \underset{+}{X_{rA}}\cos prA,$$

$$b_p = \frac{2}{n}\sum_{r=0}^{r=\frac{n}{2}-1} \underset{-}{X_{rA}}\sin prA.$$

Soient encore $\underset{++}{X_{rA}}$ et $\underset{+-}{X_{rA}}$ la somme et la différence des deux quantités $\underset{+}{X}_{rA}$ et $\underset{+}{X}_{\left(\frac{n}{2}-r\right)A}$ dont les indices sont supplémentaires, et par $\underset{+-}{X}_{rA}$ et $\underset{--}{X}_{rA}$ la somme et la différence des deux quantités $\underset{-}{X}_{rA}$ et $\underset{-}{X}_{\left(\frac{n}{2}-r\right)A}$ dont les indices sont supplémentaires, nous obtiendrons

$$(10)\qquad a_p = \frac{2}{n}\sum_{r=0}^{r=\frac{n}{4}} \underset{++}{X}_{rA}\cos prA,\quad \text{si } p \text{ est pair,}$$

avec les deux exceptions déjà indiquées;

$$(11)\qquad a_p = \frac{2}{n}\sum_{r=0}^{r=\frac{n}{4}} \underset{+-}{X}_{rA}\cos prA,\quad \text{si } p \text{ est impair;}$$

$$(12)\qquad b_p = \frac{2}{n}\sum_{r=0}^{r=\frac{n}{4}-1} \underset{--}{X}_{rA}\sin prA,\quad \text{si } p \text{ est pair;}$$

$$(13)\qquad b_p = \frac{2}{n}\sum_{r=0}^{r=\frac{n}{4}-1}{}' \underset{-+}{X}_{rA}\sin prA,\quad \text{si } p \text{ est impair.}$$

Soit, par exemple, $n = 12$; on aura

$$a_0 = \frac{1}{12}\left[\underset{++}{X_0} + \underset{++}{X_{30}} + \underset{++}{X_{60}} + \underset{++}{X_{90}}\right],$$

$$a_1 = \frac{1}{6}\left[\underset{+-}{X_0} + \underset{+-}{X_{30}}\cos 30 + \underset{+-}{X_{60}}\cos 60\right],$$

$$a_2 = \frac{1}{6}\left[\underset{++}{X_0} + \underset{++}{X_{30}}\cos 60 - \underset{++}{X_{60}}\cos 60 - \underset{++}{X_{90}}\right],$$

....,

$$b_1 = \frac{1}{6}\left[\underset{-+}{X_{30}}\sin 30 + \underset{-+}{X_{60}}\sin 60 + \underset{-+}{X_{90}}\right],$$

$$b_2 = \frac{1}{6}\left[\underset{--}{X_{30}}\sin 60 + \underset{--}{X_{60}}\sin 60\right],$$

....

28. *Identité des résultats obtenus par cette méthode, et de ceux que donne la méthode des moindres carrés.* — Si l'on veut avoir le développement d'une fonction périodique jusqu'à un terme déterminé, il faut connaître autant de valeurs numériques que l'on veut calculer de coefficients. Quand même les valeurs données seraient exactes, on n'obtiendrait les coefficients qu'avec l'exactitude que comporte la théorie, et d'autant moins exactement pour un coefficient, que son indice serait plus grand par rapport au nombre donné de valeurs. Mais si ces valeurs de la fonction sont déduites d'observations, il convient, pour éliminer les erreurs d'observation, d'employer autant d'observations que possible, et, par suite, de diviser la circonférence en un nombre de parties plus grand qu'il n'est nécessaire pour la détermination des coefficients. Dans ce cas, on traite les équations par la méthode des moindres carrés; cette méthode donne, pour la détermination des coefficients, les mêmes équations que celles du n° 27; les valeurs obtenues sont donc les valeurs les plus probables.

Soient, en effet, X_0, X_A, X_{2A}, ..., $X_{(n-1)A}$ les n valeurs données par les observations, et supposons que la fonction se réduise à la somme $a_0 + a_1 \cos x + b_1 \sin x$, nous aurons les équations

$$
\begin{aligned}
o &= - X_0 + a_0 + a_1,\\
o &= - X_A + a_0 + a_1 \cos A + b_1 \sin A,\\
o &= - X_{2A} + a_0 + a_1 \cos 2A + b_1 \sin 2A,\\
&\ldots\ldots\ldots\ldots\ldots\ldots\ldots\ldots\ldots\ldots,\\
o &= - X_{(n-1)A} + a_0 + a_1 \cos(n-1)A + b_1 \sin(n-1)A;
\end{aligned}
$$

d'après les principes de la méthode des moindres carrés, les équations du minimum sont les suivantes, où [cos A] désigne la somme des valeurs de $\cos rA$, prise de $r = o$ à $r = n - 1$, et ainsi des autres :

$$
(14)\left\{
\begin{aligned}
n a_0 + [\cos A] a_1 + [\sin A] b_1 - [X_A] &= o,\\
[\cos A] a_0 + [\cos^2 A] a_1 + [\sin A \cos A] b_1 - [X_A \cos A] &= o,\\
[\sin A] a_0 + [\cos A \sin A] a_1 + [\sin^2 A] b_1 - [X_A \sin A] &= o.
\end{aligned}
\right.
$$

A l'aide des équations du n° 26, les précédentes peuvent

s'écrire

$$a_0 = \frac{1}{n}[X_A],$$

$$a_1 = \frac{2}{n}[X_A \cos A],$$

$$b_1 = \frac{2}{n}[X_A \sin A],$$

équations qui s'accordent avec celles que nous avons trouvées au nº 27. On verrait aisément que ce qui a été démontré ici pour les trois premiers coefficients s'applique aux suivants.

On peut trouver aussi les erreurs probables d'une observation et des coefficients. Soit en effet $[\nu\nu]$ la somme des carrés des erreurs résiduelles dans les équations de condition, après la substitution des valeurs les plus probables, l'erreur probable d'une observation sera

$$r = 0{,}67449\sqrt{\frac{[\nu\nu]}{n-3}};$$

celle de a_0 sera.... $\dfrac{r}{\sqrt{n}}$,

celle de a_1 sera.... $\dfrac{r}{\sqrt{[\cos^2 A]}} = \dfrac{r\sqrt{2}}{\sqrt{n}}$,

celle de b_1 sera.... $\dfrac{r}{\sqrt{[\sin^2 A]}} = \dfrac{r\sqrt{2}}{\sqrt{n}}$.

On trouvera un exemple de ce calcul au nº 6 du second volume.

Remarque. — Consulter le *Jahrbuch*, de Encke, pour 1857, pages 334 et suivantes.

M. Le Verrier donne dans les *Annales de l'Observatoire impérial*, t. Ier, une autre méthode pour le calcul des coefficients, reproduite sous une forme différente par Encke, dans le *Jahrbuch* de 1860.

CHAPITRE PREMIER.

DE LA SPHÈRE CÉLESTE ET DE SON MOUVEMENT DIURNE.

Dans l'Astronomie sphérique, on considère les astres comme situés à la surface de la sphère céleste apparente, et au moyen de coordonnées sphériques on les rapporte à certains grands cercles de cette sphère. L'Astronomie sphérique a pour but de déterminer le lieu d'un astre par rapport à ces grands cercles, et les positions relatives de ceux-ci. Il faut donc apprendre d'abord à connaître les grands cercles dont les plans servent de base aux différents systèmes de coordonnées, et les méthodes employées pour rapporter à un nouveau système de coordonnées le lieu d'un astre donné par rapport à certains axes.

Quelques-uns de ces systèmes d'axes coordonnés sont entraînés par le mouvement diurne de la sphère céleste; d'autres, au contraire, sont liés à des plans qui ne participent point à ce mouvement. Par rapport à un de ces derniers systèmes la position d'une étoile changera constamment : il est important d'étudier ces changements et les phénomènes qui en résultent. Mais en dehors de ce mouvement général, les astres en possèdent d'autres beaucoup plus lents, en vertu desquels leurs positions rapportées à des axes participant au mouvement diurne changeront encore : il ne suffit donc pas de déterminer le lieu d'un astre, il faut indiquer aussi le temps auquel ce lieu correspond. Il est par suite nécessaire de savoir mesurer le temps, ce qui se fait soit à l'aide du mouvement diurne seul, soit à l'aide de ce mouvement combiné avec celui du Soleil.

I. — Des différents systèmes de plans et de cercles de la sphère céleste.

29. *Équateur et horizon. — Pôles de l'équateur et de l'horizon.* — Les étoiles nous semblent situées à la surface d'une

sphère dont la concavité est tournée vers nous; par suite du mouvement de rotation de la Terre, cette sphère nous paraît emportée en sens opposé, c'est-à-dire de l'est à l'ouest; une ligne parallèle à l'axe de la Terre et menée par un point de sa surface décrit dans le mouvement diurne la surface d'un cylindre ayant pour base le parallèle du point considéré; mais, puisque la distance des étoiles est infiniment grande par rapport au diamètre de la Terre, cette ligne coupe toujours la sphère céleste aux mêmes points que l'axe de la Terre. Ces points, vus de la Terre, paraissent immobiles sur la sphère céleste et s'appellent *pôles de la sphère céleste* ou *pôles du monde*; celui qui correspond au pôle nord de la Terre et qui est visible dans l'hémisphère terrestre boréal s'appelle *pôle nord*; le pôle opposé est le *pôle sud*. Une ligne parallèle au plan de l'équateur terrestre, c'est-à-dire perpendiculaire à la première, décrit dans le mouvement diurne un plan qui coupe la sphère céleste suivant un grand cercle dont les pôles sont les pôles du monde, et qu'on appelle *équateur*. Une droite inclinée sur l'axe de la Terre d'un angle différent de 90° décrit la surface d'un double cône dont l'intersection avec la sphère céleste se compose de deux petits cercles parallèles à l'équateur; leur distance angulaire au pôle est égale à l'angle de cette ligne avec l'axe; on les nomme *parallèles*.

Le plan tangent en un lieu de la surface de la Terre coupe la sphère céleste suivant un grand cercle, l'*horizon*, qui sépare la partie visible de la sphère de sa partie invisible. L'angle de l'axe du monde avec ce plan est la *latitude géographique* du lieu; la tangente au méridien du lieu décrit dans le mouvement de rotation de la Terre un double cône qui coupe la sphère céleste suivant deux parallèles, dont la distance au pôle le plus voisin est égale à la latitude du lieu. Le plan de l'horizon est toujours tangent à ce double cône, et les deux parallèles déterminent deux zones, dont la plus voisine du pôle visible est constamment au-dessus de l'horizon, tandis que l'autre est toujours au-dessous; les étoiles situées dans les autres régions du ciel ont un lever et un coucher, et décrivent de l'est à l'ouest un parallèle généralement incliné sur l'horizon. Une ligne perpendiculaire à l'horizon passe par le *zénith*, point le plus élevé de l'hémisphère visible, et par le *nadir*, point diamétralement opposé. Dans le mouvement diurne, cette ligne coupe la sphère céleste suivant un petit cercle, dont la distance au pôle est égale au complément de la latitude du lieu; toutes les étoiles situées à cette distance du pôle passent donc par le zénith du lieu; la verticale et la parallèle à l'axe du monde sont toutes deux situées dans le plan du méridien du lieu; par suite, ce plan coupe la sphère céleste suivant un grand cercle qui passe par les pôles du monde, le zénith et le nadir. On désigne indifféremment sous le nom de *méridien* ce plan et le grand cercle qui lui correspond. Toutes les étoiles traversent deux fois ce plan pendant la durée d'une révolution diurne; la partie du méridien passant par le zénith et allant du pôle visible au pôle invisible correspond au méridien d'un lieu sur la surface de la Terre; l'autre partie correspond au méridien d'un lieu dont la longitude diffère de 180° ou douze heures. Quand une étoile atteint la première partie du méridien, on dit qu'elle est à sa *culmination supérieure;* au contraire, elle est à sa *culmination inférieure* lorsqu'elle en atteint la seconde partie. On ne peut donc voir à leur culmination supérieure que les étoiles dont la distance au pôle invisible est plus grande que la latitude du lieu, et à leur culmination inférieure que celles dont la distance au pôle visible est moindre que cette quantité.

L'arc du méridien compris entre le pôle et l'horizon est la *hauteur du pôle*, il est égal à la latitude du lieu; l'arc du méridien compris entre l'équateur et l'horizon est la *hauteur de l'équateur*, complément de la hauteur du pôle.

30. *Premier système des coordonnées : Azimut et hauteur.* — Pour fixer par rapport à l'horizon la position d'une étoile sur la sphère céleste, on emploie deux coordonnées sphériques. L'une d'elles est l'arc du grand cercle mené par l'étoile et le zénith, compris entre l'horizon et l'étoile, et compté de l'horizon vers le zénith; cet arc s'appelle *hauteur* et le cercle dont il fait partie *vertical* de l'étoile; l'autre coordonnée est l'*azimut*, arc de l'horizon compris entre le vertical et le méridien du lieu, et compté du sud du méridien de 0° à 360° par l'ouest, le nord et l'est. Au lieu de la hauteur, on emploie fréquemment la *distance*

zénithale, arc du vertical compris entre l'étoile et le zénith; elle est le complément de la hauteur. Les petits cercles parallèles à l'horizon s'appellent *cercles horizontaux* ou *almicantarats*.

On peut aussi employer un système de coordonnées rectangulaires, dans lequel l'axe des z est perpendiculaire au plan de l'horizon, l'axe des x une droite de ce plan passant par l'origine des azimuts, et l'axe des y une autre droite passant par l'azimut 90°, c'est-à-dire par le point ouest. Si l'on désigne l'azimut par A et la hauteur par h, on a

$$x = \cos h \cos A, \quad y = \cos h \sin A, \quad z = \sin h.$$

Remarque. — Pour observer ces coordonnées sphériques, on se sert d'un instrument appelé *altazimut* dont la construction correspond complètement à ce système de coordonnées. Il se compose essentiellement d'un cercle divisé, porté par trois vis calantes, et qu'on peut rendre horizontal à l'aide d'un niveau. Ce cercle représente le plan de l'horizon. Un axe perpendiculaire dirigé vers le zénith et passant par son centre porte un second cercle, dont le plan lui est parallèle et par suite perpendiculaire au plan de l'horizon. Autour du centre de ce second cercle se meut une lunette, liée à un index qui donne la position de la lunette sur le cercle. L'axe vertical, mobile avec le cercle et la lunette, porte un second index, au moyen duquel on détermine sa position sur le cercle horizontal. Il suffit dès lors de connaître à quel point de chacun de ces cercles correspondent le méridien et le zénith, pour pouvoir, en visant une étoile avec la lunette, déterminer son azimut et sa distance zénithale ou sa hauteur.

D'autres instruments ne permettent d'observer que les hauteurs, ils s'appellent *instruments de hauteur*; ceux qui servent seulement à l'observation des azimuts s'appellent *théodolites*.

31. *Second système de coordonnées : Angle horaire et déclinaison.* — L'azimut et la hauteur d'un astre varient constamment à cause du mouvement de rotation de la Terre, et diffèrent au même instant en chaque lieu de sa surface. Il est parfois nécessaire d'indiquer les positions des étoiles à l'aide de coordonnées dont les valeurs soient indépendantes du lieu d'observation et du mouvement diurne; on les rapporte alors à des grands cercles fixes sur la sphère céleste : que par le pôle et l'étoile on mène un grand cercle, l'arc de ce grand cercle compris entre l'équateur et l'étoile est la *déclinaison*; celui qui mesure la distance de l'étoile au pôle est la *distance polaire*; ce grand cercle lui-même s'appelle *cercle de déclinaison* : la déclinaison est comptée positivement quand l'étoile est située dans la partie du cercle de déclinaison comprise entre l'équateur et le pôle nord, négativement quand l'étoile est située dans la partie comprise entre l'équateur et le pôle sud; la déclinaison et la distance polaire sont complémentaires l'une de l'autre et correspondent à la hauteur et à la distance zénithale dans le premier système de coordonnées.

L'arc d'équateur compris entre le cercle de déclinaison de l'astre et le méridien ou l'angle au pôle qu'il mesure s'appelle *angle horaire* de l'étoile, et peut servir de deuxième coordonnée. On le compte de 0° à 360°, à partir du méridien, dans le sens du mouvement diurne, c'est-à-dire de l'est à l'ouest en passant par le sud.

Les cercles de déclinaison ou *cercles horaires* correspondent aux méridiens sur la surface de la Terre, et l'on voit de suite que lorsqu'une étoile passe au méridien d'un lieu dont la longitude ouest est k, elle a au même instant un angle horaire égal à k. En général, quand une étoile a en un lieu déterminé l'angle horaire t, elle a au même instant un angle horaire égal à $t+k$ en un lieu dont la longitude est k (comptée positivement à l'est, négativement à l'ouest).

Au lieu d'employer ces deux coordonnées sphériques, déclinaison et angle horaire, on peut encore fixer la position d'un astre à l'aide de coordonnées rectangulaires : on prend un système de trois axes, dans lequel la partie positive de l'axe des z est perpendiculaire à l'équateur et dirigée vers le pôle nord, tandis que les axes des x et des y sont dans le plan de l'équateur, la partie positive de l'axe des x passant par l'origine des angles horaires, et la partie positive de l'axe des y par le point dont l'angle horaire est 90°. Soient δ la déclinaison, t l'angle horaire, on a

$$x' = \cos\delta \cos t, \quad y' = \cos\delta \sin t, \quad z' = \sin\delta.$$

Remarque. — Il existe une seconde espèce d'instruments correspondants à ce deuxième système de coordonnées, déclinaison et angle horaire. On les appelle *instruments parallactiques* ou *équatoriaux*; le cercle qui tout à l'heure était parallèle à l'horizon, est maintenant parallèle à l'équateur, de telle sorte que l'axe perpendiculaire est dirigé suivant l'axe du monde, et que tout cercle parallèle à l'axe est un cercle de déclinaison. Si l'on connaît les points de chacun des cercles qui répondent l'un au méridien, origine des angles horaires, l'autre au pôle, il est facile de trouver l'angle horaire et la déclinaison ou la distance polaire d'un astre.

32. *Troisième système de coordonnées : Ascension droite et déclinaison.* — Dans le système précédent, l'une des coordonnées, la déclinaison, est invariable ; l'autre, l'angle horaire, croît proportionnellement au temps, et diffère au même instant pour des lieux de la Terre dont la longitude est différente. Afin d'avoir une deuxième coordonnée constante, on adopte pour origine un point fixe de l'équateur. Au lieu du point variable où le méridien vient le couper, on choisit l'un des points d'intersection de l'équateur et du grand cercle que le centre du Soleil, vu du centre de la Terre, décrit parmi les étoiles d'occident en orient dans l'espace d'une année. Ce grand cercle, appelé *écliptique*, fait avec l'équateur un angle d'environ 23°30′, qu'on nomme *obliquité de l'écliptique;* les points d'intersection de l'écliptique avec l'équateur s'appellent *équinoxes* du printemps et d'automne, parce que pour toute la Terre le jour est égal à la nuit, quand, le 21 mars et le 23 septembre, le Soleil se trouve en l'un de ces deux points (*). Les points de l'écliptique situés à 90° des équinoxes se nomment *solstices*. Cette nouvelle coordonnée comptée sur l'équateur à partir de l'équinoxe du printemps, et de 0° à 360° de l'ouest à l'est, en sens inverse du mouvement diurne, est appelée *ascension droite*.

Au lieu des coordonnées sphériques, ascension droite et déclinaison, on peut, comme plus haut, introduire des coordonnées rectangulaires, en rapportant la position de l'astre à un système de trois axes, dans lequel la partie positive de l'axe des z est perpendiculaire à l'équateur et dirigée vers le pôle nord ; l'axe des x et l'axe des y sont situés dans le plan de l'équateur, la partie positive de l'axe des x étant dirigée vers l'origine des acensions droites, et la partie positive de l'axe des y vers le point dont l'ascension

(*) En effet, l'équateur et l'horizon se coupent en deux parties égales puisque ce sont deux grands cercles ; donc, quand le Soleil est sur l'équateur, il reste ce jour-là aussi longtemps au-dessus de l'horizon qu'au-dessous.

droite est 90°. Soit α l'ascension droite, on a

$$x'' = \cos\delta \cos\alpha, \quad y'' = \cos\delta \sin\alpha, \quad z'' = \sin\delta.$$

Les deux coordonnées α et δ sont constantes pour chaque étoile. Mais pour en déduire le lieu d'un astre à un instant déterminé, il faut connaître au même instant la position de l'équinoxe du printemps par rapport au méridien, c'est-à-dire l'angle horaire de ce point, qui est appelé *temps sidéral*. On compte 24 heures sidérales dans le jour sidéral, temps d'une révolution complète de la sphère céleste. Il est 0^h, T. S. en un lieu quand le point équinoxial du printemps passe au méridien de ce lieu; 1^h, T. S., quand l'angle horaire de ce point est 15° ou 1^h.

Désignons le temps sidéral par Θ, on a toujours

$$\Theta - t = \alpha, \quad \text{d'où} \quad t = \Theta - \alpha.$$

Supposons, par exemple, l'ascension droite d'une étoile égale à 190° 20′, le temps sidéral $\Theta = 4^h = 60°$; alors $t = 229° 40'$ ou 130° 20′ à l'est.

De l'équation précédente, il résulte que pour $t = 0$, $\Theta = \alpha$. Le temps sidéral du passage d'une étoile au méridien d'un lieu est marqué par son ascension droite exprimée en temps. Si donc on connaît l'ascension droite d'une étoile qui passe au méridien à un instant déterminé, on a par cela même le temps sidéral pour cet instant (*).

Il résulte de ce qui précède que si le temps sidéral en un lieu est Θ, au même instant le temps sidéral en un autre lieu dont la longitude diffère de k, est $\Theta + k$, où k est positif ou négatif suivant que ce lieu est à l'est ou à l'ouest du premier.

Remarque. — On peut déterminer les coordonnées de ce troisième système à l'aide des instruments de la seconde espèce quand on connaît le

---

(*) La conversion d'un arc en temps et l'opération inverse se présentent fréquemment.

1° *Conversion d'un arc en temps.* — On divise par 15 les degrés, minutes et secondes d'arc; les quotients sont des heures, des minutes et des secondes de temps; on multiplie par 4 les restes des divisions des degrés et des mi-temps sidéral. Dans un cas particulier, on peut les observer aussi avec les instruments de la première espèce, c'est-à-dire au moment du passage de l'étoile au méridien. En effet, l'observation du passage donne l'ascension droite, et celle de la hauteur de l'étoile dans le méridien donne la déclinaison, pourvu toutefois que la hauteur de l'équateur ou du pôle au lieu de l'observation soit connue. Pour ces observations on emploie *le cercle méridien*. Si cet instrument ne doit pas servir à observer les hauteurs, mais seulement le temps du passage de l'étoile au méridien, c'est simplement un cercle azimutal placé dans le plan du méridien, qu'on appelle *instrument des passages*. En observant, à l'aide d'une pendule sidérale bien réglée, les temps des passages des étoiles au méridien, on a leurs différences en ascension droite; il est plus difficile de connaître les ascensions droites absolues, car le point origine des ascensions droites n'est pas immédiatement observable.

33. *Quatrième système de coordonnées : Longitude et latitude.* — On emploie enfin un système de coordonnées qui a pour base l'écliptique; les grands cercles qui passent par le pôle de l'écliptique, et par conséquent lui sont perpendiculaires, s'appellent *cercles de latitude*, et l'arc d'un tel cercle compris entre l'écliptique et l'astre s'appelle *latitude* de l'étoile; la latitude est positive, quand l'astre est dans l'hémisphère situé au nord de l'écliptique,

---

nutes d'arc, les produits sont des minutes et des secondes de temps qu'il faut ajouter aux précédents.

Soit par exemple à convertir en temps $239^\circ\,18'\,46'',75$.

$$\begin{array}{rl} 239^\circ & = 15^h + 14\times 4^m \\ 18' & = \quad 1^m + 3\times 4^s \\ 46'',75 & = \quad 3^s,117 \\ \hline 239^\circ\,18'\,46'',75 & = 15^h\,57^m\,15^s,117. \end{array}$$

2° *Conversion d'un temps en arc.* — On multiplie les heures par 15, on obtient des degrés; on divise par 4 les minutes et les secondes de temps, les quotients sont des degrés et des minutes d'arc; on multiplie par 15 les restes de ces divisions, ce qui donne des minutes et des secondes d'arc, et on ajoute toutes ces quantités.

Soit par exemple à convertir en arc $15^h\,57^m\,15^s,117$.

$$\begin{array}{rl} 15^h & = 225^\circ \\ 57^m & = 14^\circ + 1\times 15' \\ 15^s,117 & = \quad 3' + 3,117\times 15'' \\ \hline 15^h\,57^m\,15^s,117 & = 239^\circ\,18'\,46'',75. \end{array}$$

négative quand il est dans l'hémisphère sud; l'autre coordonnée, la *longitude*, est comptée sur l'écliptique : c'est l'arc compris entre le cercle de latitude de l'étoile et l'équinoxe du printemps. Elle est comptée de 0° à 360° à partir de l'équinoxe, dans le même sens que l'ascension droite, sens opposé à celui du mouvement diurne (*). Le cercle de latitude dont la longitude est nulle est le *colure de l'équinoxe;* celui dont la latitude est 90° est le *colure du solstice.* L'arc de ce dernier colure compris entre l'équateur et l'écliptique, ou l'arc égal compris entre le pôle de l'équateur et le pôle de l'écliptique, est l'*obliquité de l'écliptique.*

Nous désignerons toujours la longitude par λ, la latitude par β, et l'obliquité de l'écliptique par ε.

On exprime aussi les coordonnées sphériques β et λ à l'aide d'un système de coordonnées rectangulaires dans lequel la partie positive de l'axe des y est perpendiculaire au plan de l'écliptique et dirigée vers le pôle nord; l'axe des x et l'axe des y sont situés dans l'écliptique, la partie positive de l'axe des x passant par le point origine, celle de l'axe des y par le point de longitude 90°. On a alors

$$x''' = \cos\beta\cos\lambda, \quad y''' = \cos\beta\sin\lambda, \quad z''' = \sin\beta.$$

Ces coordonnées, longitude et latitude, ne sont pas données par l'observation directe, mais on les déduit à l'aide du calcul des coordonnées d'un autre système.

Remarque. — Puisque le mouvement du Soleil n'est qu'apparent, et que la Terre tourne réellement en un an autour du Soleil, il est bon de se familiariser avec la signification qu'ont dans ce cas les cercles dont nous venons de parler. Le centre de la Terre se meut autour du Soleil dans un plan, qui passe par le centre du Soleil et coupe la sphère céleste suivant un grand cercle, l'*écliptique.* La longitude de la Terre vue du Soleil diffère donc toujours de 180° de la longitude du Soleil vue de la Terre : l'axe de la Terre fait avec ce plan, un angle de 66° 30', et reste toujours parallèle à lui-même, pendant son mouvement autour du Soleil; il décrit donc dans l'espace d'une année la surface d'un cylindre dont la base est l'orbite terrestre. En raison

---

(*) Les longitudes des étoiles sont souvent aussi données au moyen des *signes du Zodiaque*, dont chacun comprend 30°. Ainsi 6 signes 15° = 195° de longitude.

de la grande distance des étoiles, cet axe, dans toutes ses positions, paraît percer la sphère au même point, le pôle du monde, dont la distance au pôle de l'écliptique est de 23° 30'; de même dans ce mouvement de rotation l'équateur terrestre reste toujours parallèle à lui-même, il se déplace pourtant dans le cours d'une année de tout le diamètre de l'orbite terrestre. Mais, à cause de la distance infinie des étoiles, les intersections de la sphère céleste et de tous les plans avec lesquels l'équateur terrestre coïncide successivement se confondront toujours avec le grand cercle dont les pôles sont les pôles du monde; et les lignes suivant lesquelles ces plans se coupent seront toujours dirigées vers les points d'intersection de l'équateur et de l'écliptique.

II. — TRANSFORMATION DE CES DIFFÉRENTS SYSTÈMES DE COORDONNÉES.

34. *Transformation de l'azimut et de la hauteur en angle horaire et déclinaison.* — Supposons le lieu d'un astre donné par son azimut et sa hauteur, et cherchons à déterminer son angle horaire et sa déclinaison. Pour cela nous ferons tourner l'axe des z du premier système de coordonnées dans le plan des xz, de l'axe des x positifs vers l'axe des z positifs, d'un angle égal à $90° - \varphi$ (φ étant la hauteur du pôle), car les axes des y coïncident dans les deux systèmes; les formules (1 a) de la transformation des coordonnées ou les formules de la Trigonométrie sphérique appliquées au triangle formé par le zénith, le pôle et l'étoile donneront (*)

$$\begin{aligned}\sin\delta &= \sin\varphi\sin h - \cos\varphi\cos h\cos A,\\ \cos\delta\sin t &= \cos h\sin A,\\ \cos\delta\cos t &= \sin h\cos\varphi + \cos h\sin\varphi\cos A.\end{aligned}$$

Afin de transformer ces formules en d'autres plus commodes pour le calcul logarithmique, on pose

$$\begin{aligned}\sin h &= m\cos M,\\ \cos h\cos A &= m\sin M;\end{aligned}$$

(*) Les trois côtés de ce triangle sont respectivement

$$90° - h,\quad 90° - \delta,\quad 90° - \varphi,$$

et les angles opposés

$$t,\quad 180° - A \quad \text{et l'angle à l'étoile.}$$

et on obtient

$$\sin\delta = m\sin(\varphi - M),$$
$$\cos\delta\sin t = \cos h\sin A,$$
$$\cos\delta\cos t = m\cos(\varphi - M).$$

Ces formules donnent sans ambiguïté les grandeurs cherchées, car chaque élément est donné par son sinus et son cosinus; leurs signes déterminent donc le quadrant dans lequel se trouve l'extrémité de l'arc qui le mesure.

Les quantités auxiliaires m et M ont une signification géométrique facile à trouver. A ce point de vue leur introduction revient à l'emploi des deux triangles rectangles déterminés par le grand cercle abaissé de l'étoile perpendiculairement sur le côté $90° - \varphi$ ou sur son prolongement, et dont la somme ou la différence forme le triangle sphérique obliquangle. En effet, M est donné par la relation

$$\tang h = \cos A \cot M,$$

et il résulte de la troisième des formules (16) du nº 8, que M est l'arc compris entre le zénith et le pied de la hauteur du triangle. D'un autre côté la première des formules (10) montre que la hauteur P du triangle se déduit de l'égalité

$$\sin h = \cos P\cos M;$$

et en comparant cette formule avec l'une des précédentes

$$\sin h = m\cos M,$$

on voit que m est égal au cosinus de cette hauteur.

Exemple. — Soient

$$\varphi = 52^\circ 30' 16'',0$$
$$h = 16.11.44\ ,0$$
$$A = 202.\ 4.15\ ,5$$

Le calcul sera le suivant :

$\cos A$	$\bar{1},9669481\,n$	$m\sin M$....	$\bar{1},9493620\,n$
$\cos h$	$\bar{1},9824139$	$m\cos M$....	$\bar{1},4454744$
$\sin A$	$\bar{1},5749045\,n$		$M = -72^\circ 35' 54'',61$
		$\sin M$....	$\bar{1},9796542\,n$

$$\varphi - M = 125^\circ 6' 10'',61$$

$\sin(\varphi - M)$....	$\bar{1},9128171$
m	$\bar{1},9697078$
$\cos(\varphi - M)$....	$\bar{1},7597036\,n$

$\cos\delta \sin t$...	$\bar{1},5573184\,n$	$\sin\delta$...	$\bar{1},8825249$
$\cos\delta \cos t$...	$\bar{1},7294114\,n$	$\cos\delta$...	$\bar{1},8104999$
	$t = 213^\circ 56' 2'',22$		$\delta = +49^\circ 43' 46'',00$
$\cos t$...	$\bar{1},9189115\,n$		

35. *Transformation de l'angle horaire et de la déclinaison en azimut et hauteur.* — Dans la suite, on aura plus fréquemment à résoudre le problème inverse : *Un lieu étant donné par son angle horaire et sa déclinaison, on veut trouver son azimut et sa hauteur.* Les formules du n° **3** relatives à la transformation des coordonnées donnent les équations suivantes :

$$\sin h = \sin\varphi \sin\delta + \cos\varphi \cos\delta \cos t,$$
$$\cos h \sin A = \cos\delta \sin t,$$
$$\cos h \cos A = -\cos\varphi \sin\delta + \sin\varphi \cos\delta \cos t,$$

formules auxquelles on donnera une forme plus commode par l'introduction d'un angle auxiliaire. Posons, en effet,

$$\cos\delta \cos t = m \cos M,$$
$$\sin\delta = m \sin M;$$

il en résulte

$$\sin h = m \cos(\varphi - M),$$
$$\cos h \sin A = \cos\delta \sin t,$$
$$\cos h \cos A = m \sin(\varphi - M),$$

ou aussi

$$\operatorname{tang} A = \frac{\cos M \operatorname{tang} t}{\sin(\varphi - M)},$$

$$\operatorname{tang} h = \frac{\cos A}{\operatorname{tang}(\varphi - M)} \text{ (*)}.$$

Dans le cas où l'on cherche la distance zénithale seule, les formules suivantes sont commodes. De la première des égalités précédentes on déduit pour $\sin h$ ou $\cos z$

$$\cos z = \cos(\varphi - \delta) - 2 \cos\varphi \cos\delta \sin^2 \frac{t}{2}$$

ou

$$\sin^2 \frac{z}{2} = \sin^2 \frac{\varphi - \delta}{2} + \cos\varphi \cos\delta \sin^2 \frac{t}{2}.$$

Posons maintenant

$$n = \sin \frac{\varphi - \delta}{2}, \quad m = \sqrt{\cos\varphi \cos\delta},$$

il vient

$$\sin^2 \frac{z}{2} = m^2 \left(1 + \frac{m^2}{n^2} \sin^2 \frac{t}{2}\right),$$

ou, si l'on pose $\frac{m}{n} \sin \frac{t}{2} = \operatorname{tang} N$,

$$\sin \frac{z}{2} = \frac{n}{\cos N} \quad \text{et} \quad \sin \frac{z}{2} = \frac{m}{\sin N} \sin \frac{t}{2}.$$

Lorsque $\sin N$ est plus grand que $\cos N$, il est préférable d'employer la seconde formule.

En outre, comme nous le verrons plus tard, il faut, dans la formule qui sert au calcul de n, employer $\varphi - \delta$ pour les étoiles qui passent dans le méridien au sud du zénith, et $\delta - \varphi$ pour celles dont la culmination se fait au nord du zénith.

Appliquons les formules de Delambre au triangle formé par le

(*) Puisque l'azimut est toujours du même côté du méridien que l'angle horaire, il n'y aura jamais d'ambiguïté pour le choix du quadrant.

zénith, le pôle et l'étoile; nous obtiendrons, en désignant par p l'angle qui a son sommet à l'étoile,

$$\cos\frac{z}{2}\sin\frac{A-p}{2} = \sin\frac{t}{2}\sin\frac{\varphi+\delta}{2},$$

$$\cos\frac{z}{2}\cos\frac{A-p}{2} = \cos\frac{t}{2}\cos\frac{\varphi-\delta}{2},$$

$$\sin\frac{z}{2}\sin\frac{A+p}{2} = \text{in}\,\frac{t}{2}\cos\frac{\varphi+\delta}{2},$$

$$\sin\frac{z}{2}\cos\frac{A+p}{2} = \text{os}\,\frac{t}{2}\sin\frac{\varphi-\delta}{2}.$$

Comptons l'azimut à partir du point nord, comme on le fait dans le cas de l'étoile polaire; en d'autres termes, remplaçons A par $180° - A$ dans ces formules, nous obtenons

$$\cos\frac{z}{2}\sin\frac{p+A}{2} = \cos\frac{t}{2}\cos\frac{\delta-\varphi}{2},$$

$$\cos\frac{z}{2}\cos\frac{p+A}{2} = \sin\frac{t}{2}\sin\frac{\delta+\varphi}{2},$$

$$\sin\frac{z}{2}\sin\frac{p-A}{2} = \cos\frac{t}{2}\sin\frac{\delta-\varphi}{2},$$

$$\sin\frac{z}{2}\cos\frac{p-A}{2} = \sin\frac{t}{2}\cos\frac{\delta+\varphi}{2}.$$

Il arrive souvent que pour une même latitude, on a à faire un grand nombre de ces transformations (*). Dans ce cas on abrége beaucoup le calcul en réduisant en tables certaines des quantités à déterminer. La transformation suivante est surtout commode. On avait

(a) $$\sin h = \sin\varphi\sin\delta + \cos\varphi\cos\delta\cos t,$$

(b) $$\cos h\sin A = \cos\delta\sin t,$$

(c) $$\cos h\cos A = -\cos\varphi\sin\delta + \sin\varphi\cos\delta\cos t.$$

(*) Si, par exemple, on veut observer des étoiles données par leurs ascensions droites et leurs déclinaisons, à l'aide d'un instrument sur lequel on ne peut lire que les hauteurs et les azimuts, il faut d'abord calculer l'angle horaire à l'aide de l'ascension droite et du temps sidéral.

Désignons par A_0 et δ_0 les valeurs de A et δ qui correspondent à $h = 0$ dans les équations précédentes, et qui, par suite, sont données par les équations

$$(d) \qquad 0 = \sin\varphi \sin\delta_0 + \cos\varphi \cos\delta_0 \cos t,$$

$$(e) \qquad \sin A_0 = \cos\delta_0 \sin t,$$

$$(f) \qquad \cos A_0 = -\cos\varphi \sin\delta_0 + \sin\varphi \cos\delta_0 \cos t.$$

Multiplions l'équation (f) par $\cos\varphi$, l'équation (d) par $\sin\varphi$, et retranchons la seconde de la première. Multiplions l'équation (f) par $\sin\varphi$, et l'équation (d) par $\cos\varphi$, et retranchons la seconde de la première, nous obtenons

$$\cos A_0 \cos\varphi = -\sin\delta_0,$$

$$\cos A_0 \sin\varphi = \cos\delta_0 \cos t,$$

$$\sin A_0 = \cos\delta_0 \sin t.$$

Posons ensuite

$$\sin\varphi = \sin\gamma \cos B,$$

$$\cos\varphi \cos t = \sin\gamma \sin B,$$

$$\cos\varphi \sin t = \cos\gamma;$$

l'équation (d) donne

$$0 = \sin\gamma \sin(\delta_0 + B)$$

ou

$$\delta_0 = -B,$$

et l'équation (a)

$$\sin h = \sin\gamma \sin(\delta + B).$$

De plus, retranchons le produit des équations (c) et (e) du produit des équations (b) et (f), nous avons

$$\cos h \sin(A - A_0) = \cos\varphi \sin t \sin(\delta - \delta_0) = \cos\gamma \sin(\delta + B);$$

de même au produit des équations (c) et (f) ajoutons le produit des équations (b) et (e) et celui des équations (e) et (d), nous obtenons

$$\cos h \cos(A - A_0) = \cos\delta \cos\delta_0 \sin^2 t + \sin\delta \sin\delta_0 + \cos\delta \cos\delta_0 \cos^2 t$$
$$= \cos(\delta - \delta_0) = \cos(\delta + B).$$

Le système entier de formules est ainsi :

$$(1)\quad \begin{cases} \sin\varphi = \sin\gamma\cos B, \\ \cos\varphi\cos t = \sin\gamma\sin B, \\ \cos\varphi\sin t = \cos\gamma; \end{cases}$$

$$(2)\quad \begin{cases} \sin B = \cos A_0\cos\varphi, \\ \cos B\cos t = \cos A_0\sin\varphi, \\ \cos B\sin t = \sin A_0; \end{cases}$$

$$(3)\quad \begin{cases} \sin h = \sin\gamma\sin(\delta + B), \\ \cos h\cos(A - A_0) = \cos(\delta + B), \\ \cos h\sin(A - A_0) = \cos\gamma\sin(\delta + B). \end{cases}$$

Posons

$$D = \sin\gamma,\quad C = \cos\gamma,\quad A - A_0 = u;$$

ces formules donnent

$$\begin{aligned} \tan B &= \cot\varphi\cos t, \\ \tan A_0 &= \sin\varphi\tan t, \\ \sin h &= D\sin(B + \delta), \\ \tan u &= C\tan(B + \delta), \\ A &= A_0 + u. \end{aligned}$$

D et C sont les sinus et cosinus d'un angle γ donné par l'équation

$$\cot\gamma = \sin B\tan t = \cot\varphi\sin A_0 \quad (*).$$

Ces formules ont été données par Gauss dans les Tables auxiliaires de *Schumacher*, nouvellement éditées par Warnstorff, p. 135, etc. On réduit ces grandeurs D, C, B et A_0 en Tables dont l'argument est t; le calcul de la hauteur et de l'azimut, au moyen de l'angle horaire et de la déclinaison, se trouve alors ra-

---

(*) On a en effet d'après les formules (2)

$$\cot\varphi\sin A_0 = \sin B\tan t.$$

mené à celui des formules

$$\sin h = D \sin(B + \delta),$$
$$\operatorname{tang} u = C \operatorname{tang}(B + \delta),$$
$$A = A_0 + u.$$

Dans les Tables auxiliaires de Warnstorff on trouve une Table de ce genre, calculée pour la latitude de l'Observatoire d'Altona. Il suffit d'ailleurs de calculer ces Tables de $t = 0$ à $t = 6^h$. Car l'équation $\operatorname{tang} A_0 = \sin\varphi \operatorname{tang} t$ montre que A_0 et t sont toujours compris dans le même quadrant, et qu'ainsi à un angle horaire égal à $12^h - t$ correspond un azimut égal à $180° - A$. Il résulte de plus de l'équation relative à B que cet angle est négatif si $t > 6^h$ ou $> 90°$, et qu'avec un angle horaire $12^h - t$, on doit employer la valeur $-B$. Au contraire, les grandeurs

$$C = \cos\varphi \sin t \quad \text{et} \quad D = \sqrt{\sin^2\varphi + \cos^2\varphi \cos^2 t}$$

ne changent pas si l'on remplace t par $180° - t$. Dans le cas où t serait compris entre 12^h et 24^h, on ferait le calcul avec le complément de t à 24^h et, au lieu de la valeur trouvée pour A, on prendrait son complément à 360°.

Ici encore il est facile de trouver la signification géométrique des angles auxiliaires. δ_0 et A_0 sont les valeurs de δ et A correspondant à une valeur nulle de h dans la première des équations primitives; δ_0 et A_0 sont donc l'un la déclinaison, l'autre l'azimut du point où le cercle horaire mené par l'étoile coupe l'horizon. De plus, comme $B = -\delta_0$, $B + \delta$ est l'arc SF (*fig.* 1) du cercle horaire prolongé jusqu'à l'horizon (*). Considérons le triangle FOK, rectangle en K, formé par l'horizon, l'équateur et le côté $FK = B$, et dans lequel l'angle en O est égal à $90° - \varphi$; on aura, en lui appliquant la sixième des formules (10) du n° 8,

$$\sin\varphi = \cos B \sin OFK.$$

Mais on a aussi

$$\sin\varphi = D \cos B;$$

(*) Dans cette figure P est le pôle, Z le zénith, OH l'horizon, OA l'équateur et S l'étoile.

donc D est le sinus et par conséquent C le cosinus de l'angle OFK. Enfin, comme on le voit facilement, l'arc FH $= A_0$ et l'arc FG $= u$.

Fig. 1.

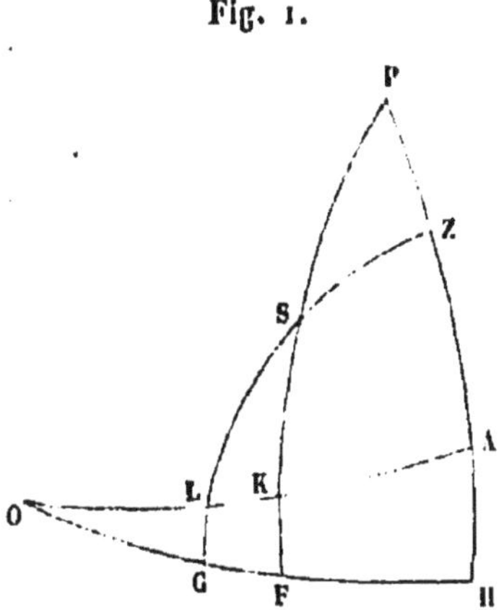

On trouve aussi les formules données précédemment par la considération des trois triangles PFH, OFK, SFG rectangles en H, K, G. Le premier triangle donne

$$\operatorname{tang} A_0 = \operatorname{tang} t \sin \varphi,$$

le second

$$\operatorname{tang} B = \cot \varphi \cos t,$$

$$\cot \gamma = \sin B \operatorname{tang} t = \cot \varphi \sin A_0;$$

et le troisième

$$\sin h = \sin \gamma \sin (B + \delta),$$

$$\operatorname{tang} u = \cos \gamma \operatorname{tang} (B + \delta).$$

On peut se servir de grandeurs auxiliaires analogues pour la résolution du problème inverse traité au n° 34, c'est-à-dire pour le calcul de l'angle horaire et de la déclinaison d'une étoile à l'aide de sa hauteur et de son azimut. On a, en effet, dans le triangle SLK rectangle en K, en désignant LG par B', LK par u', AL par A'_0, le cosinus de l'angle SLK par C', son sinus par D',

$$C' \operatorname{tang} (h - B') = \operatorname{tang} u',$$

$$D' \sin (h - B') = \sin \delta,$$

et

$$t = A'_0 + u',$$

où

$$\operatorname{tang} B' = \cot\varphi \cos A,$$
$$\operatorname{tang} A'_0 = \sin\varphi \operatorname{tang} A;$$

et D′ et C′ sont les sinus et cosinus d'un angle γ' donné par l'équation

$$\cot\gamma' = \sin B' \operatorname{tang} A.$$

Ainsi pour le calcul des grandeurs auxiliaires on a les mêmes formules que plus haut, avec cette seule différence que l'azimut A remplace partout l'angle horaire t. On peut donc se servir des Tables auxiliaires précédentes, à la condition de prendre pour argument l'azimut exprimé en temps.

36. *Angle parallactique. — Formules différentielles relatives aux deux transformations précédentes.* — La cotangente de l'angle γ, que Gauss désigne par E, peut servir à calculer l'angle ayant pour sommet l'étoile, dans le triangle formé par le pôle, le zénith et l'étoile. Cet angle compris entre le cercle vertical et le cercle de déclinaison s'appelle *angle parallactique*; il est fréquemment employé. Si l'on possède les Tables auxiliaires, indiquées ci-dessus, Tables dans lesquelles on a introduit aussi la quantité E, on calcule aisément cet angle, que nous désignerons par p, à l'aide de la formule

$$\operatorname{tang} p = \frac{E}{\cos(B + \delta)},$$

obtenue en appliquant au triangle rectangle SGF de la *fig.* 1 la cinquième des formules (10) du n° 8. Si au contraire, on n'a pas ces Tables à sa disposition, on se servira des formules

$$\cos h \sin p = \cos\varphi \sin t,$$
$$\cos h \cos p = \cos\delta \sin\varphi - \sin\delta \cos\varphi \cos t,$$

que donne le triangle SPZ; et en prenant

$$\cos\varphi \cos t = n \sin N,$$
$$\sin\varphi = n \cos N,$$

on obtiendra

$$\cos h \sin p = \cos\varphi \sin t,$$
$$\cos h \cos p = n \cos(\delta + N),$$

formules commodes pour le calcul logarithmique.

On emploie l'angle *parallactique*, par exemple, dans le cas où l'on veut calculer l'influence d'une petite variation dans l'azimut et la hauteur sur l'angle horaire et la déclinaison. On a, en effet, en appliquant au triangle déterminé par le pôle, le zénith et l'étoile, la première et la troisième des formules (11) du n° 9,

$$d\delta = \cos p\, dh + \cos t\, d\varphi + \cos h \sin p\, dA,$$
$$\cos\delta\, dt = -\sin p\, dh + \sin t \sin\delta\, d\varphi + \cos h \cos p\, dA,$$

et pareillement

$$dh = \cos p\, d\delta - \cos A\, d\varphi - \cos\delta \sin p\, dt,$$
$$\cos h\, dA = \sin p\, d\delta - \sin A \sin h\, d\varphi + \cos\delta \cos p\, dt.$$

37. *Transformation de l'ascension droite et de la déclinaison en longitude et en latitude* — Pour passer de l'ascension droite et de la déclinaison à la longitude et à la latitude, il suffira de faire tourner l'axe des z'' (n° 32) dans le plan des $y''z''$, de l'axe des y'' positifs vers l'axe des z'' positifs, d'un angle ε égal à l'obliquité de l'écliptique. Les axes des x'' et des x''' coïncident dans les deux systèmes : on déduit des formules (1 a) du n° 1

$$\cos\beta \cos\lambda = \cos\delta \cos\alpha,$$
$$\cos\beta \sin\lambda = \cos\delta \sin\alpha \cos\varepsilon + \sin\delta \sin\varepsilon,$$
$$\sin\beta = -\cos\delta \sin\alpha \sin\varepsilon + \sin\delta \cos\varepsilon.$$

On aurait encore pu obtenir ces formules par la considération du triangle sphérique déterminé par l'étoile, le pôle de l'équateur et celui de l'écliptique. Les trois côtés ont pour valeurs $90° - \delta$, $90° - \beta$, ε; les angles opposés, $90° - \lambda$, $90° + \alpha$ et l'angle à l'étoile.

Pour rendre les formules précédentes calculables par logarithmes, on emploie les grandeurs auxiliaires

$$(a) \quad \begin{cases} M \sin N = \sin\delta, \\ M \cos N = \cos\delta \sin\alpha, \end{cases}$$

et les trois équations deviennent

$$\cos\beta\cos\lambda = \cos\delta\cos\alpha,$$
$$\cos\beta\sin\lambda = M\cos(N-\varepsilon),$$
$$\sin\beta = M\sin(N-\varepsilon).$$

Cette méthode offre de plus l'avantage qu'on peut déterminer toutes ces auxiliaires par leurs tangentes; il suffit de remplacer M par sa valeur $\frac{\cos\delta\sin\alpha}{\cos N}$, et l'on a

$$(b)\quad \begin{cases} \tang N = \dfrac{\tang\delta}{\sin\alpha}, \\ \tang\lambda = \dfrac{\cos(N-\varepsilon)}{\cos N}\tang\alpha, \\ \tang\beta = \tang(N-\varepsilon)\sin\lambda. \end{cases}$$

Les formules primitives donnent λ et β sans aucune ambiguïté; mais si l'on fait le calcul à l'aide des formules (b), le quadrant dans lequel se trouve λ ne paraît pas tout d'abord bien déterminé. La formule de vérification

$$\cos\beta\cos\lambda = \cos\delta\cos\alpha$$

permet de lever la difficulté, et montre qu'il faut prendre λ dans un quadrant déterminé par le signe de tang λ et par la condition que cos α et cos λ aient le même signe.

Comme vérification du calcul on peut encore employer l'égalité,

$$(c)\quad \frac{\cos(N-\varepsilon)}{\cos N} = \frac{\cos\beta\sin\lambda}{\cos\delta\sin\alpha},$$

obtenue par la division des équations

$$\cos\beta\sin\lambda = M\cos(N-\varepsilon),$$
$$\cos\delta\sin\alpha = M\cos N.$$

L'interprétation géométrique des grandeurs auxiliaires est facile : N est l'angle que l'arc de grand cercle mené par l'étoile et l'équinoxe du printemps fait avec l'équateur, et M le sinus de cet arc.

Exemple. — Soient

$$\alpha = \quad 6^\circ 33' 29'',30,$$
$$\delta = -16.22.35\ ,45,$$
$$\varepsilon = \quad 23.27.31\ ,72.$$

L'emploi des formules (*b*) et (*c*) donne

$\cos\delta\ldots$	$\bar{1},9820131$	$\tan\alpha\ldots$	$\bar{1},0605604$
$\text{tang}\,\delta\ldots$	$\bar{1},4681562n$	$\dfrac{\cos(N-\varepsilon)}{\cos N}\ldots$	$\bar{1},0292017n$
$\sin\alpha\ldots$	$\bar{1},0577093$		
$N = -68^\circ 45' 41'',88$		$\lambda = 359^\circ 17' 43'',91$	
$\varepsilon = +23\ 27.31\ ,72$		$\text{tang}(N-\varepsilon)\ldots$	$1,4114653$
$N-\varepsilon = -92.13.13\ ,60$		$\sin\lambda\ldots$	$\bar{2},0897293n$
$\cos(N-\varepsilon)\ldots$	$\bar{2},5882086n$	$\beta = -17^\circ 35' 37'',53$	
$\cos N\ldots$	$\bar{1},5590069$	$\cos\beta\ldots$	$\bar{1},9791948$

Vérification.

$\cos\beta\sin\lambda\ldots$	$\bar{2},0689241\,n$
$\cos\delta\sin\alpha\ldots$	$\bar{1},0397224$
	$\bar{1},0292017\,n$

Si l'on applique les formules de Delambre au triangle formé par l'étoile, le pôle de l'équateur et celui de l'écliptique, on obtient, en désignant par $90^\circ - E$ l'angle à l'étoile qu'on appelle *angle de position* (Gauss, *Theoria motus*, p. 64),

$$\sin\left(45^\circ - \frac{\beta}{2}\right)\sin\tfrac{1}{2}(E-\lambda) = \cos\left(45^\circ + \frac{\alpha}{2}\right)\sin\left(45^\circ - \frac{\varepsilon+\delta}{2}\right),$$

$$\sin\left(45^\circ - \frac{\beta}{2}\right)\cos\tfrac{1}{2}(E-\lambda) = \sin\left(45^\circ + \frac{\alpha}{2}\right)\cos\left(45^\circ - \frac{\varepsilon-\delta}{2}\right),$$

$$\cos\left(45^\circ - \frac{\beta}{2}\right)\sin\tfrac{1}{2}(E+\lambda) = \sin\left(45^\circ + \frac{\alpha}{2}\right)\sin\left(45^\circ - \frac{\varepsilon-\delta}{2}\right),$$

$$\cos\left(45^\circ - \frac{\beta}{2}\right)\cos\tfrac{1}{2}(E+\lambda) = \cos\left(45^\circ + \frac{\alpha}{2}\right)\cos\left(45^\circ - \frac{\varepsilon+\delta}{2}\right),$$

formules particulièrement commodes, si l'on veut déterminer à la fois λ, β, ainsi que l'angle $90° - E$.

Remarque. — Encke a donné dans le *Jahrbuch* de 1831 des Tables qui facilitent beaucoup le calcul approché de la longitude et de la latitude au moyen de l'ascension droite et de la déclinaison. On les obtient par une transformation des trois équations fondamentales du n° 9, tout à fait analogue à celle qui a fourni les Tables du n° 35. On trouve des Tables plus complètes dans le *Jahrbuch* de 1856.

38. *Transformation de la longitude et de la latitude, en ascension droite et en déclinaison.* — Pour ce cas inverse, on obtient des formules entièrement semblables. Les formules (1) relatives à la transformation des coordonnées ou le triangle sphérique déjà considéré donnent

$$\begin{aligned} \cos\delta \cos\alpha &= \cos\beta \cos\lambda, \\ \cos\delta \sin\alpha &= \cos\beta \sin\lambda \cos\varepsilon - \sin\beta \sin\varepsilon, \\ \sin\delta &= \cos\beta \sin\lambda \sin\varepsilon + \sin\beta \cos\varepsilon. \end{aligned}$$

Ces équations s'obtiennent encore en remplaçant dans les trois équations primitives du n° 37, β par δ et λ par $-\alpha$. De cette manière, on déduit aussi des formules (b), en changeant encore N en $-$N,

$$\begin{aligned} \operatorname{tang} N &= \frac{\operatorname{tang}\beta}{\sin\lambda}, \\ \operatorname{tang}\alpha &= \frac{\cos(N+\varepsilon)}{\cos N} \operatorname{tang}\lambda, \\ \operatorname{tang}\delta &= \operatorname{tang}(N+\varepsilon)\sin\alpha, \end{aligned}$$

et de (c), la formule de vérification

$$\frac{\cos(N+\varepsilon)}{\cos N} = \frac{\cos\delta \sin\alpha}{\cos\beta \sin\lambda},$$

où N désigne l'angle que fait avec l'écliptique l'arc de grand cercle mené par l'étoile et l'équinoxe de printemps.

Enfin, dans ce cas les formules de Delambre conduisent aux

équations :

$$\sin\left(45^\circ-\frac{\delta}{2}\right)\sin\tfrac{1}{2}(E+\alpha)=\sin\left(45^\circ+\frac{\lambda}{2}\right)\sin\left(45^\circ-\frac{\varepsilon+\beta}{2}\right),$$

$$\sin\left(45^\circ-\frac{\delta}{2}\right)\cos\tfrac{1}{2}(E+\alpha)=\cos\left(45^\circ+\frac{\lambda}{2}\right)\cos\left(45^\circ-\frac{\varepsilon-\beta}{2}\right),$$

$$\cos\left(45^\circ-\frac{\delta}{2}\right)\sin\tfrac{1}{2}(E-\alpha)=\cos\left(45^\circ+\frac{\lambda}{2}\right)\sin\left(45^\circ-\frac{\varepsilon-\beta}{2}\right),$$

$$\cos\left(45^\circ-\frac{\delta}{2}\right)\cos\tfrac{1}{2}(E-\alpha)=\sin\left(45^\circ+\frac{\lambda}{2}\right)\cos\left(45^\circ-\frac{\varepsilon+\beta}{2}\right).$$

Il n'est pas nécessaire de donner un exemple de ce calcul, puisque ces formules s'emploient absolument comme celles du numéro précédent.

Remarque. — Pour le Soleil, qui se meut dans le plan de l'écliptique, les formules se simplifient. En effet, soient L la longitude du Soleil, A et D son ascension droite et sa déclinaison, on a

$$\operatorname{tang} A = \operatorname{tang} L \cos\varepsilon,$$

$$\sin D = \sin L \sin\varepsilon,$$

et aussi

$$\operatorname{tang} D = \operatorname{tang}\varepsilon \sin A.$$

39. *Angle compris entre les cercles de déclinaison et de latitude. — Formules différentielles relatives aux deux transformations précédentes.* — Les formules de Delambre permettent d'exprimer immédiatement en fonction de λ et β ou α et δ, l'angle à l'étoile dans le triangle déterminé par l'étoile, les pôles de l'équateur et de l'écliptique, c'est-à-dire l'angle compris entre le cercle de déclinaison et le cercle de latitude de l'étoile. En effet, cet angle η est égal à $90^\circ - E$. Mais on peut le déterminer sans recourir aux formules de Delambre, à l'aide des équations

$$\cos\beta \sin\eta = \cos\alpha \sin\varepsilon,$$

$$\cos\beta \cos\eta = \cos\varepsilon \cos\delta + \sin\varepsilon \sin\delta \sin\alpha,$$

ou

$$\cos\delta \sin\eta = \cos\lambda \sin\varepsilon,$$

$$\cos\delta \cos\eta = \cos\varepsilon \cos\beta - \sin\varepsilon \sin\beta \sin\lambda,$$

ou, si on pose dans le premier cas

$$\cos\varepsilon = m \cos M,$$
$$\sin\varepsilon \sin\alpha = m \sin M,$$

et dans le second

$$\cos\varepsilon = n \cos N,$$
$$\sin\varepsilon \sin\lambda = n \sin N,$$

on obtiendra

$$\cos\beta \sin\eta = \cos\alpha \sin\varepsilon,$$
$$\cos\beta \cos\eta = m \cos(M - \delta),$$

et

$$\cos\delta \sin\eta = \cos\lambda \sin\varepsilon,$$
$$\cos\delta \cos\eta = n \cos(N + \beta).$$

L'emploi de l'angle η est surtout utile quand on cherche l'effet d'une petite variation de λ, β et ε sur α et δ, et réciproquement. On obtient, en effet, en appliquant au triangle considéré la première et la troisième des formules (11) du n° 9,

$$d\beta = \cos\eta\, d\delta - \cos\delta \sin\eta\, d\alpha - \sin\lambda\, d\varepsilon,$$
$$\cos\beta\, d\lambda = \sin\eta\, d\delta + \cos\delta \cos\eta\, d\alpha + \cos\lambda \sin\beta\, d\varepsilon,$$

et réciproquement,

$$d\delta = \quad \cos\eta\, d\beta + \cos\beta \sin\eta\, d\lambda + \sin\alpha\, d\varepsilon,$$
$$\cos\delta\, d\alpha = -\sin\eta\, d\beta + \cos\beta \cos\eta\, d\lambda - \cos\alpha \sin\delta\, d\varepsilon.$$

Remarque. — Nous avons dit, dans la *Remarque* précédente, que le centre du Soleil parcourt l'écliptique; mais cela n'est pas rigoureusement exact, car les perturbations des planètes donnent au Soleil une petite latitude boréale ou australe qui ne peut jamais dépasser une seconde d'arc. On doit donc, après avoir calculé l'ascension droite et la déclinaison, au moyen des formules données dans la *Remarque* du n° 38, les corriger de l'influence de la latitude. Si on la désigne par B, on a les formules différentielles

$$dA = -\frac{\sin\eta}{\cos D}\, dB,$$
$$dD = \cos\eta\, dB,$$

et, en remplaçant $\sin\eta$ et $\cos\eta$ par leurs valeurs tirées des formules qui donnent $\cos\beta \sin\eta$ et $\cos\delta \cos\eta$, où l'on a fait tout d'abord $\beta = 0$,

$$\cos D\, dA = -\cos A \sin\varepsilon\, dB,$$
$$\cos D\, dD = \cos\varepsilon\, dB.$$

40. — *Transformation de l'azimut et de la hauteur en longitude et latitude.* — Pour ne rien omettre, nous donnerons encore les formules à l'aide desquelles on peut transformer l'azimut et la hauteur en longitude et latitude, quoique ces formules ne soient jamais employées.

On a d'abord, par rapport à l'horizon,

$$x = \cos A \cos h,$$
$$y = \sin A \cos h,$$
$$z = \sin h.$$

Si l'on fait tourner l'axe des x dans le plan des xz d'un angle $90^\circ - \varphi$ vers l'axe des z positifs, les valeurs des nouvelles coordonnées se déduisent des équations

$$x' = x \sin\varphi + z \cos\varphi,$$
$$y' = y,$$
$$z' = z \sin\varphi - x \cos\varphi.$$

Faisons de même tourner dans le plan des $x'y'$, plan de l'équateur, l'axe des x' d'un angle Θ, de telle sorte que l'axe des x'' passe par l'équinoxe du printemps, l'axe des y'' par le point d'ascension droite 90°; nous aurons, en comptant l'angle horaire et l'ascension droite en sens opposés,

$$x'' = x' \cos\Theta + y' \sin\Theta,$$
$$-y'' = y' \cos\Theta - x' \sin\Theta,$$
$$z'' = z'.$$

Enfin si l'on fait tourner l'axe des y'' dans le plan des $y''z''$ d'un angle ε vers l'axe des z'' positifs, on obtient

$$x''' = x'',$$
$$y''' = y'' \cos\varepsilon + z'' \sin\varepsilon,$$
$$z''' = z'' \cos\varepsilon - y'' \sin\varepsilon,$$

et comme nous savons que

$$x''' = \cos\beta \cos\lambda, \quad y''' = \cos\beta \sin\lambda, \quad z''' = \sin\beta,$$

après élimination de x', y', z', x'', y'', z'', ces formules exprimeront λ et β en fonction de A, h, φ, Θ et ε.

III. — Du mouvement diurne comme mesure du temps.

41. *Temps sidéral. — Jour sidéral.* — La révolution diurne de la sphère céleste, ou en réalité la rotation de la Terre autour de son axe est uniforme; elle peut donc servir comme mesure du temps. La durée d'une révolution de la Terre autour de son axe, c'est-à-dire le temps qui s'écoule entre deux culminations successives d'une même étoile, s'appelle *jour sidéral.* Le jour sidéral commence, en d'autres termes il est 0^h temps sidéral, à l'instant où le point équinoxial du printemps passe au méridien; on dit qu'il est 1^h, 2^h, 3^h,..., temps sidéral, quand l'angle horaire de ce point est 1^h, 2^h, 3^h,..., c'est-à-dire à l'instant où passe au méridien le point de l'équateur dont l'ascension droite est 1^h, 2^h, 3^h,... ou 15°, 30°, 45°,....

On verra dans la suite que les points équinoxiaux ne sont pas fixes, mais qu'ils se déplacent lentement sur l'écliptique. Ce mouvement est composé de deux autres : l'un est proportionnel au temps, et se combine avec le mouvement diurne de la sphère céleste; l'autre est périodique. Par suite de ce dernier, l'angle horaire de l'équinoxe du printemps ne varie pas d'une manière uniforme, et le temps sidéral, pris rigoureusement, n'est pas une mesure invariable. Mais cette irrégularité est très-petite, et dans une période de 19 ans reste comprise entre $+1^s$ et -1^s.

42. *Temps solaire vrai. — Jour solaire vrai. — Mouvement de la Terre dans son orbite. — Équation du centre. — Réduction à l'écliptique.* — Si le 21 mars le Soleil est à l'équinoxe du printemps, il passe ce jour-là au méridien vers $0^{h.\,sid.}$. Mais le Soleil se meut sur l'écliptique d'un mouvement rétrograde, et, puisque le 23 septembre il se trouve à l'équinoxe d'automne et possède une ascension droite de 12^h, il passe ce jour-là au méridien vers $12^{h.\,sid.}$. Le passage du Soleil au méridien a donc lieu dans un an successivement à toutes les heures du jour sidéral.

L'emploi du temps sidéral présenterait pour la vie civile de grands inconvénients, aussi fait-on servir le Soleil lui-même à la mesure du temps. L'angle horaire du Soleil à un instant quelconque s'appelle *temps solaire vrai*, et le temps qui sépare deux culminations successives *jour solaire vrai*. Il est *midi vrai* en un lieu, quand le centre du Soleil est au méridien; mais l'ascension droite du Soleil ne variant pas uniformément, le temps vrai présente aussi l'inconvénient de n'être pas uniforme. Deux causes produisent cette irrégularité du mouvement du Soleil en ascension droite : l'inclinaison de l'écliptique sur l'équateur et la non-uniformité du mouvement du Soleil sur l'écliptique. Ce mouvement annuel du Soleil n'est qu'une apparence et provient du mouvement de la Terre autour du Soleil. D'après les lois de Képler, la Terre se meut dans une ellipse dont le Soleil occupe l'un des foyers, de telle sorte que la ligne qui joint les centres de la Terre et du Soleil (le rayon vecteur de la Terre) décrit des aires égales dans des temps égaux. Mais l'aire de l'ellipse est $\pi a^2\sqrt{1-e^2}$; en désignant par τ la durée de l'année sidérale, c'est-à-dire le temps que met la Terre pour accomplir une révolution complète autour du Soleil, la vitesse aréolaire F de la Terre sera $\dfrac{\pi a^2\sqrt{1-e^2}}{\tau}$. Si l'on prend le demi grand axe de l'ellipse comme unité, et si au lieu de l'excentricité, on emploie l'angle φ donné par l'équation $e = \sin\varphi$, on aura

$$F = \frac{\pi \cos\varphi}{\tau}.$$

Soit maintenant T l'époque où la Terre est le plus près du Soleil ou *l'époque du périhélie;* au temps t le secteur décrit par le rayon vecteur depuis le passage au périhélie est $F(t-T)$. Ce secteur peut aussi s'exprimer par l'intégrale définie $\frac{1}{2}\int_0^{v} r^2\,dv$, où r est le rayon vecteur et v l'angle qu'il fait au temps t, avec le grand axe et qu'on appelle *anomalie vraie* de la Terre. On a donc l'équation

$$2F(t-T) = \int_0^{v} r^2\,dv.$$

Comme, dans l'ellipse,

$$r = \frac{a(1-e^2)}{1+e\cos\nu} = \frac{a\cos^2\varphi}{1+e\cos\nu},$$

l'intégrale précédente ne serait pas simple; on remplace alors ν par une autre variable. Au périhélie le rayon vecteur a pour valeur $(a - ae)$, à l'aphélie $(a + ae)$; on peut donc poser

$$r = a(1 - e\cos E),$$

où E est un angle qui s'annule avec ν; on en déduit

$$\cos E = \frac{\cos\nu + e}{1 + e\cos\nu}.$$

Ainsi E a une valeur toujours possible, car la valeur du second membre est toujours comprise entre $+1$ et -1; par une transformation facile, on obtient encore

$$\frac{\cos E - e}{1 - e\cos E} = \cos\nu \quad \text{et} \quad \frac{\cos\varphi \sin E}{1 - e\cos E} = \sin\nu,$$

et, par la différentiation des deux expressions de r,

$$\frac{d\nu}{dE} = \frac{a\cos\varphi}{r}.$$

En introduisant la variable E dans l'intégrale définie qui précède, on a

$$2F(t - T) = a^2\cos\varphi\int_0^E (1 - e\cos E)\,dE = a^2\cos\varphi(E - e\sin E)$$

et par conséquent, en prenant encore le demi grand axe pour unité et remplaçant F par la valeur trouvée ci-dessus,

$$\frac{2\pi}{\tau}(t - T) = E - e\sin E,$$

où $\frac{2\pi}{\tau}$ est le moyen mouvement sidéral de la Terre en un jour, c'est-à-dire le mouvement diurne qu'aurait eu la Terre si, pendant le temps τ, elle avait accompli un tour entier autour du Soleil avec une vitesse uniforme. Le premier membre de la dernière équation exprime en conséquence l'angle que cette Terre fictive aurait décrit autour du Soleil dans le temps $(t - T)$ d'un mouvement uniforme. On appelle cet angle *anomalie moyenne;* si on le désigne par M, l'équation précédente devient

$$M = E - e \sin E,$$

et, l'angle auxiliaire E une fois déterminé, on trouvera l'anomalie vraie par l'équation

$$\tang \nu = \frac{\cos\varphi \sin E}{\cos E - e}.$$

Dans le cas d'une petite excentricité, il est plus commode de développer en série la différence de l'anomalie vraie et de l'anomalie moyenne. On a indiqué diverses méthodes fort élégantes dont l'exposition nous entraînerait trop loin. Si l'on a seulement besoin de quelques termes, ce qui suffit dans le cas présent, on peut y arriver facilement de la manière suivante. Puisque pour $e = 0$, $\nu = M$, on a

$$\nu = M + \nu'_0 e + \tfrac{1}{2}\nu''_0 e^2 + \tfrac{1}{6}\nu'''_0 e^3 + \ldots,$$

où ν'_0, $\nu''_0 \ldots$ sont les dérivées successives de ν par rapport à e, dans l'expression desquelles on fait ensuite $e = 0$.

Prenons les logarithmes des deux membres de l'équation

$$\sin\nu = \frac{\cos\varphi \sin E}{1 - e\cos E},$$

et différentions, nous obtenons

$$\frac{\cos\nu}{\sin\nu}\, d\nu = \frac{dE}{\sin E}\,\frac{\cos E - e}{1 - e\cos E} + \frac{d\varphi}{\cos\varphi}\,\frac{\cos E - e}{1 - e\cos E}$$

ou

$$d\nu = \frac{\sin\nu}{\sin E}\, dE + \frac{\sin\nu}{\cos\varphi}\, d\varphi = \frac{a\cos\varphi}{r}\, dE + \frac{\sin\nu}{\cos\varphi}\, d\varphi.$$

Différentions aussi l'équation relative à M, en y considérant seulement E et e comme variables, nous aurons

$$dE = \sin\nu\, d\varphi,$$

$$\frac{d\nu}{d\varphi} = \frac{\sin\nu}{\cos\varphi}(2 + e\cos\nu) \quad \text{et} \quad \frac{d\nu}{de} = \frac{\sin\nu}{\cos^2\varphi}(2 + e\cos\nu),$$

et, en faisant $e = 0$, nous aurons $\nu'_0 = 2\sin M$.

Pour trouver les dérivées d'ordre supérieur, on pose $P = \dfrac{\sin\nu}{\cos^2\varphi}$ et $Q = 2 + e\cos\nu$. On obtient facilement, en désignant par P'_0, Q'_0,... les valeurs des dérivées de P et Q pour $e = 0$,

$$\begin{aligned}
P'_0 &= \cos M . \nu'_0 = \sin 2M,\\
Q'_0 &= \cos M,\\
\nu''_0 &= \sin M . Q'_0 + 2P'_0 = \tfrac{5}{2}\sin 2M,\\
P''_0 &= \cos M . \nu''_0 - \sin M . \nu'^2_0 + 2\sin M = \tfrac{9}{4}\sin 3M + \tfrac{1}{4}\sin M,\\
Q''_0 &= -2\sin M . \nu'_0 = -4\sin^2 M,\\
\nu'''_0 &= \sin M . Q''_0 + 2Q'_0 P'_0 + 2P''_0 = \tfrac{13}{2}\sin 3M - \tfrac{3}{2}\sin M.
\end{aligned}$$

. . . .

On aura donc

$$\begin{aligned}
\nu &= M + 2e\sin M + \tfrac{5}{4}e^2\sin 2M + e^3\left(\tfrac{13}{12}\sin 3M - \tfrac{1}{4}\sin M\right) + \ldots\\
&= M + \left(2e - \frac{e^3}{4}\right)\sin M + \tfrac{5}{4}e^2\sin 2M + \tfrac{13}{12}e^3\sin 3M + \ldots .
\end{aligned}$$

Pour l'orbite de la Terre en 1850, $e = 0{,}0167712$. Si l'on substitue cette valeur et si l'on divise par $\sin 1''$ pour tout convertir en secondes, on trouve

$$\nu = M + 6918'',37\sin M + 72'',52\sin 2M + 1'',05\sin 3M,$$

où la partie périodique, qu'il faut ajouter à l'anomalie moyenne pour avoir l'anomalie vraie, s'appelle *équation du centre*.

Puisque le mouvement angulaire apparent du Soleil est égal au mouvement angulaire de la Terre autour du Soleil, on obtient la *longitude vraie* du Soleil, en ajoutant à ν la longitude ϖ du Soleil lorsque la Terre est au périhélie. $M + \varpi$ sera la longitude d'un Soleil fictif se déplaçant uniformément sur l'écliptique, ou la *longitude moyenne*. Soit λ la première, L la seconde, on a pour la longitude vraie du Soleil l'expression suivante

$$\lambda = L + 6918'',37 \sin M + 72'',52 \sin 2M + 1'',05 \sin 3M \quad (*).$$

Il nous sera nécessaire, plus tard, de connaître l'expression de λ en fonction de L; substituons donc L à M, et comme $M = L - \varpi$ et $\varpi = 280^\circ 21' 41'',0$, nous aurons

$$\begin{aligned}\lambda = L &+ 1244'',31 \sin L + 6805'',56 \cos L \\ &- 67\ ,82 \sin 2L + 25\ ,66 \cos 2L \\ &- 0\ ,54 \sin 3L - 0\ ,90 \cos 3L.\end{aligned}$$

L'ascension droite du Soleil et sa longitude sont liées par la relation

$$\tang A = \tang \lambda \cos \varepsilon;$$

d'où l'on déduit (formule 17, n° 11)

$$A = \lambda - \tang^2 \frac{\varepsilon}{2} \sin 2\lambda + \tfrac{1}{2} \tang^4 \frac{\varepsilon}{2} \sin 4\lambda - \ldots,$$

et, en remplaçant ε par sa valeur $23^\circ 27' 31'',0$ et divisant encore par $\sin 1''$,

$$\begin{aligned}A = \lambda &- 8891'',56 \sin 2\lambda + 191'',65 \sin 4\lambda - 5'',51 \sin 6\lambda \\ &+ 0'',18 \sin 8\lambda + \ldots,\end{aligned}$$

où la partie périodique prise en signe contraire s'appelle *réduction à l'écliptique*.

Substituons dans la dernière formule, au lieu de λ, la série trouvée plus haut, et développons les sinus de la somme de plusieurs arcs; nous trouvons, toutes réductions faites, après avoir

---

(*) A cette expression il faudrait pour plus de rigueur ajouter encore l'effet des perturbations provenant des autres planètes, et celui des petits mouvements des points équinoxiaux.

divisé par 15 pour tout réduire en temps :

$$\begin{aligned}
A = L &+ 86^s,53 \sin L + 434^s,15 \cos L \\
&- 596,64 \sin 2L + 1,69 \cos 2L \\
&- 3,77 \sin 3L - 18,77 \cos 3L \\
&+ 13,23 \sin 4L - 0,19 \cos 4L \\
&+ 0,16 \sin 5L + 0,82 \cos 5L \\
&- 0,36 \sin 6L + 0,02 \cos 6L \\
&- 0,01 \sin 7L - 0,04 \cos 7L.
\end{aligned}$$

43. *Temps solaire moyen.* — *Équation du temps.* — Puisque l'ascension droite du Soleil ne varie pas uniformément, le temps solaire vrai, toujours égal à l'angle horaire du Soleil, ne peut servir de mesure du temps. On a donc adopté un autre temps uniforme, le *temps solaire moyen :* il est donné par le mouvement d'un second Soleil fictif, le *Soleil moyen*, qui se meut sur l'équateur avec une vitesse uniforme, comme le premier Soleil fictif sur l'écliptique. L'ascension droite de ce Soleil moyen est donc égale à la longitude L du premier Soleil fictif. Il est *midi moyen* en un lieu quand le Soleil moyen est au méridien, c'est-à-dire quand le temps sidéral est égal à la longitude moyenne du Soleil, et le temps moyen est à chaque instant égal à l'angle horaire de ce Soleil moyen; suivant les usages astronomiques on le compte de 0^h à 24^h dans l'intervalle d'un midi à l'autre. Le jour *civil* commence 12 heures *avant* le jour *astronomique* de même date.

D'après Hansen, le *temps sidéral à midi moyen* de 1850, janvier 0, est pour Paris $18^h\,39^m\,9^s,261$, et la longueur de l'année tropique, c'est-à-dire le temps employé par le Soleil pour revenir au même équinoxe, est 365,242 2008 jours solaires moyens (*voir* la fin du n° 60); le mouvement tropique moyen du Soleil en un jour est donc

$$\frac{360^\circ}{365,242\,2008} = 59'\,8'',33 \quad \text{ou} \quad 3^m\,56^s,555, \text{ en temps sid.}$$

Le temps sidéral à midi moyen augmente ainsi chaque jour de $3^m\,56^s,555$; cette quantité est appelée *accélération des fixes* (par rapport au Soleil); il est facile d'en déduire le temps sidéral à une époque quelconque.

Pour calculer le temps sidéral au midi d'un autre méridien, on a pour temps sidéral à midi moyen de 1850, janvier 0,

$$18^h\,39^m\,9^s,261 + \frac{k}{24}\,3^m\,56^s,555,$$

où k désigne en heures la différence de longitude avec Paris, prise positivement à l'ouest, négativement à l'est (*).

La relation entre le temps moyen et le temps vrai s'obtient à l'aide de l'équation précédente relative à A. Le Soleil moyen tantôt précédera le Soleil vrai, tantôt le suivra, comme cela résulte du signe de la partie périodique contenue dans A.

Si, pour le midi moyen d'un lieu, on calcule L, c'est-à-dire le temps sidéral à midi moyen, la valeur de L — A donnée par la formule précédente sera l'angle horaire du Soleil à midi moyen (**). On appelle *équation du temps* la quantité qu'il faut ajouter au temps vrai pour avoir le temps moyen. Rien n'est plus simple que d'obtenir avec l'expression précédente de L — A, l'équation du temps x pour l'instant du midi vrai; on transformera l'angle horaire L — A en temps moyen et on le prendra avec le signe contraire. Soit d'ailleurs n le moyen mouvement diurne du Soleil en temps, et $n + w$ le mouvement diurne vrai du Soleil pour le jour déterminé; 24^h de temps moyen seront égales à $24^h - w$ de temps vrai; on a donc

$$\frac{x}{A - L} = \frac{24^h}{24^h - w},$$

(*) On devrait encore ajouter le petit mouvement périodique des points équinoxiaux.

(**) L'expression précédente ne donne qu'une valeur approchée de L — A. La valeur exacte doit être calculée à l'aide des Tables du Soleil; elle est égale à la différence entre la longitude moyenne du Soleil et son ascension droite vraie.

Les Tables du Soleil les plus récentes sont celles de Hansen et Olufsen (Copenhague 1853), et celles de Le Verrier (*Annales de l'Observatoire impérial*, t. IV).

d'où

$$x = (A - L)\frac{24^h}{24^h - w}.$$

L'équation qui donne A permet de trouver facilement la marche de l'équation du temps dans le cours d'une année. Posons $A - L = 0$ et prenons seulement les trois termes les plus importants, nous aurons l'équation

$$0 = 86,5 \sin L - 596,6 \sin 2L + 434,1 \cos L,$$

qui donne les valeurs de L pour lesquelles l'équation du temps est nulle; ce sont : $L = 23^\circ 16'$, $L = 83^\circ 26'$, $L = 160^\circ 15'$, $L = 273^\circ 3'$, valeurs qui correspondent aux 15 avril, 14 juin, 31 août et 24 décembre. Les époques correspondantes au maximum de l'équation du temps seront données par l'équation obtenue par la différentiation, et on trouvera les quatre maxima

	$+ 14^m 31^s$	$- 3^m 53^s$	$+ 6^m 12^s$	$- 16^m 18^s$
pour	Févr. 12	Mai 14	Juill. 26	Nov. 18

Le jour vrai est le plus long quand la variation de l'équation du temps en un jour est positive et maxima. Cela a lieu le 23 décembre; alors cette variation est de 30^s et par conséquent la durée du jour vrai est $24^h 0^m 30^s$. Au contraire, le jour vrai est le plus court quand la variation de l'équation du temps est encore un maximum, mais négative, et cela a lieu le 15 septembre; alors la variation de l'équation du temps est -21^s, et par conséquent la durée du jour vrai est de $23^h 59^m 39^s$.

Les notions qui précèdent permettraient de résoudre tous les problèmes relatifs à la transformation des différents temps les uns dans les autres; mais il a paru utile d'en réunir les règles.

44. *Transformation du temps moyen en temps sidéral et inversement.* — 1° Par suite de son mouvement apparent de l'est à l'ouest, le Soleil, dans l'intervalle d'un équinoxe du printemps au suivant, se trouve en retard sur les étoiles d'une révolution diurne tout entière; le nombre de jours sidéraux contenus dans l'année tropique est donc plus grand d'une unité que le nombre des jours

moyens. Par conséquent

$$\text{Un jour sidéral} = \frac{365,242201}{366,242201} \text{ jour moyen}$$
$$= \text{un jour moyen} - 3^m 55^s,909 \text{ de temps moyen,}$$

$$\text{Un jour moyen} = \frac{366,242201}{365,242201} \text{ jour sidéral,}$$
$$= \text{un jour sidéral} + 3^m 56^s,555 \text{ de temps sidéral.}$$

Si donc Θ désigne le temps sidéral, M le temps moyen, Θ_0 le temps sidéral à midi moyen, on a

$$M = (\Theta - \Theta_0) \frac{24^h - 3^m 55^s,909}{24^h},$$

$$\Theta = \Theta_0 + M \frac{24^h + 3^m 56^s,555}{24}.$$

On peut calculer le temps sidéral à midi moyen comme on l'a fait précédemment; on le trouve aussi dans les éphémérides, où il est donné pour chaque midi moyen.

On facilite le calcul précédent en construisant des Tables qui donnent pour toutes les valeurs de t les quantités

$$\frac{24^h - 3^m 55^s,909}{24^h} t \quad \text{et} \quad \frac{24^h + 3^m 56^s,555}{24^h} t.$$

Ces Tables se trouvent d'ailleurs dans les Annuaires et dans les Recueils de Tables astronomiques.

Exemple. — On donne le temps sidéral, 1849 juin 9, $14^h 16^m 36^s,35$: transformer ce temps en temps moyen de Berlin.

Le *Jahrbuch* de Berlin donne pour valeur du temps sidéral au midi moyen du jour indiqué $5^h 10^m 48^s,30$; il s'est donc écoulé depuis le midi moyen jusqu'au temps donné $9^h 5^m 48^s,05$ de temps sidéral; les Tables auxiliaires ou la multiplication directe par le facteur $\frac{24^h - 3^m 55^s,909}{24^h}$ montrent que cet intervalle est égal à $9^h 4^m 18^s,64$ de temps moyen.

2° Si le temps moyen était donné, on le transformerait en temps sidéral à l'aide des Tables et on ajouterait le temps sidéral à midi moyen; le résultat donnerait le temps sidéral correspondant au temps moyen donné.

45. *Transformation du temps vrai en temps moyen et inversement.* — 1° Pour transformer le temps vrai en temps moyen, il suffit de prendre dans les éphémérides l'équation du temps correspondante au temps vrai donné, et de l'ajouter algébriquement au temps donné.

Exemple. — Le *Jahrbuch* de Berlin donne les valeurs suivantes de l'équation du temps à midi vrai :

			Diff. I.	Diff. II.
1849	Juin 8	$- 1^m 20^s,73$		
			$+ 11^s,36$	
	9	$- 1.\ 9,37$		$+ 0^s,27$
			$+ 11,63$	
	10	$- 0.57,74$		

Ainsi pour le temps vrai : juin 9, $9^h\, 5^m\, 23^s,60$, l'équation du temps est $- 1^m\, 5^s,04$ et par suite le temps moyen correspondant est $9^h\, 4^m\, 18^s,56$.

2° Dans la transformation du temps moyen en temps vrai, on se sert de l'équation du temps; mais puisque, dans les éphémérides, elle est donnée pour le temps vrai, il faudrait en réalité connaître déjà le temps vrai afin d'interpoler l'équation du temps. Mais en raison de la petitesse de la variation diurne de cette équation, il suffit d'ajouter au temps donné une équation qui ne lui corresponde qu'approximativement. On interpole ensuite l'équation du temps avec cette valeur approchée du temps vrai.

Exemple. — Soit donné le temps moyen $9^h\, 4^m\, 18^s,56$. Nous prendrons $- 1^m$ pour équation du temps; avec le temps vrai $9^h\, 5^m\, 18^s,56$, nous trouverons $- 1^m\, 5^s,04$ pour équation du temps et par suite le temps vrai $9^h\, 5^m\, 23^s,60$.

Le *Nautical Almanac* contient avec l'équation du temps pour chaque midi vrai, la quantité L — A pour chaque midi moyen qu'il faut ajouter au temps moyen pour avoir le temps vrai. Dès lors la règle à suivre est la même dans les deux cas, en employant cette seconde Table pour la transformation du temps moyen en temps vrai.

46. *Transformation du temps vrai en temps sidéral et inversement.* — 1° Puisque le temps vrai est égal à l'angle horaire du Soleil, il suffira de lui ajouter l'ascension droite du Soleil pour obtenir le temps sidéral.

EXEMPLE. — D'après le *Jahrbuch* de Encke, on a à Berlin les ascensions droites suivantes du Soleil à midi vrai :

			Diff. I.	Diff. II.
1840	Juin 8	$5^h\ 5^m 30^s,79$		
			$+\ 4^m 7^s,96$	
	9	5. 9. 38, 75		$+\ 0^s,27$
			$+\ 4.8,23$	
	10	5.13.46, 98		

Veut-on maintenant transformer en temps sidéral $9^h 5^m 23^s,60$ de temps vrai pour le 9 juin? A cette époque l'ascension droite du Soleil est égale à $5^h 11^m 12^s,75$, et par suite le temps sidéral est égal à $14^h 16^m 36^s,35$.

2° Dans la transformation du temps sidéral en temps vrai, on a besoin d'une valeur approchée du temps vrai, pour l'interpolation de l'ascension droite du Soleil. Mais si du temps sidéral donné on retranche l'ascension droite du Soleil correspondante au commencement du jour, on obtient le nombre d'heures sidérales écoulées depuis cette époque. Il faudrait transformer ces heures sidérales en temps vrai; mais il suffit de les transformer en temps moyen et d'interpoler l'ascension droite du Soleil pour cette époque; en la retranchant ensuite du temps sidéral donné, on obtient le temps vrai.

EXEMPLE. — Le 9 juin, l'ascension droite du Soleil à midi vrai est $5^h 9^m 38^s,75$; par conséquent, depuis le temps sidéral $14^h 16^m 36^s,35$, il s'est écoulé $9^h 6^m 57^s,60$ de temps sidéral, ou $9^h 5^m 28^s,00$ de temps moyen; interpolons pour ce temps l'ascension droite du Soleil, nous obtiendrons $5^h 11^m 12^s,75$; le temps vrai cherché est donc $9^h 5^m 23^s,60$.

On peut aussi faire cette conversion en transformant le temps sidéral en temps moyen, et celui-ci en temps vrai, à l'aide de l'équation du temps.

Remarque. — Si l'on veut effectuer ces transformations pour le temps t d'un méridien dont la différence de longitude avec le méridien de l'éphéméride est k (prise positivement à l'ouest, négativement à l'est), il faut interpoler, pour le temps $t+k$, le temps sidéral à midi moyen, l'équation du temps et l'ascension droite du Soleil tirés des éphémérides.

IV. — Problèmes relatifs au mouvement diurne.

47. *Époque de culmination.* — Par suite du mouvement diurne, un astre passe deux fois par jour au méridien d'un lieu, à sa culmination supérieure quand le temps sidéral est égal à son ascension droite, à sa culmination inférieure quand le temps sidéral la dépasse de 12 heures. L'époque de la culmination des étoiles fixes s'obtient donc immédiatement. Mais si l'astre a un mouvement propre, il faudrait en réalité connaître l'époque de la culmination, afin de calculer ensuite l'ascension droite correspondante.

Pour le Soleil l'équation du temps à midi vrai, déduite des éphémérides, donne le temps moyen du passage au méridien pour lequel les éphémérides ont été construites; et cette équation, interpolée pour le temps vrai k, donne le temps moyen de la culmination, pour un méridien dont la différence de longitude à l'ouest est k.

Les lieux de la Lune et des planètes sont donnés dans les éphémérides pour les midis moyens d'un méridien déterminé. Désignons par $f(a)$ l'ascension droite exprimée en temps de l'astre à midi, par t le temps de la culmination; l'ascension droite de l'astre pour l'époque de sa culmination sera d'après la formule d'interpolation de Newton, si l'on s'arrête aux différences troisièmes,

$$f(a) + tf'(a + \tfrac{1}{2}) + \frac{t(t-1)}{1.2} f''(a),$$

ou encore plus exactement

$$f(a) + tf'(a + \tfrac{1}{2}) + \frac{t(t-1)}{1.2} f''(a + \tfrac{1}{2}).$$

Cette grandeur doit être égale au temps sidéral à l'instant dont nous parlons; Θ_0 étant le temps sidéral à midi moyen et 24 heures l'intervalle des arguments de $f(a)$, on aura donc l'équation

$$\Theta_0 + t(24^h 3^m 56^s,56) = f(a) + t f'(a+\tfrac{1}{2}) + \frac{t(t-1)}{1.2} f''(a+\tfrac{1}{2}),$$

d'où

$$t = \frac{f(a) - \Theta_0}{24^h 3^m 56^s,56 - f'(a+\frac{1}{2}) - \frac{t-1}{2} f''(a+\frac{1}{2})}.$$

t se trouve encore dans le second membre, mais puisque les différences secondes sont toujours petites, on peut, en calculant cette formule, remplacer dans le second membre t par la valeur approchée $\frac{f(a) - \Theta_0}{24^h 3^m 56^s,56 - f'(a+\frac{1}{2})}$ (*).

La grandeur $\Theta_0 - f(a)$ est l'angle horaire de l'astre pour le midi du méridien pour lequel les éphémérides ont été construites; si k est la longitude d'un autre lieu, prise positivement à l'ouest, l'angle horaire à l'est serait pour ce lieu $f(a) - \Theta_0 + k$, et le temps de la culmination pour ce lieu en temps du premier méridien

$$t' = \frac{f(a) - \Theta_0 + k}{24^h 3^m 56^s,56 - f'(a+\frac{1}{2}) - \frac{t'-1}{2} f''(a+\frac{1}{2})},$$

et, en temps du lieu,

$$t = t' - k.$$

Exemple. — Soient données les ascensions droites de la Lune en temps moyen de Berlin :

		$f(a)$.	Diff. I.	Diff. II.
1861 Juill.	14,5	13h 7m 5s,3		
			+ 27m 17s,6	
	15,0	13.34.22,9		+ 41s,2
			+ 27.58,8	
	15,5	14. 2.21,7		+ 43,5
			+ 28.42,3	
	16,0	14.31. 4,0		

(*) Si la différence des arguments de $f(a)$ était 12 heures au lieu de 24, le premier terme du dénominateur de la formule précédente serait $12^h 1^m 58^s,28$, et si l'on partait d'une valeur de $f(a)$ dont l'argument serait minuit, il faudrait employer $\Theta_0 + 12^h 1^m 58^s,28$ au lieu de Θ_0.

et en même temps le temps sidéral à midi moyen, juillet 15, $\Theta_0 = 7^h 33^m 7^s,9$: calculer le temps de culmination de la Lune pour Greenwich.

La différence des longitudes de Greenwich et de Berlin est $k = + 53^m 34^s,9$, le numérateur de t' sera donc $6^h 54^m 49^s,9$; les premiers termes du dénominateur donnent $11^h 33^m 59^s,5$, et la valeur approchée de t' sera égale à 0,597 75; la correction du dénominateur sera donc $+ 8^s,5$ et la valeur corrigée de t' égale à 0,597 62 ou $7^h 10^m 17^s,0$, et en temps du lieu l'époque de la culmination sera $6^h 16^m 42^s,1$.

Pour la culmination inférieure, en désignant par a la valeur de l'argument la plus voisine de cette culmination, on aura l'équation

$$\Theta_0 + t(24^h 3^m 56^s,56) = 12^h + f(a) + t f'(a + \tfrac{1}{2}) + \frac{t(t-1)}{1.2} f''(a + \tfrac{1}{2}),$$

et, en général pour un lieu de longitude k,

$$t' = \frac{12^h + f(a) - \Theta_0 + k}{24^h 3^m 56^s,56 - f'(a + \frac{1}{2}) - \frac{t'-1}{2} f''(a + \frac{1}{2})},$$

ou, si l'intervalle de l'argument est 12 heures,

$$t' = \frac{12^h + f(a) - \Theta_0 + k}{12^h 1^m 58^s,28 - f'(a + \frac{1}{2}) - \frac{t'-1}{2} f''(a + \frac{1}{2})}.$$

Exemple. — Soit à calculer, juillet 15, à Greenwich, l'époque de la culmination de la Lune; on partira de juillet 15,5, et le numérateur sera $7^h 20^m 50^s,4$; les premiers termes du dénominateur donneront $11^h 33^m 16^s,0$; par conséquent la valeur approchée de t' sera égale à 0,6359 et la valeur corrigée 0,635 77 ou $7^h 37^m 45^s,1$. La culmination inférieure aura donc lieu à $19^h 37^m 45^s,1$, temps de Berlin, ou à $18^h 44^m 10^s,2$, temps de Greenwich.

48. *Époque du lever et du coucher.* — Dans le n° 35 on a trouvé l'équation

$$\sin h = \sin\varphi \sin\delta + \cos\varphi \cos\delta \cos t.$$

Lorsque l'astre est à l'horizon $h = 0$, et l'on a

$$0 = \sin\varphi \sin\delta + \cos\varphi \cos\delta \cos t_0,$$

ou

$$(a) \qquad \cos t_0 = - \tang\varphi \tang\delta.$$

Au moyen de cette formule on trouve pour une latitude déterminée φ, l'angle horaire correspondant au lever ou au coucher d'un astre dont la déclinaison est δ. La valeur absolue de cet angle s'appelle le *demi-arc diurne* de l'astre. Si l'on connaît le temps sidéral du passage de l'étoile au méridien, c'est-à-dire son ascension droite, on aura le temps sidéral du lever ou du coucher en diminuant ou en augmentant l'ascension droite de la valeur absolue de t_0.

Les règles que nous avons données permettent ensuite de transformer en temps moyen le temps sidéral obtenu.

EXEMPLE. — Calculer l'époque du lever et du coucher d'Arcturus à Berlin pour 1861, janvier 0. — On a pour Arcturus

$$\alpha = 14^h 9^m 19^s,3, \quad \delta = + 19^\circ 54' 29'',$$

de plus

$$\varphi = 52^\circ 30' 16''.$$

Avec ces valeurs on obtient pour le demi-arc diurne

$$t_0 = 118^\circ 10' 1'',3 = 7^h 52^m 40^s.$$

Arcturus se lève donc à $6^h 16^m 39^s$ et se couche à $22^h 1^m 59^s$ de temps sidéral.

Pour trouver l'heure du lever et du coucher d'un astre errant, il faut connaître la déclinaison pour cette époque; on résoudra donc la question en faisant le calcul deux fois, par la méthode des approximations successives. Pour le Soleil le calcul est simple. On prend d'abord une valeur approchée de la déclinaison, avec laquelle on obtient une valeur approchée de l'angle horaire du Soleil ou du temps vrai au moment de son lever ou de son coucher. Or dans les éphémérides les déclinaisons du Soleil sont données pour midi vrai; on peut donc par interpolation trouver la déclinaison à l'époque du lever ou du coucher, et avec elle recommencer le calcul.

Pour la Lune, le calcul est plus long. Après avoir cherché les temps moyens des deux culminations inférieure et supérieure consécutives, on en peut déduire le temps moyen correspondant à chaque angle horaire intermédiaire; dès lors si avec une déclinaison approchée de la Lune on trouve un angle horaire approché du lever et du coucher, on aura la valeur correspondante du temps moyen; on trouvera ensuite par interpolation une valeur plus approchée de la déclinaison, avec laquelle on recommencera le calcul. On verra un exemple de ce calcul au n° 78.

Remarque. — L'équation (a) relative à l'angle horaire du lever et du coucher peut se mettre sous une autre forme, parfois commode, et obtenue par une transformation connue :

$$\tang^2 \frac{t_0}{2} = \frac{\cos(\varphi - \delta)}{\cos(\varphi + \delta)}.$$

49. *Lever et coucher des astres aux diverses latitudes.* — La formule (a) du n° 48 donne la raison de toutes les apparences que présentent le lever et le coucher des astres pour les différents points de la surface de la Terre.

Si δ est positif, l'étoile est au nord de l'équateur, et $\cos t_0$ sera négatif pour un lieu de l'hémisphère boréal; t_0 sera donc plus grand que 90°, et l'étoile restera plus longtemps au-dessus de l'horizon qu'au-dessous. Au contraire, pour une étoile de déclinaison australe, t_0 sera plus petit que 90°, et, en un lieu de l'hémisphère boréal de la Terre, l'étoile restera moins longtemps au-dessus de l'horizon qu'au-dessous. Pour l'hémisphère austral, φ est négatif, et tout se passe en sens inverse, car dans ce cas l'arc diurne d'une étoile australe est plus grand que 12 heures. Si $\varphi = 0$, $t_0 = 90°$ pour toute valeur de δ; à l'équateur les étoiles restent donc aussi longtemps au-dessus de l'horizon qu'au-dessous. Si $\delta = 0$ on aura aussi, pour toute valeur de φ, $t_0 = 90°$; on voit donc qu'en un lieu quelconque de la Terre les étoiles équatoriales restent le même temps au-dessus et au-dessous de l'horizon.

Ainsi, quand le Soleil est au nord de l'équateur, le jour est, pour un lieu de l'hémisphère boréal, plus long que la nuit; l'inverse a lieu quand le Soleil est au sud. Mais si le Soleil est sur l'équateur, pour tout lieu de la Terre le jour est égal à la nuit. Pour les habitants de l'équateur, il en est toujours ainsi.

La valeur de t_0 ne sera du reste possible que si $\tang\varphi \tang\delta < 1$. Dès lors, pour un lieu de latitude φ, un astre ne se couchera pas si $\tang\delta < \cotang\varphi$ ou $\delta < 90^\circ - \varphi$; si $\delta = 90^\circ - \varphi$, $t_0 = 180^\circ$, l'astre n'atteint l'horizon qu'à sa culmination inférieure; quand $\delta > 90^\circ - \varphi$, il ne se couche jamais. Au contraire, la déclinaison australe est-elle plus grande que $90^\circ - \varphi$, l'astre ne s'élève jamais au-dessus de l'horizon.

Puisque la déclinaison du Soleil est toujours comprise entre $-\varepsilon$ et $+\varepsilon$, il y a certains lieux de la Terre pour lesquels le Soleil, aux jours des solstices, ne se lève ou ne se couche point; ce sont ceux qui ont pour latitude boréale ou australe, $90^\circ - \varepsilon$ ou $66^\circ 30'$. Ces lieux sont situés sur les deux *cercles polaires*. Pour un lieu situé dans l'intérieur de l'un des cercles polaires, le Soleil reste en été d'autant plus longtemps au-dessus de l'horizon, en hiver d'autant plus longtemps au-dessous, que l'on se rapproche davantage des pôles.

Remarque. — Un point A de l'équateur se lève quand son angle horaire est égal à 6^h. Soit α l'ascension droite de ce point; on obtient les étoiles qui se lèvent en même temps, en faisant passer un grand cercle par le point A et par les points de la sphère céleste définis par les ascensions droites $\alpha - 6^h$ et $\alpha + 6^h$, et les déclinaisons $-(90^\circ - \varphi)$ et $+90^\circ - \varphi$.

On obtient aussi les étoiles qui se couchent en même temps que le point A en faisant passer un grand cercle par le point A et les points dont les ascensions droites sont $\alpha + 6^h$ et $\alpha - 6^h$ et dont les déclinaisons sont respectivement $-(90^\circ - \varphi)$ et $+90^\circ - \varphi$. Ainsi le point qui, à l'époque du lever du point A, était à sa culmination inférieure et à l'horizon, sera à l'époque de sa culmination supérieure élevé d'un arc φ au-dessus du pôle, ou d'un arc 2φ au-dessus de l'horizon nord. Sous une latitude de 45° les constellations tournent, en 12 heures sidérales, de 90° par rapport à l'horizon, car le grand cercle qui se lève en même temps qu'un point de l'équateur est perpendiculaire à l'horizon au moment du coucher de ce point. A l'équateur, toutes les étoiles qui se lèvent en même temps se couchent en même temps.

50. *Amplitude ortive et amplitude occase.* — Pour trouver le point de l'horizon où une étoile se lève et se couche, il suffit de poser $h = 0$ dans l'équation

$$\sin\delta = \sin\varphi \sin h - \cos\varphi \cos h \cos A,$$

trouvée au n° 34 On a ainsi

$$(b) \qquad \cos A_0 = -\frac{\sin\delta}{\cos\varphi}.$$

La valeur négative de A_0 est l'azimut de l'étoile à son lever, la valeur positive est l'azimut à son coucher. La distance de l'étoile au moment de son lever ou de son coucher aux vrais points est et ouest s'appelle *amplitude ortive* ou *amplitude occase*. Désignons-la par A_1, nous aurons

$$A_0 = 90^\circ + A_1$$

et, par suite,

$$(c) \qquad \sin A_1 = \frac{\sin\delta}{\cos\varphi},$$

où A_1 est positif, si l'étoile se lève ou se couche en un point situé au nord de la ligne est-ouest, négatif si ce point est au sud.

La formule (c) relative à l'amplitude ortive ou occase peut se mettre sous une autre forme; en effet

$$\frac{1-\sin A_1}{1+\sin A_1} = \frac{\sin\psi - \sin\delta}{\sin\psi + \sin\delta},$$

où $\psi = 90^\circ - \varphi$; on en conclut

$$\operatorname{tang}^2\left(45^\circ - \frac{A_1}{2}\right) = \frac{\operatorname{tang}\dfrac{\psi-\delta}{2}}{\operatorname{tang}\dfrac{\psi+\delta}{2}}.$$

Pour Arcturus, on obtiendrait, avec les valeurs de δ et φ données plus haut,

$$A_1 = 34^\circ\, 0',9.$$

51. *Distance zénithale d'une étoile à l'époque de sa culmination.* — Dans l'équation

$$\sin h = \sin\varphi \sin\delta + \cos\varphi \cos\delta \cos t,$$

remplaçons $\cos t$ par $1 - 2\sin^2\frac{t}{2}$, nous obtiendrons

$$\sin h = \cos(\varphi - \delta) - 2\cos\varphi\cos\delta\sin^2\frac{t}{2}.$$

Ainsi à des valeurs égales de t de part et d'autre du méridien correspondent des hauteurs égales; de plus, comme le second terme est toujours négatif, h sera maximum pour $t=0$, et ce maximum lui-même, ou plutôt la distance zénithale de l'étoile à sa culmination supérieure, se tire de l'équation

$$(d) \qquad \cos z = \cos(\varphi - \delta),$$

d'où

$$z = \pm(\varphi - \delta).$$

Nous prendrons en général $z = \delta - \varphi$; en d'autres termes, nous considérerons comme négatives les distances zénithales australes, car pour les étoiles qui passent au méridien au sud du zénith, on a $\delta < \varphi$.

Au contraire, pour la culmination inférieure, c'est-à-dire pour $t = 180°$, h sera minimum, comme on le voit aisément en remplaçant t par $180° + t'$, t' étant compté depuis la partie du méridien qui est au-dessous du pôle. On a en effet dans ce cas

$$\sin h = \sin\varphi \sin\delta - \cos\varphi \cos\delta \cos t'$$

ou, en remplaçant encore $\cos t'$ par $1 - 2\sin^2\frac{t'}{2}$,

$$\sin h = \cos[180° \mp (\varphi + \delta)] + 2\cos\varphi\cos\delta\sin^2\frac{t'}{2}.$$

Puisque le dernier terme du second membre est toujours positif, h sera minimum pour $t' = 0$, c'est-à-dire à la culmination inférieure, et alors

$$\cos z = \cos[180° \mp (\varphi + \delta)].$$

Mais comme z est toujours plus petit que $90°$, si l'étoile est visible à sa culmination inférieure, il faut prendre le signe supérieur pour un lieu de l'hémisphère boréal, le signe inférieur pour un lieu de l'hémisphère austral; d'après ce qui précède, on a donc dans le premier cas

$$z = 180° - (\varphi + \delta),$$

et dans le second

$$z = -(180° + \varphi + \delta).$$

EXEMPLE. — La déclinaison de Véga (α Lyre) est $38°\,39'$; donc pour la latitude de Berlin $\delta - \varphi = -13°\,51'$. L'étoile Véga passe donc à sa culmination supérieure à Berlin au sud du zénith, et à une distance de $13°\,51'$, comptée sur le méridien. De plus $180° - \varphi - \delta$, ou la distance zénithale à sa culmination inférieure, est égale à $88°\,51'$.

52. *Époque de la plus grande hauteur d'un astre dont la déclinaison est variable.* — Un astre dont la déclinaison ne change pas pendant son séjour au-dessus de l'horizon est à sa plus grande hauteur au moment où il passe au méridien; mais si sa déclinaison varie, il atteint sa plus grande hauteur hors du méridien. Différentions la formule

$$\cos z = \sin\varphi \sin\delta + \cos\varphi \cos\delta \cos t$$

en y considérant z, δ et t comme variables, nous aurons

$$-\sin z\, dz = (\sin\varphi \cos\delta - \cos\varphi \sin\delta \cos t)\, d\delta - \cos\varphi \cos\delta \sin t\, dt.$$

Si z est minimum, $dz = 0$, d'où

$$\sin t = \frac{d\delta}{dt}(\operatorname{tang}\varphi - \operatorname{tang}\delta \cos t).$$

Cette équation donne l'angle horaire de l'astre à l'époque de sa plus grande hauteur; $\frac{d\delta}{dt}$ est le rapport de la variation de la déclinaison à la variation de l'angle horaire, de telle sorte que si, par exemple, dt représente une seconde d'arc, $\frac{d\delta}{dt}$ est la variation de la déclinaison en $\frac{1}{15}$ de seconde de temps. Puisque pour tous les astres ce rapport est petit, nous pouvons confondre $\sin t$ avec l'arc et remplacer $\cos t$ par l'unité; nous obtenons ainsi pour l'angle horaire de la plus grande hauteur

$$(g) \qquad t = \frac{d\delta}{dt}(\operatorname{tang}\varphi - \operatorname{tang}\delta)\,\frac{206265}{15},$$

où $\frac{d\delta}{dt}$ est la variation de la déclinaison en une seconde de temps, et où t est donné en secondes de temps. Il faut toujours ajouter algébriquement cet angle horaire t, au temps de la culmination, pour obtenir l'époque de la plus grande hauteur.

Si l'astre passe au méridien au sud du zénith et, dans sa marche, s'approche du pôle nord, auquel cas $\frac{d\delta}{dt}$ est positif, si en outre φ est positif, la plus grande hauteur a lieu après la culmination ; au contraire, quand la déclinaison diminue, l'époque de la plus grande hauteur précède celle de la culmination. L'inverse aurait lieu si l'astre passait au méridien entre le pôle et le zénith.

53. *Formules différentielles relatives à l'azimut et à la hauteur pour une variation de l'angle horaire.* — La différentiation des formules

$$\cos h \sin A = \cos\delta \sin t,$$

$$\cos h \cos A = -\cos\varphi \sin\delta + \sin\varphi \cos\delta \cos t,$$

donne

$$\sin h \frac{dh}{dt} = \cos\delta(\sin\varphi \sin t \cos A - \cos t \sin A),$$

$$\cos h \frac{dA}{dt} = \cos\delta(\sin\varphi \sin t \sin A + \cos t \cos A),$$

ou, d'après le n° 36,

$$(h) \quad \begin{cases} \dfrac{dh}{dt} = -\cos\delta \sin p = -\cos\varphi \sin A, \\ \cos h \dfrac{dA}{dt} = +\cos\delta \cos p. \end{cases}$$

On emploie souvent encore les dérivées du second ordre. On a

$$(i) \quad \frac{d^2h}{dt^2} = -\cos\varphi \cos A \frac{dA}{dt} = -\frac{\cos\varphi \cos\delta \cos A \cos p}{\cos h},$$

et, par suite,

$$(k) \quad \begin{cases} \dfrac{dz}{dt} = \cos\delta \sin p = \cos\varphi \sin A, \\ \dfrac{d^2z}{dt^2} = \dfrac{\cos\varphi \cos\delta \cos A \cos p}{\cos h}. \end{cases}$$

De plus, de la seconde des formules (h) on déduit

$$\cos^2 h \frac{d^2 A}{dt^2} = -\cos h \cos\delta \sin p \frac{dp}{dt} + \cos\delta \cos p \sin h \frac{dh}{dt},$$

et de la formule

$$\sin\varphi = \sin h \sin\delta + \cos h \cos\delta \cos p,$$

on obtient par différentiation

$$\cos h \cos\delta \sin p \frac{dp}{dt} = (\cos h \sin\delta - \sin h \cos\delta \cos p) \frac{dh}{dt}.$$

En conséquence, on a

$$\cos^2 h \frac{d^2 A}{dt^2} = (\cos h \sin\delta - 2 \cos\delta \sin h \cos p) \cos\delta \sin p,$$

et, à l'aide de la relation

$$\cos\varphi \cos A = -\sin\delta \cos h + \sin h \cos\delta \cos p,$$

que donne le triangle formé par le pôle, le zénith et l'étoile, et dans laquelle on a introduit A au lieu de p, on obtient

$$\cos^2 h \frac{d^2 A}{dt^2} = -\cos\varphi \sin A (\cos h \sin\delta + 2 \cos\varphi \cos A).$$

54. *Passage des étoiles dans le premier vertical.* — Puisque l'on a

$$\frac{dh}{dt} = -\cos\varphi \sin A,$$

$\frac{dh}{dt}$ est égal à o et par suite h maximum ou minimum quand $\sin A = 0$, c'est-à-dire quand l'astre est au méridien.

De plus $\frac{dh}{dt}$ est maximum quand $\sin A = \pm 1$, c'est-à-dire lorsque $A = 90°$ ou $= 270°$.

La variation de hauteur d'une étoile atteint donc son maximum au moment où celle-ci passe par le vertical dont l'azimut est 90° ou 270°. Ce cercle vertical s'appelle *le premier vertical.*

Pour trouver l'époque du passage d'une étoile au premier vertical et sa hauteur à cet instant, il suffit de faire $A = 90°$ dans les formules du nº 34, ou de considérer le triangle formé par l'étoile, le zénith et le pôle, rectangle dans ce cas; on obtient ainsi

$$(l) \qquad \cos t = \frac{\tang \delta}{\tang \varphi}, \quad \sin h = \frac{\sin \delta}{\sin \varphi},$$

et enfin

$$\sin p = \frac{\cos \varphi}{\cos \delta}.$$

Si $\delta > \varphi$, la valeur de $\cos t$ est impossible, et l'étoile ne passera jamais par le premier vertical, mais elle passera au méridien entre le zénith et le pôle; δ est-il négatif, $\cos t$ est aussi négatif; mais, puisque pour des latitudes boréales les angles horaires des étoiles australes sont toujours plus petits que 90° pendant leur séjour au-dessus de l'horizon, ces étoiles n'atteindront pas non plus la partie visible du premier vertical.

Exemple. — Pour Arcturus et la latitude de Berlin, on obtient

$$t = 73°52', \ \tau = 4^h\,55^m\,28^s, \ h = 25°24',9.$$

Arcturus passe donc à Berlin au premier vertical $9^h\,13^m\,51^s$ avant sa culmination et $19^h\,4^m\,47^s$ après.

Si l'angle horaire est voisin de 0, $\cos t$ et $\sin h$ ne déterminent pas exactement les grandeurs t et h. Mais en procédant comme plus haut, on obtient

$$\tang^2 \frac{t}{2} = \frac{\sin(\varphi - \delta)}{\sin(\varphi + \delta)},$$

et, dans ce cas, on adoptera, pour le calcul de la hauteur, la formule

$$\cot h = \tang t \cos \varphi.$$

55. *Plus grande digression des circompolaires.* — La relation

$$\frac{dA}{dt} = \frac{\cos \delta \cos p}{\cos h}$$

montre que cette dérivée s'annule, et que par suite la hauteur de l'étoile change seule, lorsque $\cos p = 0$, c'est-à-dire quand le vertical de l'étoile est perpendiculaire au cercle de déclinaison. Or

$$\cos p = \frac{\sin\varphi - \sin h \sin\delta}{\cos h \cos\delta};$$

pour que la dérivée $\frac{dA}{dt}$ soit nulle, il faut donc que

$$\sin h = \frac{\sin\varphi}{\sin\delta}.$$

Ainsi ce fait ne se présente que pour les circompolaires dont la déclinaison est plus grande que la latitude du lieu, et au point où le vertical est tangent au parallèle. L'étoile est alors à sa plus grande digression; l'azimut et l'angle horaire correspondants sont donnés par les équations

$$\sin A = \frac{\cos\delta}{\cos\varphi} \quad \text{et} \quad \cos t = \frac{\tang\varphi}{\tang\delta}.$$

Exemple. — Pour la Polaire dont la déclinaison en 1861 était $88^\circ 34' 6''$, et pour la latitude de Berlin, on trouve :

$$t = \pm 88^\circ 8' 0'' = 5^h 52^m 32^s,$$

$$A = 2^\circ 21' 9'', \text{ compté du point nord,}$$

$$h = 52^\circ 31', 7.$$

56. *Durée du passage du Soleil et de la Lune à travers un grand cercle donné.* — Il nous reste maintenant à déterminer le temps que met le disque du Soleil ou de la Lune à traverser un grand cercle donné.

Pendant les petits intervalles de temps que nous considérons ici, nous pouvons regarder les mouvements du Soleil et de la Lune comme uniformes, en sorte que si $\Delta\alpha$ est, en secondes de temps, l'augmentation de l'ascension droite d'un de ces astres entre deux culminations consécutives, le temps sidéral x, pendant lequel il se mouvra d'un angle horaire déterminé t, est donné par la proportion

$$\frac{x}{t} = \frac{86400 + \Delta\alpha}{86400},$$

d'où

$$x = t \frac{1}{1 - \frac{\Delta\alpha}{86400 + \Delta\alpha}} = t \frac{1}{1 - \lambda},$$

en représentant par λ, le second terme du dénominateur, c'est-à-dire l'accroissement de l'ascension droite de l'astre en une seconde de temps sidéral. Appliquons cette règle à quelques cas particuliers.

1° *Durée du passage au méridien.* — Nous supposerons que le bord occidental de l'astre est dans le méridien, c'est-à-dire que l'angle horaire de son centre est oriental. Cet angle horaire t et le demi-diamètre R sont liés par la relation

$$\cos R = \sin^2\delta + \cos^2\delta \cos t$$

ou

$$\sin\frac{R}{2} = \cos\delta \sin\frac{t}{2}.$$

R et t étant toujours petits, on peut prendre, pour valeur de t exprimée en temps,

$$t = \frac{R}{15\cos\delta}.$$

La durée de la culmination de l'astre, exprimée en temps sidéral, est donc

$$2x = \frac{2R}{15\cos\delta}\,\frac{1}{1-\lambda}.$$

2° *Durée du lever ou du coucher.* — Imaginons que le bord supérieur de l'astre soit à l'horizon, la dépression du bord inférieur est égale à 2R; et comme

$$\frac{dz}{dt} = \cos\delta \sin p,$$

la différence des angles horaires de ces deux bords, exprimée en temps sera

$$\frac{2R}{15 \cos\delta \sin p}.$$

En temps sidéral, la durée du lever ou du coucher sera donc

$$\frac{2R}{15 \cos\delta \sin p} \frac{1}{1-\lambda},$$

p étant donné par l'équation

$$\cos p = \frac{\sin\varphi}{\cos\delta}.$$

3° *Durée du passage à travers un vertical quelconque.* — Les deux cercles verticaux, l'un passant par le centre de l'astre, l'autre tangent à l'un des bords, ont des azimuts qui diffèrent entre eux d'une quantité a donnée par l'équation

$$\sin\frac{R}{2} = \cos h \sin\frac{a}{2},$$

ou, a et R étant petits,

$$R = a \cos h.$$

Mais

$$dt = \frac{\cos h}{\cos\delta \cos p} dA,$$

la durée du passage de l'astre à travers un vertical donné a donc pour valeur, en temps sidéral,

$$\frac{2R}{15 \cos\delta \cos p} \frac{1}{1-\lambda},$$

expression dans laquelle on a

$$\cos p = \frac{\cos\delta \sin\varphi - \sin\delta \cos\varphi \cos t}{\cos h}.$$

CHAPITRE II.

VARIATIONS DES PLANS FONDAMENTAUX AUXQUELS ON RAPPORTE LES POSITIONS DES ÉTOILES.

Les pôles de la Terre conservent à sa surface une position invariable; par conséquent, en un lieu, l'angle que fait l'horizon avec l'axe de la Terre ou avec son équateur est un angle constant; les pôles et l'équateur de la sphère céleste conservent donc aussi, par rapport au grand cercle de l'horizon, une situation invariable. Mais, dans l'espace, la position de l'axe du monde varie continuellement par suite des attractions combinées du Soleil et de la Lune : le grand cercle idéal de l'équateur et son pôle idéal doivent donc rencontrer successivement des étoiles différentes; en d'autres termes, la position d'une étoile par rapport à l'équateur change constamment. De plus, les attractions des planètes font varier la position du plan de l'orbite terrestre dans l'espace; l'orbite que le centre du Soleil semble décrire dans le cours d'une année, rencontre donc aussi successivement des étoiles différentes. De l'ensemble de ces mouvements, il résulte une variation continue de l'angle de l'équateur et de l'écliptique, et un déplacement continu des points d'intersection de ces deux grands cercles. Les longitudes et les latitudes des étoiles, ainsi que leurs ascensions droites et leurs déclinaisons, varient donc constamment, et il est de la plus haute importance d'apprendre à connaître les variations auxquelles elles sont soumises.

Pour se faire une idée nette des mouvements réciproques de l'équateur et de l'écliptique, il est utile de les rapporter à un plan fixe. Avec Laplace, nous prendrons celui du grand cercle qui coïncidait avec le plan de l'écliptique au commencement de l'année 1750. La Mécanique céleste nous apprend que les actions combinées du Soleil et de la Lune sur le renflement équatorial du sphéroïde terrestre produisent un mouvement de l'axe et de l'équateur de la Terre par rapport à l'écliptique fixe; par suite de cette action, les points d'intersection de l'équateur et du plan fixe ont, sur ce dernier, un double mouvement, le premier lent et rétrograde, l'autre périodique, et qui dépend des positions du Soleil, de la Lune et des nœuds de celle-ci. Le premier mouvement est la *précession lunisolaire*, le second est la *nutation lunisolaire en longitude*. Ces attractions produisent aussi une variation périodique, fonction des mêmes éléments, de l'inclinaison de l'équateur sur le plan fixe, et qu'on appelle *nutation lunisolaire de l'obliquité*.

En outre, les attractions réciproques des planètes font varier les inclinaisons des orbites planétaires sur l'écliptique fixe, et les positions de leurs lignes d'intersection avec le même plan; le plan de l'orbite terrestre varie donc par rapport à celui de l'écliptique fixe, avec lequel il coïncidait au commencement de 1750. Il en résulte une variation dans l'inclinaison de l'écliptique vraie sur l'équateur, la *variation séculaire de l'obliquité*, et de plus le mouvement sur l'écliptique vraie des points d'intersection de l'équateur et de l'écliptique vraie, ou *précession générale*, diffère de celui de l'équateur par rapport à l'écliptique fixe, que nous avons appelé *précession lunisolaire* (*).

Cette variation du plan de l'orbite terrestre a encore un autre résultat. En effet, par suite de ce phénomène, les positions des orbites du Soleil et de la Lune changent, quoique très-lentement, par rapport à l'équateur terrestre; il en résulte donc un mouvement de l'équateur analogue à la nutation, mais à très-longue période, qui fait varier l'inclinaison de l'équateur sur l'écliptique et la position de leurs points d'intersection. A cause de la longueur de la période, ces variations ont été réunies à la précession et à la variation séculaire de l'obliquité. Le mouvement de l'équateur causé par les perturbations des planètes change donc un peu la précession lunisolaire et la précession générale, tout aussi bien

---

(*) Les termes périodiques, la nutation, restent les mêmes pour l'écliptique fixe et l'écliptique mobile.

que les angles de l'équateur avec l'écliptique fixe et l'écliptique mobile (*).

I. — De la précession.

57. *Mouvement annuel de l'équateur sur l'écliptique et de l'écliptique sur l'équateur, ou précession lunisolaire annuelle et précession planétaire. — Variation séculaire de l'obliquité de l'écliptique.* — Laplace donne, au § 44 du livre VI de la *Mécanique céleste*, les expressions des déplacements lents de l'équateur et de l'écliptique, dans lesquelles le développement des perturbations séculaires de l'orbite terrestre a été poussé assez loin pour qu'elles puissent servir dans un intervalle de 1200 ans avant et après 1750. Bessel a développé ces inégalités suivant les puissances du temps écoulé depuis 1750, dans la préface de ses *Tabulæ Regiomontanæ;* il a poussé le développement jusqu'à la seconde puissance, et les expressions qu'il donne s'étendent à plusieurs siècles avant et après 1750; les voici.

La précession lunisolaire annuelle pour l'époque $1750 + t$ est

$$\frac{dl_1}{dt} = 50'',375\,72 - 0'',000\,243\,589.t,$$

et la variation même dans l'espace de temps écoulé de 1750 à $1750 + t$,

$$l_1 = 50'',375\,72.t - 0'',000\,121\,794\,5.t^2,$$

est l'arc de l'écliptique fixe compris entre les points d'intersection de ce grand cercle avec l'équateur au commencement de l'année 1750 et l'équateur au commencement de $1750 + t$.

La précession générale annuelle a pour expression

$$\frac{dl}{dt} = 50'',211\,29 + 0'',000\,244\,296\,6.t,$$

(*) Dans les expressions développées en séries, ces variations n'altèrent que les termes dépendant de t^2.

et la variation même dans l'espace de temps écoulé de 1750 à 1750 + t,

$$l = 50'',21129.t + 0'',0001221483.t^2,$$

est l'arc de l'écliptique vraie compris entre les points d'intersection de ce grand cercle avec l'équateur au commencement des années 1750 et 1750 + t.

Pour 1750 + t, l'angle compris entre l'équateur et l'écliptique fixe a pour valeur

$$\varepsilon_0 = 23^\circ 28' 18'',0 + 0'',0000098423.t^2,$$

et l'*obliquité moyenne* de l'écliptique, angle compris entre l'équateur et l'écliptique vraie (en négligeant la nutation), est

$$\varepsilon = 23^\circ 28' 18'',0 - 0'',48368.t - 0'',00000272295.t^2 (*).$$

(*) Bessel a un peu modifié les valeurs numériques des expressions données dans la *Mécanique céleste*. Pour le calcul des perturbations séculaires de la Terre, il a fait usage d'une valeur corrigée de la masse de Vénus et s'est servi des observations les plus récentes pour déterminer le coefficient de t dans la précession lunisolaire l_1. La valeur de la variation annuelle de l'obliquité de l'écliptique donnée par les dernières déterminations diffère un peu de celle que nous avons adoptée dans le texte; elle est de 0'',4645. Mais dans la suite il faudra, comme l'a fait Bessel, employer la valeur du texte pour le calcul des grandeurs π et Π, qui fixent la position de l'écliptique vraie par rapport à l'écliptique fixe; et le calcul en sera plus exact, puisque, pour la détermination de π et Π, on devra combiner cette valeur avec celle de $\frac{dl}{dt}$ déduite des mêmes masses. Les coefficients de t^2 qui dépendent des perturbations causées par les planètes ont été calculés avec les masses employées par Laplace, et auraient besoin d'une détermination plus exacte.

Dans son ouvrage *Numerus constans nutationis*, en employant pour les masses des planètes les nombres déduits des déterminations nouvelles, et en adoptant, pour la précession lunisolaire, la constante de Bessel, Peters a donné les valeurs suivantes pour l'année 1750 :

$$l_1 = 50'',37572.t - 0'',0001084.t^2,$$
$$l = 50'',21484.t + 0'',0001134.t^2,$$
$$\varepsilon_0 = 23^\circ 28' 17'',9 + 0'',0000735.t^2,$$
$$\varepsilon = 23^\circ 28' 17'',9 - 0'',4738.t - 0'',0000014.t^2.$$

Mais les valeurs de Bessel étant presque partout employées, nous les avons conservées dans le texte.

On a donc

$$\frac{d\varepsilon_1}{dt} = +\ 0'',000\,019\,684\,66.t,$$

$$\frac{d\varepsilon}{dt} = -\ 0'',483\,68 - 0'',000\,005\,445\,9.t.$$

Soit maintenant (*fig.* 2) AA_0 l'équateur, EE_0 l'écliptique de l'année 1750, $A'A''$ et EE' l'équateur et l'écliptique de l'année

Fig. 2.

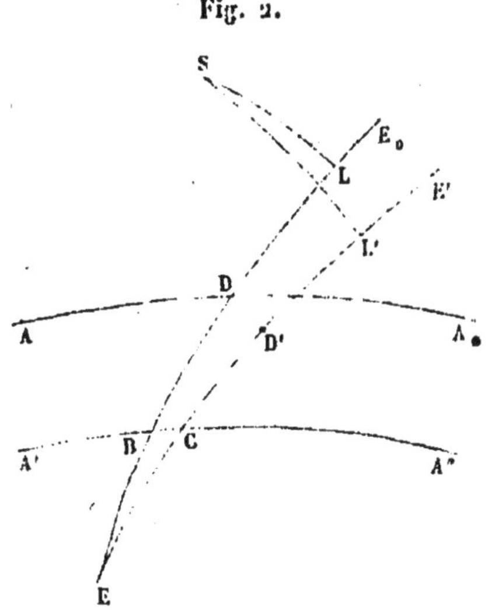

1750 + t; l'arc BD dont a rétrogradé le point d'intersection de l'équateur et de l'écliptique fixe est la précession lunisolaire l_1 en t années. De plus, A'BE et A'CE sont les inclinaisons ε_0 et ε de l'écliptique fixe et de l'écliptique vraie sur l'équateur de 1750 + t. Soit S une étoile quelconque; menons les arcs SL, SL' perpendiculaires sur l'écliptique fixe et l'écliptique vraie, DL est la longitude de l'étoile en 1750, CL' sa longitude en 1750 + t; désignons par D' le point de l'écliptique mobile qui, sur l'écliptique fixe, était désigné par D; l'arc CD', c'est-à-dire l'arc d'écliptique vraie compris entre l'équinoxe de 1750 et celui de 1750 + t, est la précession générale; cette partie de la précession en longitude est la même pour toutes les étoiles. Pour obtenir la valeur complète de la précession en longitude d'une étoile, il faut ajouter l'arc

D'L' — DL à la précession générale. Cette dernière partie est d'ailleurs beaucoup plus petite que la première, en raison de la lenteur avec laquelle varie l'obliquité. Pour la calculer, on a besoin de la position de l'écliptique vraie par rapport à l'écliptique fixe, position qui est donnée par les inégalités séculaires de la Terre, et que l'on peut déduire aussi des expressions précédentes. Appelons Π la longitude du nœud ascendant de l'écliptique vraie sur l'écliptique fixe (c'est-à-dire celui des points d'intersection des deux grands cercles à partir duquel l'écliptique vraie a une latitude boréale par rapport à l'écliptique fixe), et prenons pour origine l'équinoxe fixe de l'année 1750, les longitudes étant comptées de B vers D, et d'ailleurs E étant le nœud descendant de l'écliptique vraie sur l'écliptique fixe; nous aurons

$$DE = 180° - \Pi,\quad BE = 180° - \Pi - l_1 \quad \text{et} \quad CE = 180° - \Pi - l.$$

Soit π l'inclinaison de l'écliptique vraie sur l'écliptique fixe, c'est-à-dire l'angle BEC, les analogies de Néper appliquées au triangle BEC donnent

$$\tang\frac{\pi}{2}\sin\left(\Pi + \frac{l+l_1}{2}\right) = \sin\frac{l_1 - l}{2}\tang\frac{\varepsilon+\varepsilon_0}{2},$$

$$\tang\frac{\pi}{2}\cos\left(\Pi + \frac{l+l_1}{2}\right) = \cos\frac{l_1 - l}{2}\tang\frac{\varepsilon-\varepsilon_0}{2}.$$

Or B est le point de l'équateur qui, en 1750, coïncidait avec le point D; pendant le temps t le point d'intersection de l'écliptique et de l'équateur a donc rétrogradé sur ce dernier de l'arc BC. Cet arc est la *précession planétaire* pendant le temps t, désignons-le par a; avec ce même triangle BEC, nous obtiendrons la formule

$$\tang\frac{a}{2}\cos\frac{\varepsilon+\varepsilon_0}{2} = \tang\frac{l_1 - l}{2}\cos\frac{\varepsilon-\varepsilon_0}{2}.$$

Ces trois équations vont nous permettre de développer a, π et Π en séries procédant suivant les puissances du temps t.

Nous remplacerons $\frac{\varepsilon+\varepsilon_0}{2}$ par $\varepsilon_0 + \frac{\varepsilon-\varepsilon_0}{2}$, les sinus et les tangentes des petits angles $\frac{1}{2}(l_1 - l)$, $\frac{1}{2}a$ et $\frac{1}{2}(\varepsilon - \varepsilon_0)$ par les arcs eux-mêmes; dès lors la dernière équation deviendra

$$a = \frac{l_1 - l}{\cos\varepsilon_0} + \frac{1}{2}\frac{l_1 - l}{\cos^2\varepsilon_0}\sin\varepsilon_0\,\frac{\varepsilon - \varepsilon_0}{206\,265},$$

où les expressions de l_1, l et $\varepsilon - \varepsilon_0$ sont de la forme

$$\lambda_1 t + \lambda'_1 t^2, \quad \lambda t + \lambda' t^2, \quad \eta t + \eta' t^2;$$

leur substitution donne

$$a = \frac{\lambda_1 - \lambda}{\cos\varepsilon_0} t + \left(\frac{\lambda'_1 - \lambda'}{\cos\varepsilon_0} + \frac{1}{2}\frac{\lambda_1 - \lambda}{206\,265}\frac{\eta\sin\varepsilon_0}{\cos^2\varepsilon_0}\right) t^2,$$

et enfin, en introduisant les valeurs numériques

$$a = 0'',17926.t - 0'',0002660393.t^2,$$

$$\frac{da}{dt} = 0'',17926 - 0'',0005320786.t$$

Pour Π et π, le calcul se fait de la même manière; on a

$$\operatorname{tang}\left(\Pi + \frac{l_1 + l}{2}\right) = \operatorname{tang}\frac{a}{2}\,\frac{\sin\frac{\varepsilon + \varepsilon_0}{2}}{\sin\frac{\varepsilon - \varepsilon_0}{2}}$$

et

$$\operatorname{tang}^2\frac{\pi}{2} = \left(\operatorname{tang}^2\frac{l_1 - l}{2}\operatorname{tang}^2\frac{\varepsilon + \varepsilon_0}{2} + \operatorname{tang}^2\frac{\varepsilon - \varepsilon_0}{2}\right)\cos^2\frac{l_1 - l}{2},$$

d'où, en procédant comme plus haut,

$$\operatorname{tang}\left(\Pi + \frac{l_1 + l}{2}\right) = \frac{a\sin\varepsilon_0}{\varepsilon - \varepsilon_0} + \frac{a\cos\varepsilon_0}{2 \times 206265},$$

$$\pi^2 = a^2\sin^2\varepsilon_0 + (\varepsilon - \varepsilon_0)^2 + \frac{a^2(\varepsilon - \varepsilon_0)\sin\varepsilon_0\cos\varepsilon_0}{206\,265}.$$

Remplaçant encore $\varepsilon - \varepsilon_0$ et a par leurs expressions $\eta t + \eta' t^2$

et $\alpha t + \alpha' t^2$, il vient

$$\Pi + \frac{l_1 + l}{2} = \text{arc tang} \frac{\alpha \sin \varepsilon_0}{\eta}$$

$$+ t \cos^2 \Pi \left(206\,265 \frac{\alpha' \eta - \alpha \eta'}{\eta^2} \sin \varepsilon_0 + \frac{\alpha}{2} \cos \varepsilon_0 \right),$$

$$\pi = t \sqrt{\alpha^2 \sin^2 \varepsilon_0 + \eta^2} + \frac{t^2}{\pi} \left(\alpha \alpha' \sin^2 \varepsilon_0 + \eta \eta' + \frac{\alpha^2 \eta \sin \varepsilon_0 \cos \varepsilon_0}{2 \times 206\,265} \right),$$

et, en introduisant les valeurs numériques,

$$\Pi = 171^\circ 36' 10'' - 5'',21 . t,$$

$$\pi = 0'',488\,92 . t - 0'',000\,003\,071\,5 . t^2,$$

$$\frac{d\pi}{dt} = 0'',488\,92 - 0'',000\,006\,143\,0 . t.$$

58. *Variations annuelles de la longitude et de la latitude des étoiles.* — Lorsqu'on connaît les variations relatives des plans auxquels sont rapportées les positions des étoiles, il est facile de déterminer les variations qui en résultent pour ces positions elles-mêmes. Désignons par λ et β la longitude et la latitude d'une étoile rapportées à l'écliptique vraie de $1750 + t$, et prenons un système d'axes rectangulaires dans lequel le plan des xy soit l'écliptique vraie de $1750 + t$, et où l'axe des x passe par le nœud ascendant de l'écliptique vraie sur l'écliptique fixe; les coordonnées de l'étoile seront

$$\cos\beta \cos(\lambda - \Pi - l), \quad \cos\beta \sin(\lambda - \Pi - l), \quad \sin\beta.$$

Désignons de même par L et B la longitude et la latitude de l'étoile rapportée à l'écliptique fixe de 1750, et prenons un second système d'axes rectangulaires qui ait pour plan des xy l'écliptique fixe et même axe des x que le premier; les coordonnées de l'étoile seront

$$\cos B \cos(L - \Pi), \quad \cos B \sin(L - \Pi), \quad \sin B.$$

Mais puisque les deux plans fondamentaux des deux systèmes

d'axes font entre eux l'angle π, on a, d'après les formules (10) du n° 1,

$$(\mathrm{A})\left\{\begin{aligned} \cos(\lambda-\Pi-l)\cos\beta &= \cos B\cos(L-\Pi),\\ \sin(\lambda-\Pi-l)\cos\beta &= \cos B\sin(L-\Pi)\cos\pi+\sin B\sin\pi,\\ -\sin\beta &= \cos B\sin(L-\Pi)\sin\pi-\sin B\cos\pi. \end{aligned}\right.$$

Ces formules s'obtiendraient encore en appliquant au triangle sphérique formé par l'étoile, le pôle de l'écliptique de 1750 et celui de l'écliptique de $1750+t$, les formules du n° 3, dans lesquelles on ferait

$$a=90^\circ-\beta,\quad b=90^\circ-B,\quad c=\Pi,$$
$$A=90^\circ+L-\Pi,\quad B=90^\circ-(\lambda-\Pi-l).$$

Au lieu de ces formules rigoureuses, il est facile de trouver des formules approchées, suffisantes dans la plupart des cas; appliquons au triangle considéré la troisième et la première des formules (11) du n° 9, en y remplaçant d'abord

$$\sin b\cos C\quad\text{par}\quad \cos c\sin a-\sin c\cos a\cos B,$$
$$\sin b\sin C\quad\text{par}\quad \sin c\sin B;$$

de plus rappelons-nous que L et B sont des constantes, et remarquons que π est un petit angle, nous aurons les équations

$$\begin{aligned} d(\lambda-\Pi-l) &= -d\Pi+\pi\operatorname{tang}\beta\sin(\lambda-\Pi-l)\,d\Pi\\ &\quad+\operatorname{tang}\beta\cos(\lambda-\Pi-l)\,d\pi,\\ d\beta &= +\pi\cos(\lambda-\Pi-l)\,d\Pi-\sin(\lambda-\Pi-l)\,d\pi. \end{aligned}$$

Divisons par dt, et dans le coefficient de $d\Pi$ remplaçons π par $t\dfrac{d\pi}{dt}$, nous aurons pour les variations annuelles de la longitude et de la latitude de l'étoile, les formules suivantes

$$\frac{d\lambda}{dt}=\frac{dl}{dt}+\operatorname{tang}\beta\cos\left(\lambda-\Pi-l-\frac{d\Pi}{dt}t\right)\frac{d\pi}{dt},$$
$$\frac{d\beta}{dt}=-\sin\left(\lambda-\Pi-l-\frac{d\Pi}{dt}t\right)\frac{d\pi}{dt};$$

ou, puisque

$$\Pi + t\frac{d\Pi}{dt} = 171^\circ 36' 10'' - 10'',42.t,$$

si l'on pose

$$M = l + \Pi + t\frac{d\Pi}{dt} = 171^\circ 36' 10'' + 39'',79.t,$$

on aura

$$(B) \quad \begin{cases} \dfrac{d\lambda}{dt} = \dfrac{dl}{dt} + \tang\beta \cos(\lambda - M)\dfrac{d\pi}{dt}, \\ \dfrac{d\beta}{dt} = -\sin(\lambda - M)\dfrac{d\pi}{dt}; \end{cases}$$

les valeurs numériques de $\frac{dl}{dt}$ et $\frac{d\pi}{dt}$ ont été données dans le numéro précédent.

Variations annuelles de l'ascension droite et de la déclinaison des étoiles. — Représentons encore par L et B la longitude et la latitude d'une étoile rapportées à l'écliptique fixe et à l'équinoxe de 1750; la longitude de l'étoile comptée du point d'intersection de l'équateur de $1750 + t$ avec l'écliptique fixe de 1750 sera égale à $L + l_1$, où l_1 est la valeur de la précession lunisolaire pendant le temps écoulé entre 1750 et $1750 + t$. Les coordonnées de l'étoile par rapport à un système d'axes rectangulaires dans lequel le plan des xy est l'écliptique fixe de 1750 et où l'axe des x passe par le point pris pour origine des longitudes, auront pour expressions

$$\cos B \cos(L + l_1), \quad \cos B \sin(L + l_1), \quad \sin B.$$

Soient α et δ l'ascension droite et la déclinaison d'une étoile rapportées à l'équateur et à l'équinoxe vrai de $1750 + t$; comptée à partir de l'origine adoptée précédemment, cette ascension droite a pour valeur $\alpha + a$, et les coordonnées de l'étoile rapportées à un second système d'axes, dans lequel le plan des xy est le plan de l'équateur vrai, et où l'axe des x coïncide avec le premier, ont pour expressions

$$\cos\delta\cos(\alpha+a),\quad \cos\delta\sin(\alpha+a),\quad \sin\delta.$$

Les deux plans coordonnés font entre eux l'angle ε_0, on a donc d'après les formules (1) du n° 1

$$(C)\quad\begin{cases}\cos(\alpha+a)\cos\delta=\cos B\cos(L+l_1),\\ \sin(\alpha+a)\cos\delta=\cos B\sin(L+l_1)\cos\varepsilon_0-\sin B\sin\varepsilon_0,\\ \sin\delta=\cos B\sin(L+l_1)\sin\varepsilon_0+\sin B\cos\varepsilon_0.\end{cases}$$

Ces formules s'obtiendraient encore en appliquant au triangle sphérique formé par l'étoile, le pôle de l'écliptique et celui de l'équateur, les formules du n° 3, dans lesquelles on donnerait aux éléments les valeurs suivantes :

$$a=90^\circ-\delta,\quad b=90^\circ-B,\quad c=\varepsilon_0,$$
$$A=90^\circ-(L+l_1),\quad B=90^\circ+\alpha+a.$$

Au lieu de ces formules rigoureuses, il est facile de trouver des formules approchées; il suffit de différentier les équations précédentes, ou d'appliquer les formules (11) du n° 9; L et B étant des constantes, on obtient ainsi

$$\begin{aligned}d(\alpha+a)&=[\cos\varepsilon_0+\sin\varepsilon_0\operatorname{tang}\delta\sin(\alpha+a)]\,dl_1\\&\quad-\operatorname{tang}\delta\cos(\alpha+a)\,d\varepsilon_0,\\ d\delta&=\cos(\alpha+a)\sin\varepsilon_0\,dl_1+\sin(\alpha+a)\,d\varepsilon_0,\end{aligned}$$

et les formules qui expriment les variations annuelles de l'ascension droite et de la déclinaison de l'étoile sont

$$\begin{aligned}\frac{d\alpha}{dt}&=-\frac{da}{dt}+(\cos\varepsilon_0+\sin\varepsilon_0\operatorname{tang}\delta\sin\alpha)\frac{dl_1}{dt}\\&\quad+\left(a\sin\varepsilon_0\frac{dl_1}{dt}-\frac{d\varepsilon_0}{dt}\right)\operatorname{tang}\delta\cos\alpha,\\ \frac{d\delta}{dt}&=\cos\alpha\sin\varepsilon_0\frac{dl_1}{dt}-\left(a\sin\varepsilon_0\frac{dl_1}{dt}-\frac{d\varepsilon_0}{dt}\right)\sin\alpha;\end{aligned}$$

ou, en négligeant dans chaque équation le dernier terme qui est très-petit, comme le montrent les valeurs précédentes (*),

$$\frac{d\alpha}{dt} = -\frac{da}{dt} + (\cos\varepsilon_0 + \sin\varepsilon_0 \operatorname{tang}\delta \sin\alpha)\frac{dl_1}{dt},$$

$$\frac{d\delta}{dt} = \cos\alpha \sin\varepsilon_0 \frac{dl_1}{dt}.$$

Posons

$$\cos\varepsilon_0 \frac{dl_1}{dt} - \frac{da}{dt} = m,$$

$$\sin\varepsilon_0 \frac{dl_1}{dt} = n,$$

les formules deviennent

$$(\mathrm{D}) \qquad \left\{\begin{aligned} \frac{d\alpha}{dt} &= m + n \operatorname{tang}\delta \sin\alpha, \\ \frac{d\delta}{dt} &= n \cos\alpha, \end{aligned}\right.$$

et en introduisant dans les expressions de m et n les valeurs numériques de ε_0, $\frac{dl_1}{dt}$ et $\frac{da}{dt}$, on obtient

$$m = 46'',028\,24 + 0'',000\,308\,6450.t,$$
$$n = 20'',064\,42 - 0'',000\,097\,0204.t.$$

Variations séculaires. — Pour obtenir la valeur de la précession, soit en longitude et latitude, soit en ascension droite et déclinaison dans le temps écoulé depuis $1750+t$ jusqu'à $1750+t'$, il faudrait intégrer les équations (B) ou (D) entre les limites t et t'. Cependant pour obtenir cette valeur jusqu'aux termes du

(*) La valeur numérique du coefficient $a \sin\varepsilon_0 \frac{dl_1}{dt} - \frac{d\varepsilon_0}{dt}$ est $-0,000\,002\,2471.t$ d'après les valeurs données dans le texte. Théoriquement, cette valeur doit être nulle. Ce désaccord provient de ce que dans le calcul des termes du premier et du second ordre, on a employé des valeurs différentes pour les masses.

second ordre inclusivement, il suffit de connaître la valeur de la dérivée première correspondante à l'époque $\frac{t+t'}{2}$. Soient en effet $f(t)$ et $f(t')$ deux valeurs d'une fonction dont on cherche la différence $f(t') - f(t)$; dans le cas actuel, cette différence est la précession pour $t' - t$; en posant

$$\tfrac{1}{2}(t'+t) = x,$$
$$\tfrac{1}{2}(t'-t) = \Delta x,$$

on a

$$f(t) = f(x - \Delta x) = f(x) - \Delta x\, f'(x) + \tfrac{1}{2}\Delta x^2 f''(x),$$
$$f(t') = f(x + \Delta x) = f(x) + \Delta x\, f'(x) + \tfrac{1}{2}\Delta x^2 f''(x),$$

où $f'(x)$ et $f''(x)$ représentent les deux premières dérivées de $f(x)$. On en conclut

$$f(t') - f(t) = 2\Delta x\, f'(x) = (t'-t)\, f'\left(\frac{t+t'}{2}\right).$$

Ainsi pour obtenir la précession pendant un intervalle de temps $t' - t$, il suffit de calculer la valeur de la dérivée correspondante à la moyenne arithmétique des époques extrêmes, et de la multiplier par l'intervalle qui les sépare. De cette façon on tient compte des termes du second ordre.

Exemple. — Cherchons la précession en longitude et en latitude de 1750 à 1850 pour une étoile dont le lieu était en 1750

$$\lambda = 210^\circ\, 0', \quad \beta = +\, 34^\circ\, 0'.$$

On a d'abord pour l'année 1800 (n° 57)

$$\frac{dl}{dt} = 50'',22350, \quad \frac{d\pi}{dt} = 0'',48861, \quad M = 172^\circ\, 9'\, 20''.$$

Puis en calculant approximativement la précession de 1750 à 1800, on obtient pour 1800

$$\lambda = 210^\circ\, 42',1, \quad \beta = +\, 33^\circ\, 59',8,$$

et par suite, d'après les formules (B), on a pour 1800

$$\frac{d\lambda}{dt} = +\,50'',48122, \quad \frac{d\beta}{dt} = -\,0'',30447;$$

en conséquence, la valeur de la précession de 1750 à 1850 est

En longitude.........	+	1° 24′ 8″,12,
En latitude..........	—	30 ,45.

Cherchons également la valeur de la précession en ascension droite et en déclinaison de 1750 à 1850 pour une étoile dont l'ascension droite et la déclinaison en 1750 étaient

$$\alpha = 220^\circ\, 1'\, 24''; \quad \delta = +\,20^\circ\, 21'\, 15'';$$

on a pour 1800

$$m = 46'',04367, \quad n = 20'',05957,$$

et, pour une première approximation de la position de l'étoile à cette époque,

$$\alpha = 220^\circ\, 35',8, \quad \delta = +\,20^\circ 8',6;$$

on obtient donc à l'aide des formules (D)

tang δ...	$\bar{1},56444$	n tang δ sin α =	$-\ 4,78806$
sin α...	$\bar{1},81340n$	m =	$+\ 46,04367$
tang δ sin α...	$\bar{1},37784n$	$\frac{d\alpha}{dt}$ =	$+\ 41,25561$
n...	$1,30232$		
cos α...	$\bar{1},88042n$	$\frac{d\delta}{dt}$ =	$-\ 15,2314$

la précession dans l'intervalle de 1750 à 1850 est donc

En ascension droite.....	+	1° 8′ 45″,56,
En déclinaison..........	—	25.23 ,14.

Dans les catalogues, on indique habituellement à côté de chaque étoile la précession annuelle en ascension droite et en déclinaison (*variatio annua*) pour l'époque du catalogue, et en outre sa variation en un siècle (*variatio sæcularis*). Dès lors si t_0 est l'époque du catalogue, la précession de l'étoile pendant l'intervalle $t - t_0$ est, d'après ce qui précède,

$$\left(\textit{variatio annua} + \frac{t - t_0}{200}\,\textit{variatio sæcularis}\right)(t - t_0).$$

Si l'on différentie les formules

$$\frac{d\alpha}{dt} = m + n \operatorname{tang}\delta \sin\alpha,$$

$$\frac{d\delta}{dt} = n \cos\alpha,$$

en y considérant toutes les grandeurs comme variables, et en désignant par m' et n' les variations annuelles de m et de n, on obtient

$$\begin{aligned}\frac{d^2\alpha}{dt^2} &= n^2 \sin 1'' \sin 2\alpha \left(\tfrac{1}{2} + \operatorname{tang}^2\delta\right)\\ &\quad + mn \sin 1'' \operatorname{tang}\delta \cos\alpha + m' + n' \operatorname{tang}\delta \sin\alpha,\\ \frac{d^2\delta}{dt^2} &= -\, n^2 \sin 1'' \sin^2\alpha \operatorname{tang}\delta - mn \sin 1'' \sin\alpha + n' \cos\alpha;\end{aligned}$$

ces expressions multipliées par 100 donneront la variation séculaire en ascension droite et en déclinaison. On trouve ainsi pour l'exemple précédent les variations séculaires

En ascension droite...... $+ 0'',0286$,
En déclinaison.... ..... $+ 0'',2654$.

59. *Formules rigoureuses pour le calcul de la précession en longitude et latitude.* — Les formules différentielles que nous venons de donner ne peuvent être employées dans le cas où l'on veut calculer la précession des étoiles voisines du pôle. Il faut alors avoir recours aux formules rigoureuses.

Soient λ et β la longitude et la latitude d'une étoile rapportées à l'écliptique et à l'équinoxe de $1750 + t$; on obtiendra la longitude L et la latitude B rapportées à l'écliptique fixe de 1750 au moyen des formules suivantes, qui se déduisent immédiatement des formules (A) données au n° 58,

$$\cos(L - \Pi)\cos B = \cos\beta\cos(\lambda - \Pi - l),$$
$$\sin(L - \Pi)\cos B = \cos\beta\sin(\lambda - \Pi - l)\cos\pi - \sin\beta\sin\pi,$$
$$\sin B = \cos\beta\sin(\lambda - \Pi - l)\sin\pi + \sin\beta\cos\pi.$$

Quant à la longitude λ' et à la latitude β' rapportées à l'écliptique et à l'équinoxe de $1750 + t'$, on les déduira de L et B par les équations suivantes, dans lesquelles Π', π' et l' représentent les valeurs de Π, π et l à l'époque $1750 + t'$,

$$\cos(\lambda' - \Pi' - l')\cos\beta' = \cos B\cos(L - \Pi'),$$
$$\sin(\lambda' - \Pi' - l')\cos\beta' = \cos B\sin(L - \Pi')\cos\pi' + \sin B\sin\pi',$$
$$-\sin\beta' = \cos B\sin(L - \Pi')\sin\pi' - \sin B\cos\pi'.$$

L'élimination de L et B donnera λ' et β' en fonction de λ et β et des valeurs que prennent Π, π et l aux époques $1750 + t$ et $1750 + t'$.

Formules rigoureuses pour le calcul de la précession en ascension droite et en déclinaison. — Ces formules sont entièrement semblables aux précédentes. Si α et δ désignent l'ascension droite et la déclinaison d'une étoile à l'époque $1750 + t$, on trouve à l'aide des équations (C) du n° 58, pour la longitude L et la latitude B rapportées à l'écliptique fixe de 1750,

$$\cos(L + l_1)\cos B = \cos\delta\cos(\alpha + a),$$
$$\sin(L + l_1)\cos B = \cos\delta\sin(\alpha + a)\cos\varepsilon_0 + \sin\delta\sin\varepsilon_0,$$
$$-\sin B = \cos\delta\sin(\alpha + a)\sin\varepsilon_0 - \sin\delta\cos\varepsilon_0.$$

Si l'on cherche ensuite l'ascension droite et la déclinaison de l'étoile à l'époque $1750 + t'$, on les déduit de L et B au moyen des formules suivantes, dans lesquelles l'_1, a' et ε'_0 représentent les valeurs de l_1, a et ε_0 à cette époque :

$$\cos(\alpha' + a')\cos\delta' = \cos B\cos(L + l'_1),$$
$$\sin(\alpha' + a')\cos\delta' = \cos B\sin(L + l'_1)\cos\varepsilon'_0 - \sin B\sin\varepsilon'_0,$$
$$\sin\delta' = \cos B\sin(L + l'_1)\sin\varepsilon'_0 + \sin B\cos\varepsilon'_0.$$

On pourrait, par l'élimination de L et B entre les deux systèmes d'équations, trouver des formules qu'il serait aisé de rendre ensuite calculables par logarithmes; mais il est plus simple de les obtenir immédiatement par les considérations suivantes (*). Soient (*fig.* 3) :

Fig. 3.

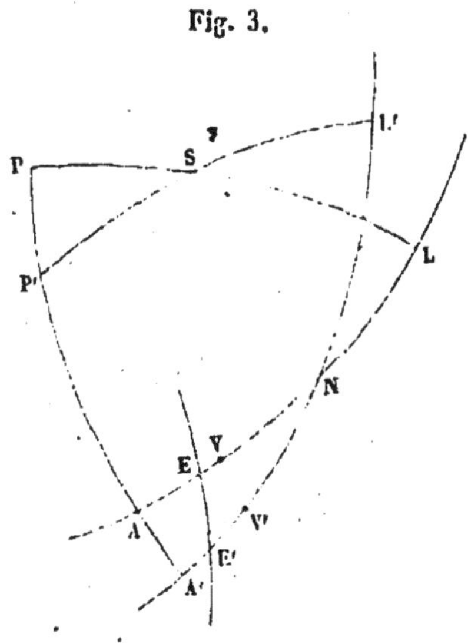

EE' l'écliptique fixe de 1750,
AN l'équateur moyen de 1750 + t,
A'N l'équateur moyen de 1750 + t',
N le nœud ascendant du second équateur sur le premier.

L'arc EE' est la précession lunisolaire $l'_1 - l_1$, pendant l'intervalle de 1750 + t à 1750 + t', de sorte que nous avons dans le triangle NEE'

$$EE' = l'_1 - l_1, \quad NEE' = 180^\circ - \varepsilon_0, \quad NE'E = \varepsilon'_0,$$

et si nous posons

$$NE = 90^\circ - z, \quad NE' = 90^\circ + z', \quad ENE' = \Theta,$$

(*) On a remplacé la démonstration analytique de l'Auteur par une démonstration géométrique plus courte.

nous trouvons, d'après les formules de Delambre :

$$\cos\frac{\Theta}{2}\sin\frac{z'+z}{2}=\sin\frac{l'_1-l_1}{2}\cos\frac{\varepsilon'_0+\varepsilon_0}{2},$$

$$\cos\frac{\Theta}{2}\cos\frac{z'+z}{2}=\cos\frac{l'_1-l_1}{2}\cos\frac{\varepsilon'_0-\varepsilon_0}{2},$$

$$\sin\frac{\Theta}{2}\sin\frac{z'-z}{2}=\cos\frac{l'_1-l_1}{2}\sin\frac{\varepsilon'_0-\varepsilon_0}{2},$$

$$\sin\frac{\Theta}{2}\cos\frac{z'-z}{2}=\sin\frac{l'_1-l_1}{2}\sin\frac{\varepsilon'_0+\varepsilon_0}{2}.$$

Ces formules déterminent rigoureusement les grandeurs auxiliaires z, z' et Θ qui vont bientôt nous servir; mais puisque $\frac{1}{2}(\varepsilon'_0-\varepsilon_0)$ et $\frac{1}{2}(z'-z)$ sont de petits angles, nous trouverons aisément, pour le calcul de ces trois grandeurs, les formules suivantes, qui sont suffisamment approchées :

$$(\text{A})\quad\left\{\begin{aligned}&\tan\frac{z'+z}{2}=\cos\frac{\varepsilon'_0+\varepsilon_0}{2}\tan\frac{l'_1-l_1}{2},\\&\frac{z'-z}{2}=\frac{\varepsilon'_0-\varepsilon_0}{2}\,\frac{1}{\tan\frac{l'_1-l_1}{2}\sin\frac{\varepsilon'_0+\varepsilon_0}{2}},\\&\tan\frac{\Theta}{2}=\tan\frac{\varepsilon'_0+\varepsilon_0}{2}\sin\frac{z'+z}{2}.\end{aligned}\right.$$

Cela posé, soient V, V' les équinoxes moyens de $1750+t$ et de $1750+t'$, EV est la précession planétaire a de 1750 à $1750+t$, E'V' la précession planétaire a' de 1750 à $1750+t'$; de sorte que

$$\text{NV}=90^\circ-z-a,\quad \text{NV}'=90^\circ+z'-a',$$

et par suite, si SL et SL' sont les cercles de déclinaison de l'étoile aux deux époques, on a

$$\text{NL}=\alpha+a+z-90^\circ,\quad \text{NL}'=\alpha'+a'-z'-90^\circ.$$

Soient de plus P et P' les pôles de l'équateur aux deux époques,

N sera le pôle de PP′, et par suite $PP' = AA' = \Theta$; on a donc, dans le triangle PP′S,

$$PS = 90^\circ - \delta, \quad P'S = 90^\circ - \delta', \quad PP' = \Theta,$$
$$SPP' = AL = \alpha + a + z,$$
$$SP'P = 90^\circ - A'L' = 180^\circ - (\alpha' + a' - z'),$$

et les équations fondamentales de la Trigonométrie donnent

$$(a)\begin{cases} \sin(\alpha'+a'-z')\cos\delta' = \cos\delta\sin(\alpha+a+z), \\ \cos(\alpha'+a'-z')\cos\delta' = \cos\delta\cos(\alpha+a+z)\cos\Theta - \sin\delta\sin\Theta, \\ \sin\delta' = \cos\delta\cos(\alpha+a+z)\sin\Theta + \sin\delta\cos\Theta. \end{cases}$$

Ces formules permettent de trouver α' et δ' en fonction de α et δ et des grandeurs auxiliaires z, z' et Θ, déterminées par les équations (A) ou par celles qui les précèdent.

En introduisant dans les formules (a) un angle auxiliaire, on les rendra facilement calculables par logarithmes; il est néanmoins commode d'arriver à ce résultat par les formules de Delambre. En effet, désignons par c le troisième angle du triangle PSS′, et posons, pour abréger,

$$\alpha + a + z = A, \quad \alpha' + a' - z' = A',$$

nous aurons immédiatement

$$(b)\begin{cases} \cos\dfrac{90^\circ+\delta'}{2}\cos\dfrac{A'+c}{2} = \cos\dfrac{90^\circ+\delta+\Theta}{2}\cos\dfrac{A}{2}, \\ \cos\dfrac{90^\circ+\delta'}{2}\sin\dfrac{A'+c}{2} = \cos\dfrac{90^\circ+\delta-\Theta}{2}\sin\dfrac{A}{2}, \\ \sin\dfrac{90^\circ+\delta'}{2}\cos\dfrac{A'-c}{2} = \sin\dfrac{90^\circ+\delta+\Theta}{2}\cos\dfrac{A}{2}, \\ \sin\dfrac{90^\circ+\delta'}{2}\sin\dfrac{A'-c}{2} = \sin\dfrac{90^\circ+\delta-\Theta}{2}\sin\dfrac{A}{2}. \end{cases}$$

On obtient un plus grand degré d'exactitude en cherchant les différences $A' - A$ et $\delta' - \delta$. Pour cela multiplions la première des équations (a) par $\cos A$, la deuxième par $\sin A$ et retranchons les deux produits; de même multiplions la première par $\sin A$, la seconde par $\cos A$, et ajoutons, nous obtenons

$$\cos\delta'\sin(A'-A)=\cos\delta\sin A\sin\Theta\left(\operatorname{tang}\delta+\operatorname{tang}\frac{\Theta}{2}\cos A\right),$$

$$\cos\delta'\cos(A'-A)=\cos\delta-\cos\delta\cos A\sin\Theta\left(\operatorname{tang}\delta+\operatorname{tang}\frac{\Theta}{2}\cos A\right),$$

donc

$$\operatorname{tang}(A'-A)=\frac{\sin A\sin\Theta\left(\operatorname{tang}\delta+\operatorname{tang}\frac{\Theta}{2}\cos A\right)}{1-\cos A\sin\Theta\left(\operatorname{tang}\delta+\operatorname{tang}\frac{\Theta}{2}\cos A\right)}.$$

Posons

$$\text{(B)}\qquad p=\sin\Theta\left(\operatorname{tang}\delta+\operatorname{tang}\frac{\Theta}{2}\cos A\right),$$

et appliquons au triangle PSS′ les analogies de Néper, nous obtiendrons les deux équations

$$\text{(C)}\qquad\left\{\begin{aligned}&\operatorname{tang}(A'-A)=\frac{p\sin A}{1-p\cos A};\\&\operatorname{tang}\frac{\delta'-\delta}{2}=\operatorname{tang}\frac{\Theta}{2}\,\frac{\cos\frac{A'+A}{2}}{\cos\frac{A'-A}{2}}.\end{aligned}\right.$$

Le calcul rigoureux de l'ascension droite et de la déclinaison d'une étoile au temps $1750+t'$ au moyen de son ascension droite et de sa déclinaison à l'époque $1750+t$ se fera donc à l'aide des formules (A), (B) et (C) (*Tabulæ Regiomontanæ*, p. VIII).

Exemple. — L'ascension droite et la déclinaison de la Polaire au commencement de l'année 1755 sont

$$\alpha=10^\circ 55'44'',955,\quad \delta=87^\circ 59'41'',12,$$

calculer le lieu de l'étoile rapporté à l'équateur et à l'équinoxe de 1850. On a

Pour 1755.	Pour 1850.
$\varepsilon_0 = 23°28'18'',0002$,	$\varepsilon'_0 = 23°28'18'',0984$,
$l_1 = 4.11,8756$,	$l'_1 = 1.23.56,3541$,
$a = 0,8897$,	$a' = 15,2656$;

on déduit des formules (A)

$$\frac{z'+z}{2} = 0°36'34'',314, \qquad \frac{z'-z}{2} = 0°\ 0'10'',6286,$$

$$z = 0.36.23,685, \qquad z' = 0.36.44,943,$$

$$\Theta = 0.31.45,600, \quad A = \alpha + a + z = 11.32.\ 9,530.$$

Pour le calcul de $A' - A$ et $\delta' - \delta$, on emploie les formules (B) et (C), on trouve

$$\log p = \bar{1},421\,4471,$$

$$A' - A = 4°\ 4'17'',710, \qquad \frac{\delta'-\delta}{2} = 0°15'26'',780,$$

$$A' = 15.36.27,240,$$

et enfin

$$\alpha' = 16°12'56'',917, \qquad \delta' = 88°30'34'',680.$$

60. *Influence de la précession sur l'aspect que présente la sphère céleste à des époques différentes, en un même lieu de la surface de la Terre.* — Le point d'intersection de l'équateur avec l'écliptique rétrograde sur l'écliptique d'environ 50'',2 par an; le pôle de l'équateur décrit donc, dans le cours des temps, autour du pôle de l'écliptique, un cercle dont le rayon est égal à l'obliquité de l'écliptique (*).

Par suite, le pôle de l'équateur coïncidera successivement avec des points différents de la sphère céleste; en d'autres termes, à des époques différentes, il se trouvera dans le voisinage d'étoiles différentes. Actuellement la dernière étoile de la queue de la pe-

(*) Rigoureusement ce rayon n'est pas constant; mais il est toujours égal à la valeur actuelle de l'obliquité de l'écliptique.

tite Ourse est la plus voisine du pôle nord, et s'appelle en conséquence *Étoile polaire*. Cette étoile, dont la déclinaison est environ $88°30'$, s'approchera continuellement du pôle jusqu'à ce que son ascension droite, maintenant égale à $1^h 8^m$, devienne égale à 6^h. Sa déclinaison sera alors maximum et égale à $89°32'$; à partir de cette époque elle diminuera, la précession en déclinaison étant négative pour les étoiles dont l'ascension droite est comprise entre 6^h et 12^h.

Pour trouver le lieu du pôle à l'époque t, nous nous servirons du triangle sphérique formé par le pôle E de l'écliptique, à une certaine époque t_0 et les pôles P et P' de l'équateur aux époques t_0 et t. Soient α et δ l'ascension droite et la déclinaison du pôle de l'équateur au temps t, rapportées à l'équateur et à l'équinoxe de l'époque t_0; ε_0 et ε l'obliquité de l'écliptique aux temps t_0 et t; on a, dans le triangle PP'E,

$$PP' = 90° - \delta, \quad EP = \varepsilon_0, \quad EP' = \varepsilon;$$

de plus l'angle en P est égal à $90° + \alpha$, et l'angle en E est la précession générale L dans l'intervalle $t - t_0$; les formules fondamentales de la Trigonométrie sphérique donnent donc immédiatement

$$\begin{aligned} \cos\delta \sin\alpha &= \sin\varepsilon \cos\varepsilon_0 \cos l - \cos\varepsilon \sin\varepsilon_0, \\ \cos\delta \cos\alpha &= \sin\varepsilon \sin l, \\ \sin\delta &= \sin\varepsilon \sin\varepsilon_0 \cos l + \cos\varepsilon \cos\varepsilon_0. \end{aligned}$$

Ce calcul n'exige pas une grande exactitude, on ne cherche ici qu'un lieu approché du pôle; or la diminution de l'obliquité moyenne de l'écliptique est très-faible, $48''$ environ par siècle; en outre, la différence entre l'obliquité vraie et l'obliquité moyenne n'atteint jamais $10''$; on peut donc, avec une approximation suffisante, considérer l'obliquité comme constante, et poser $\varepsilon = \varepsilon_0$; on a dès lors

$$\tang\alpha = -\cos\varepsilon_0 \tang\frac{l}{2}, \quad \cos\delta = \frac{\sin\varepsilon_0 \sin l}{\cos\alpha}.$$

Bien qu'ici α soit déterminé par sa tangente, on obtient sa valeur sans aucune ambiguïté en remarquant que $\cos\alpha$ et $\sin l$ doivent avoir toujours le même signe.

Supposons que l'on veuille connaître le lieu du pôle pour l'année 14000, lieu rapporté à l'équinoxe de 1850; la précession générale pendant 12150 années est environ 174°; on aura donc

$$\alpha = 273^\circ 16' \quad \text{et} \quad \delta = +43^\circ 7'.$$

Ce qui donne un lieu très-voisin de Véga (α Lyre), dont l'ascension droite et la déclinaison pour 1850 sont

$$\alpha = 277^\circ 58' \quad \text{et} \quad \delta = +38^\circ 39';$$

en l'an 14000, Véga pourra donc s'appeler *étoile polaire*.

La précession changeant peu à peu les déclinaisons des étoiles, il arrivera, dans le cours des siècles, que des étoiles invisibles jusqu'alors en un lieu s'élèveront au-dessus de l'horizon de ce lieu; d'autres étoiles au contraire visibles maintenant en un lieu de l'hémisphère nord, par exemple, auront une déclinaison trop australe pour qu'on puisse les voir encore de ce lieu; pareillement des étoiles qui actuellement en un lieu déterminé restent toujours au-dessus de l'horizon auront un lever et un coucher, tandis que d'autres étoiles auront alors une déclinaison telle, que leur culmination inférieure se fera aussi au-dessus de l'horizon. Ainsi, par l'effet de la précession, l'aspect qu'offre la sphère céleste aux habitants d'un lieu déterminé de la surface de la Terre sera, au bout d'un long intervalle de temps, devenu notablement différent de ce qu'il était au commencement de cet intervalle.

Année sidérale. — Année tropique. — L'année *sidérale* est la durée de la révolution sidérale du Soleil, c'est-à-dire le temps que cet astre emploie à parcourir sur la sphère céleste un arc de 360°; c'est encore, en d'autres termes, le temps qui lui est nécessaire pour revenir à la même étoile fixe; d'après les Tables du Soleil d'Hansen et Olufsen, sa valeur en jours moyens est

$$365^j\, 6^h\, 9^m\, 9^s,35 \quad \text{ou} \quad 365^j,256\,358\,2.$$

Puisque les points équinoxiaux se meuvent en sens inverse du mouvement du Soleil, l'année *tropique* ou le temps que le Soleil emploie pour revenir au même équinoxe est plus courte que l'année sidérale; leur différence est égale au temps que met le

Soleil à décrire le petit arc dû à la précession annuelle. Or, pour l'année 1800, $l = 50'', 2235$, et, puisque le Soleil a un mouvement moyen de $59' 8'', 33$, il parcourra cet arc en $0^j, 014\,154$; la durée de l'année tropique est donc de $365^j, 242\,204$. Mais la précession varie, son accroissement annuel est $0'', 000\,264\,2966$; la durée de l'année tropique est donc aussi variable, et sa variation annuelle est égale à $0^j, 000\,000\,068\,848$; en exprimant la partie décimale en heures, minutes, secondes, on obtient pour durée de l'année tropique

$$365^j\, 5^h\, 48^m\, 46^s, 43 - 0^s, 005\,95\,(t - 1800).$$

II. — De la nutation.

61. *Nutation de l'équinoxe et de l'obliquité.* — Il nous reste maintenant à considérer la variation périodique de l'équateur par rapport à l'écliptique; elle consiste, comme nous l'avons dit, en un mouvement périodique sur l'écliptique des points d'intersection de l'équateur et de l'écliptique, et dans une variation périodique de l'obliquité. Le point où l'équateur et l'écliptique se couperaient, si les variations à longue période existaient seules, s'appelle *équinoxe moyen*, et l'on nomme *obliquité moyenne* l'angle que feraient l'écliptique et l'équateur s'il n'y avait pas de nutation. Mais le point où ces deux grands cercles se coupent réellement s'appelle *équinoxe vrai*, et l'obliquité modifiée par la nutation s'appelle *obliquité vraie* de l'écliptique.

D'après les déterminations de Peters (*Numerus constans nutationis*), la nutation en longitude $\Delta\lambda$ et la nutation en obliquité $\Delta\varepsilon$ sont exprimées par les valeurs suivantes :

$$(A)\quad\left\{\begin{aligned}
\Delta\lambda = &- 17'', 2405 \sin \Omega + 0'', 2073 \sin 2\Omega \\
&- 1'', 2692 \sin 2\odot - 0'', 2041 \sin 2☾ \\
&+ 0'', 1279 \sin(\odot - P) - 0'', 0213 \sin(\odot + P) \\
&+ 0'', 0677 \sin(☾ - P'), \\
\Delta\varepsilon = &+ 9'', 2231 \cos \Omega - 0'', 0897 \cos 2\Omega \\
&+ 0'', 5509 \cos 2\odot + 0'', 0886 \cos 2☾ \\
&+ 0'', 0093 \cos(\odot + P),
\end{aligned}\right.$$

dans lesquelles on désigne par :

- ☊ la longitude du nœud ascendant de l'orbite lunaire sur l'écliptique,
- ☉ la longitude du Soleil,
- ☾ la longitude de la Lune,
- P la longitude du périgée solaire,
- P' la longitude du périgée lunaire.

Les expressions précédentes conviennent à l'an 1800; mais les coefficients de quelques termes varient un peu avec le temps, et l'on a pour 1900 :

$$(A_1)\quad\left\{\begin{aligned}\Delta\lambda = &-17'',2577\sin ☊ + 0'',2073\sin 2☊\\&-\ 1'',2693\sin 2☉ - 0'',2041\sin 2☾\\&+\ 0'',1275\sin(☉ - P) - 0'',0213\sin(☉ + P)\\&+\ 0'',0677\sin(☾ - P'),\\\Delta\varepsilon = &+\ 9'',2240\cos ☊ - 0'',0896\cos 2☊\\&+\ 0'',5506\cos 2☉ + 0'',0885\cos 2☾\\&+\ 0'',0092\cos(☉ + P).\end{aligned}\right.$$

Le coefficient de cos ☊ dans $\Delta\varepsilon$ est appelé *constante de la nutation;* le coefficient de sin ☊ dans $\Delta\lambda$ est égal à $-2\cot 2\varepsilon$, et en 1800 $\varepsilon = 23°27'54'',2$.

Expressions de la nutation en ascension droite et en déclinaison. — Pour trouver les variations correspondantes de l'ascension droite et de la déclinaison d'une étoile, on a

$$(a)\quad\left\{\begin{aligned}\alpha' - \alpha &= \frac{d\alpha}{d\lambda}\Delta\lambda + \frac{d\alpha}{d\varepsilon}\Delta\varepsilon + \frac{1}{2}\frac{d^2\alpha}{d\lambda^2}\Delta\lambda^2 + \frac{d^2\alpha}{d\lambda\, d\varepsilon}\Delta\lambda\,\Delta\varepsilon + \ldots,\\\delta' - \delta &= \frac{d\delta}{d\lambda}\Delta\lambda + \frac{d\delta}{d\varepsilon}\Delta\varepsilon + \frac{1}{2}\frac{d^2\delta}{d\lambda^2}\Delta\lambda^2 + \frac{d^2\delta}{d\lambda\, d\varepsilon}\Delta\lambda\,\Delta\varepsilon + \ldots,\end{aligned}\right.$$

et d'après les formules différentielles du n° 39, en remplaçant $\cos\beta\sin n$ et $\cos\beta\cos n$ par leurs valeurs en fonction de α, δ et ε,

$$\frac{d\alpha}{d\lambda} = \cos\varepsilon + \sin\varepsilon\,\text{tang}\,\delta\sin\alpha,\qquad \frac{d\delta}{d\lambda} = \cos\alpha\sin\varepsilon,$$

$$\frac{d\alpha}{d\varepsilon} = -\cos\alpha\,\text{tang}\,\delta,\qquad \frac{d\delta}{d\varepsilon} = \sin\alpha.$$

De nouvelles différentiations donnent

$$\frac{d^2\alpha}{d\lambda^2} = \sin^2\varepsilon\left(\frac{\sin 2\alpha}{2} + \cot\varepsilon \cos\alpha \tang\delta + \sin 2\alpha \tang^2\delta\right),$$

$$\frac{d^2\alpha}{d\lambda\, d\varepsilon} = -\sin\varepsilon(\cos^2\alpha - \cot\varepsilon \sin\alpha \tang\delta + \cos 2\alpha \tang^2\delta),$$

$$\frac{d^2\alpha}{d\varepsilon^2} = -\left(\frac{\sin 2\alpha}{2} + \sin 2\alpha \tang^2\delta\right),$$

$$\frac{d^2\delta}{d\lambda^2} = -\sin^2\varepsilon \sin\alpha(\cot\varepsilon + \sin\alpha \tang\delta),$$

$$\frac{d^2\delta}{d\lambda\, d\varepsilon} = \sin\varepsilon \cos\alpha(\cot\varepsilon + \sin\alpha \tang\delta),$$

$$\frac{d^2\delta}{d\varepsilon^2} = -\cos^2\alpha \tang\delta.$$

Substituons ces valeurs dans les équations (a); prenons pour $\Delta\lambda$ et $\Delta\varepsilon$ les valeurs données par les équations (A), et pour ε l'obliquité moyenne de l'écliptique au commencement de l'année 1800, $23°27'54'',2$; nous aurons pour les termes du premier ordre :

$$(B)\quad \begin{cases} \alpha' - \alpha \\ = -15'',8148 \sin ☊ \\ \quad - (6'',8650 \sin ☊ \sin\alpha + 9'',2231 \cos ☊ \cos\alpha) \tang\delta \\ \quad + 0'',1902 \sin 2☊ \\ \quad + (0'',0825 \sin 2☊ \sin\alpha + 0'',0897 \cos 2☊ \cos\alpha) \tang\delta \\ \quad - 1'',1642 \sin 2\odot \\ \quad - (0'',5054 \sin 2\odot \sin\alpha + 0'',5509 \cos 2\odot \cos\alpha) \tang\delta \\ \quad - 0'',1872 \sin 2☾ \\ \quad - (0'',0813 \sin 2☾ \sin\alpha + 0'',0886 \cos 2☾ \cos\alpha) \tang\delta \\ \quad - 0'',0195 \sin(\odot + P) \\ \quad - [0'',0085 \sin(\odot + P) \sin\alpha \\ \qquad\qquad + 0'',0093 \cos(\odot + P) \cos\alpha] \tang\delta \\ \quad + (0'',0621 + 0'',0270 \sin\alpha \tang\delta) \sin(☾ - P') \\ \quad + (0'',1173 + 0'',0509 \sin\alpha \tang\delta) \sin(\odot - P), \end{cases}$$

et

$$
(\mathrm{C})\left\{
\begin{aligned}
\delta'-\delta = &-6'',8650 \sin \text{☊} \cos\alpha + 9'',2231 \cos\text{☊} \sin\alpha \\
&+0'',0825 \sin 2\text{☊} \cos\alpha - 0'',0897 \cos 2\text{☊} \sin\alpha \\
&-0'',5054 \sin 2\odot \cos\alpha + 0'',5509 \cos 2\odot \sin\alpha \\
&-0'',0813 \sin 2\text{☾} \cos\alpha + 0'',0886 \cos 2\text{☾} \sin\alpha \\
&-0'',0085 \sin(\odot + \mathrm{P}) \cos\alpha \\
&+0'',0093 \cos(\odot + \mathrm{P}) \sin\alpha \\
&+0'',0270 \sin(\text{☾} - \mathrm{P}') \cos\alpha \\
&+0'',0509 \sin(\odot - \mathrm{P}) \cos\alpha.
\end{aligned}
\right.
$$

Ces expressions conviennent à l'an 1800 : leurs coefficients changent avec le temps, et sont un peu différents pour l'année 1900. Mais leurs variations ne sont pas toutes d'égale importance. Parmi les termes du premier ordre, les seuls où ce changement soit sensible, sont ceux qui contiennent ☊ ; leurs valeurs sont pour 1900

Dans $\alpha' - \alpha$:

$$-15'',8321 \sin\text{☊}$$
$$-(6'',8683 \sin\text{☊} \sin\alpha + 9'',2240 \cos\text{☊} \cos\alpha) \operatorname{tang}\delta;$$

Dans $\delta' - \delta$:

$$-6'',8683 \sin\text{☊} \cos\alpha + 9'',2240 \cos\text{☊} \sin\alpha.$$

Parmi les termes du second ordre, les seuls qui peuvent avoir quelque importance proviennent des plus grands termes de $\Delta\lambda$ et $\Delta\varepsilon$. Posons, pour abréger,

$$\Delta\varepsilon = 9'',2231 \cos\text{☊} = a \cos\text{☊}$$
$$-\sin\varepsilon\, \Delta\lambda = 6'',8650 \sin\text{☊} = b \sin\text{☊}.$$

Ces termes sont, en ascension droite,

$$
\begin{aligned}
&\frac{b^2 - a^2}{4} \sin 2\alpha \left(\tfrac{1}{2} + \operatorname{tang}^2\delta\right) + \frac{b^2}{4} \cot\varepsilon \cos\alpha \operatorname{tang}\delta \\
&\quad + \frac{ab}{2}\left(\tfrac{1}{2} - \cot\varepsilon \sin\alpha \operatorname{tang}\delta + \cos 2\alpha \operatorname{tang}^2\delta + \tfrac{1}{2}\cos 2\alpha\right) \sin 2\text{☊} \\
&\quad - \left[\frac{b^2 + a^2}{4} \sin 2\alpha \operatorname{tang}^2\delta \right. \\
&\qquad \left. + \frac{b^2}{4} \cot\varepsilon \cos\alpha \operatorname{tang}\delta + \frac{b^2 + a^2}{8} \sin 2\alpha \right] \cos 2\text{☊},
\end{aligned}
$$

et en déclinaison,

$$-\left(\frac{a^2+b^2}{8}+\frac{a^2-b^2}{8}\cos 2\alpha\right)\tang\delta-\frac{b^2}{4}\cot\varepsilon\sin\alpha$$

$$-\frac{ab}{4}(\sin 2\alpha\tang\delta+2\cot\varepsilon\cos\alpha)\sin 2\Omega$$

$$-\left[\left(\frac{a^2-b^2}{8}+\frac{a^2+b^2}{8}\cos 2\alpha\right)\tang\delta-\frac{b^2}{4}\cot\varepsilon\sin\alpha\right]\cos 2\Omega.$$

Ceux de ces termes qui sont indépendants de Ω changent seulement la position moyenne de l'étoile, et peuvent être négligés; les autres

$$\frac{ab}{4}\sin 2\Omega-\left(\frac{ab}{2}\cot\varepsilon\sin 2\Omega\sin\alpha+\frac{b^2}{4}\cot\varepsilon\cos 2\Omega\cos\alpha\right)\tang\delta$$

et

$$-\frac{ab}{2}\cot\varepsilon\sin 2\Omega\cos\alpha+\frac{b^2}{4}\cot\varepsilon\cos 2\Omega\sin\alpha$$

peuvent s'ajouter aux termes semblables du premier ordre en $\sin 2\Omega$ et $\cos 2\Omega$, et ceux-ci deviennent

(D)

en ascension droite :

$$+0'',1902\sin 2\Omega$$
$$+(0'',0822\sin 2\Omega\sin\alpha+0'',0896\cos 2\Omega\cos\alpha)\tang\delta$$

en déclinaison :

$$+0'',0822\sin 2\Omega\cos\alpha-0'',0896\cos 2\Omega\sin\alpha.$$

Les termes du second ordre restant encore sont

(E)

en ascension droite :

$$+0'',0001535\left(\tfrac{1}{2}+\tang^2\delta\right)\sin 2\Omega\cos 2\alpha$$
$$-0'',000160\left(\tfrac{1}{2}+\tang^2\delta\right)\cos 2\Omega\sin 2\alpha;$$

en déclinaison :

$$-0'',0000768\tang\delta\sin 2\Omega\sin 2\alpha$$
$$+(0'',000023+0'',000080\cos 2\alpha)\cos 2\Omega\tang\delta.$$

Mais, puisque les premiers termes n'atteignent $0^s,01$ de temps que pour une déclinaison égale à 88° 10′, et que les seconds ne surpassent pas 0″,01 d'arc pour une déclinaison de 89°26′, ils ont, même dans le voisinage du pôle, une très-faible influence; on peut donc toujours les négliger, excepté s'il s'agit d'une étoile très-voisine du pôle.

62. *Variation de l'expression de la nutation, correspondante à une variation donnée de la constante de la nutation.* — Dans la suite, nous aurons besoin de connaître les changements apportés dans les expressions (B) et (C) par une variation de la constante de la nutation; ces changements sont différents pour les termes de la nutation lunaire et pour ceux de la nutation solaire. En effet, dans la formule que donne la théorie de la nutation, tous les termes de la nutation lunaire sont multipliés par un facteur N′ qui dépend du moment d'inertie de la Terre, de la masse et du moyen mouvement de la Lune. Les termes de la nutation solaire sont multipliés par un facteur N analogue et fonction identique du moment d'inertie de la Terre, de la masse et du moyen mouvement du Soleil. Comme il est impossible de calculer le moment d'inertie de la Terre, il faut déduire des observations les valeurs numériques de N et N′. Le coefficient de cos ☊, dans la nutation de l'obliquité, est égal à 0,765428N′; représentons-le par 9″,2231(1 + i), où 9″,2231 est la valeur adoptée pour la constante de la nutation, et 9″,2231.i sa correction possible,

$$0,765428\,N' = 9'',2231\,(1 + i).$$

La précession lunisolaire dépend des mêmes grandeurs N et N′, et sa valeur, déduite des observations, 50″,36354 pour 1800, établit entre N et N′ l'équation suivante

$$17,469345 = N + 0,991988\,N',$$

qui, combinée avec la première, donne

$$N = 5,516287\,(1 - 2,16687.i).$$

Ainsi, en supposant la constante de la nutation égale à 9″,2231 (1 + i), tous les termes de la nutation lunaire sont multipliés par $1+i$, ceux de la nutation solaire par $1-2,16687.i$; et si l'on pose

$$9'',2231.i = d\nu,$$

on a

$$\begin{aligned} d\Delta\lambda = [&-1,8702 \sin \Omega + 0,0225 \sin 2\Omega \\ &-0,0221 \sin 2☾ + 0,0073 \sin(☾ - P') \\ &+0,2981 \sin 2\odot - 0,0300 \sin(\odot - P) \\ &\qquad + 0,0050 \sin(\odot + P)]\, d\nu, \end{aligned}$$

$$\begin{aligned} d\Delta\varepsilon = [&\cos\Omega - 0,0097 \cos 2\Omega + 0,0096 \cos 2☾ \\ &- 0,1294 \cos 2\odot - 0,0022 \cos(\odot + P)]\, d\nu, \end{aligned}$$

et, en suivant la même marche que dans le numéro précédent, on obtient facilement

$$\begin{aligned} \frac{d(\alpha'-\alpha)}{d\nu} = &-1,7156 \sin\Omega \\ &-(0,7445 \sin\Omega \sin\alpha + 1,0000 \cos\Omega \cos\alpha) \operatorname{tang}\delta \\ &+0,0206 \sin 2\Omega \\ &+(0,0090 \sin 2\Omega \sin\alpha + 0,0097 \cos 2\Omega \cos\alpha) \operatorname{tang}\delta \\ &-0,0203 \sin 2☾ \\ &-(0,0088 \sin 2☾ \sin\alpha + 0,0096 \cos 2☾ \cos\alpha) \operatorname{tang}\delta \\ &+0,0067 \sin(☾ - P') \\ &+0,0029 \sin(☾ - P') \sin\alpha \operatorname{tang}\delta - 0,2735 \sin 2\odot \\ &+(0,1187 \sin 2\odot \sin\alpha + 0,1294 \cos 2\odot \cos\alpha) \operatorname{tang}\delta \\ &-0,0275 \sin(\odot - P) \\ &-0,0119 \sin(\odot - P) \sin\alpha \operatorname{tang}\delta \\ &+0,0046 \sin(\odot + P) \\ &+[0,0020 \sin(\odot + P) \sin\alpha \\ &\qquad + 0,0022 \cos(\odot + P) \cos\alpha] \operatorname{tang}\delta, \end{aligned}$$

$$\begin{aligned} \frac{d(\delta'-\delta)}{d\nu} = &-0,7445 \sin\Omega \cos\alpha + 1,0000 \cos\Omega \sin\alpha \\ &+0,0090 \sin 2\Omega \cos\alpha - 0,0097 \cos 2\Omega \sin\alpha \\ &-0,0088 \sin 2☾ \cos\alpha + 0,0096 \cos 2☾ \sin\alpha \\ &+0,0029 \sin(☾ - P') \cos\alpha \\ &+0,1187 \sin 2\odot \cos\alpha - 0,1294 \cos 2\odot \sin\alpha \\ &-0,0119 \sin(\odot - P) \cos\alpha \\ &+0,0020 \sin(\odot + P) \cos\alpha \\ &-0,0022 \cos(\odot + P) \sin\alpha. \end{aligned}$$

63. *Tables de Gauss pour le calcul de la nutation.* — Dans le calcul de la nutation en ascension droite et en déclinaison, le plus commode est de chercher $\Delta\lambda$ et $\Delta\varepsilon$ à l'aide des formules (A) et (A_1), et de calculer les valeurs numériques des dérivées $\frac{d\alpha}{d\lambda}, \frac{d\alpha}{d\varepsilon}, \dots$ Mais, pour les formules (B) et (C), on a construit des Tables qui facilitent beaucoup le calcul. Tout d'abord, on a réduit les termes

$$c = 15'',82 \sin \Omega, \quad g = -1'',16 \sin 2\odot$$

en Tables dont les arguments sont Ω et $2\odot$. De plus, dans l'expression de la nutation en ascension droite, chacun des coefficients de $\tang\delta$ est de la forme

$$A(\sin\beta \sin\alpha + h \cos\beta \cos\alpha);$$

et dans celle de la nutation en déclinaison les termes analogues sont de la forme

$$A(\sin\beta \cos\alpha - h \cos\beta \sin\alpha).$$

Or, en identifiant ces deux expressions,

la première avec $x\cos(\beta - \alpha + y)$,
la seconde avec $x\sin(\beta - \alpha + y)$,

on obtient les mêmes équations de condition

$$(b) \quad \begin{cases} A h \cos\beta = x(\cos\beta \cos y - \sin\beta \sin y), \\ A \sin\beta = x(\sin\beta \cos y + \cos\beta \sin y), \end{cases}$$

d'où l'on déduit pour x et y les valeurs

$$x^2 = A^2[1 - (1 - h^2)\cos^2\beta],$$

$$\tang y = \frac{(1 - h)\sin\beta\cos\beta}{1 - (1 - h)\cos^2\beta},$$

valeurs qui sont toujours réelles, car dans le cas actuel $1 - h^2$ est toujours en valeur absolue plus petit que l'unité. Les termes que nous considérons peuvent donc toujours être ramenés à avoir l'une des deux formes

$$(c) \qquad x\cos(\beta - \alpha + y), \quad x\sin(\beta - \alpha + y),$$

et si l'on réduit les valeurs de x et y en Tables dont l'argument soit β, leur calcul sera très-commode.

Ce principe général de calcul a été indiqué par Gauss et appliqué par Nicolaï dans des Tables publiées par Warnstorff; les constantes adoptées sont celles de Peters, et les Tables sont calculées pour 1850.

On y trouve outre le terme c, les quantités $\log b$ et $\log B$ avec l'argument ☊, et l'on en déduit les termes qui dépendent de sin ☊ et cos ☊ qui sont

$$(d) \begin{cases} \text{En ascension droite....} & c - b \tan\delta \cos(☊ + B - \alpha), \\ \text{En déclinaison.......} & - b \sin(☊ + B - \alpha). \end{cases}$$

En leur ajoutant les petits termes qui dépendent de 2 ☊, 2 ☾ et ☾ — P′, on a la *nutation lunaire*.

Une seconde Table donne, avec l'argument 2 ☉, les grandeurs g, F et $\log f$, au moyen desquelles on trouve les termes dépendant de 2 ☉ qui sont

$$(e) \begin{cases} \text{En ascension droite...} & g - f \tan\delta \cos(2☉ + F - \alpha), \\ \text{En déclinaison......} & - f \sin(2☉ + F - \alpha). \end{cases}$$

L'ensemble de ces termes, en y comprenant les petits termes qui dépendent de ☉ + P et ☉ — P, forme la *nutation solaire*.

Pour les petits termes qui contiennent 2 ☾, 2 ☊ et ☉ + P, on n'a pas construit de Tables spéciales; on les obtient à l'aide des Tables relatives à la nutation solaire, en y remplaçant 2 ☉, successivement par 2 ☾, 180° + 2 ☊ (car ces termes ont des signes contraires), et ☉ + P, et en multipliant par $\frac{1}{6}$, ou plus exactement $\frac{6}{37}$, les valeurs obtenues par les équations (e) pour les deux premiers arguments et par $\frac{1}{60}$ les valeurs obtenues pour le troisième; en effet, ces nombres expriment approximativement les rapports des coefficients de ces termes à ceux de la nutation solaire.

Les termes en ☾ — P′ et ☉ — P ont une forme différente de la précédente, mais analogue aux expressions de la précession annuelle en ascension droite et en déclinaison; on les obtient en multipliant celles-ci par $\frac{1}{472}\sin(☾ - P')$ et $\frac{1}{301}\sin(\odot - P)$.

64. *Ellipse de nutation.* — Il est facile de se faire une idée nette de l'influence de la nutation, en la réduisant à son premier terme, qui est d'ailleurs le plus important. On a alors

$$\Delta\lambda = -17'',25 \sin ☊,$$
$$\Delta\varepsilon = +\ \ 9'',22 \cos ☊,$$

ou mieux, d'après la théorie,

$$\sin\varepsilon\,\Delta\lambda = -10'',05 \cos 2\varepsilon \sin ☊,$$
$$\Delta\varepsilon = -10'',05 \cos\varepsilon \cos ☊.$$

Nous savons que par l'effet de la précession lunisolaire, le pôle de l'équateur décrit autour du pôle de l'écliptique un petit cercle dont le rayon est ε. Considérons maintenant dans le plan tangent mené au pôle moyen d'un certain temps, un système de coordonnées rectangulaires dans lequel l'axe des x soit tangent au cercle de latitude, et désignons par x et y les coordonnées du pôle vrai (pôle moyen déplacé par la nutation); nous aurons $y = \sin\varepsilon\,\Delta\lambda$, $x = \Delta\varepsilon$, et, en vertu des expressions précédentes,

$$y^2 = C^2 \cos^2 2\varepsilon - \frac{\cos^2 2\varepsilon}{\cos^2\varepsilon} x^2 \quad \text{où} \quad C = 10'',05.$$

Le pôle vrai décrit donc autour du pôle moyen une ellipse dont le demi grand axe est $C\cos\varepsilon = 9'',22$ et dont le demi petit axe est $C\cos 2\varepsilon = 6'',86$. Cette ellipse s'appelle *ellipse de nutation*. Pour obtenir la position du pôle vrai sur cette ellipse, on mène dans le plan de l'ellipse un cercle concentrique de diamètre égal au grand axe; on imagine qu'un rayon de ce cercle le décrive, pendant la révolution des nœuds de la Lune, d'un mouvement uniforme et rétrograde (*), et de telle sorte que ce rayon

(*) Car le mouvement des nœuds de la Lune sur l'écliptique est rétrograde.

coïncide avec la portion du demi grand axe la plus rapprochée de l'écliptique, toutes les fois que le nœud ascendant de la Lune coïncide avec l'équinoxe du printemps. On abaisse ensuite par l'extrémité de ce rayon une perpendiculaire sur le grand axe de l'ellipse, et le point où cette perpendiculaire coupe la circonférence de l'ellipse est le lieu vrai du pôle de la Terre.

Remarque. — Consulter sur la précession et la nutation :

BESSEL. — *Fundamenta Astronomiæ pro anno* 1755.

BESSEL. — *Astronomische Nachrichten*, n° 34.

BESSEL. — *Tabulæ Regiomontanæ reductionum observationum astronomicarum, ab anno* 1750 *usque ad annum* 1850 *computatæ* (1830).

BAILY. — *New Tables for faciliting the computation of Precession, Aberration and Nutation* (Londres 1827).

BAILY. — Préface du *Catalogue of Stars of the British Association* (Londres, 1845).

PETERS. — *Numerus constans Nutationis.*

LE VERRIER. — *Annales de l'Observatoire impérial*, t. II, p. 170 et suivantes.

CHAPITRE III.

DES ERREURS D'OBSERVATION DUES A LA POSITION DE L'OBSERVATEUR A LA SURFACE DE LA TERRE ET AUX PROPRIÉTÉS DE LA LUMIÈRE.

Les Tables et les Éphémérides astronomiques donnent toujours les positions des astres, telles que nous les observerions du centre de la Terre. Dans le cas où l'astre est à une distance infinie, cette position coïncide avec celle que l'observation donnerait en un point quelconque de la surface de la Terre; mais s'il y a un rapport fini entre le rayon de la Terre et la distance de l'astre, ce lieu de l'astre vu du centre sera différent de celui qu'on trouverait en un point de la surface. Pour comparer aux Tables une observation de cet astre, il faut pouvoir, à l'aide de la position observée, calculer celle que l'on trouverait au centre de la Terre et qu'on appelle le lieu vrai. Inversement, on a souvent besoin de transformer en positions apparentes les positions vues du centre de la Terre données dans les Éphémérides, ou comme on dit les lieux vrais en lieux apparents. L'angle formé par les deux rayons menés du centre de l'astre au centre de la Terre et au lieu d'observation s'appelle *parallaxe*. Il faut donc pouvoir calculer la parallaxe d'un astre à un instant quelconque et pour un point quelconque de la surface de la Terre.

La Terre est entourée d'une atmosphère qui possède la propriété de réfracter la lumière. L'observation ne peut donc pas donner la position vraie de l'astre, mais seulement la direction qu'a le rayon lumineux réfracté par l'atmosphère à son entrée dans l'œil de l'observateur. L'angle de ce rayon visuel avec la direction dans laquelle l'astre serait vu, si l'atmosphère n'existait pas, est appelé *réfraction*. Pour déduire des observations d'un astre sa position vraie, il faut pouvoir déterminer la réfraction pour chaque point du ciel et pour chaque état de l'atmosphère.

Si la Terre était en repos, ou si du moins la vitesse de la lumière était infiniment grande par rapport à celle de la Terre, le mouvement de la Terre n'aurait aucune influence sur la position apparente des astres. Mais puisque la vitesse de la lumière est dans un rapport fini avec celle de la Terre, un observateur placé à sa surface voit toutes les étoiles en avant de leur position vraie, dans le sens du mouvement de la Terre, d'un petit angle fonction de ce rapport. Ce petit angle, qui change la position des étoiles, s'appelle *aberration*. Pour obtenir à l'aide des observations les positions vraies des astres, il faut corriger de l'aberration les lieux apparents observés.

I. — De la parallaxe.

65. *Dimensions de la Terre.* — La Terre n'est pas une sphère parfaite, mais s'approche beaucoup d'être un ellipsoïde aplati, volume engendré par la révolution d'une ellipse tournant autour de son petit axe. Si l'on désigne par a le demi grand axe, par b le demi petit axe de l'ellipse génératrice et par α l'aplatissement exprimé en parties du demi grand axe, on aura

$$\alpha = \frac{a-b}{a} = 1 - \frac{b}{a}.$$

Soit de plus ε l'excentricité, exprimée aussi en parties du demi grand axe,

$$\varepsilon^2 = 1 - \frac{b^2}{a^2},$$

et alors

$$\frac{b}{a} = \sqrt{1-\varepsilon^2},$$

$$\alpha = 1 - \sqrt{1-\varepsilon^2},$$

et inversement

$$\varepsilon = \sqrt{2\alpha - \alpha^2}.$$

On a, d'après les recherches de Bessel,

$$\frac{b}{a} = \frac{298,1528}{299,1528},$$

donc

$$\alpha = \frac{1}{299,1528}, \qquad \log \alpha = \overline{3},5241069,$$
$$\varepsilon = 0,0816967, \qquad \log \varepsilon = \overline{2},9122050,$$

et en mètres :

$$a = 6377398^{m},04, \qquad \log a = 6,8046436,$$
$$b = 6356079^{m},84, \qquad \log b = 6,8031894.$$

Parallaxe horizontale équatoriale du Soleil. — En Astronomie, on prend toujours pour unité le demi grand axe de l'orbite terrestre (*). Si l'on désigne par π l'angle sous lequel on verrait du Soleil le rayon d'un point de l'équateur, dans le cas où cet astre serait à l'horizon du point, et par R le demi grand axe de l'orbite terrestre ou la distance moyenne de la Terre au Soleil, on aura

$$a = \mathrm{R} \sin \pi,$$

et, puisque π est très-petit,

$$a = \frac{\mathrm{R}\pi}{206265}.$$

L'angle π ou la parallaxe horizontale équatoriale du Soleil est, d'après Encke,

$$\pi = 8'',5716, \quad \log \pi = 0,9330397.$$

66. *Latitude géocentrique d'un lieu et sa distance au centre de la Terre.* — Pour calculer la parallaxe d'un astre correspondante à un point donné de la surface de la Terre, il faut déterminer les coordonnées de ce point par rapport au centre de la Terre. On prend pour première coordonnée le temps sidéral, c'est-à-dire l'angle que fait un plan mené par le petit axe et le lieu d'observation (le plan méridien) avec le plan passant par le petit axe et l'équinoxe du printemps. Soit OAC (*fig.* 4) le plan passant par le

(*) *Voir* Le Verrier, *Annales de l'Observatoire impérial de Paris*, t. Ier, p. 189.

petit axe et le lieu d'observation A; la position du point A dans ce plan sera déterminée si l'on connaît en même temps la distance géocentrique AO et l'angle AOC appelé *latitude réduite* ou *géocentrique*.

Fig. 4.

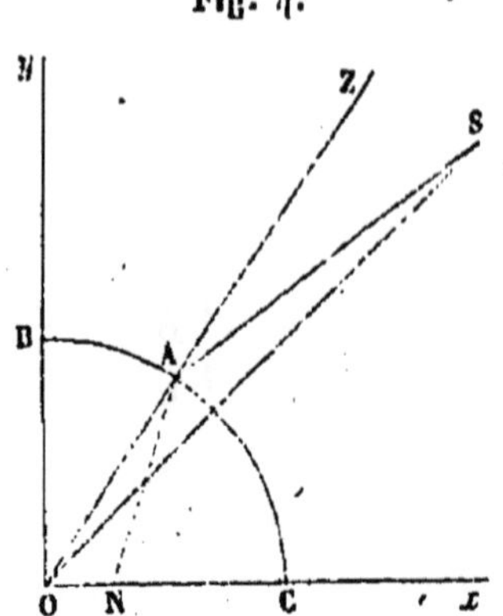

Ces quantités peuvent d'ailleurs être calculées lorsque l'on connaît la latitude ANC (angle de l'horizon en A avec l'axe de la Terre ou de la verticale du lieu avec l'équateur) et les deux axes de l'ellipse méridienne.

Soient en effet x et y les coordonnées du point A rapportées aux deux axes OC et OB; on a

$$a^2 y^2 + b^2 x^2 = a^2 b^2.$$

Si maintenant on désigne par φ' la latitude géocentrique

$$\operatorname{tang}\varphi' = \frac{y}{x},$$

et si φ représente l'angle de la normale en A avec l'axe des x,

$$\operatorname{tang}\varphi = -\frac{dx}{dy}.$$

On a, d'ailleurs, en différentiant l'équation de l'ellipse,

$$\frac{y}{x} = -\frac{b^2}{a^2}\frac{dx}{dy};$$

d'où résulte la relation

$$(a) \qquad \operatorname{tang}\varphi' = \frac{b^2}{a^2}\operatorname{tang}\varphi.$$

D'autre part

$$\rho = \sqrt{x^2 + y^2} = \frac{x}{\cos\varphi'};$$

mais on tire de l'équation de l'ellipse

$$x = \frac{a}{\sqrt{1 + \frac{a^2}{b^2}\,\text{tang}^2\varphi'}} = \frac{a}{\sqrt{1 + \text{tang}\,\varphi\,\text{tang}\,\varphi'}};$$

on en conclut

$$(b)\qquad \rho = \frac{a\,\text{séc}\,\varphi'}{\sqrt{1 + \text{tang}\,\varphi\,\text{tang}\,\varphi'}} = a\sqrt{\frac{\cos\varphi}{\cos\varphi'\cos(\varphi' - \varphi)}}.$$

Au moyen de ces deux formules on peut, pour chaque lieu de la surface de la Terre dont la latitude φ est connue, calculer la latitude géocentrique φ' et le rayon ρ.

Coordonnées du lieu. — Le calcul des coordonnées x et y se fait au moyen des formules suivantes, qui nous serviront plus loin :

$$(c)\qquad x = \frac{a\cos\varphi}{\sqrt{\cos^2\varphi + (1 - \varepsilon^2)\sin^2\varphi}} = \frac{a\cos\varphi}{\sqrt{1 - \varepsilon^2\sin^2\varphi}},$$

$$(d)\qquad y = x\,\text{tang}\,\varphi' = x(1 - \varepsilon^2)\,\text{tang}\,\varphi = \frac{a(1 - \varepsilon^2)\sin\varphi}{\sqrt{1 - \varepsilon^2\sin^2\varphi}}.$$

Rayon de courbure. — On a quelquefois besoin de connaître aussi le rayon de courbure du méridien terrestre à une latitude donnée. En le désignant par R, on a

$$R = \frac{\left(1 + \frac{dy^2}{dx^2}\right)^{\frac{3}{2}}}{\frac{d^2y}{dx^2}};$$

mais l'équation de l'ellipse donne

$$\frac{dy}{dx} = -\frac{b^2}{a^2}\frac{x}{y},\qquad \frac{d^2y}{dx^2} = -\frac{b^4}{a^2y^3},$$

12.

d'où

$$(e)\qquad R = \frac{a(1-\varepsilon^2)}{(1-\varepsilon^2\sin^2\varphi)^{\frac{3}{2}}}.$$

Développements en séries des formules précédentes. — Au moyen de la formule (a) nous pouvons développer φ' en une série ordonnée suivant les sinus des multiples de φ; en effet, en posant

$$\frac{a^2-b^2}{a^2+b^2} = m,$$

et appliquant la formule (16) du n° **11**, on a, en secondes,

$$\varphi' = \varphi - \frac{m}{\sin 1''}\sin^2\varphi + \frac{m^2}{2\sin 1''}\sin 4\varphi - \ldots,$$

et par suite, avec la valeur de l'aplatissement donnée plus haut,

$$\varphi' = \varphi - 11'30'',65\sin 2\varphi + 1'',16\sin 4\varphi - \ldots.$$

On ne peut obtenir une série élégante pour calculer la valeur de ρ, mais il est facile d'en trouver une pour $\log\rho$. La formule (b) donne en effet

$$\rho^2 = \frac{a^2}{\cos^2\varphi'\left(1+\frac{b^2}{a^2}\operatorname{tang}^2\varphi\right)}.$$

Si l'on remplace $\cos^2\varphi'$ par sa valeur $\dfrac{a^4}{a^4+b^4\operatorname{tang}^2\varphi}$, on obtient

$$\rho^2 = \frac{a^4\cos^2\varphi + b^4\sin^2\varphi}{a^2\cos^2\varphi + b^2\sin^2\varphi} = \frac{a^4+b^4+(a^4-b^4)\cos 2\varphi}{a^2+b^2+(a^2-b^2)\cos 2\varphi},$$

ou

$$\rho^2 = \frac{(a^2+b^2)^2+(a^2-b^2)^2+2(a^2+b^2)(a^2-b^2)\cos 2\varphi}{(a+b)^2+(a-b)^2+2(a+b)(a-b)\cos 2\varphi},$$

et, en posant encore $\dfrac{a-b}{a+b} = n$,

$$\rho = \frac{a^2+b^2}{a+b}\,\frac{\sqrt{1+m^2+2m\cos 2\varphi}}{\sqrt{1+n^2+2n\cos 2\varphi}}.$$

Prenons les logarithmes des deux membres et développons d'après la formule (15) du n° 11, nous aurons

$$\log\rho = \log\frac{a^2+b^2}{a+b}$$
$$+M\left[(m-n)\cos 2\varphi - \frac{m^2-n^2}{2}\cos 4\varphi + \frac{m^3-n^3}{3}\cos 6\varphi - \ldots\right],$$

où M est le module des logarithmes vulgaires,

$$\log M = \bar{1},637\,7843,$$

et enfin, en prenant a pour unité,

$$\log\rho = \bar{1},9992747 + 0,000\,7271\cos 2\varphi - 0,000\,0018\cos 4\varphi + \ldots$$

On trouve ainsi pour

	φ	φ'	Log ρ.
Paris........	48°.50'.13",0	48°.38'.48",2	$\bar{1}$,999 1795
Greenwich...	51.28.38,9	51.17.25,4	$\bar{1}$,999 1134
Berlin.......	52.30.16,0	52.19. 8,3	$\bar{1}$,999 0880

Encke a donné, dans le *Jahrbuch* de 1852, des Tables qui permettent de trouver immédiatement les valeurs de φ' et $\log\rho$ correspondantes à une latitude donnée.

Ainsi, lorsqu'on connaîtra la latitude d'un lieu, on calculera, au moyen des formules précédentes, la latitude géocentrique et la distance de ce lieu au centre de la Terre; qu'on y joigne le temps sidéral Θ, il sera facile de trouver à chaque instant la position de ce lieu par rapport à des axes fixes passant par le centre de la Terre. Imaginons, en effet, un système de coordonnées rectangulaires passant par le centre, dans lequel l'axe des z soit perpendiculaire au plan de l'équateur, et les axes des x et des y dans ce plan, la partie positive de l'axe des x passant par l'équinoxe de printemps, celle de l'axe des y par le point d'ascension droite 90°; les coordonnées du lieu auront pour expressions

$$x = \rho\cos\varphi'\cos\Theta,$$
$$y = \rho\cos\varphi'\sin\Theta,$$
$$z = \rho\sin\varphi'.$$

67. *Parallaxe de hauteur dans l'hypothèse de la sphéricité de la Terre.* — Le plan déterminé par les lignes qui vont de l'astre au centre de la Terre et au lieu d'observation passe, la Terre étant supposée sphérique, par le zénith du lieu, et coupe la sphère céleste suivant un grand cercle vertical. La parallaxe ne change donc que les hauteurs et non les azimuts. Soit maintenant (*fig.* 4) A le lieu d'observation, Z son zénith, S l'astre et O le centre de la Terre : ZOS sera la distance zénithale vraie z, vue du centre de la Terre; ZAS sera la distance zénithale apparente z', observée du point A de la surface. Si l'on désigne la *parallaxe de hauteur*, c'est-à-dire l'angle en S, par p', et la distance de l'astre à la Terre par Δ, on aura

$$p' = z' - z \quad \text{et} \quad \sin p' = \frac{\rho}{\Delta} \sin z'.$$

Pour tout astre autre que la Lune, p' sera toujours un petit angle, dont on pourra remplacer le sinus par l'arc, et on aura

$$p' = \frac{\rho}{\Delta} \sin z' . 206265.$$

Ainsi la parallaxe de hauteur est proportionnelle au sinus de la distance zénithale apparente. Elle est nulle au zénith, atteint son maximum à l'horizon et diminue les hauteurs de tous les astres. La valeur maximum pour $z' = 90°$

$$\frac{\rho}{\Delta} 206265$$

s'appelle la *parallaxe horizontale*, et la valeur

$$p = \frac{a}{\Delta} 206265,$$

où a est le rayon équatorial de la Terre, la *parallaxe horizontale équatoriale*.

Parallaxe en azimut et en distance zénithale. — Nous avons supposé la Terre sphérique; comme elle est un sphéroïde, le plan déterminé par les lignes qui joignent l'astre au centre de la Terre et au lieu d'observation, ne passe pas par le zénith, mais par le point où la droite qui va du centre au lieu d'observation rencontre la sphère céleste. Il résulte de là que l'azimut de l'astre est altéré par la parallaxe; de même, l'expression rigoureuse de la parallaxe de hauteur diffère de celle que nous avons donnée.

Considérons un système de coordonnées rectangulaires dans lequel l'axe des z positifs passe par le zénith du lieu d'observation, les axes des x et des y étant dans le plan de l'horizon, l'axe des x positifs dirigé vers le sud et l'axe des y positifs vers l'ouest; les coordonnées de l'astre, par rapport à ce système, seront

$$\Delta' \sin z' \cos A', \quad \Delta' \sin z' \sin A', \quad \Delta' \cos z',$$

où Δ' représente la distance de l'astre au lieu d'observation, z' et A' la distance zénithale et l'azimut de l'astre vu de ce lieu.

Imaginons maintenant un second système d'axes parallèles aux précédents, mais passant par le centre de la Terre; par rapport à ce système, l'astre aura pour coordonnées

$$\Delta \sin z \cos A, \quad \Delta \sin z \sin A, \quad \Delta \cos z,$$

Δ représentant la distance de l'astre au centre de la Terre, z et A la distance zénithale et l'azimut de l'astre vu du centre. Comme les coordonnées du centre de la Terre, par rapport au premier système d'axes, sont respectivement

$$-\rho \sin(\varphi - \varphi'), \quad 0, \quad -\rho \cos(\varphi - \varphi'),$$

on a les trois équations

$$\begin{aligned} \Delta' \sin z' \cos A' &= \Delta \sin z \cos A - \rho \sin(\varphi - \varphi'), \\ \Delta' \sin z' \sin A' &= \Delta \sin z \sin A, \\ \Delta' \cos z' &= \Delta \cos z - \rho \cos(\varphi - \varphi'), \end{aligned}$$

ou

$$(a) \quad \left\{ \begin{aligned} \Delta' \sin z' \sin(A' - A) &= \rho \sin(\varphi - \varphi') \sin A, \\ \Delta' \sin z' \cos(A' - A) &= \Delta \sin z - \rho \sin(\varphi - \varphi') \cos A, \\ \Delta' \cos z' &= \Delta \cos z - \rho \cos(\varphi - \varphi'). \end{aligned} \right.$$

Multiplions la première équation par $\sin \frac{1}{2}(A' - A)$, la seconde par $\cos\frac{1}{2}(A'-A)$, et ajoutons les produits, il vient

$$\Delta'\sin z' = \Delta\sin z - \rho\sin(\varphi-\varphi')\frac{\cos\frac{1}{2}(A'+A)}{\cos\frac{1}{2}(A'-A)},$$

$$\Delta'\cos z' = \Delta\cos z - \rho\cos(\varphi-\varphi').$$

En posant

$$(b)\qquad \tan\gamma = \frac{\cos\frac{1}{2}(A'+A)}{\cos\frac{1}{2}(A'-A)}\tan(\varphi-\varphi'),$$

on a

$$\Delta'\sin z' = \Delta\sin z - \rho\cos(\varphi-\varphi')\tan\gamma,$$

$$\Delta'\cos z' = \Delta\cos z - \rho\cos(\varphi-\varphi'),$$

ou bien

$$(c)\qquad \begin{cases} \Delta'\sin(z'-z) = \rho\cos(\varphi-\varphi')\dfrac{\sin(z-\gamma)}{\cos\gamma}, \\ \Delta'\cos(z'-z) = \Delta - \rho\cos(\varphi-\varphi')\dfrac{\cos(z-\gamma)}{\cos\gamma}, \end{cases}$$

et si l'on ajoute le produit de la première équation par $\sin\frac{1}{2}(z'-z)$ et de la seconde par $\cos\frac{1}{2}(z'-z)$, on obtient

$$\Delta' = \Delta - \rho\frac{\cos(\varphi-\varphi')\cos[\frac{1}{2}(z'+z)-\gamma]}{\cos\gamma\cos\frac{1}{2}(z'-z)}.$$

Supposons ρ et Δ exprimés en parties du rayon équatorial de la Terre, et p étant la parallaxe horizontale équatoriale de l'astre définie par l'équation

$$\frac{1}{\Delta} = \sin p,$$

posons

$$m = \rho\frac{\sin p\sin(\varphi-\varphi')}{\sin z},$$

$$n = \rho\frac{\sin p\cos(\varphi-\varphi')}{\cos\gamma}.$$

Les expressions rigoureuses de la parallaxe en azimut et en distance zénithale deviennent

$$\operatorname{tang}(A'-A)=\frac{m\sin A}{1-m\cos A},$$

$$\operatorname{tang}(z'-z)=\frac{n\sin(z-\gamma)}{1-n\cos(z-\gamma)}.$$

On peut développer ces formules en séries au moyen des formules (12) et (13) du n° **11**, et on obtient ainsi

$$A'-A=\frac{m\sin A}{1\sin 1''}+\frac{m^2\sin 2A}{2\sin 1''}+\frac{m^3\sin 3A}{3\sin 1''}+\ldots,$$

$$z'-z=\frac{n\sin(z-\gamma)}{1\sin 1''}+\frac{n^2\sin 2(z-\gamma)}{2\sin 1''}+\frac{n^3\sin 3(z-\gamma)}{3\sin 1''}+\ldots$$

$$\log\Delta'=\log\Delta-M\left[n\cos(z-\gamma)+\frac{n^2}{2}\cos 2(z-\gamma)+\frac{n^3}{3}\cos 3(z-\gamma)+\ldots\right].$$

Pour l'angle auxiliaire γ, on a

$$\gamma=\frac{\cos\frac{1}{2}(A'+A)}{\cos\frac{1}{2}(A'-A)}\operatorname{tang}(\varphi-\varphi')-\frac{1}{3}\frac{\cos^3\frac{1}{2}(A'+A)}{\cos^3\frac{1}{2}(A'-A)}\operatorname{tang}^3(\varphi-\varphi')+\ldots,$$

et en remplaçant $\operatorname{tang}(\varphi-\varphi')$ par la série

$$\varphi-\varphi'+\tfrac{1}{3}(\varphi-\varphi')^3+\ldots,$$

on trouve

$$\gamma=(\varphi-\varphi')\cos A-(\varphi-\varphi')\sin A\operatorname{tang}\tfrac{1}{2}(A'-A)+\tfrac{1}{3}(\varphi-\varphi')^3\frac{\sin A\sin A'\cos\frac{1}{2}(A'+A)}{\cos^3\frac{1}{2}(A'-A)\sin^2 1''}+\ldots.$$

Ces développements en série complets ne servent en réalité que pour le calcul de la parallaxe de la Lune, qui se fait aussi au moyen des formules rigoureuses.

Pour le Soleil, les planètes et les comètes on se borne aux premiers termes des développements, et on emploie les formules suivantes, qui sont bien suffisamment approchées :

$$\gamma = (\varphi - \varphi')\cos A,$$
$$A' - A = p\rho \sin(\varphi - \varphi') \sin A \operatorname{coséc} z,$$
$$z' - z = p\rho \sin(z - \gamma).$$

Ainsi dans le méridien, la parallaxe en azimut est nulle et la parallaxe en distance zénithale est donnée par l'équation

$$z' - z = p\rho \sin[z - (\varphi - \varphi')].$$

La quantité $p\rho$ est souvent appelée *parallaxe réduite* et $p - p\rho = p(1 - \rho)$ la *réduction* de la parallaxe équatoriale pour une latitude donnée; on la trouve dans la plupart des recueils de Tables astronomiques.

68. *Parallaxe en ascension droite et en déclinaison.* — Les coordonnées d'un astre rapportées au plan de l'équateur et au centre de la Terre sont,

$$\Delta \cos\delta \cos\alpha, \quad \Delta \cos\delta \sin\alpha, \quad \Delta \sin\delta,$$

et les coordonnées apparentes rapportées aux mêmes plans, mais vues du lieu d'observation,

$$\Delta' \cos\delta' \cos\alpha', \quad \Delta' \cos\delta' \sin\alpha', \quad \Delta' \sin\delta';$$

comme les coordonnées du lieu rapportées au centre et à l'équateur de la Terre ont pour expressions

$$\rho \cos\varphi' \cos\Theta, \quad \rho \cos\varphi' \sin\Theta, \quad \rho \sin\varphi',$$

on a, pour la détermination de Δ', α', δ', les trois équations

$$(a) \qquad \left\{ \begin{aligned} \Delta' \cos\delta' \cos\alpha' &= \Delta \cos\delta \cos\alpha - \rho \cos\varphi' \cos\Theta, \\ \Delta' \cos\delta' \sin\alpha' &= \Delta \cos\delta \sin\alpha - \rho \cos\varphi' \sin\Theta, \\ \Delta' \sin\delta' &= \Delta \sin\delta - \rho \sin\varphi'. \end{aligned} \right.$$

Retranchons l'une de l'autre les équations obtenues en multipliant la première par $\sin\alpha$, la seconde par $\cos\alpha$, et pareillement ajoutons celles que l'on obtient en multipliant la première par $\cos\alpha$, la seconde par $\sin\alpha$, nous aurons

$$(a')\quad \begin{cases} \Delta'\cos\delta'\sin(\alpha'-\alpha) = \rho\cos\varphi'\sin(\alpha-\Theta), \\ \Delta'\cos\delta'\cos(\alpha'-\alpha) = \Delta\cos\delta - \rho\cos\varphi'\cos(\alpha-\Theta). \end{cases}$$

Supposons dans ces formules ρ exprimé en parties du rayon équatorial de la Terre, Δ en parties du demi grand axe de l'orbite terrestre, et π étant la parallaxe du Soleil, posons

$$m = \frac{\rho\sin\pi\cos\varphi'}{\Delta\cos\delta},$$

nous obtenons pour $\tang(\alpha'-\alpha)$ la valeur suivante

$$(1)\qquad \tang(\alpha'-\alpha) = \frac{m\sin(\alpha-\Theta)}{1-m\cos(\alpha-\Theta)}.$$

Cette équation donne la parallaxe en ascension droite; une combinaison convenable des équations (a') nous permettra d'obtenir aussi la parallaxe en déclinaison. Après avoir multiplié la première par $\sin\frac{1}{2}(\alpha'-\alpha)$, la seconde par $\cos\frac{1}{2}(\alpha'-\alpha)$, ajoutons les produits obtenus, il viendra

$$\Delta'\cos\delta' = \Delta\cos\delta - \rho\cos\varphi'\,\frac{\cos[\Theta-\frac{1}{2}(\alpha'+\alpha)]}{\cos\frac{1}{2}(\alpha'-\alpha)}.$$

Soit maintenant un angle auxiliaire γ déterminé par l'équation

$$(2)\qquad \tang\gamma = \frac{\tang\varphi'\cos\frac{1}{2}(\alpha'-\alpha)}{\cos[\Theta-\frac{1}{2}(\alpha'+\alpha)]},$$

nous aurons entre δ' et δ les deux équations

$$(b)\quad \begin{cases} \Delta'\cos\delta' = \Delta\cos\delta - \rho\sin\varphi'\cot\gamma, \\ \Delta'\sin\delta' = \Delta\sin\delta - \rho\sin\varphi', \end{cases}$$

que l'on transforme aisément dans les suivantes

$$\Delta' \sin(\delta' - \delta) = 1 + \rho \frac{\sin\varphi'}{\sin\gamma} \sin(\delta - \gamma),$$

$$\Delta' \cos(\delta' - \delta) = 1 - \rho \frac{\sin\varphi'}{\sin\gamma} \cos(\delta - \gamma);$$

d'où, en faisant les mêmes conventions que plus haut et posant

$$n = \frac{\rho \sin\pi \sin\varphi'}{\Delta \sin\gamma},$$

nous déduisons

$$\tag{3} \operatorname{tang}(\delta' - \delta) = \frac{n \sin(\delta - \gamma)}{1 - n\cos(\delta - \gamma)}.$$

Les formules (1) et (3) donnent les expressions rigoureuses de la parallaxe en ascension droite et en déclinaison; on les rendra calculables par logarithmes en remplaçant par des sinus les quantités

$$m\cos(\alpha - \Theta), \quad n\cos(\delta - \gamma).$$

Mais on peut aussi employer les développements en séries suivants (n° **11**) :

$$\alpha' - \alpha = \frac{m\sin(\alpha - \Theta)}{\sin 1''} + \frac{m^2 \sin 2(\alpha - \Theta)}{2\sin 1''} + \ldots,$$

$$\delta' - \delta = \frac{n\sin(\delta - \gamma)}{\sin 1''} + \frac{n^2 \sin 2(\delta - \gamma)}{2\sin 1''} + \ldots.$$

Pour tous les astres autres que la Lune, on borne ces développements à leurs premiers termes. Dans les quantités auxiliaires m et n, on remplace alors $\sin\pi$ par $\pi \sin 1''$; pour γ on prend la valeur approchée donnée par l'équation

$$\operatorname{tang}\gamma = \operatorname{tang}\varphi' \operatorname{séc}(\alpha - \Theta),$$

et les parallaxes en ascension droite et en déclinaison sont exprinées par les formules

$$\alpha' - \alpha = \frac{\pi\rho\cos\varphi'}{\Delta}\frac{\sin(\alpha - \Theta)}{\cos\delta},$$

$$\delta' - \delta = \frac{\pi\rho\sin\varphi'}{\Delta}\frac{\sin(\delta - \gamma)}{\sin\gamma}.$$

Ainsi, pour un astre situé à l'est du méridien, la parallaxe en ascension droite est positive; à l'ouest, au contraire, elle est négative. Si l'astre est dans le méridien, elle s'annule.

Dans ce dernier cas, la formule qui donne la parallaxe en déclinaison devient

$$\delta' - \delta = \frac{\pi\rho}{\Delta}\sin(\delta - \varphi') = \frac{\pi\rho}{\Delta}\sin[z - (\varphi - \varphi')];$$

c'est l'expression de la parallaxe en distance zénithale; au moment du passage au méridien ces deux parallaxes ont donc la même valeur.

Effet de la parallaxe sur le diamètre apparent. — Lorsque l'astre a un diamètre apparent, on ne peut en observer que les bords; pour comparer les observations aux Éphémérides, qui contiennent les positions du centre de l'astre, il faut connaître le diamètre apparent vu du lieu d'observation, ou plutôt le déduire du diamètre apparent vu du centre de la Terre, que donnent les Tables. Or, en retranchant la seconde des équations (b) du produit de la première par $\cot\gamma$, on a

$$\Delta'\sin(\delta' - \gamma) = \Delta\sin(\delta - \gamma),$$

ou, si les diamètres apparents étant de petits angles peuvent être considérés comme inversement proportionnels aux distances,

$$R' = R\frac{\sin(\delta' - \gamma)}{\sin(\delta - \gamma)}.$$

Remarque. — Dans ce qui précède nous supposons connue la position géocentrique de l'astre et nous cherchons la position apparente vue du lieu d'observation; dans le problème inverse, où l'on doit de la position affectée de la parallaxe déduire le lieu géocentrique, on pourra, sans nuire à la précision, employer dans la valeur des parallaxes α', δ' et Δ' au lieu de α, δ et Δ. Il faut pourtant excepter le calcul de la parallaxe de la Lune, que nous traiterons plus loin tout spécialement.

Exemple. — A Rome, le 3 septembre 1844, à $20^h 41^m 38^s$ de temps sidéral, on a observé la comète de Vico et on a trouvé

$$\alpha' = 2^\circ 35' 55'',5, \quad \delta' = -18^\circ 43' 21'',6;$$

on avait de plus

$$\log\Delta = \bar{1},27969, \quad \varphi = 41^\circ 53' 52'',2,$$

d'où

$$\log\rho = \bar{1},99936, \quad \varphi' = 41^\circ 42',5.$$

Avec ces données le calcul de la parallaxe est le suivant :

Θ en arc...........	$310^\circ 24',5$
α' en arc...........	$2.35,9$
$\alpha' - \Theta$ en arc.......	$52^\circ 11',4$

		$\gamma =$	$+55^\circ 28',6$
$\operatorname{tang}\varphi'$	$\bar{1},94999$	$\delta' =$	$-18.43,4$
$\cos(\alpha' - \Theta)$ ..	$\bar{1},78749$	$\delta' - \gamma =$	$-74.12,0$
$\sin(\alpha' - \Theta)$...	$\bar{1},89765$	$\sin(\delta' - \gamma)$...	$\bar{1},98327n$
$\dfrac{\pi\rho\cos\varphi'}{\Delta}$......	$1,52576$	$\dfrac{\pi\rho\sin\varphi'}{\Delta}$	$1,47576$
$\text{séc}\,\delta'$..........	$0,02362$	$\text{coséc}\,\gamma$........	$0,08413$
$\log(\alpha' - \alpha) =$	$1,44703$	$\log(\delta' - \delta) =$	$1,54316n$
$\alpha' - \alpha =$	$+27'',99$	$\delta' - \delta =$	$-34'',93$

Ainsi la parallaxe augmente l'ascension droite géocentrique de la comète de 28″,0 et diminue sa déclinaison géocentrique de 34″,9. Donc le lieu de la comète corrigé de la parallaxe est

$$\alpha = +\ 2^\circ 35' 27'',5,$$
$$\delta = -\ 18.42.46,7.$$

Parallaxe en longitude et en latitude. — Pour obtenir la parallaxe d'un astre rapporté à des coordonnées écliptiques, il est nécessaire de connaître les coordonnées écliptiques du lieu d'observation rapportées au centre de la Terre. Si dans les formules du n° 37, on remplace Θ et φ' par la longitude l et la latitude b, on obtient, pour ces coordonnées,

$$\rho \cos b \cos l, \quad \rho \cos b \sin l, \quad \rho \sin b,$$

et si l'on désigne par λ', β' et Δ' les grandeurs apparentes et par λ, β et Δ les grandeurs vraies, on a les trois équations

$$\begin{aligned}\Delta' \cos\beta' \cos\lambda' &= \Delta \cos\beta \cos\lambda - \rho \cos b \cos l,\\ \Delta' \cos\beta' \sin\lambda' &= \Delta \cos\beta \sin\lambda - \rho \cos b \sin l,\\ \Delta' \sin\beta' &= \Delta \sin\beta - \rho \sin b,\end{aligned}$$

d'où, en suivant la marche que nous venons d'employer dans le problème précédent, on déduit les formules suivantes, qui sont suffisamment approchées :

$$\lambda' - \lambda = \frac{\pi\rho \cos b}{\Delta \cos\beta} \sin(\lambda - l),$$

$$\operatorname{tang}\gamma = \frac{\operatorname{tang} b}{\cos(\lambda - l)},$$

$$\beta' - \beta = \frac{\pi\rho \sin b}{\Delta \sin\gamma} \sin(\beta - \gamma).$$

Remarque. — Θ et φ' sont l'ascension droite et la déclinaison du zénith géocentrique, point où le rayon de la Terre prolongé rencontre la sphère céleste, l et b sa longitude et sa latitude; si l'on considère la Terre comme sphérique, ce point coïncide avec le zénith. On nomme *nonagésime* le point de l'écliptique ayant la même longitude que le zénith; il est en effet distant de 90° du point d'intersection de l'écliptique et de l'horizon, qu'on appelait autrefois *horoscope*.

69. *Calcul de la parallaxe de la Lune.* — Comme la parallaxe horizontale équatoriale de la Lune ou l'angle dont le sinus est $\frac{1}{\Delta}$, Δ désignant la distance de la Lune à la Terre, est toujours compris entre 54 et 61 minutes, nous devons alors employer les formules rigoureuses ou bien les développements en série donnés plus haut.

Exemple. — Calculons les coordonnées apparentes de la Lune à Greenwich, le 10 avril 1848, à 10 heures de temps moyen. On a

$$\begin{aligned}
\Theta &= 11^h\,17^m\ 0^s{,}02 = 169^\circ\,15'\ 0'',30,\\
\alpha &= 7.43.20{,}25 = 115.50.\ 3{,}75,\\
\delta &= +16.27.22{,}9,\\
p &= 56.57{,}5,\\
R &= 15.31{,}3,
\end{aligned}$$

et de plus pour Greenwich :

$$\varphi' = 51^\circ\,17'\,25'',4, \quad \log\rho = \bar{1},9991134.$$

Si, d'après ces données, on calcule $\alpha' - \alpha$ et $\delta' - \delta$ au moyen de leurs développements en séries, on a

	$\alpha' - \alpha$		$\delta' - \delta$
Pour le premier terme...	$-29'\,45'',71$		$-36'\,34'',21$
Pour le deuxième terme.	$-0.11{,}47$		$-0.20{,}91$
Pour le troisième terme..	$-0.\ 0{,}03$		$-0.\ 0{,}12$
$\alpha' - \alpha =$	$-29.57{,}21$	$\delta' - \delta =$	$-36.55{,}24$

Les coordonnées et le diamètre apparents de la Lune ont donc pour valeurs :

$$\begin{aligned}
\alpha' &= 115^\circ\,20'\ 6'',54,\\
\delta' &= 15.50.27{,}66,\\
R' &= 15.40{,}20.
\end{aligned}$$

Si l'on veut employer les formules rigoureuses, on les transformera de la manière suivante.

On a trouvé

$$\tang(\alpha' - \alpha) = \frac{m \sin(\alpha - \Theta)}{1 - m\cos(\alpha - \Theta)}, \quad \text{où} \quad m = \frac{\rho \sin p \cos\varphi'}{\cos\delta};$$

or, en posant $\cos A = m\cos(\alpha - \Theta)$, on obtient

$$\tang(\alpha' - \alpha) = \frac{m \sin(\alpha - \Theta)}{2\sin^2\frac{A}{2}};$$

en posant $\sin B = \rho \sin p \sin \varphi'$, on tire des deux formules

$$\Delta' \sin \delta' = \Delta (\sin \delta - \rho \sin p \sin \varphi'),$$
$$\Delta' \cos \delta' \cos(\alpha' - \alpha) = \Delta [\cos \delta - \rho \sin p \cos \varphi' \cos(\alpha - \Theta)],$$

la formule définitive

$$\tang \delta' = \frac{\cos(\alpha' - \alpha)}{\cos \delta \sin^2 \frac{A}{2}} \sin \tfrac{1}{2}(\delta - B) \cos \tfrac{1}{2}(\delta + B).$$

Enfin on a obtenu

$$\Delta = \frac{\cos \delta' \cos(\alpha' - \alpha) \operatorname{séc} \delta}{1 - \rho \cos \varphi' \sin p \operatorname{séc} \delta \cos(\alpha - \Theta)} \Delta',$$

formule d'où l'on déduit

$$R' = \frac{\cos \delta' \cos(\alpha' - \alpha)}{2 \cos \delta \sin^2 \frac{A}{2}} R.$$

Appliquées à l'exemple précédent, ces formules donnent

$$\alpha' - \alpha = -29'57'',21, \qquad \delta' = +15^\circ 50' 27'',68.$$
$$R' = \quad 15.40\ ,21,$$

On obtiendrait des formules analogues pour le calcul rigoureux de la parallaxe de la Lune en longitude et en latitude, en remplaçant respectivement dans les formules précédentes α', α, δ', δ, Θ et φ' par λ', λ, β', β, l et b.

§ II. — De la réfraction astronomique.

70. *Lois de la réfraction de la lumière.* — Pour arriver jusqu'à notre œil, les rayons lumineux émanés des corps célestes traversent l'atmosphère de la Terre. Dans le vide ou dans un milieu de densité uniforme, la lumière se meut en ligne droite; mais en pénétrant dans un milieu de densité différente, elle est déviée de sa direction primitive. Si de plus ce milieu se compose, comme notre atmosphère, d'une infinité de couches dont la densité varie

d'une manière continue, le chemin parcouru par le rayon lumineux devient une courbe. L'observateur placé à la surface de la Terre aperçoit l'astre dans la direction de la dernière tangente à la trajectoire du rayon lumineux, et doit alors, de cette direction qui définit le lieu apparent de l'astre, conclure la direction du rayon lumineux dans le vide, qui donne la vraie direction de l'astre observé. L'angle de ces deux directions s'appelle *réfraction astronomique*, et puisque la trajectoire du rayon lumineux tourne sa concavité vers le centre de la Terre, il est évident que la réfraction augmente les hauteurs de tous les astres.

Dans ce qui suit, nous supposerons la Terre sphérique, car cette hypothèse ne change que d'une manière inappréciable les phénomènes de la réfraction; nous considérerons l'atmosphère comme formée de couches concentriques dans lesquelles la densité et le pouvoir réfringent qui en dépend seront constants. Pour calculer la direction du rayon lumineux dans chaque couche, il est nécessaire de connaître les lois de la réfraction de la lumière. Ces lois, au nombre de quatre, sont les suivantes :

I. Si un rayon lumineux rencontre la surface de séparation de deux milieux de pouvoirs réfringents différents, le rayon réfracté reste dans le plan passant par la normale et le rayon incident.

II. Si l'on prolonge la normale de l'autre côté de la surface de séparation, pour tous les milieux, quel que soit l'angle d'incidence (angle de la normale et du rayon incident), le sinus de l'angle d'incidence est dans un rapport constant avec le sinus de l'angle de réfraction (angle de la normale et du rayon réfracté). Ce rapport est appelé *indice de réfraction* du second milieu par rapport au premier. Si le rayon lumineux passe du vide dans un milieu quelconque, ce rapport est appelé *indice absolu* de ce milieu.

III. Soit μ l'indice de réfraction du milieu B par rapport au milieu A, et μ' l'indice de réfraction du milieu C par rapport au milieu B, le produit $\mu\mu'$ sera égal à l'indice de réfraction du milieu C par rapport au milieu A.

IV. Si μ est l'indice de réfraction du milieu B par rapport au milieu A, $\frac{1}{\mu}$ est l'indice de réfraction du milieu A par rapport au milieu B.

Équation différentielle de la réfraction. — Soit maintenant (*fig.* 5) O un lieu de la surface de la Terre, C le centre de la

Fig. 5.

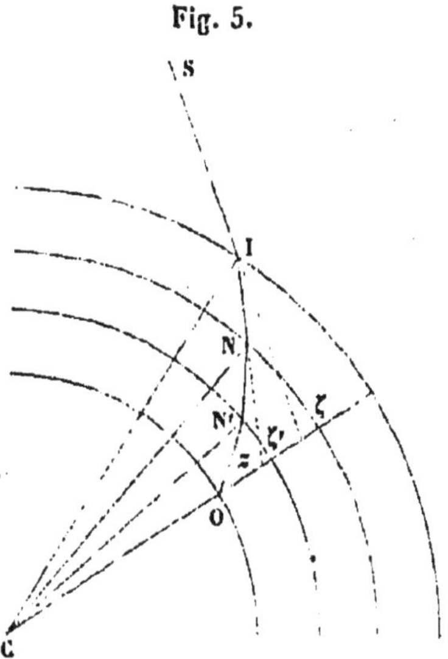

Terre, S la vraie position de l'étoile, CI la normale au point I où le rayon lumineux SI rencontre la première couche de l'atmosphère. L'indice de réfraction d'une couche quelconque étant connu, on pourra trouver la direction suivie dans cette couche par le rayon réfracté, et obtenir l'angle d'incidence relatif à la couche inférieure; on passera de celle-ci à la couche immédiatement voisine, et ainsi de suite.

Considérons maintenant la $n^{\text{ième}}$ couche, et soit CN la ligne menée du centre au point où le rayon lumineux rencontre cette couche; soit de plus i_n l'angle d'incidence, f_n l'angle de réfraction, μ_n l'indice de réfraction absolu de la $n^{\text{ième}}$ couche, μ_{n+1} l'indice absolu de la $(n+1)^{\text{ième}}$, on a (*)

$$\frac{\sin i_n}{\sin f_n} = \frac{\mu_{n+1}}{\mu_n}.$$

(*) Ces indices sont plus grands que l'unité; ainsi pour la couche qui se trouve à la surface de la Terre, on a, d'après les expériences de Biot, $\mu_0 = 1{,}000294$ ou $\frac{3400}{3399}$ environ.

Soit ensuite N' le point où le rayon lumineux rencontre la $(n+1)^{ième}$ couche, le triangle CNN' donne, en désignant par r_n, r_{n+1} les distances des points N et N' au centre de la Terre,

$$\frac{\sin f_n}{\sin i_{n+1}} = \frac{r_{n+1}}{r_n},$$

et, par la combinaison de cette équation avec la précédente, on a

$$\mu_n r_n \sin i_n = \mu_{n+1} r_{n+1} \sin i_{n+1}.$$

Ainsi le produit de la distance au centre, de l'indice de réfraction et du sinus de l'angle d'incidence est constant pour toutes les couches atmosphériques; si donc γ désigne une constante, la loi générale de la réfraction astronomique est exprimée par l'équation

$$(a) \qquad r\mu \sin i = \gamma,$$

où r, μ et i se rapportent au même point de l'atmosphère.

Pour la surface de la Terre, i, c'est-à-dire l'angle formé par la dernière tangente à la trajectoire du rayon lumineux avec la verticale, est égal à la distance zénithale apparente z de l'étoile. Soit a le rayon de la Terre, μ_0 l'indice de réfraction relatif à la couche d'air située à la surface de la Terre, on a, pour déterminer la constante γ, l'équation

$$(b) \qquad a\mu_0 \sin z = \gamma.$$

Supposons maintenant que la densité de l'atmosphère varie d'une manière continue, de telle sorte que la hauteur de la couche dans l'intérieur de laquelle on considère la densité comme constante soit infiniment petite; le chemin que suit le rayon lumineux dans l'atmosphère est alors une courbe. Rapportons-la à des coordonnées polaires, et appelons v l'angle que chaque rayon vecteur r fait avec CO; nous avons

$$(c) \qquad r\frac{dv}{dr} = \text{tang}\, i.$$

La direction de la dernière tangente est, comme on l'a vu, celle du rayon qui donne la distance zénithale apparente z; au contraire, la vraie distance zénithale ζ est l'angle que le prolongement de la direction primitive SI du rayon lumineux fait avec la normale. En réalité, cet angle ζ a son sommet en un autre point que celui où se trouve l'œil de l'observateur; mais la hauteur de l'atmosphère est très-faible, les corps célestes au contraire sont fort éloignés, en outre la réfraction est toujours un petit angle; la différence entre l'angle ζ et la vraie distance zénithale qu'on aurait observée du point O est donc négligeable; même pour la Lune, où cette différence est maximum, elle n'atteint pas une seconde d'arc à l'horizon. On peut donc supposer que l'angle ζ est la vraie distance zénithale vue du point O.

Au point N, auquel correspondent les valeurs i, r et μ des variables, menons une tangente à la trajectoire du rayon lumineux, et désignons par ζ' l'angle qu'elle fait avec la normale CO; nous avons

$$(d) \qquad \zeta' = i + v;$$

puis, en prenant les logarithmes des deux membres de l'équation (a) et différentiant, nous obtenons

$$\frac{dr}{r} + \cot i\, di + \frac{d\mu}{\mu} = 0.$$

Combinons ensuite cette équation avec les équations (c) et (d),

$$d\zeta' = -\operatorname{tang} i \,\frac{d\mu}{\mu};$$

et comme

$$\operatorname{tang} i = \frac{\sin i}{\sqrt{1 - \sin^2 i}} = \frac{\gamma}{\sqrt{r^2\mu^2 - \gamma^2}},$$

$$\gamma = a\mu_0 \sin z,$$

nous avons

$$d\zeta' = -\frac{\frac{a}{r}\mu_0 \sin z\, d\mu}{\mu\sqrt{\mu^2 - \frac{a^2}{r^2}\mu_0^2 \sin^2 z}}.$$

L'intégrale de $d\zeta'$ prise entre les limites $\zeta' = \zeta$ et $\zeta' = z$ donne la valeur de la réfraction.

Posons $\frac{a}{r} = 1 - s$, il viendra

$$(e) \quad d\zeta' = -\frac{(1-s)\sin z\, d\mu}{\mu\sqrt{\cos^2 z - \left(1 - \frac{\mu^2}{\mu_0^2}\right) + (2s - s^2)\sin^2 z}}.$$

Pour intégrer cette équation il faudrait connaître s en fonction de μ; cette dernière grandeur dépend de la densité, et la Physique nous apprend que la quantité $\mu^2 - 1$ ou *puissance réfractive* est proportionnelle à la densité. Soit, dès lors, une nouvelle variable, la densité ρ, donnée par l'équation

$$\mu^2 - 1 = c\rho,$$

dans laquelle c désigne une constante, telle que d'après les expériences de Biot on a, pour la température de 0° et la pression atmosphérique de $0^m,760$,

$$c\rho_0 = 0{,}000\,588\,768;$$

on obtient

$$(e') \quad d\zeta' = -\frac{\frac{1}{2}(1-s)\sin z \frac{c\,d\rho}{1 + c\rho_0}}{\frac{1 + c\rho}{1 + c\rho_0}\sqrt{\cos^2 z - \left(1 - \frac{1 + c\rho}{1 + c\rho_0}\right) + (2s - s^2)\sin^2 z}},$$

et, en posant

$$\frac{c\rho_0}{1 + c\rho_0} = \frac{\mu_0^2 - 1}{\mu_0^2} = 2\alpha,$$

α étant une constante, égale à $0{,}000\,294\,211$, on a

$$\frac{1 + c\rho}{1 + c\rho_0} = 1 - 2\alpha\left(1 - \frac{\rho}{\rho_0}\right);$$

et par suite

$$(f) \quad d\zeta' = \frac{-\alpha(1-s)\sin z \frac{d\rho}{\rho_0}}{\left[1 - 2\alpha\left(1 - \frac{\rho}{\rho_0}\right)\right]\sqrt{\cos^2 z - 2\alpha\left(1 - \frac{\rho}{\rho_0}\right) + (2s - s^2)\sin^2 z}}.$$

Le facteur

$$1-2\alpha\left(1-\frac{\rho}{\rho_0}\right)$$

est le carré du rapport de l'indice de réfraction absolu de la couche de rayon r à l'indice de la couche située à la surface de la Terre. Puisqu'aux limites de l'atmosphère $\mu=1$ et qu'au contraire pour le passage du vide dans la couche située à la surface de la Terre $\mu_0=1,000294$, le rapport $\frac{\mu}{\mu_0}$ sera toujours compris entre des limites très-resserrées; on peut donc, sans erreur sensible, remplacer le facteur variable

$$1-2\alpha\left(1-\frac{\rho}{\rho_0}\right)$$

par la moyenne de ses valeurs extrêmes 1 et $1-2\alpha$, c'est-à-dire par la constante $1-\alpha$.

Posons encore, pour abréger,

$$1-\frac{\rho}{\rho_0}=w,$$

où w est une fonction de s qu'il faut déterminer; nous aurons

$$d\zeta'=\frac{\alpha}{1-\alpha}\frac{(1-s)\sin z\,dw}{\sqrt{\cos^2 z-2\alpha w+(2s-s^2)\sin^2 z}}.$$

Or s est toujours petit, car pour une hauteur de l'atmosphère égale à 75 kilomètres, la plus grande valeur de s est seulement 0,0116; on peut donc écrire

$$(g)\quad\left\{\begin{aligned} d\zeta' &= \frac{\alpha}{1-\alpha}\frac{\sin z\,dw}{(\cos^2 z-2\alpha w+2s\sin^2 z)^{\frac{1}{2}}}\\ &\quad-\frac{\alpha}{1-\alpha}\frac{s\sin z\,(\cos^2 z-2\alpha w+\frac{3}{2}s\sin^2 z)\,dw}{(\cos^2 z-2\alpha w+2s\sin^2 z)^{\frac{3}{2}}};\end{aligned}\right.$$

le second terme de cette formule est, comme nous le verrons plus tard, toujours assez petit pour qu'on puisse le négliger, et n'avoir égard qu'au premier terme, dans une première approximation. Pour avoir la valeur de la réfraction, il faut intégrer l'expression $d\zeta'$ entre des limites correspondantes à $r = a$ et $r = a + \mathrm{H}$, H étant la hauteur de l'atmosphère, et on voit aisément qu'il suffira d'ajouter la valeur de l'intégrale obtenue à la distance zénithale apparente pour avoir la distance zénithale vraie.

Posons maintenant

$$\omega = \mathrm{F}(s) \quad \text{et} \quad \frac{\alpha\,\mathrm{F}(s)}{\sin^2 z} = \varphi(s),$$

et introduisons une nouvelle variable x donnée par l'équation

$$s = x + \varphi(s),$$

nous aurons, d'après la formule de Lagrange,

$$\mathrm{F}(s) = \mathrm{F}(x) + \varphi(x)\frac{d\,\mathrm{F}(x)}{dx} + \frac{1}{1.2}\frac{d}{dx}\left[[\varphi(x)]^2\frac{d\,\mathrm{F}(x)}{dx}\right] + \frac{1}{1.2.3}\frac{d^2}{dx^2}\left[[\varphi(x)]^3\frac{d\,\mathrm{F}(x)}{dx}\right] + \ldots.$$

d'où

$$(h)\quad \left\{\begin{aligned} \frac{d\,\mathrm{F}(s)}{dx} = \frac{d\,\mathrm{F}(x)}{dx} &+ \frac{d}{dx}\left[\varphi(x)\frac{d\,\mathrm{F}(x)}{dx}\right] \\ &+ \frac{1}{1.2}\frac{d^2}{dx^2}\left[[\varphi(x)]^2\frac{d\,\mathrm{F}(x)}{dx}\right] + \ldots. \end{aligned}\right.$$

Pour tirer de là l'expression de la réfraction, il faut multiplier chaque terme par $\dfrac{\alpha}{1-\alpha}\cdot\dfrac{\sin z\,dx}{\sqrt{\cos^2 z + 2x\sin^2 z}}$ et intégrer ensuite entre les limites ci-dessus indiquées. Mais pour effectuer cette intégration, il faut connaître ω en fonction de s, c'est-à-dire connaître la loi suivant laquelle la densité de l'air décroît avec la hauteur.

71. *Lois du décroissement de la température et de la densité de l'atmosphère.* — Soient p_0 et τ_0 la pression de l'air et sa température à la surface de la Terre, p et τ les valeurs de ces mêmes grandeurs à une certaine hauteur dans l'atmosphère, m le coefficient de dilatation de l'air pour 1° centigrade, on a

$$(\alpha) \qquad p = \frac{1 + m\tau}{1 + m\tau_0} \frac{\rho}{\rho_0} p_0.$$

Ainsi l'expression $\frac{p}{\rho(1 + m\tau)}$ qui représente le quotient de la pression par le produit de la densité et du binôme de dilatation est constante. Désignons par l_0 la hauteur d'une colonne d'air de densité ρ_0 et de température τ_0 qui ferait équilibre à la pression p_0 pour une intensité de la pesanteur égale à g_0 à la surface de la Terre, nous aurons

$$(\beta) \qquad p_0 = \rho_0 g_0 l_0,$$

l_0 serait la hauteur de l'atmosphère si la pression, la température et l'intensité de la pesanteur avaient dans toutes les couches les mêmes valeurs qu'à la surface de la Terre. Prenons pour τ_0, la température de 10° centigrades; nous avons, d'après les déterminations de M. Regnault,

$$l_0 = 8286^{\text{m}},1.$$

C'est le produit de la hauteur barométrique normale $0^{\text{m}},760$ à la surface des mers, et de la densité du mercure par rapport à l'air pour une température de 10° centigrades (*).

Si l'on s'élève de dr dans l'atmosphère, le décroissement de la pression est égal à la petite colonne d'air ρdr, multipliée par l'intensité de la pesanteur $g_0 \frac{a^2}{r^2}$ correspondante à la distance r,

$$(\beta_1) \qquad dp = -g_0 \frac{a^2}{r^2} \rho dr;$$

comme $\frac{a}{r^2} dr = ds$ et $\frac{\rho}{\rho_0} = (1 - \omega)$, nous aurons, à l'aide de l'é-

(*) Bessel avait trouvé $l_0 = 4246,05$ toises $= 8236,74$ mètres; mais cette différence n'infirme point l'excellence des Tables de Bessel, dont les constantes ont été déterminées d'après les observations astronomiques elles-mêmes.

quation (β),

$$(\gamma) \qquad \frac{dp}{p_0} = -\frac{a\,ds}{l_0}(1-w),$$

et, en comptant les températures à partir de 10° centigrades,

$$(\gamma_1) \qquad \frac{p}{p_0} = (1+m\tau)(1-w).$$

Si nous éliminons p entre l'équation (α) et les deux précédentes, $1-w$ et par conséquent la densité sera exprimée en fonction de s et de $1+m\tau$. Cette dernière quantité est elle-même fonction de s; mais puisqu'on ne connaît pas la loi de décroissement de la température avec la hauteur, il est nécessaire d'avoir recours à une hypothèse, à la condition de vérifier ensuite la concordance des réfractions calculées et des réfractions observées. Les diverses théories de la réfraction diffèrent entre elles par l'hypothèse faite sur la loi de décroissement de la température.

72. *Hypothèse de Cassini.* — Supposons d'abord, avec Dominique Cassini, que l'atmosphère soit de densité uniforme; un rayon lumineux subira alors une réfraction unique aux limites de l'atmosphère. Dans ce cas, les formules du n° 70 nous donnent simplement

$$\sin i = \mu_0 \sin f;$$

or, si δz représente la réfraction,

$$i = \delta z + f,$$

d'où, puisque δz est suffisamment petit,

$$\sin i = \delta z \cos f + \sin f,$$

et par suite

$$\delta z = (\mu_0 - 1)\operatorname{tang} f;$$

mais en désignant par l la hauteur de l'atmosphère, on voit aisément que $\sin f = \frac{a}{a+l}\sin z$, donc

$$\delta z = (\mu_0 - 1)\frac{\sin z}{\sqrt{\cos^2 z + \frac{2l}{a}}},$$

ou, $\frac{l}{a}$ étant petit,

$$\delta z = (\mu_0 - 1)\left(1 - \frac{l}{a\cos^2 z}\right)\tang z.$$

Cette formule s'accorde avec les Tables données par Ivory pour des distances zénithales qui n'excèdent point 80°; mais pour de plus grandes distances zénithales, il survient entre la réfraction calculée et la réfraction observée un désaccord qui augmente rapidement. Par exemple, supposons la température égale à 0° et la pression à $0^m,760$; adoptons $6\,366\,738^m$ pour valeur du rayon moyen de la Terre, et, avec M. Regnault, $10\,517,3$ pour celle de la densité du mercure par rapport à l'air. Nous aurons

$$l = 7993^m,15, \quad \text{d'où} \quad \frac{l}{a} = 0,001\,255\,45;$$

la substitution de ces nombres dans l'avant-dernière formule nous donnera, pour $z = 90°$,

$$\delta z_0 = \frac{0,000\,294 \times 206\,265}{\sqrt{2\frac{l}{a}}} = 20' \text{ environ.}$$

Mais, d'après les observations d'Argelander, la réfraction horizontale pour cet état de l'atmosphère est 37′ 31″; ce résultat s'écarte trop de celui que donne l'hypothèse de Cassini, pour que celle-ci puisse être admise.

Hypothèse de Newton. — Si l'on suppose la température constante, on a

$$\frac{p}{p_0} = 1 - w \quad \text{et par suite} \quad \frac{dp}{p_0} = d(1 - w);$$

d'ailleurs la comparaison de cette équation avec l'équation (γ), donne

$$\frac{d(1 - w)}{1 - w} = -\frac{a}{l_0}\,ds,$$

d'où

$$(\gamma_2) \qquad \frac{p}{p_0} = \frac{\rho}{\rho_0} = 1 - w = e^{-\frac{a}{l_0}s},$$

puisque la constante introduite par l'intégration est nulle.

Posons

$$\frac{a}{l_0} = \beta,$$

nous aurons

$$w = \mathrm{F}(s) = 1 - e^{-\beta s},$$

et, par suite,

$$\mathrm{F}(x) = 1 - e^{-\beta x},$$

$$\varphi(x) = -\frac{\alpha}{\sin^2 z}(e^{-\beta x} - 1).$$

Ainsi

$$[\varphi(x)]^n \frac{d\mathrm{F}(x)}{dx}$$

$$= (-1)^n \frac{\alpha^n \beta}{\sin^{2n} z}\left[e^{-(n+1)\beta x} - n e^{-n\beta x} + \frac{n(n-1)}{1.2} e^{-(n-1)\beta x} - \ldots\right],$$

et puisque

$$\frac{d^n e^{-kx}}{dx^n} = (-1)^n k^n e^{-kx},$$

il en résulte

$$\frac{d^n\left[[\varphi(x)]^n \frac{d\mathrm{F}(x)}{dx}\right]}{dx^n} = \frac{\alpha^n \beta^{n+1}}{\sin^{2n} z}\Bigg[(n+1)^n e^{-(n+1)\beta x} - n.n^n e^{-n\beta x}$$

$$+ \frac{n(n-1)}{1.2}(n-1)^n e^{-(n-1)\beta x} - \ldots\Bigg],$$

et le terme général de la première partie de la différentielle $d\zeta'$ devient

$$\frac{\alpha}{1-\alpha} \frac{\alpha^n \beta^{n+1} \sin z \, dx}{1.2\ldots n.\sin^{2n} z \sqrt{\cos^2 z + 2x \sin^2 z}}$$

$$\times \Bigg[(n+1)^n e^{-(n+1)\beta x} - n.n^n e^{-n\beta x}$$

$$+ \frac{n(n-1)}{1.2}(n-1)^n e^{-(n-1)\beta x} - \ldots\Bigg],$$

où l'on doit donner à n toutes les valeurs entières à partir de zéro. Il faut ensuite intégrer tous ces termes par rapport à x entre des valeurs de x correspondantes à $r = a$ et $r = a + \text{H}$, H désignant la hauteur de l'atmosphère. Cette hauteur n'est pas connue; mais à cette limite supérieure la densité est nulle; il n'y a donc plus de réfraction, et l'on peut sans erreur sensible prendre les limites $r = a$ et $r = \infty$, auxquelles correspondent $s = 0$ et $s = 1$, et, par suite, $x = 0$ et $x = 1 - \frac{\alpha(1 - e^{-\beta})}{\sin^2 z}$. Mais, comme à cette dernière limite de x, $e^{-\beta s}$ est d'une petitesse excessive, puisque $e = 2,718\ldots$ et que β est un très-grand nombre, à peu près égal à 800, on voit que les intégrales peuvent, sans crainte d'aucune erreur appréciable, être prises entre les limites $x = 0$ et $x = \infty$. Les intégrales proposées peuvent, du reste, se décomposer en fonctions telles que ψ traitées au n° 18; et si l'on emploie la formule (8) donnée dans ce numéro, on trouve, pour le terme général de la réfraction,

$$\frac{\alpha\sqrt{2\beta}}{1-\alpha}\,\frac{\alpha^n\beta^n}{1.2\ldots n\sin^{2n}z}$$
$$\times\left[(n+1)^{\frac{2n-1}{2}}\psi(n+1) - n.n^{\frac{2n-1}{2}}\psi(n)\right.$$
$$\left.+\frac{n(n-1)}{1.2}(n-1)^{\frac{2n-1}{2}}\psi(n-1) - \ldots\right].$$

On a donc

$$(i)\quad\left\{\begin{aligned}\delta z = \frac{\alpha\sqrt{2\beta}}{1-\alpha}\Big\{&\psi(1)\\&+\frac{\alpha\beta}{\sin^2 z}\left[2^{\frac{1}{2}}\psi(2) - \psi(1)\right]\\&+\frac{\alpha^2\beta^2}{1.2\sin^4 z}\left[3^{\frac{3}{2}}\psi(3) - 2\times 2^{\frac{3}{2}}\psi(2) + \psi(1)\right]\\&+\frac{\alpha^3\beta^3}{1.2.3\sin^6 z}\left[4^{\frac{5}{2}}\psi(4) - 3\times 3^{\frac{5}{2}}\psi(3)\right.\\&\qquad\left.+3\times 2^{\frac{5}{2}}\psi(2) - \psi(1)\right]\\&+\ldots\ldots\ldots\ldots\ldots\ldots\Big\},\end{aligned}\right.$$

et, puisque

$$e^{-x} = 1 - \frac{x}{1} + \frac{x^2}{1.2} - \frac{x^3}{1.2.3} + \ldots,$$

on peut écrire (*)

$$(k)\quad \left\{ \begin{aligned} \delta z = \frac{\alpha}{1-\alpha}\sqrt{2\beta}\Bigg[& e^{-\frac{\alpha\beta}{\sin^2 z}}\psi(1) \\ & + e^{-\frac{2\alpha\beta}{\sin^2 z}}\psi(2)\,2^{\frac{1}{2}}\frac{\alpha\beta}{\sin^2 z} \\ & + e^{-\frac{3\alpha\beta}{\sin^2 z}}\psi(3)\,3^{\frac{3}{2}}\frac{\alpha^2\beta^2}{1.2\sin^4 z} \\ & + e^{-\frac{4\alpha\beta}{\sin^2 z}}\psi(4)\,4^{\frac{5}{2}}\frac{\alpha^3\beta^3}{1.2.3\sin^6 z} \\ & + \ldots\ldots\ldots\ldots\ldots\ldots \Bigg], \end{aligned} \right.$$

valeur qu'on multipliera par 206 265 pour exprimer δz en secondes.

Considérons maintenant le second terme de $d\zeta'$, et voyons quelle est son influence. Elle est la plus grande dans le cas de la réfraction horizontale, et, dans ce cas, ce second terme devient

$$-\frac{\alpha}{1-\alpha}\,\frac{\beta s e^{-\beta s}\left[\frac{3s}{2} - 2\alpha(1-e^{-\beta s})\right]ds}{\left[2s - 2\alpha(1-e^{-\beta s})\right]^{\frac{3}{2}}}.$$

La partie la plus sensible de cette différentielle correspond à s très-petit, parce qu'alors le dénominateur est fort petit. On peut donc, dans ce dénominateur et dans le facteur $\frac{3s}{2} - 2\alpha(1-e^{-\beta s})$, développer $e^{-\beta s}$ en série, et n'en considérer que les premiers termes. Si l'on s'en tient aux deux premiers, ce que l'on peut faire ici sans erreur sensible, on aura

$$-\frac{\alpha}{1-\alpha}\,\frac{s^{\frac{1}{2}}e^{-\beta s}(3-4\alpha\beta)\,ds}{2^{\frac{5}{2}}(1-\alpha\beta)^{\frac{3}{2}}},$$

(*) Cette forme de la réfraction est due à KRAMP : *Analyse des réfractions astronomiques et terrestres*; Strasbourg, 1799.

et, en l'intégrant depuis $s = 0$ jusqu'à $s = \infty$, on aura en secondes

$$-\frac{1}{8\sin 1''}\frac{\alpha(3-4\alpha\beta)}{(1-\alpha)(1-\alpha\beta)^{\frac{3}{2}}}\sqrt{\frac{\pi}{2\beta}},$$

quantité qui n'atteint pas une seconde, et qui, par conséquent, est insensible à l'horizon, où la réfraction éprouve de grandes variations. On peut donc, dans tous les cas, négliger le second terme de la formule (g), et ne conserver que le premier.

Si l'on fait usage des valeurs de α et β données ci-dessus, on trouve dans l'hypothèse que nous considérons, pour une température de zéro et une pression de $0^m,760$, la réfraction horizontale égale à $39' 54'',5$. Cette réfraction surpasse de $2' 23'',5$ la valeur donnée par Argelander, ce qui prouve l'erreur de l'hypothèse d'une température uniforme dans toute l'étendue de l'atmosphère. On sait en effet que cette température diminue à mesure que l'on s'élève, et, comme l'air se contracte par le froid, il en résulte que la différence entre la densité d'une couche de l'atmosphère et la densité de la couche immédiatement supérieure est par là diminuée. La limite de cette diminution est celle d'une différence nulle ou d'une densité constante, et l'on a vu que, dans ce cas, la réfraction horizontale est trop petite; la constitution de l'atmosphère et les réfractions sont donc comprises entre les deux limites que donnent les hypothèses que nous venons de considérer; mais on peut, de la manière suivante, obtenir deux limites plus rapprochées.

Hypothèse de Bouguer. — L'équation différentielle de la réfraction s'intègre rigoureusement dans le cas où la loi du décroissement de la densité de l'atmosphère est telle, que la distance de la couche au centre de la Terre est inversement proportionnelle à une certaine puissance de l'indice de réfraction, c'est-à-dire si

$$\frac{a}{r} = \left(\frac{\mu}{\mu_0}\right)^{2m};$$

ou, d'après les notations du n° 70,

$$1 - s = \left(\frac{1+c\rho}{1+c\rho_0}\right)^m,$$

et, en prenant pour nouvelle variable

$$y = \left(\frac{1 + c\rho}{1 + c\rho_0}\right)^{\frac{2m-1}{2}} \sin z,$$

l'équation (c') (p. 198) se réduit à la forme simple

$$d\zeta' = -\frac{dy}{(2m-1)\sqrt{1-y^2}},$$

d'où, en intégrant entre les limites $y = \sin z$ et $y = \dfrac{\sin z}{(1+c\rho_0)^{\frac{2m-1}{2}}}$, correspondantes à $\rho = \rho_0$ et $\rho = 0$, on déduit

$$\delta z = \frac{1}{2m-1}\left[z - \operatorname{arc\,sin}\left(\frac{\sin z}{(1+c\rho_0)^{\frac{2m-1}{2}}}\right)\right],$$

ou

$$\sin[z - (2m-1)\delta z] = \frac{\sin z}{(1+c\rho_0)^{\frac{2m-1}{2}}}.$$

C'est la formule de réfraction connue sous le nom de *formule de Simpson*, bien qu'en fait elle soit équivalente à la formule donnée par Bouguer en 1729 dans un Mémoire sur la Réfraction, couronné par l'Académie des Sciences.

En ajoutant et en retranchant $\sin z$ aux deux membres de l'équation précédente, et divisant les deux équations ainsi obtenues, on a

$$\operatorname{tang}\left(\frac{2m-1}{2}\delta z\right) = \frac{(1+c\rho_0)^{\frac{2m-1}{2}} - 1}{(1+c\rho_0)^{\frac{2m-1}{2}} - 1}\operatorname{tang}\left(z - \frac{2m-1}{2}\delta z\right),$$

formule équivalente à celle qu'a donnée Bradley.

Dans le cas de la réfraction horizontale $z = 90^{\circ}$, et, comme $c\rho_0$ est très-petit, on a

$$\operatorname{tang}^2\left(\frac{2m-1}{2}\delta z_0\right) = \frac{2m-1}{2}c\rho_0,$$

ou approximativement, à cause de la petitesse de δz_0,

$$\delta z_0 = \sqrt{\frac{c\rho_0}{2m-1}}.$$

Si l'on ne voulait considérer que le phénomène des réfractions astronomiques, on pourrait déterminer m de telle sorte que le second membre de cette équation représentât la réfraction horizontale observée. L'expression générale de tang $\left(\frac{2m-1}{2}\delta z\right)$ donnerait alors pour toutes les hauteurs la réfraction δz. C'est le procédé qu'ont suivi plusieurs astronomes pour construire une Table de réfraction, et c'est ainsi que Laplace a trouvé, à l'aide d'un grand nombre d'observations,

$$\delta z = 60'',666 \operatorname{tang}(z - 3,25\delta z).$$

Mais il faut, en outre, que la constitution admise pour l'atmosphère donne non-seulement les réfractions observées, mais encore la diminution de la pression barométrique et de la température que l'on trouve en s'élevant dans l'atmosphère. Nous allons considérer ces deux phénomènes dans l'hypothèse précédente.

Dans l'équation (β_1) du n° 71

$$dp = g_0 a\rho\, d\frac{a}{r};$$

remplaçons $\frac{a}{r}$ par la valeur $\left(\frac{1+c\rho}{1+c\rho_0}\right)^m$, et intégrons; comme p s'annule avec ρ, nous aurons

$$p = ag_0\rho_0 \frac{\frac{\rho}{\rho_0}(1+c\rho)^m + \frac{1}{(m+1)c\rho_0}\left[1-(1+c\rho)^{m+1}\right]}{(1+c\rho)^m},$$

expression qui donne à très-peu près

$$p = ag_0\rho_0 m \frac{c\rho_0}{2}\frac{\rho^2}{\rho_0^2};$$

en divisant cette équation par l'équation (β), il vient

$$\frac{p}{p_0} = \frac{m}{2}\frac{a}{l_0}c\rho_0\frac{\rho^2}{\rho_0^2}.$$

On en déduit, pour la surface de la Terre,

$$m = \frac{2l_0}{ac\rho_0},$$

et, par suite, pour la réfraction horizontale,

$$\delta z_0 = \frac{c\rho_0}{2\sqrt{\frac{l_0}{a} - \frac{c\rho_0}{4}}};$$

avec les valeurs déjà données, pour la température 0° et la pression $0^m,760$, on trouve, après division par sin 1″,

$$\delta z_0 = 1824'' = 30'24''.$$

Cette valeur est moindre de 7′ que la réfraction observée par Argelander; mais elle est plus grande que celle qui résulte de l'hypothèse d'une densité constante; ainsi, la constitution réelle de l'atmosphère est comprise entre celles que donnent la supposition d'une température uniforme et l'hypothèse actuelle.

Dans cette dernière hypothèse, la densité des couches atmosphériques diminue en progression arithmétique quand leur hauteur croît suivant une progression semblable. En effet $a = r(1-s)$, d'où approximativement $r = a(1+s)$ et, as étant la hauteur de la couche au-dessus de la surface de la Terre,

$$as = mc\rho_0 a\left(1 - \frac{\rho}{\rho_0}\right),$$

ou

$$as = 2l_0\left(1 - \frac{\rho}{\rho_0}\right).$$

Aux limites de l'atmosphère $\rho = 0$, donc $as = 2l_0$; la hauteur de l'atmosphère est donc ici double de ce qu'elle est dans l'hypothèse d'une densité constante.

Les expressions précédentes de p et m donnent

$$\frac{p\rho_0}{p_0\rho} = \frac{\rho}{\rho_0} = 1 - \frac{as}{2l_0},$$

d'où, à l'aide de l'équation (α) du n° 71, on déduit

$$as = 2l_0 m(\tau_0 - \tau).$$

Ainsi, dans cette hypothèse, la température des couches diminue, comme leur densité, en progression arithmétique. D'après Rudberg et Regnault, $m = \frac{1}{273}$; il faudrait donc s'élever dans l'atmosphère de $\frac{2l_0}{273} = 58^m,6$ pour obtenir 1° centigrade d'abaissement dans la température. Mais, d'après les observations faites par Gay-Lussac dans sa mémorable ascension aérostatique en 1804, cet abaissement se produit pour une élévation de 173^m environ (40°,25 pour une hauteur de 6980^m); l'hypothèse que nous considérons ne représente donc ni les réfractions observées à l'horizon, ni la loi de la diminution de la température.

Dans l'hypothèse d'une densité constante, on a

$$\frac{p\rho_0}{p_0\rho} = 1 - \frac{as}{l_0};$$

il faut donc s'élever d'une hauteur moitié moindre que dans l'hypothèse précédente pour voir le thermomètre baisser de 1°; cette hypothèse est donc encore plus loin de satisfaire aux observations sur les réfractions et la température. On voit en même temps que, plus on se rapproche de l'observation sur les réfractions, plus on s'en rapproche relativement aux températures.

La constitution de l'atmosphère étant comprise entre les deux limites d'une densité décroissante en progression arithmétique (hypothèse de Bouguer) et d'une densité décroissante en progression géométrique [hypothèse de Newton, (équation γ_2)], une hypothèse qui participerait de l'une et de l'autre de ces lois semble devoir représenter à la fois les réfractions et la diminution observées dans la température des couches atmosphériques. L'hypothèse suivante réunit ces divers avantages à celui d'un calcul fort simple.

73. *Hypothèse de Laplace.* — Supposons

$$s - \alpha w = u \quad \text{et} \quad 1 - w = \left(1 + \frac{f}{l}u\right)e^{-\frac{u}{l}},$$

f et l étant deux constantes à déterminer à l'aide de l'observation de la réfraction horizontale et du baromètre; si ces valeurs satisfont à la diminution observée de la température, on pourra considérer ces formules comme représentant la vraie constitution de l'atmosphère, et s'en servir pour construire une table de réfractions. Alors, en nous bornant au premier terme de l'équation (g) (p. 199), en remplaçant sous le radical $\sin^2 z$ par $1 - \cos^2 z$ et en supprimant le terme $-2s\cos^2 z$, petit par rapport à $\cos^2 z$, nous aurons

$$d\zeta' = \frac{\alpha}{1-\alpha}\,\frac{\left(1 - f + \frac{fu}{l}\right)e^{-\frac{u}{l}}}{\sqrt{\cos^2 z + 2u}}\sin z\,\frac{du}{l},$$

expression qu'il faut intégrer de $u = 0$ à $u = \infty$; soit $\frac{u}{l} = x$, on obtient

$$\delta z = \frac{\alpha}{1-\alpha}(1-f)\int_0^\infty \frac{e^{-x}\sin z\,dx}{\sqrt{\cos^2 z + 2lx}}$$

$$+ \frac{\alpha}{1-\alpha}f\int_0^\infty \frac{xe^{-x}\sin z\,dx}{\sqrt{\cos^2 z + 2lx}},$$

d'où, en posant $T = \frac{\cos z}{\sqrt{2l}}$ et appliquant les formules du n° 18, on déduit

$$\delta z = \frac{2\alpha}{1-\alpha}\,\frac{\sin z}{\sqrt{2l}}\left(1 - \frac{f}{2} - \frac{f\cos^2 z}{2l}\right)\psi(1) + \frac{\alpha f}{2(1-\alpha)l}\sin z\cos z.$$

Pour la réfraction horizontale, $T = 0$ et $\psi(1)$ devient $\frac{1}{2}\sqrt{\pi}$; on a donc

$$\delta z_{,} = \frac{\alpha\sqrt{\pi}}{(1-\alpha)\sqrt{2l}}\left(1 - \frac{f}{2}\right).$$

On voit ainsi que la réfraction horizontale serait nulle pour $f=2$, et négative pour $f>2$.

Déterminons maintenant la pression de l'atmosphère ; l'équation (γ) nous donne, avec l'hypothèse ci-dessus :

$$\frac{dp}{p_0}=-\frac{a}{l_0}\left(1+\frac{f}{l}u\right)c^{-\frac{u}{l}}du+\alpha\frac{a}{l_0}\frac{\rho}{\rho_0^2}d\rho$$

et, en intégrant,

$$\frac{p}{p_0}=\frac{al}{l_0}\left(1+\frac{fu}{l}\right)c^{-\frac{u}{l}}+f\frac{al}{l_0}c^{-\frac{u}{l}}+\frac{\alpha}{2}\frac{a}{l_0}\frac{\rho^2}{\rho_0^2}.$$

A la surface de la Terre $p=p_0$, $u=0$ et $\rho=\rho_0$, on a donc

$$l(1+f)=\frac{l_0}{a}-\frac{\alpha}{2}.$$

La valeur de f tirée de cette équation et portée dans la valeur de la réfraction horizontale donne

$$8\delta z_0^2(1-\alpha)^2l^3=\alpha^2\pi\left(3l-\frac{l_0}{a}+\frac{\alpha}{2}\right)^2.$$

Si l'on suppose avec Laplace (température 0° et pression barométrique $0^m,760$) :

$$a=6366198^m,$$
$$\alpha=0,000293876,$$
$$\delta z_0=0,01021018,$$

et, si l'on adopte la valeur

$$l_0=7993^m,15,$$

l'équation précédente (cas irréductible) donne pour l, en prenant la racine convenable,

$$l=000074593\,14$$

et par suite

$$f=0,4862269;$$

avec ces constantes la réfraction devient

$$\delta z = 2782'',450\,(0,756\,8866 - 0,486\,2269\,T^2)$$
$$\times \sin z \frac{2}{\sqrt{\pi}} e^{T^2} \int_T^\infty e^{-t^2}\,dt + 9880'',912 \sin 2z;$$

où

$$T = 25,89021 \cos z.$$

Pour déterminer la loi correspondante de la diminution de la température, on a

$$1 + m(\tau - \tau_0) = \frac{p\rho_0}{p_0\rho} = \frac{al}{l_0} + \frac{f\dfrac{al}{l_0}}{1 + \dfrac{fu}{l}} + \frac{\alpha}{2}\frac{a\rho}{l_0\rho_0},$$

ou bien

$$1 + m(\tau - \tau_0) = 0,594\,1024 + \frac{0,288\,8605}{1 + 651,8386u} + 0,117\,0298\frac{\rho}{\rho_0}.$$

Mais si nous prenons $u = 0,000\,927\,27$, nous trouvons

$$\frac{\rho}{\rho_0} = [1 + 651,8386u]\,e^{-\frac{u}{0,000\,7459314}} = 0,462\,858,$$

et par suite

$$1 + m(\tau - \tau_0) = 0,828\,3149,$$

et, en faisant $m = 0,003\,665$,

$$\tau - \tau_0 = -53^\circ,7846.$$

D'ailleurs

$$s = u + \alpha\left(1 - \frac{\rho}{\rho_0}\right), \quad \text{donc} \quad as = 6908^{m},09.$$

L'hypothèse de Laplace indique donc une diminution de 53°,78 du thermomètre pour une élévation de 6908m,09; ce résultat se rapproche autant qu'on peut le désirer de celui qu'observa Gay-Lussac, en raison surtout des variétés que doivent introduire les circonstances particulières de l'atmosphère. On peut ainsi, par les observations sur la réfraction horizontale moyenne dans un climat, déterminer la diminution moyenne de la température à mesure que l'on s'élève, et réciproquement.

Cette hypothèse sert de base aux Tables que M. Caillet a calculées, et qui ont été publiées dans les *Additions à la Connaissance des Temps* pour 1851.

74. *Hypothèse de Bessel.* — Bessel suppose que $1 + m\tau$ est de la forme $e^{-\frac{as}{h}}$, h étant une constante à déterminer. L'équation (γ_1) devient

$$\frac{\varpi}{p_0} = e^{-\frac{as}{h}}(1 - w);$$

en la différentiant et en éliminant dp entre l'équation obtenue et l'équation (γ) on obtient

$$\frac{d(1 - w)}{1 - w} = \left(\frac{a}{h} - \frac{a}{l_0}e^{\frac{as}{h}}\right)ds.$$

Si l'on intègre cette équation et si l'on détermine la constante introduite par l'intégration de telle sorte que w s'annule avec s, on a

$$1 - w = e^{-\frac{h}{l_0}\left(e^{\frac{as}{h}} - 1\right) + \frac{as}{h}};$$

formule à laquelle on peut substituer l'expression approchée

$$(\delta) \qquad 1 - w = e^{-\frac{h - l_0}{hl_0}as}.$$

Bessel détermine la constante h par la condition que les réfractions calculées d'après cette hypothèse s'approchent le plus possible des valeurs observées. Mais le décroissement de la température qui, avec cette valeur de h, résulte de la formule

$$1 + m\tau = e^{-\frac{as}{h}}$$

ne s'accorde pas entièrement avec les observations faites à la surface de la Terre. En effet, pour $s = 0$, la formule donne $\frac{d\tau}{ds} = -\frac{a}{hm}$

et puisque d'ailleurs pour $s=0$, $\frac{ds}{dr}=\frac{1}{a}$, on a, à la surface de la Terre,

$$\frac{d\tau}{dr}=-\frac{1}{hm},$$

Or, d'après Bessel, $m=0,0036474$ (th. centigrade) et $h=116865,8$ toises $=227776^{\text{m}},12$; donc $\frac{d\tau}{dr}=-\frac{1}{830}$, c'est-à-dire que dans cette hypothèse, le thermomètre centigrade baisse de 1° pour une élévation de 830^{m} au-dessus de la surface de la Terre, ce qui est fort loin de la vérité.

Si l'on pose

$$\beta=\frac{h-l_0}{hl_0}a;$$

on aura

$$w=F(s)=1-e^{-\beta s},$$

et on continuera comme dans l'hypothèse de Newton, avec cette différence que la valeur de β n'est plus ici la même, et on arrivera à la formule (k) (p. 206).

Hypothèse d'Ivory. — Ivory donne aussi à $1+m\tau$ une forme exponentielle, qu'il détermine par la condition qu'elle représente bien le décroissement de la température à la surface de la Terre. Il pose

$$1-w=e^{-u},$$

où u est fonction de s, et de plus

$$1+m\tau=1-fw=1-f(1-e^{-u}).$$

D'après les équations (γ) et (γ_1) (page 202), on obtient facilement

$$\frac{a}{l_0}ds=(1-f)\,du+2fe^{-u}\,du;$$

d'où

$$(\varepsilon)\qquad \frac{a}{l_0}s=(1-f)u+2f(1-e^{-u}),$$

puisque u, w et s s'annulent en même temps. Ces équations donnent, pour $r=a$,

$$\frac{d\tau}{dr}=-\frac{1}{l_0 m}\frac{f}{1+f},$$

et l'on voit qu'il faut prendre f égal à $\frac{2}{9}$ environ, pour que $\frac{d\tau}{dr}$ soit égal à $-\frac{1}{173}$, et représente les observations faites à la surface de la Terre.

Nous avons ici

$$\omega=\mathrm{F}(u)=1-e^{-u},$$

et, en posant $\beta=\frac{a}{l_0}$,

$$s=\frac{1-f}{\beta}u+\frac{2f}{\beta}(1-e^{-u}).$$

Prenons maintenant une nouvelle variable x donnée par l'équation

$$-\frac{\alpha\omega}{\sin^2 z}+s=\frac{x}{\beta},$$

l'expression différentielle de la réfraction devient, d'après l'équation (g) du n° 70

$$d\zeta'=\frac{\alpha}{1-\alpha}\frac{\sin z\, d\mathrm{F}(u)}{\sqrt{\cos^2 z+2\frac{x}{\beta}\sin^2 z}},$$

dans laquelle

$$x=u-\frac{\alpha\beta}{\sin^2 z}(1-e^{-u})-fu+2f(1-e^{-u});$$

soient

$$\mathrm{F}(x)=1-e^{-x},$$

$$\varphi(x)=\frac{\alpha\beta}{\sin^2 z}(1-e^{-x})+fx-2f(1-e^{-x}),$$

nous obtenons, d'après la formule (h) (p. 200) :

$$\frac{d\mathrm{F}(u)}{dx}=e^{-x}+\frac{d[\varphi(x)e^{-x}]}{dx}+\frac{1}{1.2}\frac{d^2([\varphi(x)]^2e^{-x})}{dx^2}+\ldots;$$

les deux premiers termes qui sont les seuls importants donnent

$$e^{-x} + \frac{\alpha\beta}{\sin^2 z}\,(2e^{-2x} - e^{-x}) + f(1-x)\,e^{-x} - 2f(2e^{-2x} - e^{-x});$$

multiplions tous ces termes par

$$\frac{\alpha}{1-\alpha}\,\frac{\sin z\,dx}{\sqrt{\cos^2 z + 2\dfrac{x}{\beta}\sin^2 z}},$$

et intégrons comme précédemment entre les limites o et ∞, nous aurons, d'après les formules (9) et (10) du n° 18,

$$(l)\left\{\begin{aligned}\delta z = \frac{\alpha}{1-\alpha}\sqrt{2\beta}\Big\{&\psi(1) + \left(\frac{\alpha\beta}{\sin^2 z} - 2f\right)\left[\sqrt{2}\,\psi(2) - \psi(1)\right]\\ &+ f\left[\left(\tfrac{1}{2} + \mathrm{T}^2\right)\psi(1) - \frac{\mathrm{T}}{2}\right]\Big\},\end{aligned}\right.$$

avec

$$\mathrm{T} = \sqrt{\frac{\beta}{2}}\cot z.$$

Les termes d'ordre supérieur seraient très-compliqués, mais en raison des valeurs numériques de $\alpha\beta$ et f, le premier d'entre eux est déjà assez petit pour qu'on puisse le négliger; à l'horizon, c'est-à-dire pour $z = 90°$, cas où ce terme atteint sa plus grande valeur, on a en effet, en posant $2f - \alpha\beta = g$,

$$\begin{aligned}\frac{d^2([\varphi(x)]^2 e^{-x})}{dx^2} = f^2 x^2 e^{-x} &- (4f^2 + 2fg)\,xe^{-x} + 8fg\,xe^{-2x}\\ &+ (2f^2 + 4fg + g^2)e^{-x} - (8fg + 8g^2)e^{-2x} + 9g^2 e^{-3x}.\end{aligned}$$

Multiplions chaque terme du second membre par

$$\frac{1}{1.2}\,\frac{\alpha}{1-\alpha}\sqrt{\frac{\beta}{2x}}\,dx,$$

intégrons entre les limites o et ∞ et employons les formules données pour $\Gamma(\frac{1}{2})$, $\Gamma(\frac{3}{2})$, $\Gamma(\frac{5}{2})$ au n° 16, nous aurons

$$\frac{1}{1.2}\,\frac{\alpha}{1-\alpha}\sqrt{\frac{\beta\pi}{2}}\left[\frac{3f^2}{4} - 3fg(\sqrt{2} - 1) + g^2(1 - 4\sqrt{2} + 3\sqrt{3})\right];$$

avec les valeurs numériques données ce terme a pour valeur $2'',11$; le terme suivant serait égal à $0'',18$. Dans l'équation différentielle (g) du n°.70, il ne faut prendre aussi que le premier terme; le second est très-petit et donne pour l'horizon environ une demi-seconde. Puisque ce dernier terme est négatif, la réfraction horizontale calculée à l'aide de la formule (l) est approchée à $1'',5$.

Calcul numérique de la réfraction d'après les formules de Bessel et d'Ivory. — Le calcul numérique de la réfraction, d'après les formules (k) et (l) ne donne lieu à aucune difficulté, puisque les valeurs des fonctions ψ peuvent être tirées des Tables ou calculées par les méthodes données au n° **17**.

D'après Bessel, pour la température de 50° F $= 10^\circ$ C, et la pression barométrique de 29,6 pouces anglais ($751^{mm},83$) réduite à cette température, on a

$$\alpha = 0,000\,278\,765 \quad \text{et en secondes} \quad \alpha = 57'',4994,$$

d'où

$$\log \frac{206\,265 . \alpha}{1 - \alpha} = 1,759\,785$$

et

$$h = 116\,865,8 \text{ toises} = 227\,776^m,12,$$

$$l_0 = 4\,226,05 \text{ toises} = 8\,236^m,74,$$

en adoptant avec Bessel, d'après la valeur de l'aplatissement de la Terre admise à l'époque de cette recherche, pour le rayon de courbure a de la Terre à l'observatoire de Greenwich, le nombre

$$a = 3\,269\,805 \text{ toises} = 6\,372\,970 \text{ mètres},$$

on aura

$$\beta = 745,747,$$

et par suite

$$\log\left(206\,265 \frac{\alpha}{1-\alpha} \sqrt{2\beta}\right) = 3,346\,596 :$$

Calculons par exemple la réfraction pour la distance zénithale 80°; on a dans ce cas : $\log T_1 = 0{,}53210,...,$ et on obtient :

n	$\log n^{\frac{2n-3}{2}}$	$\log \frac{1}{1.2...(n-1)}\left(\frac{\alpha\beta}{\sin^2 z}\right)^{n-1}$	$\log\psi(n)$	$\log e^{-n\frac{\alpha\beta}{\sin^2 z}}$
1	0,000 00	0,000 00	$\bar{1}$,149 83	$\bar{1}$,906 91
2	0,150 51	$\bar{1}$,331 13	$\bar{1}$,007 45	$\bar{1}$,813 82
3	0,715 68	$\bar{2}$,361 22	$\bar{2}$,922 28	$\bar{1}$,720 73
4	1,505 15	$\bar{3}$,215 23	$\bar{2}$,861 28	$\bar{1}$,627 63
5	2,446 40	$\bar{5}$,944 30	$\bar{2}$,813 72	$\bar{1}$,534 54
6	3,501 7	$\bar{6}$,576 45	$\bar{2}$,774 73	$\bar{1}$,441 45
7	4,648 0	$\bar{7}$,129 43	$\bar{2}$,741 68	$\bar{1}$,348 36
8	5,870 1	$\bar{9}$,615 5	$\bar{2}$,713 0	$\bar{1}$,255 3
9	7,157	$\overline{10}$,043	$\bar{2}$,688	$\bar{1}$,162
10	8,500	$\overline{12}$,420	$\bar{2}$,665	$\bar{1}$,069

Les lignes horizontales donnent séparément chacun des termes compris entre parenthèses dans la formule (k), et en multipliant la somme par la constante $206\,265\frac{\alpha}{1-\alpha}\sqrt{2\beta}$ on obtient 314″,91, nombre qui s'accorde exactement avec celui que donnent les Tables de Bessel (*).

Le calcul est beaucoup plus simple par la formule d'Ivory; on a alors

$$\beta = \frac{a}{l_0}, \quad f = \frac{2}{9},$$

$$\log\alpha\beta = \bar{1}{,}333\,826, \quad \log 206\,265\frac{\alpha}{1-\alpha}\sqrt{2\beta} = 3{,}354\,594.$$

Si on calcule maintenant la réfraction d'après la formule (l), on a

$$\log T_1 = 0{,}540\,098, \qquad \log T_2 = 0{,}690\,613,$$
$$\log\psi(1) = \bar{1}{,}142\,394, \quad \log\psi(2) = \bar{2}{,}999\,757,$$

ainsi les termes indépendants de f donnent 315″, 32, les termes

(*) Ces Tables s'étendent jusqu'à la distance zénithale de 85°, et Bessel a reconnu que, pour représenter les observations faites à Kœnigsberg, les nombres qu'elles donnent devaient être multipliés par 1,003 282.

qui contiennent f donnent 0″,12. La réfraction est donc —315″,20, valeur voisine de celle donnée par Bessel. Cet accord a lieu encore jusqu'à $z = 86^{\circ}$ environ, et les réfractions calculées représentent bien les réfractions observées. Près de l'horizon, les valeurs déduites des formules de Bessel sont trop grandes, et les valeurs calculées par la formule d'Ivory sont trop petites; pour d'aussi grandes distances zénithales, il vaut donc mieux, comme l'a fait Bessel, déduire des observations mêmes les valeurs des réfractions et construire des Tables spéciales; en effet, pour la réfraction horizontale,

$$\psi(r) = \int_0^{\rho} e^{-t^2}\,dt = \frac{\sqrt{\pi}}{2};$$

on aurait donc par la formule de Bessel

$$\delta z_0 = \frac{\alpha}{1-\alpha}\sqrt{\frac{\beta\pi}{2}}\left[e^{-\alpha\beta} + 2^{\frac{1}{2}}\alpha\beta\, e^{-2\alpha\beta} + 3^{\frac{3}{2}}\frac{\alpha^2\beta^2}{1.2}e^{-3\alpha\beta} + \ldots\right];$$

d'un autre côté, à l'horizon, on déduit de celle d'Ivory

$$\delta z_0 = \frac{\alpha}{1-\alpha}\sqrt{\frac{\beta\pi}{2}}\left[1 + \alpha\beta(\sqrt{2}-1) - f\left(2\sqrt{2} - \tfrac{8}{7}\right)\right];$$

réduites en nombres ces formules donnent : la première 36′ 5″, la seconde 33′ 58″, et l'observation 34′ 50″, à peu près la moyenne des deux.

Tant que la distance zénithale n'est pas trop considérable, il n'est pas nécessaire d'employer les formules rigoureuses (k) et (l), mais il vaut mieux se servir de leurs développements en séries. Dans la formule (l) substituons, au lieu de $\psi(1)$, $\psi(2)$, ..., les séries trouvées au n° 17, et remplaçons $\frac{1}{\sin^2 z}$ par $(1+\cot^2 z)$, nous aurons

$$\sqrt{2\beta}\,\psi(1) = \tan z - \frac{1}{\beta}\tan^3 z + \frac{3}{\beta^2}\tan^5 z - \frac{15}{\beta^3}\tan^7 z + \frac{105}{\beta^4}\tan^9 z - \ldots,$$

$$2^{\frac{1}{2}}\sqrt{2\beta}\,\psi(2) = \tan z - \frac{1}{2\beta}\tan^3 z + \frac{3}{4\beta^2}\tan^5 z - \frac{15}{8\beta^3}\tan^7 z + \frac{105}{16\beta^4}\tan^9 z - \ldots.$$

et par suite

$$(l_1)\quad \begin{cases} \delta z = \dfrac{\alpha}{1-\alpha}\left[\left(1+\dfrac{\alpha}{2}\right)\operatorname{tang} z - \left(\dfrac{1}{\beta}-\dfrac{\alpha}{2}+\dfrac{9\alpha}{4\beta}\right)\operatorname{tang}^3 z \right. \\ \qquad + \left(\dfrac{3}{\beta^2}-\dfrac{9\alpha}{4\beta}+\dfrac{105\alpha}{8\beta^2}\right)\operatorname{tang}^5 z \\ \qquad \left. - \left(\dfrac{15}{\beta^3}-\dfrac{105\alpha}{8\beta^2}+\dfrac{1575\alpha}{16\beta^3}\right)\operatorname{tang}^7 z + \ldots\right], \end{cases}$$

et en substituant les valeurs numériques

$$\delta z = [1,759845]\operatorname{tang} z - [\bar{2},821943]\operatorname{tang}^3 z + [\bar{4},383727]\operatorname{tang}^5 z - [\bar{6},180257]\operatorname{tang}^7 z - \ldots,$$

où les nombres entre crochets désignent des logarithmes.

Les termes qui contiennent f sont d'ailleurs

$$(l_2)\quad \begin{cases} -\dfrac{\alpha}{1-\alpha}f\left[\dfrac{3}{2\beta^2}\operatorname{tang}^5 z - \dfrac{75}{4\beta^3}\operatorname{tang}^7 z \right. \\ \qquad \left. + \dfrac{1785}{8\beta^4}\operatorname{tang}^9 z - \dfrac{46305}{16\beta^5}\operatorname{tang}^{11} z\right], \end{cases}$$

ou bien

$$-\left([\bar{5},506187]\operatorname{tang}^5 z - [\bar{7},714510]\operatorname{tang}^7 z + [\bar{9},901468]\operatorname{tang}^9 z - [\overline{10},018568]\operatorname{tang}^{11} z\right).$$

Pour 75° on trouve, d'après ces deux séries, 211″,39 et −0″,02 et par suite $\delta z = 211'',37$, valeur conforme à la formule.

Ivory donne, dans les *Philosophical Transactions* pour 1823, d'autres séries qu'on peut employer pour toutes les distances zénithales.

75. *Calcul de la réfraction pour un état quelconque de l'atmosphère.* — Les formules précédentes donnent la réfraction pour chaque distance zénithale, mais elles supposent un état particulier de l'atmosphère qui correspond à une température de 10° centigrades et à une pression barométrique de $0^m,760$; la réfraction pour cet état normal s'appelle *réfraction moyenne*. Si l'on veut

avoir la réfraction relative à une autre température τ et une autre hauteur barométrique b, il faut chercher comment la réfraction varie avec la densité de l'air, c'est-à-dire avec l'état des instruments météorologiques dont celle-ci dépend. Soit m le coefficient de dilatation de l'air; prenons à la température de 10° un volume d'air égal à l'unité, ce volume à la température τ sera devenu $1 + m(\tau - 10)$; la densité de l'air à la température τ aura, avec la densité correspondante à la température 10°, un rapport égal à $\frac{1}{1+m(\tau-10)}$; d'autre part, d'après la loi de Mariotte, pour une même température, le rapport entre les densités de l'air à la pression barométrique b et à la pression 760 est $\frac{b}{760}$. Soit donc ρ la densité de l'air à la température τ et à la pression b, ρ_0 la densité correspondante à l'état normal, on a

$$\rho = \frac{\rho_0 b}{760[1+m(\tau-10)]},$$

et puisque la quantité α qui entre dans les formules de la réfraction moyenne, est, pour de petites variations de la densité, proportionnelle à la densité, la formule

$$\delta z' = \frac{\delta z . b}{760[1+m(\tau-10)]},$$

donnerait la *réfraction vraie* si le terme $\frac{\alpha}{1-\alpha}$ renfermait seul α, car le diviseur $1-\alpha$ peut, en raison de la petitesse de α, être traité comme constant. Mais le coefficient de ce terme, que nous désignerons par Z, contient encore α, et de plus β fonction de la hauteur l d'une atmosphère de densité uniforme à la température τ, et par suite variable avec la température, $l = l_0[1+m(\tau-10)]$. On obtient donc la réfraction vraie par la formule

$$(m)\quad \left\{ \begin{aligned} \delta z' = {} & \frac{\delta z}{1+m(\tau-10)} \cdot \frac{b}{760} + \frac{\alpha}{1-\alpha}\frac{dZ}{d\tau}(\tau-10) \\ & + \frac{\alpha}{1-\alpha}\frac{dZ}{db}(b-760); \end{aligned} \right.$$

mais comme l'influence des deux derniers termes est fort petite, on peut, pour la commodité du calcul, poser

$$(m_1) \qquad \delta z' = \frac{\delta z}{[1 + m(\tau - 10)]^{1+p}} \left(\frac{b}{760}\right)^{1+q},$$

en développant et s'arrêtant aux termes du premier degré, on a

$$(n) \quad \delta z' = \frac{\delta z}{1 + m(\tau - 10)} \frac{b}{760} \left[1 - m(\tau - 10)p + \left(\frac{b}{760} - 1\right) q\right];$$

des formules (m) et (n) on déduit pour p et q les valeurs

$$(o) \qquad p = -\frac{\alpha}{1 - \alpha} \frac{dZ}{d\tau} \frac{1}{m \delta_1 z}, \qquad q = \frac{\alpha}{1 - \alpha} \frac{dZ}{db} \cdot \frac{760}{\delta_1 z},$$

où $\delta_1 z$ représente l'expression $\dfrac{\delta z}{1 + m(\tau - 10)} \dfrac{b}{760}$.

L'introduction d'une certaine quantité de vapeur d'eau dans l'atmosphère en diminue la densité et par suite la puissance réfractive; mais, comme Laplace l'a remarqué le premier, cette diminution sera presque compensée par l'augmentation du pouvoir réfringent due à la présence de la vapeur d'eau. La quantité α ne varie donc presque pas avec l'humidité de l'air, et puisque l'influence d'une pareille variation sur les quantités p et q est insensible, l'état hygrométrique de l'atmosphère ne doit point être pris en considération dans le calcul de la réfraction (*).

Pour obtenir l'expression de p et q, il faut déterminer les dérivées $\dfrac{dZ}{d\tau}$, $\dfrac{dZ}{db}$; nous ne ferons le calcul que d'après la formule d'Ivory : on le conduirait d'une façon analogue pour celle de Bessel.

Si l'on pose $\lambda = \dfrac{\alpha\beta}{\sin^2 z}$, $Q = (\frac{1}{2} + T^2)\psi(1) - \dfrac{T}{2}$, la formule (l) donne

$$Z = \sqrt{2\beta}\left\{\psi(1) + (\lambda - 2f)\left[\sqrt{2}\,\psi(2) - \psi(1)\right] + fQ\right\};$$

(*) M. Jamin a montré récemment, par des expériences très-précises, qu'à 20° la différence entre les indices de l'air sec et de l'air saturé n'était que de 0,000 000 726 (*Annales de Chimie et de Physique*, 3e série, t. LII).

d'où l'on conclut

$$dZ = \frac{\delta z(1-\alpha)}{2\alpha}\frac{d\beta}{\beta} + \lambda\sqrt{2\beta}\left[\sqrt{2}.\psi(2) - \psi(1)\right]\frac{d\lambda}{\lambda}$$
$$+ \sqrt{2\beta}\left\{\frac{d\psi(1)}{d\beta} + (\lambda - 2f)\sqrt{2}\left[\frac{d\psi(2)}{d\beta} - \frac{d\psi(1)}{d\beta}\right] + f\frac{dQ}{d\beta}\right\}d\beta,$$

car f est un facteur indépendant de la température et de la pression barométrique.

De plus on a

$$\psi(1) = e^{-T_1^2}\int_{T_1}^{\infty} e^{-t^2}dt \quad \text{où} \quad T_1 = \sqrt{\frac{\beta}{2}}\cot z,$$
$$\psi(2) = e^{-T_2^2}\int_{T_2}^{\infty} e^{-t^2}dt \quad \text{où} \quad T_2 = \sqrt{\beta}\cot z,$$

et puisque d'après la formule (β) du n° 16

$$\frac{d\psi(1)}{dT_1} = 2T_1\psi(1) - 1 \quad \text{et} \quad \frac{d\psi(2)}{dT_2} = 2T_2\psi(2) - 1,$$

on trouvera pour expression complète de dZ,

$$dZ = \frac{d\beta}{\beta}\frac{\delta z(1-\alpha)}{2\alpha} + \frac{d\lambda}{\lambda}\left[\sqrt{2}.\psi(2) - \psi(1)\right]\lambda\sqrt{2\beta}$$
$$+ \frac{d\beta}{\beta}\sqrt{2\beta}\left[f\frac{T_1}{4} + \left(1 - \lambda + f\frac{7}{2} + fT_1^2\right)\left(T_1^2\psi(1) - \frac{T_1}{2}\right)\right.$$
$$\left. + \left(T_2^2\psi(2) - \frac{T_2}{2}\right)\sqrt{2}(\lambda - 2f)\right].$$

D'autre part

$$\alpha + d\alpha = \frac{\alpha}{1 + m(\tau - 10)}\,\frac{b}{760},$$

d'où

$$1 + \frac{d\alpha}{\alpha} = \left(1 - \frac{760 - b}{760}\right)\left[1 - m(\tau - 10)\right],$$

et, par suite,

$$\frac{d\alpha}{\alpha} = \frac{b - 760}{760} - m(\tau - 10);$$

et puisque, dans l'hypothèse d'Ivory,

$$\beta = \frac{a}{l_0} \quad \text{d'où} \quad \frac{d\beta}{\beta} = -m(\tau - 10),$$

$$\lambda = \frac{\alpha\beta}{\sin^2 z} \quad \text{d'où} \quad \frac{d\lambda}{\lambda} = \frac{d\alpha}{\alpha} + \frac{d\beta}{\beta} = \frac{b - 760}{760} - 2m(\tau - 10),$$

il vient, en remplaçant ces différentielles par leurs valeurs et f par $\frac{2}{9}$,

$$(q)\left\{\begin{aligned} q\,\delta z &= \frac{\alpha}{1-\alpha}\sqrt{2\beta}.\lambda\left[\sqrt{2}.\psi(2) - \psi(1)\right],\\ p\,\delta z &= \frac{\delta z}{2} + \frac{\alpha}{1-\alpha}\sqrt{2\beta}.2\lambda\left[\sqrt{2}.\psi(2) - \psi(1)\right],\\ &+ \frac{\alpha}{1-\alpha}\sqrt{2\beta}\left[\frac{T_1}{18} + \left(\frac{16}{9} - \lambda + \frac{2}{9}T_1^2\right)\left(T_1^2\,\psi(1) - \frac{T_1}{2}\right)\right.\\ &\left. + \left(\lambda - \frac{4}{9}\right)\left(T_2^2\,\psi(2) - \frac{T_2}{2}\right)\sqrt{2}\right]. \end{aligned}\right.$$

Ainsi pour la distance zénithale $z = 87^\circ$ dont la réfraction moyenne est $\delta z = 852'',79$, le calcul est le suivant :

$$\log T_1 = 0,013175, \qquad \log\left[\sqrt{2}\,\psi(2) - \psi(1)\right] = \bar{2},605021,$$

$$\log T_2 = 0,163690, \qquad \log\left[T_1^2\,\psi(1) - \frac{T_1}{2}\right] = \bar{1},081168\,n,$$

$$\log\left[T_2^2\,\psi(2) - \frac{T_2}{2}\right] = \bar{1},191771\,n,$$

et, par suite,

$$q\,\delta z = 19'',71, \qquad q = 0,0231,$$
$$p\,\delta z = 185,36, \qquad p = 0,2173.$$

Si la distance zénithale n'est pas considérable, on peut calculer p et q par des séries analogues à celles que nous avons données n° 74. Différentions, en effet, par rapport à α et β les coefficients de $\frac{\alpha}{1-\alpha}$ dans (l_1) et (l_2), nous trouverons facilement les séries suivantes :

$$q\,\delta z = +[\bar{3},90399]\,\text{tang}\,z + [\bar{3},90146]\,\text{tang}^3 z - [\bar{5},66533]\,\text{tang}^5 z + [\bar{7},54172]\,\text{tang}^7 z - \ldots,$$

$$p\,\delta z = +[\bar{3},90399]\,\text{tang}\,z + [\bar{2},91567]\,\text{tang}^3 z - [\bar{4},70990]\,\text{tang}^5 z + [\bar{6},56712]\,\text{tang}^7 z - \ldots,$$

où les coefficients sont encore donnés par leurs logarithmes.

Pour $z = 75°$, par exemple, on trouve $q = 0,0020$ et $p = 0,0188$.

76. *Réduction de la hauteur du baromètre à la température normale. — Formule définitive pour le calcul de la réfraction vraie. — Tables de réfraction.* — Pour compléter le calcul de la réfraction vraie, d'après la formule (m_1) du n° 75, il nous reste à corriger la hauteur barométrique observée.

Soit b_1 le nombre de millimètres qui mesure la hauteur de la colonne barométrique : cette longueur est observée à une température t (*), variable dans chaque cas, et si l'on veut que les résultats obtenus en introduisant ces nombres dans les formules de la réfraction soient comparables entre eux, il faut ramener la hauteur observée à une température déterminée, que nous prendrons, avec Bessel, égale à 50° F. = 10° C. Si μ représente la dilatation de l'unité de volume du mercure entre 0° et 100° C., et B′ la hauteur réduite à 10° C., on aura

$$B' = b_1 \frac{100}{100 + \mu(t - 10)}.$$

Mais b_1 n'est pas le nombre lu sur l'échelle du baromètre; en effet, cette échelle a été graduée à une température θ (**), généralement différente de t, au moyen d'une machine à diviser dont

(*) La température t est donnée par un thermomètre fixé au baromètre et qu'on appelle thermomètre *intérieur*. Un second thermomètre, placé à l'extérieur de la salle d'observation, le thermomètre *extérieur*, donne la température de l'air ambiant.

(**) La température des salles où se graduent les échelles barométriques varie entre des limites peu étendues, et on ne cherche pas en général à la

le pas a été déterminé à θ', et vaut par exemple un millimètre à cette température. Soient λ et λ' les dilatations entre 0° et 100° C. de l'unité de longueur de l'échelle et de la matière dont est formée la vis; soit, en outre, b la hauteur observée; on a évidemment

$$b_1 = b\,\frac{100+\lambda(t-\theta)}{100-\lambda'(\theta-\theta')},$$

d'où

$$B' = b\,\frac{100+\lambda(t-\theta)}{100+\mu(t-\theta)}\,\frac{100}{100-\lambda'(\theta-\theta')},$$

et pour $\theta = 10°$ C., $\theta' = 0°$ et $\lambda' = \lambda$ (*),

$$B' = b\,\frac{100+\lambda(t-10)}{100+\mu(t-10)}\,\frac{100}{100-10\lambda}.$$

Si l'on avait observé avec un thermomètre Fahrenheit et un baromètre gradué en pouces anglais, la longueur normale du pouce étant donnée à 62° F., on aurait eu

$$B' = b\,\frac{180+\lambda(t-50)}{180+\mu(t-50)}\,\frac{180}{180+12\lambda},$$

---

déterminer bien exactement; car il serait difficile d'avoir dans ces ateliers une température réellement constante, et, de plus, il serait nuisible à la santé des ouvriers d'opérer à une température voisine de zéro.

Nous supposerons ici, avec Bessel, $\theta = 50°$ F. $= 10°$ C.

(*) Le coefficient de dilatation du mercure étant environ dix fois plus grand que celui du laiton ou de l'acier, la première correction relative à la dilatation du mercure est de beaucoup la plus importante. Ainsi, soient

$$t = 25°,\quad \theta = 10°,\quad \mu = \frac{1}{55{,}50} = 0{,}0181,$$
$$\lambda = 0{,}00187,\quad \lambda' = 0{,}00132,\quad b = 756^{mm},$$

on aura

$$b_1 - b = b \times 0{,}0004 = 0^{mm},30,$$
$$b_1 - B' = b_1 \times 0{,}003 = 2^{mm},27.$$

Et, si $\lambda' = \lambda = 0{,}00187$,

$$b_1 - b = b \times 0{,}0006 = 0^{mm},43.$$

et, par suite,

$$b_1 - B' = 2^{mm},27,$$

valeur égale à la précédente.

et avec un thermomètre Réaumur et un baromètre gradué en lignes parisiennes, dont la longueur normale est donnée à 13° R.,

$$B' = b\,\frac{80+\lambda(t-8)}{80+\mu(t-8)}\,\frac{80}{80+5\lambda}.$$

La hauteur barométrique normale adoptée par Bessel était de 29,6 pouces anglais de l'instrument de Bradley, ou 333,28 lignes parisiennes; mais il a été reconnu que cet instrument donnait des indications trop petites d'une demi-ligne, de sorte que la hauteur normale est 333,78 lignes parisiennes à la température de 8° R.; d'autre part, 1 pouce anglais vaut 11,2595 lignes parisiennes et le mètre vaut 443,296 lignes parisiennes: si donc b_m, b_p, b_l désignent la hauteur barométrique observée et exprimée en millimètres, pouces anglais et lignes parisiennes, c, f, r les températures des thermomètres intérieurs centigrade, Fahrenheit et Réaumur, on calculera

$$B = b_m\,\frac{443,296}{333,78}\,\frac{100}{100-10\lambda} = b_p\,\frac{11,2595}{333,78}\,\frac{180}{180+12\lambda}$$
$$= b_l\,\frac{1}{333,78}\,\frac{80}{80+5\lambda},$$

$$T = \frac{100+\lambda(c-10)}{100+\mu(c-10)} = \frac{180+\lambda(f-50)}{180+\mu(f-50)} = \frac{80+\lambda(r-8)}{80+\mu(r-8)}.$$

Reste encore à tenir compte de l'influence qu'exerce sur la réfraction la température de l'air extérieur. Pour cela Bessel introduit dans l'expression de la réfraction vraie une puissance de l'expression

$$\gamma = \frac{n+m'\tau_0}{n+m'\tau},$$

τ_0 étant la température normale à laquelle on suppose que se produit la réfraction moyenne, τ la température donnée par le thermomètre extérieur, m' la dilatation de l'unité de volume d'air sous la pression normale entre 0° et 100° centigrades (d'après Bessel, $m' = 0,364\,374$), et n le nombre de degrés marqués par le thermomètre entre ces limites : cet illustre astronome avait pris pour τ_0 la température 50° Fahrenheit; mais il a été reconnu que les températures marquées par son thermomètre étaient trop fortes de 1°,25. La température normale des Tables de Bessel est donc en réalité 48°,75 F.; et en désignant par c', f' et r' les indications du thermomètre extérieur, on a (*Tabulæ Regiomontanæ*, p. LXII)

$$\gamma = \frac{100 + 9,31.m'}{100 + m'c'} = \frac{180 + 16,75.m'}{180 + m'(f' - 32)} = \frac{80 + 7,44.m'}{80 + m'r'}.$$

Ceci posé, Bessel représente la réfraction moyenne par $a \tang z$, et adopte pour expression de la réfraction vraie $\delta z'$,

$$\text{(A)} \qquad \delta z' = a \tang z . \gamma^{1+p} (\mathrm{BT})^{1+q};$$

d'où

$$\log \delta z' = \log a + \log \tang z + (1+p) \log \gamma + (1+q)(\log \mathrm{H} + \log \mathrm{T}).$$

On réduit en Tables les quantités

$$\log a, \quad (1+p), \quad (1+q),$$

avec la distance zénithale pour argument, et les quantités

$$\log \mathrm{B}, \quad \log \mathrm{T}, \quad \log \gamma,$$

en prenant pour arguments la hauteur barométrique, la température intérieure et la température extérieure. Il est dès lors facile de calculer la réfraction vraie pour une distance zénithale quelconque et pour un état quelconque des instruments météorologiques. Telle est la méthode simple suivie par Bessel dans la construction de ses Tables de réfraction.

77. *Erreurs probables des Tables de réfraction.* — L'hypothèse fondamentale que nous avons admise, en supposant que l'atmosphère se compose de couches concentriques, dont la densité varie suivant une loi déterminée avec la hauteur au-dessus de la Terre, ne représente pas l'état réel de l'atmosphère. Celle-ci est constamment soumise à des causes diverses qui en troublent

l'équilibre; le nombre qu'une Table quelconque donnera pour valeur de la réfraction ne sera donc pas en général le nombre réel qu'on déduirait de l'observation, mais on devra le considérer comme la moyenne des résultats d'un grand nombre d'observations, ou, en d'autres termes, comme se rapportant à un état moyen de l'atmosphère.

Bessel a comparé les nombres de ses Tables avec les valeurs observées, et a pu ainsi déterminer leur erreur probable pour les différentes distances zénithales. Il a publié les résultats de cette comparaison dans l'introduction aux *Tabulæ Regiomontanæ*, p. LXIII; nous citerons quelques nombres :

Distance zénithale.	Erreur probable.
45°	± 0″,27
81°	± 1 ,00
85°	± 1 ,70
89° 30′	± 20 ,00

On voit par là que, surtout au voisinage de l'horizon, on ne devra considérer comme corrigée réellement de la réfraction que la moyenne d'un grand nombre d'observations faites dans des états très-différents de l'atmosphère.

Jusqu'à une distance zénithale de 80°, le choix de la loi que suit le décroissement de la densité de l'atmosphère avec la hauteur est presque indifférent, et une théorie de la réfraction qui s'appuierait sur la loi vraie n'offrirait d'avantage réel que pour des astres plus voisins de l'horizon; dans ces points elle représenterait mieux les réfractions, permettrait de déterminer plus rigoureusement les coefficients $(1+p)$ et $(1+q)$, de telle sorte que la correction de réfraction pour les différentes températures et les différentes pressions serait plus exacte. Déjà l'hypothèse simple, faite par Cassini, d'une atmosphère de densité constante et ne produisant qu'une seule réfraction aux limites de l'atmosphère, a donné pour la réfraction moyenne des nombres sensiblement exacts jusqu'à une distance zénithale de 80°.

78. *Effet de la réfraction sur l'époque du lever et du coucher des étoiles.* — En vertu de la réfraction, toutes les étoiles nous

paraissent plus hautes qu'elles ne le sont réellement; on les voit au-dessus de l'horizon quand en réalité elles sont au-dessous; la réfraction avance leur lever et retarde leur coucher. On a en général

$$(r) \qquad \cos z = \sin\varphi \sin\delta + \cos\varphi \cos\delta \cos t,$$

d'où

$$\sin z\, dz = \cos\varphi \cos\delta \sin t\, dt,$$

et pour l'horizon

$$dt = \frac{dz}{\cos\varphi \cos\delta \sin t}.$$

Puisque dans ce cas dz est égal à la réfraction horizontale, c'est-à-dire à 35′, on a pour la correction de l'angle horaire du lever ou du coucher

$$dt = \frac{140^s}{\cos\varphi \cos\delta \sin t}.$$

Exemple. — On a trouvé (n° 48) pour Arcturus, à la latitude de Berlin,

$$t_0 = 7^h\, 52^m\, 40^s,$$

et puisque

$$\delta = 19^\circ\, 54',5, \quad \varphi = 52^\circ\, 30',3,$$

on a

$$\Delta t_0 = 4^m\, 37^s;$$

la réfraction avancera donc le lever d'Arcturus et en retardera le coucher de $4^m\, 37^s$.

On peut calculer aussi l'angle horaire correspondant au lever ou au coucher apparent; on a, en effet,

$$\cos t = \frac{\cos z - \sin\varphi \sin\delta}{\cos\varphi \cos\delta},$$

d'où, en posant

$$z + \delta + \varphi = 2s,$$

on déduit

$$\sin\frac{t}{2}=\sqrt{\frac{\sin(s-\delta)\sin(s-\varphi)}{\cos\varphi\cos\delta}},$$

$$\cos\frac{t}{2}=\sqrt{\frac{\cos s\cos(s-z)}{\cos\varphi\cos\delta}},$$

$$\text{tang}\,\frac{t}{2}=\sqrt{\frac{\sin(s-\delta)\sin(s-\varphi)}{\cos s\cos(s-z)}},$$

formules dans lesquelles il suffira de faire $z=90^\circ 35'$ pour avoir l'angle horaire cherché.

Lever et coucher apparents de la Lune. — Pour la Lune, on doit, outre la réfraction, tenir compte de la parallaxe qui augmente les distances zénithales et par suite retarde le lever et avance le coucher. La méthode de calcul a déjà été donnée au n° 48; nous allons l'appliquer à un exemple.

Exemple. — Trouver l'époque du lever du centre de la Lune à Greenwich, le 15 juillet 1861.

On a, rapportées au temps moyen de Greenwich, les déclinaisons et les parallaxes horizontales suivantes de la Lune :

			δ		p
1861	Juillet 15	0^h	$-15^\circ 32',1$		$59',13$
				$2^\circ 19',4$	
		12	$-17.51,5$		$59,15$
				$2.\ 4,1$	
	16	0	$-19.55,6$		$59,14$
				$1.46,4$	
		12	$-21.42,0$		$59,13$

Or on a trouvé (n° 47) les temps moyens de la culmination supérieure et de la culmination inférieure

Temps lunaire.	Temps moyen.	
0^h	$6^h 16^m,7$	
		$12^h 27^m,5$
12	$18.44,2$	

Adoptons actuellement comme valeur approchée de la déclinaison $-17^\circ 51',5$; puisque

$$\varphi=51^\circ 28',6,\quad z=90^\circ 35'-p=89^\circ 35',8,$$

nous aurons

$$t = 4^h\,21^m,5 \text{ temps lunaire} = 10^h\,48^m \text{ temps moyen};$$

en interpolant, nous trouvons $-17^\circ\,38',2$ pour valeur correspondante de la déclinaison de la Lune. Nous recommencerons le calcul avec cette valeur et nous obtiendrons, pour le jour et le lieu fixés, $4^h\,22^m,9$ comme angle horaire du centre de la Lune à son lever, et par suite $10^h\,49^m,6$ pour temps moyen correspondant.

79. *Du crépuscule astronomique.* — Outre la réfraction, l'action de l'atmosphère produit encore le crépuscule. Pour les parties élevées de l'atmosphère, le Soleil se couche plus tard que pour un observateur placé à la surface de la Terre; ces régions de l'atmosphère sont encore éclairées après le coucher du Soleil et la lumière qu'elles diffusent produit le crépuscule. D'après l'observation, le Soleil cesse d'éclairer la partie de l'atmosphère qui se trouve au-dessus de l'horizon, lorsqu'il est environ à 18° au-dessous de ce plan. L'instant où le Soleil atteint 108° de distance zénithale est donc le commencement ou la fin du crépuscule astronomique, tandis que le commencement ou la fin du crépuscule civil a lieu quand le Soleil est environ à $6^\circ\,30'$ au-dessous de l'horizon.

Désignons par $90^\circ + c$ la distance zénithale du Soleil au commencement ou à la fin du crépuscule, par t_0 l'angle horaire du lever ou du coucher, et par τ la durée du crépuscule; on a

$$-\sin c = \sin\varphi \sin\delta + \cos\varphi \cos\delta \cos(t_0 + \tau),$$

$$\cos(t_0 + \tau) = -\frac{\sin\varphi \sin\delta + \sin c}{\cos\varphi \cos\delta},$$

ou si

$$H = 90^\circ - \varphi + \delta,$$

$$\sin\tfrac{1}{2}(t_0 + \tau) = \sqrt{\frac{\sin\frac{1}{2}(H + c)\cos\frac{1}{2}(H - c)}{\cos\varphi \cos\delta}};$$

d'où l'on peut déduire τ, quand t_0 est calculé.

Appelons Z' le point de la sphère céleste qui se trouve au zénith au moment du coucher du Soleil, Z celui qui s'y trouve à la fin du crépuscule; dans le triangle ayant pour sommets ces deux points et le pôle, l'angle au pôle est égal à τ, et on a

$$\cos ZZ' = \sin^2\varphi + \cos^2\varphi \cos\tau.$$

Mais puisque dans le triangle formé par les points Z, Z', et le Soleil S, on a $ZS = 90^\circ + c$, $Z'S = 90^\circ$; on a aussi, en désignant l'angle au Soleil par S,

$$\cos ZZ' = \cos c \cos S,$$

et on obtient

$$\sin^2\frac{\tau}{2} = \frac{1 - \cos c \cos S}{2\cos^2\varphi},$$

où, comme on le voit facilement, S est la différence des valeurs de l'angle parallactique au moment du coucher et à la fin du crépuscule. L'équation montre que τ est minimum, lorsque l'angle S est nul, c'est-à-dire lorsque à la fin du crépuscule le point qui au coucher du Soleil était au zénith se trouve sur le cercle vertical du Soleil. Les deux angles parallactiques sont alors égaux entre eux.

La durée du plus petit crépuscule est donc donnée par l'équation

$$\sin\frac{\tau}{2} = \frac{\sin\frac{c}{2}}{\cos\varphi}.$$

Et puisque

$$\cos p = \frac{\sin\varphi}{\cos\delta}, \quad \cos p' = \frac{\sin\varphi + \sin c \sin\delta}{\cos c \cos\delta},$$

il résulte de l'égalité de p et de p'

$$\sin\delta = -\tan g\frac{c}{2}\sin\varphi,$$

équation qui donne la déclinaison du Soleil pour laquelle a lieu le plus petit crépuscule.

Représentons par A et A' les azimuts du Soleil au moment de son coucher et au moment où sa distance zénithale est $90^\circ + c$;

nous aurons

$$\cos\varphi \sin A = \cos\delta \sin p,$$
$$\cos\varphi \sin A' = \cos\delta \sin p';$$

par conséquent, dans le cas du plus petit crépuscule, $\sin A = \sin A'$; les deux azimuts sont donc supplémentaires.

Des deux équations

$$-\sin c = \sin\varphi \sin\delta + \cos\varphi \cos\delta \cos(t_0 + \tau),$$
$$0 = \sin\varphi \sin\delta + \cos\varphi \cos\delta \cos t_0,$$

il résulte encore

$$\sin\left(t_0 + \frac{\tau}{2}\right) \sin\frac{\tau}{2} = \frac{\cos\frac{c}{2}}{\cos\delta} \frac{\sin\frac{c}{2}}{\cos\varphi},$$

et par suite, dans le cas du plus petit crépuscule,

$$\sin\left(t_0 + \frac{\tau}{2}\right) = \frac{\cos\frac{c}{2}}{\cos\delta}.$$

Supposons $c = 18^\circ$, nous aurons pour la latitude $\varphi = 81^\circ$, $\sin\frac{\tau}{2} = 1$, et pour cette latitude, la durée du plus petit crépuscule est de 12 heures. Ceci a lieu quand la déclinaison du Soleil est -9°; le Soleil est alors à l'horizon à midi, et à minuit à 18° au-dessous de l'horizon. Il n'y a pas, dans le sens que nous lui avons donné, d'autre crépuscule de durée minimum à cette latitude, car la déclinaison -9° du Soleil est la seule pour laquelle soient remplies les deux conditions nécessaires à l'existence de ce phénomène : 1° le Soleil doit se lever et se coucher; 2° il doit s'abaisser au-dessous de l'horizon d'un angle de 18°. En effet, quand le Soleil, restant toujours au-dessous de l'équateur, a une déclinaison qui surpasse 9°, il ne se lève pas, et s'il est au-dessus de ce grand cercle l'angle dont il s'abaisse au-dessous de l'horizon n'atteint jamais 18°.

Pour un lieu dont la latitude est supérieure à 81°, il ne se présentera jamais de cas où l'on puisse parler de plus petit crépuscule, tel que nous l'entendons ici, car alors la valeur de $\sin \frac{\tau}{2}$ est toujours impossible.

Remarque. — Consulter sur la réfraction :
LAPLACE. — *Mécanique céleste*, livre X.
BESSEL. — *Fundamenta Astronomiæ*, p. 26 et suiv.
IVORY. — *Philosophical Transactions* pour 1823 et 1838.
BRUNNS. — *Die Astronomische Strahlenbrechung*. On y trouvera un exposé complet de toutes les théories.

III. — DE L'ABERRATION.

80. *Expressions de l'aberration annuelle en ascension droite et en déclinaison.* — La vitesse de la Terre dans son orbite annuelle autour du Soleil ayant un rapport fini avec la vitesse de la lumière, les étoiles nous apparaissent de la surface de la Terre, non pas dans la direction où elles sont réellement, mais en avance d'un petit angle dans la direction du mouvement de la Terre. Regardons comme distincts les deux instants t et t', auxquels un rayon lumineux, venu d'un astre immobile (une étoile fixe),

Fig. 6.

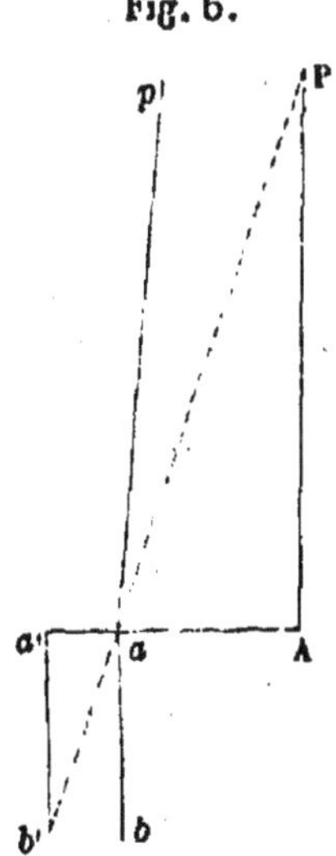

arrive successivement sur l'objectif et sur le réticule d'une lunette. Soient a et b (*fig.* 6) les positions de l'objectif et du réticule au temps t; a' et b' leurs positions au temps t'. La vraie direction du rayon lumineux dans l'espace est $b'a$; au contraire, la droite ba ou la droite $b'a'$ qu'on peut, à cause de la distance presque infinie des étoiles, considérer comme lui étant parallèle, est la direction observée du lieu apparent. La différence entre les directions $b'a$ et ba s'appelle *aberration annuelle* des étoiles fixes.

Soient maintenant x, y, z les coordonnées rectangulaires du réticule b au temps t, l'origine étant un point fixe quelconque de l'espace; les quantités

$$x + \frac{dx}{dt}(t' - t), \quad y + \frac{dy}{dt}(t' - t), \quad z + \frac{dz}{dt}(t' - t),$$

seront les coordonnées du réticule au temps t', car, pendant le petit intervalle de temps $t' - t$, on peut considérer le mouvement de la Terre comme rectiligne et uniforme. De plus, soient ξ, η, ζ les coordonnées de l'objectif par rapport au réticule, à l'époque t où la lumière pénètre dans la lunette, ces coordonnées rapportées aux axes primitifs auront pour expressions

$$x + \xi, \quad y + \eta, \quad z + \zeta.$$

Prenons maintenant pour plan des xy le plan de l'équateur, pour plans des xz et des yz les plans perpendiculaires à l'équateur menés par les points équinoxiaux et solstitiaux; désignons par α et δ l'ascension droite et la déclinaison du point où la vraie direction du rayon lumineux rencontre la sphère céleste, par μ la vitesse de la lumière; les projections sur les axes coordonnés du chemin parcouru par cette dernière pendant le temps $t' - t$ sont

$$\mu(t' - t)\cos\delta\cos\alpha, \quad \mu(t' - t)\cos\delta\sin\alpha, \quad \mu(t' - t)\sin\delta;$$

soient encore l la longueur de la lunette, α' et δ' l'ascension droite et la déclinaison du point où la direction apparente du rayon lumineux rencontre la sphère céleste; nous aurons pour valeurs des coordonnées apparentes de l'objectif, par rapport au réticule :

$$\xi = l\cos\delta'\cos\alpha', \quad \eta = l\cos\delta'\sin\alpha', \quad \zeta = l\sin\delta'.$$

La vraie direction du rayon lumineux passe par les positions de l'objectif au temps t et du réticule au temps t', dont les coordonnées sont respectivement :

$$x + l\cos\delta'\cos\alpha', \quad x + \frac{dx}{dt}(t'-t),$$

$$y + l\cos\delta'\sin\alpha', \quad y + \frac{dy}{dt}(t'-t),$$

$$z + l\sin\delta', \qquad z + \frac{dz}{dt}(t'-t).$$

Si donc on pose $\mathrm{L} = \frac{l}{t'-t}$, on a les équations

$$\mu\cos\delta\cos\alpha = \mathrm{L}\cos\delta'\cos\alpha' - \frac{dx}{dt},$$

$$\mu\cos\delta\sin\alpha = \mathrm{L}\cos\delta'\sin\alpha' - \frac{dy}{dt},$$

$$\mu\sin\delta = \mathrm{L}\sin\delta' - \frac{dz}{dt};$$

d'où l'on déduit facilement

$$\frac{\mathrm{L}}{\mu}\cos\delta'\cos(\alpha'-\alpha) = \cos\delta + \frac{1}{\mu}\left(\frac{dy}{dt}\sin\alpha + \frac{dx}{dt}\cos\alpha\right),$$

$$\frac{\mathrm{L}}{\mu}\cos\delta'\sin(\alpha'-\alpha) = \frac{1}{\mu}\left(\frac{dy}{dt}\cos\alpha - \frac{dx}{dt}\sin\alpha\right),$$

ou

$$\operatorname{tang}(\alpha'-\alpha) = \frac{\frac{1}{\mu}\,\text{séc}\,\delta\left(\frac{dy}{dt}\cos\alpha - \frac{dx}{dt}\sin\alpha\right)}{1 + \frac{1}{\mu}\,\text{séc}\,\delta\left(\frac{dy}{dt}\sin\alpha + \frac{dx}{dt}\cos\alpha\right)}.$$

On obtiendrait une équation toute semblable pour $\operatorname{tang}(\delta'-\delta)$. Développons ces deux équations en séries, au moyen de la formule (14) du n° 11, et dans la formule qui donne $\operatorname{tang}(\delta'-\delta)$, remplaçons $\operatorname{tang}\frac{\alpha'-\alpha}{2}$ par sa valeur développée suivant les puissances de $(\alpha'-\alpha)$, et dans laquelle on a négligé les termes d'ordre supérieur au second; nous aurons

$$
(a)\begin{cases}
\alpha'-\alpha \\
\quad = -\dfrac{1}{\mu}\left(\dfrac{dx}{dt}\sin\alpha - \dfrac{dy}{dt}\cos\alpha\right)\sec\delta \\
\qquad + \dfrac{1}{\mu^2}\left(\dfrac{dx}{dt}\sin\alpha - \dfrac{dy}{dt}\cos\alpha\right)\left(\dfrac{dx}{dt}\cos\alpha + \dfrac{dy}{dt}\sin\alpha\right)\sec^2\delta, \\
\delta'-\delta = -\dfrac{1}{\mu}\left(\dfrac{dx}{dt}\sin\delta\cos\alpha + \dfrac{dy}{dt}\sin\delta\sin\alpha - \dfrac{dz}{dt}\cos\delta\right) \\
\qquad - \dfrac{1}{2\mu^2}\left(\dfrac{dx}{dt}\sin\alpha - \dfrac{dy}{dt}\cos\alpha\right)^2\tan\delta' \\
\qquad + \dfrac{1}{\mu^2}\left(\dfrac{dx}{dt}\cos\delta\cos\alpha + \dfrac{dy}{dt}\cos\delta\sin\alpha + \dfrac{dz}{dt}\sin\delta\right) \\
\qquad \times\left(\dfrac{dx}{dt}\sin\delta\cos\alpha + \dfrac{dy}{dt}\sin\delta\sin\alpha - \dfrac{dz}{dt}\cos\delta\right).
\end{cases}
$$

Imaginons maintenant le lieu de la Terre rapporté à des coordonnées rectangulaires menées par le centre du Soleil, l'axe des x positifs dirigé vers l'équinoxe du printemps, l'axe des y positifs vers le solstice d'été, et l'axe des z positifs vers le pôle nord de l'écliptique; désignons par $\odot$ la longitude géocentrique du Soleil, ou en d'autres termes par $(180° + \odot)$ la longitude héliocentrique de la Terre, par R la distance du Soleil à la Terre; nous aurons

$$
\begin{aligned}
x &= -\mathrm{R}\cos\odot, \\
y &= -\mathrm{R}\sin\odot, \\
z &= 0.
\end{aligned}
$$

Par rapport à un second système d'axes ayant aussi pour plan des xy l'équateur, et obtenu en faisant tourner le précédent autour de l'axe des x d'un angle ε égal à l'obliquité de l'écliptique, ces coordonnées auront pour expressions

$$
\begin{aligned}
x &= -\mathrm{R}\cos\odot, \\
y &= -\mathrm{R}\sin\odot\cos\varepsilon, \\
z &= -\mathrm{R}\sin\odot\sin\varepsilon;
\end{aligned}
$$

et comme (n° 42) la longitude du Soleil est égale à $v + \varpi$, c'est-à-dire à la somme de l'anomalie vraie et de la longitude du périhélie, on aura par différentiation

$$\frac{dx}{dt} = -\cos\odot \frac{dR}{dt} + R\sin\odot \frac{dv}{dt},$$

$$\frac{dy}{dt} = -\sin\odot\cos\varepsilon \frac{dR}{dt} - R\cos\odot\cos\varepsilon \frac{dv}{dt},$$

$$\frac{dz}{dt} = -\sin\odot\sin\varepsilon \frac{dR}{dt} - R\cos\odot\sin\varepsilon \frac{dv}{dt};$$

on a aussi, φ étant un angle tel que $e = \sin\varphi$ (n° 42),

$$dv = \frac{a\cos\varphi}{R} dE, \quad dE = \frac{a}{R} dM,$$

donc

$$\frac{dv}{dt} = \frac{a^2\cos\varphi}{R^2} \frac{dM}{dt}.$$

De plus, en combinant l'équation $R = \frac{a\cos^2\varphi}{1 + e\cos v}$ avec la précédente, on a

$$\frac{dR}{dt} = a \operatorname{tang}\varphi \sin v \frac{dM}{dt}.$$

et en remplaçant

$$\frac{dx}{dt} = \frac{a}{\cos\varphi} \frac{dM}{dt} \left(\sin\odot \frac{a\cos^2\varphi}{R} - \sin\varphi\sin v\cos\odot\right);$$

d'ailleurs

$$\frac{a\cos^2\varphi}{R} = 1 + \sin\varphi\cos v \quad \text{et} \quad \odot - v = \varpi.$$

En substituant et agissant de même pour les deux autres coordonnées, on a :

$$(b) \quad \left\{ \begin{aligned} \frac{dx}{dt} &= \frac{a}{\cos\varphi} \frac{dM}{dt} (\sin\odot + \sin\varphi\sin\varpi), \\ \frac{dy}{dt} &= -\frac{a}{\cos\varphi}\cos\varepsilon \frac{dM}{dt} (\cos\odot + \sin\varphi\cos\varpi), \\ \frac{dz}{dt} &= -\frac{a}{\cos\varphi}\sin\varepsilon \frac{dM}{dt} (\cos\odot + \sin\varphi\cos\varpi). \end{aligned} \right.$$

Si l'on porte ces expressions dans les formules (a), les termes constants, ceux qui contiennent ϖ, donneront, dans les expressions de l'aberration en ascension droite et en déclinaison, des termes également constants dont on peut combiner la valeur avec celles des coordonnées de la position moyenne de l'étoile, et qu'on n'a plus alors à considérer. Au lieu de μ, introduisons le nombre K de secondes de temps qu'emploie la lumière pour parcourir le demi grand axe de l'orbite terrestre, en sorte que

$$\frac{1}{\mu} = \frac{K}{a}.$$

Nous trouverons, en ne conservant que les termes du premier ordre,

$$\alpha' - \alpha = -\frac{K}{\cos\varphi}\frac{dM}{dt}(\cos\odot\cos\varepsilon\cos\alpha + \sin\odot\sin\alpha)\operatorname{s\acute{e}c}\delta,$$

$$\delta' - \delta = +\frac{K}{\cos\varphi}\frac{dM}{dt}[\cos\odot(\sin\alpha\sin\delta\cos\varepsilon - \cos\delta\sin\varepsilon) - \cos\alpha\sin\delta\sin\odot].$$

La constante $\frac{K}{\cos\varphi}\frac{dM}{dt}$ est appelée *constante de l'aberration*, on en connaît la valeur. En effet, des deux facteurs dont elle se compose, l'un $\frac{dM}{dt}$ est le moyen mouvement sidéral du Soleil en une seconde de temps moyen, unité choisie pour mesurer le nombre K; quant à ce nombre lui-même, Delambre, à l'aide de l'observation des éclipses des satellites de Jupiter, l'avait trouvé égal à 493^s; d'où l'on déduit $20'',255$ pour valeur de la constante de l'aberration. Depuis, Struve a obtenu, par l'observation des lieux apparents des étoiles fixes, la valeur $20'',4451$; or

$$\frac{dM}{dt} = \frac{59'8'',19}{86400} = 0,041067\ (*) \quad \text{et} \quad \log\cos\varphi = \bar{1},999939;$$

on conclut donc de cette dernière valeur $K = 497^s,78$.

(*) D'après Hansen, la durée de l'année sidérale est

$$365^j\,6^h\,9^m\,9^s,35 = 365,2563582 \text{ jours moyens};$$

le moyen mouvement sidéral du Soleil en un jour moyen est donc de $59'8'',193$.

On a ainsi, pour l'aberration annuelle des étoiles fixes en ascension droite et en déclinaison,

$$(\mathrm{A})\left\{\begin{aligned}\alpha'-\alpha &= -20'',4451\,(\cos\odot\cos\alpha\cos\varepsilon+\sin\odot\sin\alpha)\,\mathrm{séc}\,\delta,\\ \delta'-\delta &= +20'',4451\cos\odot\,(\sin\alpha\sin\delta\cos\varepsilon-\cos\delta\sin\varepsilon)\\ &\quad -20'',4451\sin\odot\cos\alpha\sin\delta.\end{aligned}\right.$$

On obtiendrait les termes du second ordre, en tenant compte de tous les termes dans le remplacement de $\frac{dx}{dt}, \frac{dy}{dt}, \frac{dz}{dt}$ par leurs valeurs (b); mais ils sont en général assez petits pour pouvoir être négligés. En effet, effectuons ce calcul.

1° En ascension droite, abstraction faite des facteurs constants, le coefficient de $\mathrm{séc}^2\delta$ est

$$2\sin 2\alpha(\cos^2\odot\cos^2\varepsilon-\sin^2\odot)-2\sin 2\odot\cos\varepsilon(\cos^2\alpha-\sin^2\alpha),$$

d'où, en négligeant le petit terme qui contient en facteur $\sin 2\alpha\sin^2\varepsilon$, on déduit facilement pour l'ensemble des termes du second ordre

$$-\frac{1}{4}\frac{K^2}{\cos^2\varphi}\left(\frac{dM}{dt}\right)^2\mathrm{séc}^2\delta[\cos 2\odot\sin 2\alpha(1+\cos^2\varepsilon)\\ -2\sin 2\odot\cos 2\alpha\cos\varepsilon],$$

ou, avec les valeurs numériques et $\varepsilon = 23°28'$,

$$(c)\qquad\left\{\begin{aligned}&-0'',0009329\,\mathrm{séc}^2\delta\sin 2\alpha\cos 2\odot\\ &+0\;\,,0009295\,\mathrm{séc}^2\delta\cos 2\alpha\sin 2\odot,\end{aligned}\right.$$

somme qui atteint à peine $0^s,01$ pour une étoile dont la déclinaison est 85° 30'.

2° En déclinaison, nous négligerons les termes qui ne contiennent pas $\tan\delta$; or, aux facteurs constants près, le coefficient de $\tan\delta$ a pour valeur

$$\sin^2\odot\sin^2\alpha+\cos^2\odot\cos^2\varepsilon\cos^2\alpha+\tfrac{1}{2}\sin 2\odot\sin 2\alpha\cos\varepsilon.$$

Exprimons les carrés des sinus et cosinus en fonction du cosinus de l'angle double, négligeons le terme constant $1+\cos^2\varepsilon$ et le petit terme en $\cos 2\alpha\sin^2\varepsilon$, nous aurons pour l'ensemble des termes du second ordre

$$-\frac{1}{8}\frac{K^2}{\cos^2\varphi}\left(\frac{dM}{dt}\right)^2\operatorname{tang}\delta$$
$$\times\{\cos 2\odot[\cos 2\alpha(1+\cos^2\varepsilon)-\sin^2\varepsilon]+2\sin 2\odot\sin 2\alpha\cos\varepsilon\},$$

et, après substitution des valeurs numériques,

$$(d)\quad\left\{\begin{array}{l}+(0'',0000402-0'',0004665\cos 2\alpha)\operatorname{tang}\delta\cos 2\odot\\ -\ 0'',0004648\operatorname{tang}\delta\sin 2\alpha\sin 2\odot,\end{array}\right.$$

somme qui, pour des étoiles de déclinaison moindre que 87° 6′, est toujours inférieure à 0″,01. Pour toutes les étoiles dont la déclinaison ne surpasse pas 85°, on peut donc négliger les termes du second ordre.

Les formules (A) supposent que les grandeurs α, δ et $\odot$ sont rapportées à l'équinoxe apparent, et que ε est l'inclinaison apparente de l'écliptique. Dans le calcul de l'aberration d'une étoile pour un long espace de temps, il est commode de négliger d'abord la nutation, c'est-à-dire de rapporter α, δ et $\odot$ à l'équinoxe moyen et de prendre pour ε l'obliquité moyenne. Mais il faut ensuite calculer les erreurs ainsi introduites et corriger de ces quantités les valeurs obtenues pour l'aberration. On obtient ces corrections en différentiant les formules (A) par rapport à α, δ, $\odot$ et ε et en adoptant pour valeurs de $d\alpha$, $d\delta$, $d\odot$ et $d\varepsilon$ les nombres qui mesurent les changements que la nutation produit sur ces grandeurs. On ne prend évidemment ici que les termes les plus importants de la nutation; en outre, si, dans la correction relative à l'ascension droite, on néglige tous les termes qui ne contiennent pas en facteur $\operatorname{s\acute{e}c}\delta\operatorname{tang}\delta$, et, dans la correction qui se rapporte à la déclinaison, tous ceux qui ne sont point multipliés par $\sin\delta\operatorname{tang}\delta$, les variations $d\odot$ et $d\varepsilon$ ne donnent naissance, comme il est facile de le voir, à aucun terme sensible; il suffit donc de prendre pour expressions de $d\alpha$ et de $d\delta$ les valeurs

$$d\alpha=-(6'',867\sin\Omega\sin\alpha+9'',223\cos\Omega\cos\alpha)\operatorname{tang}\delta,$$
$$d\delta=-(6'',867\sin\Omega\cos\alpha+9'',223\cos\Omega\sin\alpha).$$

Pour abréger, remplaçons 9″,223 et 6″,867 par a et b dans les équations obtenues en différentiant les formules (A), nous aurons

$$\begin{aligned}\alpha' - \alpha = 10'',2225 \tan\delta \sec\delta \\ \times[&-(b + a\cos\varepsilon)\cos(\odot + \Omega)\sin 2\alpha \\ &+(b\cos\varepsilon + a)\sin(\odot + \Omega)\cos 2\alpha \\ &+(b - a\cos\varepsilon)\cos(\odot - \Omega)\sin 2\alpha \\ &-(b\cos\varepsilon - a)\sin(\odot - \Omega)\cos 2\alpha],\end{aligned}$$

$$\begin{aligned}\delta' - \delta = 5'',1112 \tan\delta \sin\delta \\ \times[&-(b + a\cos\varepsilon)\cos(\odot + \Omega)\cos 2\alpha \\ &-(b\cos\varepsilon + a)\sin(\odot + \Omega)\sin 2\alpha \\ &+(b - a\cos\varepsilon)\cos(\odot - \Omega)\cos 2\alpha \\ &+(b\cos\varepsilon - a)\sin(\odot - \Omega)\sin 2\alpha \\ &+(b - a\cos\varepsilon)\cos(\odot + \Omega) \\ &-(b + a\cos\varepsilon)\cos(\odot - \Omega)];\end{aligned}$$

et avec les valeurs numériques :

$$(e)\left\{\begin{aligned}\alpha' - \alpha = \tan\delta\sec\delta \times[&-0'',000\,7597\cos(\odot + \Omega)\sin 2\alpha \\ &+0'',000\,7693\sin(\odot + \Omega)\cos 2\alpha \\ &-0'',000\,0790\cos(\odot - \Omega)\sin 2\alpha \\ &+0'',000\,1449\sin(\odot - \Omega)\cos 2\alpha], \\ \delta' - \delta = \tan\delta\sin\delta \times[&-0'',000\,3798\cos(\odot + \Omega)\cos 2\alpha \\ &-0'',000\,3847\sin(\odot + \Omega)\sin 2\alpha \\ &-0'',000\,0395\cos(\odot - \Omega)\cos 2\alpha \\ &-0'',000\,0725\sin(\odot - \Omega)\sin 2\alpha \\ &-0'',000\,0395\cos(\odot + \Omega) \\ &-0'',000\,3798\cos(\odot - \Omega)].\end{aligned}\right.$$

Pour toute étoile de déclinaison inférieure à 85° 30′, la valeur de $\alpha' - \alpha$ sera inférieure à $0^s,01$; d'ailleurs $\delta' - \delta$ n'atteindra $0'',01$ que pour une déclinaison égale à 85° 6′; ainsi que les termes donnés par (c) et (d), ceux-ci seront donc négligeables pour toutes les étoiles dont la déclinaison est inférieure à 85°.

Expressions de l'aberration annuelle en longitude et en latitude. — Les équations relatives à l'aberration seront beaucoup plus simples, si au lieu de l'équateur on prend l'écliptique pour plan fondamental; en effet, en négligeant les termes constants, on a

$$\frac{dx}{dt} = + \frac{a}{\cos\varphi} \sin \odot \frac{dM}{dt},$$

$$\frac{dy}{dt} = - \frac{a}{\cos\varphi} \cos \odot \frac{dM}{dt},$$

$$\frac{dz}{dt} = 0.$$

Après avoir substitué ces expressions dans les formules (a) et remplacé α et δ par λ et β, on obtiendra pour l'aberration annuelle des étoiles fixes en longitude et en latitude

$$\text{(B)} \qquad \begin{cases} \lambda' - \lambda = - 20'',4451 \cos(\lambda - \odot) \operatorname{séc}\beta, \\ \beta' - \beta = + 20'',4451 \sin(\lambda - \odot) \sin\beta, \end{cases}$$

formules qui ne changent point, si dans λ et $\odot$ on emploie l'équinoxe moyen au lieu de l'équinoxe apparent. On a de plus pour les termes du second ordre :

En longitude...... $+ 0'',001\,0133 \sin 2(\odot - \lambda) \operatorname{séc}^2\beta$,
En latitude....... $- 0'',000\,5067 \cos 2(\odot - \lambda) \operatorname{tang}\beta$,

où le coefficient 0,001 0133 est en décimales la valeur de la fraction $\frac{1}{2}\,\frac{(20'',4451)^2}{206265}$.

Exemple. — En 1849, avril 1, on a, pour Arcturus,

$$\alpha = 14^h 8^m 48^s = 212^\circ 12',0, \quad \delta = + 19^\circ 58',1,$$

et

$$\odot = 11^\circ 37',2, \quad \varepsilon = 23^\circ 27',4.$$

On en déduit

$$\alpha' - \alpha = + 18'',88, \quad \delta' - \delta = - 9'',65,$$

et puisque

$$\lambda = 202^\circ 8', \quad \beta = +30^\circ 50',$$

on a aussi

$$\lambda' - \lambda = +23'',41, \quad \beta' - \beta = -1'',91.$$

81. *Tables de l'aberration.* — On a construit des Tables destinées à simplifier le calcul de l'aberration en ascension droite et en déclinaison, souvent pénible au moyen des formules que nous venons de donner. Les plus commodes sont celles de Gauss, dont la construction repose sur les transformations suivantes. Si l'on pose

$$20'',4451 \sin\odot = a \sin(\odot + A),$$
$$20'',4451 \cos\odot \cos\varepsilon = a \cos(\odot + A),$$

on a les expressions simples

$$\alpha' - \alpha = -a \operatorname{séc}\delta \cos(\odot + A - \alpha),$$
$$\delta' - \delta = -a \sin\delta \sin(\odot + A - \alpha) - 20'',4451 \cos\odot \cos\delta \sin\varepsilon$$
$$= -a \sin\delta \sin(\odot + A - \alpha) - 10'',2225 \sin\varepsilon \cos(\odot + \delta)$$
$$- 10'',2225 \sin\varepsilon \cos(\odot - \delta).$$

Ce sont ces formules que Gauss a réduites en Tables. La première Table donne A et $\log a$ avec la longitude du Soleil pour argument, et on en déduit l'aberration en ascension droite et la première partie de l'aberration en déclinaison. La deuxième et la troisième parties sont ensuite données par la seconde Table où l'on entre avec les arguments $\odot + \delta$ et $\odot - \delta$. Ces Tables ont été publiées pour la première fois dans la *Monatliche Correspondenz* (t. XVII, p. 312); la constante employée est celle de Delambre, 20'',255. Plus tard, Nicolaï en a calculé d'autres avec la nouvelle constante 20'',4451; on les trouve dans la collection des Tables auxiliaires de Warnstorff.

Pour l'exemple précédent, la première des Tables de Nicolaï donne

$$A = 1^\circ 1', \quad \log a = 1,2748,$$

d'où

$$\alpha' - \alpha = +18'',88.$$

La même Table donne $-2'',15$ pour la première partie de l'aberration en déclinaison. En cherchant ensuite dans la deuxième Table les nombres correspondants aux arguments $31^\circ 35'$ et $-8^\circ 21'$, on trouve $-3'',47$ et $-4'',03$ pour deuxième et troisième parties de l'aberration en déclinaison; on a donc

$$\delta' - \delta = -9'',65.$$

82. *Expressions de la parallaxe annuelle des étoiles fixes.* — Le maximum et le minimum de l'aberration en longitude ont lieu, pour une étoile donnée, quand sa longitude égale celle du Soleil ou la surpasse de 180°; au contraire, le maximum et le minimum de l'aberration en latitude se produisent quand l'étoile précède ou suit le Soleil de 90°.

Les formules qui donnent la parallaxe annuelle des étoiles fixes, c'est-à-dire l'angle des directions menées de l'étoile au centre de la Terre et au centre du Soleil, sont entièrement analogues à celles de l'aberration annuelle; seulement les maxima et les minima n'ont pas lieu aux mêmes époques. Soit, en effet, Δ la distance d'une étoile au Soleil, λ et β sa longitude et sa latitude vues du Soleil, les coordonnées de l'étoile par rapport au Soleil seront

$$x = \Delta \cos\beta \cos\lambda, \quad y = \Delta \cos\beta \sin\lambda, \quad z = \Delta \sin\beta;$$

mais, si Δ' est la distance de l'étoile à la Terre, ses coordonnées rapportées à la Terre ont pour expressions

$$x' = \Delta' \cos\beta' \cos\lambda', \quad y' = \Delta' \cos\beta' \sin\lambda', \quad z' = \Delta' \sin\beta';$$

d'ailleurs, en prenant pour unité le demi grand axe de la Terre, les coordonnées du Soleil par rapport à la Terre sont égales à

$$X = R \cos \odot \quad \text{et} \quad Y = R \sin \odot;$$

on a donc les équations

$$\begin{aligned}
\Delta' \cos\beta' \cos\lambda' &= \Delta \cos\beta \cos\lambda + R \cos \odot, \\
\Delta' \cos\beta' \sin\lambda' &= \Delta \cos\beta \sin\lambda + R \sin \odot, \\
\Delta' \sin\beta' &= \Delta \sin\beta;
\end{aligned}$$

d'où l'on déduit facilement

$$\lambda' - \lambda = -\frac{R}{\Delta'} \sin(\lambda - \odot) \operatorname{séc}\beta . 206265,$$

$$\beta' - \beta = -\frac{R}{\Delta'} \cos(\lambda - \odot) \sin\beta . 206265;$$

ou bien, en remarquant que le produit $\frac{1}{\Delta'}$ 206265 est l'expression de la parallaxe annuelle π,

$$(C) \quad \left\{ \begin{array}{l} \lambda' - \lambda = -\pi R \sin(\lambda - \odot) \operatorname{séc}\beta, \\ \beta' - \beta = -\pi R \cos(\lambda - \odot) \sin\beta. \end{array} \right.$$

Ces formules offrent une analogie parfaite avec celles qui sont relatives à l'aberration; mais à l'inverse de ce qui se passe dans ce dernier phénomène, la parallaxe en longitude est maximum ou minimum quand l'étoile précède ou suit le Soleil de 90°, et la parallaxe en latitude prend sa valeur maximum ou minimum quand la longitude de l'étoile surpasse de 180° celle du Soleil, ou lui est égale.

Pour l'ascension droite et la déclinaison, on a les équations

$$\begin{aligned} \Delta' \cos\delta' \cos\alpha' &= \Delta \cos\delta \cos\alpha + R \cos\odot, \\ \Delta' \cos\delta' \sin\alpha' &= \Delta \cos\delta \sin\alpha + R \sin\odot \cos\varepsilon, \\ \Delta' \sin\delta' &= \Delta \sin\delta + R \sin\odot \sin\varepsilon, \end{aligned}$$

et on trouve ensuite, tout à fait comme pour l'aberration,

$$(D) \quad \left\{ \begin{array}{l} \alpha' - \alpha = -\pi R (\cos\odot \sin\alpha - \sin\odot \cos\varepsilon \cos\alpha) \operatorname{séc}\delta, \\ \delta' - \delta = -\pi R (\cos\varepsilon \sin\alpha \sin\delta - \sin\varepsilon \cos\delta) \sin\odot \\ \qquad\qquad - \pi R \cos\odot \sin\delta \cos\alpha. \end{array} \right.$$

83. *Expressions de l'aberration diurne.* — Le mouvement diurne de la Terre autour de son axe produit, comme son mouvement annuel autour du Soleil, une aberration que l'on appelle *aberration diurne.* Elle est d'ailleurs moins importante que l'aberration annuelle, puisque la vitesse du mouvement de la Terre autour de son axe est bien plus petite que celle du mouvement annuel.

Par rapport à trois axes rectangulaires dont l'un coïncide avec l'axe de rotation, et les deux autres sont dans le plan de l'équateur, de telle sorte que la partie positive de l'axe des x soit dirigée du centre de la Terre à l'équinoxe du printemps et la partie positive de l'axe des y vers le point dont l'ascension droite est égale à 90°, un lieu de la surface de la Terre, dont la latitude géocentrique est φ', a pour coordonnées (n° 66)

$$x = \rho \cos\varphi' \cos\Theta,$$
$$y = \rho \cos\varphi' \sin\Theta,$$
$$z = \rho \sin\varphi';$$

on a donc

$$\frac{dx}{dt} = -\rho \cos\varphi' \sin\Theta \frac{d\Theta}{dt},$$

$$\frac{dy}{dt} = +\rho \cos\varphi' \cos\Theta \frac{d\Theta}{dt},$$

$$\frac{dz}{dt} = 0;$$

substituons ces valeurs dans les formules (a) du n° 80 et négligeons les secondes puissances, nous obtiendrons facilement

$$\alpha' - \alpha = \frac{1}{\mu} \frac{d\Theta}{dt} \rho \cos\varphi' \cos(\Theta - \alpha) \operatorname{séc}\delta,$$

$$\delta' - \delta = \frac{1}{\mu} \frac{d\Theta}{dt} \rho \cos\varphi' \sin(\Theta - \alpha) \sin\delta.$$

Actuellement désignons par T le nombre de jours sidéraux d'une année sidérale, le mouvement angulaire d'un point de la Terre pendant la révolution de celle-ci sera T fois plus grand que le mouvement angulaire de la Terre dans son orbite,

$$\frac{d\Theta}{dt} = \mathrm{T} \frac{d\mathrm{M}}{dt};$$

d'autre part, π étant la parallaxe du Soleil et K le nombre de secondes de temps que met la lumière à parcourir le demi grand axe de l'orbite terrestre, on a

$$\frac{1}{\mu}\rho = K\frac{\rho}{a} = K\sin\pi,$$

ce qui donne

$$K\frac{dM}{dt}T\sin\pi$$

pour expression de la constante de l'aberration diurne. En substituant aux lettres les nombres qu'elles représentent

$$K\frac{dM}{dt} = 20'',442, \quad \pi = 8'',571, \quad T = 366^j,256,$$

on trouve

$$0'',311$$

comme valeur numérique de cette constante.

Pour plus de simplicité, prenons la latitude φ au lieu de la latitude corrigée φ', les expressions de l'aberration diurne en ascension droite et en déclinaison deviendront

$$(\mathrm{E}) \quad \begin{cases} \alpha' - \alpha = 0'',311 \cos\varphi \cos(\Theta - \alpha)\,\mathrm{séc}\,\delta, \\ \delta' - \delta = 0'',311 \cos\varphi \sin(\Theta - \alpha)\sin\delta; \end{cases}$$

ainsi quand l'astre est au méridien l'aberration diurne en déclinaison est nulle, tandis que l'aberration en ascension droite y atteint sa valeur maximum

$$0'',311 \cos\varphi\,\mathrm{séc}\,\delta.$$

84. *Orbites apparentes des étoiles autour de leurs positions moyennes.* — Pour l'aberration annuelle des fixes en longitude et latitude, nous avons précédemment trouvé

$$\lambda' - \lambda = - q\cos(\lambda - \odot)\,\mathrm{séc}\,\beta,$$
$$\beta' - \beta = + q\sin(\lambda - \odot)\sin\beta,$$

où q désigne la constante $20'',4451$. Ceci posé, imaginons le plan tangent à la sphère céleste mené par la position moyenne d'une étoile, et dans ce plan un système de coordonnées rectangulaires x et y, dont les axes soient les intersections de ce plan tangent avec les plans du parallèle et du cercle de latitude; les coordonnées du lieu vrai affecté de l'aberration, par rapport au lieu moyen, seront

$$x = (\lambda' - \lambda)\cos\beta \quad \text{et} \quad y = \beta' - \beta,$$

car pour d'aussi petites distances à l'origine, le plan tangent peut être considéré comme coïncidant avec la surface de la sphère céleste; on en déduit facilement

$$y^2 = q^2 \sin^2\beta - x^2 \sin^2\beta.$$

C'est l'équation d'une ellipse dont les demi-axes sont q et $q \sin\beta$. En raison de l'aberration annuellé les étoiles décriront donc autour de leurs lieux moyens une ellipse dont le demi grand axe a pour valeur 20",4451, et le demi petit axe le maximum de l'aberration en latitude. Pour les étoiles situées dans le plan de l'écliptique, ce demi petit axe est nul puisque $\beta = 0$. Elles décrivent donc, dans le cours d'une année, une ligne droite, et parcourent sur l'écliptique 20",4451 de chaque côté de leur position moyenne. Pour une étoile qui coïnciderait avec le pôle de l'écliptique, on aurait $\beta = 90°$, et par suite les deux axes seraient égaux; dans l'espace d'un an, une pareille étoile décrirait donc autour de sa position moyenne un cercle de rayon égal à 20", 4451.

En général, c'est-à-dire pour une valeur de β autre que ces valeurs extrêmes, la position que l'étoile occupe à un instant quelconque sur l'ellipse d'aberration est donnée par la construction suivante. Dans le plan de cette ellipse imaginons un cercle qui lui soit concentrique, et dont le diamètre soit égal au grand axe; en outre, supposons qu'un rayon de ce cercle le décrive d'un mouvement uniforme et coïncide avec le côté ouest du grand axe quand la longitude du Soleil est égale à celle de l'étoile, et avec le côté sud du petit axe quand elle la surpasse de 90°. Traçons le rayon correspondant à la longitude actuelle du Soleil, et par l'extrémité de ce rayon, menons une perpendiculaire au grand axe, le point où cette droite coupera la circonférence de l'ellipse sera la position actuelle de l'étoile.

Si l'étoile a une parallaxe π, les expressions de ses deux coordonnées rectangulaires seront, en supposant R constant et égal à l'unité,

$$x = -q\cos(\lambda - \odot) - \pi\sin(\lambda - \odot),$$
$$y = +q\sin(\lambda - \odot)\sin\beta - \pi\cos(\lambda - \odot)\sin\beta,$$

ou, en posant $q = a\cos A$ et $\pi = a\sin A$,

$$x = -a\cos(\lambda - \odot - A),$$
$$y = +a\sin(\lambda - \odot - A)\sin\beta.$$

L'étoile décrit encore une ellipse autour de son lieu moyen, mais le demi grand axe est $\sqrt{q^2 + \pi^2}$ et le demi petit axe $\sqrt{q^2 + \pi^2}\sin\beta$.

Il en est entièrement de même pour l'aberration diurne. En vertu de cette dernière, les étoiles décrivent dans un jour sidéral autour de leur position moyenne une ellipse dont les demi-axes sont $0'',311\cos\varphi$ et $0'',311\cos\varphi\sin\delta$. Pour les étoiles équatoriales, cette ellipse se réduit à une ligne droite, tandis que pour une étoile qui coïnciderait avec le pôle elle devient un cercle.

85. *Aberration planétaire.* — Si l'astre a un mouvement propre, comme le Soleil, la Lune, les planètes et les comètes, ce que nous avons dit de l'aberration des fixes ne forme pas l'aberration complète. En effet, le lieu de cet astre change pendant le temps que la lumière emploie pour arriver à la Terre, et par conséquent la direction observée du rayon lumineux ne correspond pas à la vraie position géocentrique de l'astre au moment de l'observation. Supposons que le rayon lumineux qui, au temps t, rencontre l'objectif de la lunette soit parti de la planète au temps T. Soient (*fig.* 7) P et p les positions de la planète dans l'espace aux temps T et t, A la position de l'objectif au temps T, a et b les positions de l'objectif et du réticule au temps t, a' et b' leurs positions au temps t' quand le rayon lumineux rencontre le réticule. Dès lors

AP est la direction du lieu de la planète au temps T,

ap celle du lieu vrai au temps t,

ba, $b'a'$ les directions des lieux apparents aux temps t et t', dont la différence est infiniment petite,

$b'a$ la direction de ce même lieu apparent débarrassé de l'aberration des fixes.

Puisque P, a et b' sont en ligne droite, on a

$$\frac{Pa}{ab'} = \frac{t - T}{t' - t}.$$

De plus, on peut toujours supposer que pendant le petit intervalle de temps $t' - T$ le mouvement de la Terre est rectiligne et uniforme; par suite, A, a et a' sont aussi sur une même droite,

Fig. 7.

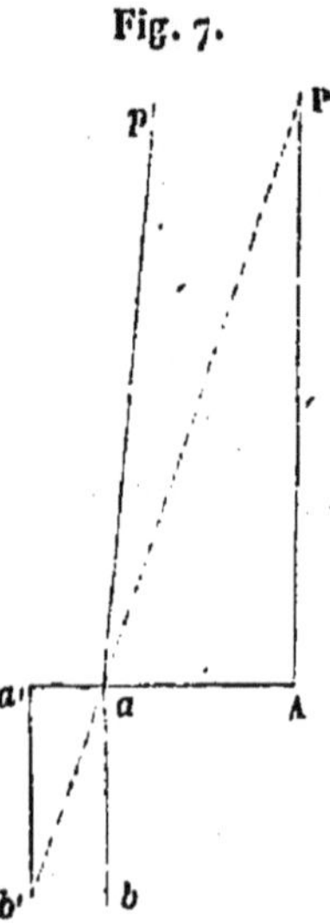

et, en outre, Aa et aa' sont proportionnels aux temps $t - T$ et $t' - t$. Il en résulte encore que AP est parallèle à $b'a'$ et que par conséquent le lieu apparent de la planète au temps t coïncide avec son lieu vrai au temps T. La différence $t' - T$ est du reste le temps que la lumière emploie pour arriver de la planète jusqu'à l'œil, ou le produit de la distance de la planète par $497^s,8$, temps nécessaire à la lumière pour parcourir le demi grand axe de l'orbite terrestre.

De là dérivent trois méthodes qui permettent d'obtenir, à une époque quelconque t, le lieu vrai d'une planète au moyen de son lieu apparent :

I. On retranche de l'époque observée le temps employé par la lumière pour aller de la planète à la Terre; le lieu vrai correspondant au temps T ainsi obtenu est identique avec le lieu apparent au temps t.

II. Avec la distance de l'astre, on calcule la réduction du temps, c'est-à-dire $t - T$, et à l'aide du mouvement diurne de l'astre en ascension droite et en déclinaison, la réduction au temps T du lieu apparent observé.

III. On considère le lieu donné débarrassé de l'aberration des fixes comme le lieu vrai au temps T, mais vu de la position de la Terre au temps t. On emploie cette dernière méthode quand on ne connaît pas la distance de l'astre, par exemple dans le calcul de l'orbite d'une planète ou d'une comète nouvellement découverte.

La lumière met $497^s,8$ pour venir du Soleil à la Terre, et le moyen mouvement du Soleil en un jour est de $59'8'',19$. Par suite, d'après la règle II, l'aberration du Soleil en longitude, qui rend toujours trop petites les longitudes déduites de l'observation, est égale à $20'',45$; il faut ajouter que les variations de la distance et de la vitesse du Soleil produisent sur cette valeur de petits changements, qui dans l'espace d'une année ne surpassent pas quelques dixièmes de seconde.

86. *Démonstration analytique des lois précédentes.* — Le problème que nous venons de résoudre, et qui est en fait le cas général, peut se traiter aussi facilement à l'aide des équations fondamentales du nº 80. Il est clair, en effet, que dans ce cas, au lieu de la vitesse absolue de la Terre, on ne doit employer que sa vitesse relative par rapport à l'astre mobile; car cette vitesse relative combinée avec celle de la lumière déterminera l'angle que doit faire la lunette avec la vraie direction des rayons lumineux venant successivement de l'astre pour que celui-ci, malgré son mouvement propre et celui de la Terre, paraisse toujours dans l'axe de la lunette. Soient donc ξ, η, ζ les coordonnées de l'astre par rapport au système d'axes considéré plus haut, il faudra, dans les équations (a) du nº 80, substituer

$$\frac{dx}{dt}-\frac{d\xi}{dt},\quad \frac{dy}{dt}-\frac{d\eta}{dt},\quad \frac{dz}{dt}-\frac{d\zeta}{dt}\quad \text{à}\quad \frac{dx}{dt},\quad \frac{dy}{dt},\quad \frac{dz}{dt}.$$

Soit Δ la distance de l'astre à la Terre; ses coordonnées géocentriques sont $\Delta\cos\delta\cos\alpha,\ldots$, et par conséquent ses coordonnées héliocentriques ξ, η, ζ, ont pour valeurs

$$(f)\qquad \begin{cases} \xi = \Delta\cos\delta\cos\alpha + x, \\ \eta = \Delta\cos\delta\sin\alpha + y, \\ \zeta = \Delta\sin\delta + z; \end{cases}$$

d'où l'on déduit facilement

$$\left(\frac{dx}{dt} - \frac{d\xi}{dt}\right)\sin\alpha - \left(\frac{dy}{dt} - \frac{d\eta}{dt}\right)\cos\alpha = \Delta\cos\delta\,\frac{d\alpha}{dt},$$

$$\left(\frac{dx}{dt} - \frac{d\xi}{dt}\right)\sin\delta\cos\alpha + \left(\frac{dy}{dt} - \frac{d\eta}{dt}\right)\sin\delta\sin\alpha$$
$$+ \left(\frac{dz}{dt} - \frac{d\zeta}{dt}\right)\cos\delta = \Delta\,\frac{d\delta}{dt}.$$

Les formules (a) se transforment donc dans les suivantes

$$\alpha' - \alpha = -\frac{\Delta}{\mu}\,\frac{d\alpha}{dt},$$

$$\delta' - \delta = -\frac{\Delta}{\mu}\,\frac{d\delta}{dt};$$

mais $\frac{\Delta}{\mu}$ est le temps que la lumière emploie pour parcourir la distance Δ; en désignant ce temps par $t - T$, on a les équations

$$\alpha' = \alpha - (t - T)\,\frac{d\alpha}{dt},$$

$$\delta' = \delta - (t - T)\,\frac{d\delta}{dt};$$

elles expriment que le lieu apparent est égal au lieu vrai au temps T, et correspondent aux règles I et II du n° 85.

De ce qui précède, il résulte évidemment que, dans le cas actuel, l'aberration peut encore s'obtenir en ajoutant, aux seconds membres des deux formules (a), les termes

$$\frac{1}{\mu}\left(\frac{d\xi}{dt}\sin\alpha - \frac{d\eta}{dt}\cos\alpha\right)\operatorname{séc}\delta \text{ pour la première,}$$

$$\frac{1}{\mu}\left(\frac{d\xi}{dt}\sin\delta\cos\alpha + \frac{d\eta}{dt}\sin\delta\sin\alpha + \frac{d\zeta}{dt}\cos\delta\right) \text{ pour la deuxième;}$$

on a donc, en désignant par $D\alpha$ et $D\delta$ l'aberration des fixes,

$$\alpha' - \alpha = D\alpha + \frac{1}{\mu}\left(\frac{d\xi}{dt}\sin\alpha - \frac{d\eta}{dt}\cos\alpha\right)\text{séc}\,\delta,$$

$$\delta' - \delta = D\delta + \frac{1}{\mu}\left(\frac{d\xi}{dt}\sin\delta\cos\alpha + \frac{d\eta}{dt}\sin\delta\sin\alpha + \frac{d\zeta}{dt}\cos\delta\right).$$

Différentions maintenant les équations (f), en considérant les grandeurs géocentriques, Δ, α, δ, comme variant seules, et en traitant les coordonnées de la Terre comme des constantes; représentons par $\left(\frac{d\alpha}{dt}\right)$ et $\left(\frac{d\delta}{dt}\right)$ les dérivées partielles de α et δ, et remplaçons dans les seconds membres des équations précédentes les coefficients de $\frac{1}{\mu}$ par les valeurs ainsi obtenues, nous aurons

$$\alpha' - D\alpha = \alpha - \frac{\Delta}{\mu}\left(\frac{d\alpha}{dt}\right), \quad \delta' - D\delta = \delta - \frac{\Delta}{\mu}\left(\frac{d\delta}{dt}\right),$$

ou

$$\text{(F)} \quad \alpha' - D\alpha = \alpha - (t - T)\left(\frac{d\alpha}{dt}\right), \quad \delta' - D\delta = \delta - (t - T)\left(\frac{d\delta}{dt}\right):$$

équations qui correspondent à la règle III du n° 85; en effet $\left(\frac{d\alpha}{dt}\right)$ et $\left(\frac{d\delta}{dt}\right)$ représentent les dérivées partielles de α et δ quand on fait varier le lieu héliocentrique de l'astre, mais non celui de la Terre; les seconds membres des deux équations correspondent donc au lieu de l'astre au temps T, vu de la position que la Terre occupe au temps t.

Remarque I. — Le mouvement elliptique de la Terre autour du Soleil et son mouvement diurne de rotation ne constituent pas le mouvement entier dans l'espace d'un point de la Terre : le Soleil lui-même se meut et entraîne avec lui la Terre et tout le système solaire. Comme nous le verrons plus tard, cet astre est animé d'un double mouvement, un mouvement de translation dans l'espace et un mouvement périodique causé par les attractions des planètes; en effet, celles-ci ne se meuvent pas réellement dans des ellipses autour du centre du Soleil; mais, soumis à leurs attractions réciproques, une planète et le Soleil décrivent autour de leur centre de gravité, qui reste immobile, deux ellipses dont les dimensions sont entre elles dans le rapport inverse des masses de ces deux corps. Le premier de ces deux mouvements peut actuellement être regardé comme rectiligne et restera tel un très-long espace de temps; il n'a donc d'autre effet que de changer les positions des astres d'une quantité constante, et par suite il est permis de n'en point tenir compte. Quant à l'aberration due au second mouvement, elle est si petite, qu'on peut toujours la négliger. Soient, en effet, a et a' les rayons des orbites des deux planètes, orbites que nous supposerons circulaires, τ et τ' les temps de leur révolution; les vitesses angulaires de ces deux planètes seront proportionnelles à $\frac{1}{\tau}$ et $\frac{1}{\tau'}$, et par conséquent leurs vitesses linéaires à $a\tau'$ et $a'\tau$, ou bien à $\sqrt{a'}$ et $\sqrt{a}$, car, d'après la troisième loi de Képler, les carrés des temps des révolutions de deux planètes sont entre eux comme les cubes des grands axes de leurs orbites.

Prenons pour unités le rayon de l'orbite terrestre et la masse du Soleil: soient m et a la masse et le demi grand axe de l'orbite d'une planète, la constante de l'aberration due au mouvement de la Terre sera pour cette planète

$$\frac{20'',45}{\sqrt{a}},$$

et celle de l'aberration provenant du mouvement du Soleil autour du centre de gravité commun à ces deux corps :

$$m\frac{20'',45}{\sqrt{a}}.$$

Ainsi, pour Jupiter, $a = 5,20$, $m = \frac{1}{1050}$, et les deux constantes ont pour valeurs

$$8'',97 \quad \text{et} \quad 0'',0086;$$

la seconde est donc bien, ainsi que nous l'avons dit, négligeable par rapport à la première.

Les perturbations, que les actions des planètes produisent dans le mouvement de la Terre, changent encore l'aberration, mais ces variations sont aussi trop petites pour qu'il y ait lieu d'en tenir compte.

Remarque II. — Consulter sur l'aberration :

Bessel. — *Tabulæ Regiomontanæ*, p. xvii et suiv.
Bessel. — *Zeitschrift für Astronomie*, vol. VI, p. 222 et suiv.
Wolfer. — *Tabulæ reductionum*, p. xiii et suiv.
Delambre. — *Traité d'Astronomie*, vol. III, ch. XXX.
F. Baily. — Préface du *Catalogue of the British Association*.
Gauss. — *Theoria motus*, p. 68 et suiv.
Le Verrier. — *Annales de l'Observatoire impérial*, vol. I, p. 218 et suiv.

CHAPITRE IV.

POSITIONS MOYENNES DES ÉTOILES, ET VALEURS LES PLUS PROBABLES DES CONSTANTES EMPLOYÉES DANS LES RÉDUCTIONS.

Le but principal de l'Astronomie sphérique est la détermination des lieux des étoiles rapportés aux plans fondamentaux, et spécialement à l'équateur, car les longitudes et les latitudes ne sont jamais données par l'observation directe, mais sont déduites par le calcul de l'ascension droite, de la déclinaison et de l'obliquité de l'écliptique. Si les observations sont dirigées de manière à donner immédiatement les lieux des étoiles par rapport à l'équateur et à l'équinoxe du printemps, on les appelle *déterminations absolues*. Au contraire, on appelle *déterminations relatives* celles dont on ne déduit que des différences d'ascension droite et de déclinaison avec des étoiles dont les positions sont déjà connues.

Les observations donnent les positions apparentes des astres, c'est-à-dire affectées de la réfraction et de l'aberration (*), et rapportées à l'équateur et à l'équinoxe vrai au moment de l'observation; il faut, à l'aide des corrections étudiées dans les deux Chapitres précédents, en conclure les positions moyennes. Chacune de ces corrections contient une constante dont on trouve la valeur numérique par des observations analogues à celles qui donnent les positions des étoiles et que l'on détermine en même temps que celles-ci. Les valeurs, données pour les constantes dans les deux Chapitres précédents, résultent des déterminations les plus récentes, mais les observations futures y apporteront encore

(*) Et en outre de la parallaxe, pour le Soleil, la Lune, les planètes et les comètes.

de légères corrections; il y a donc lieu de montrer comment s'effectuent ces déterminations.

Les observations de la position d'une même étoile, faites à des époques différentes, devraient, si elle était invariable, ne présenter entre elles que des différences imputables aux erreurs d'observations et à celles des valeurs adoptées pour les constantes. Mais la comparaison des positions d'une même étoile déterminées à diverses époques donne des différences plus ou moins grandes, qui ne peuvent être expliquées par des erreurs de ce genre. On les a d'abord attribuées seulement aux mouvements propres des étoiles; mais nous devons ajouter, dès à présent, que la cause de ces différences n'est pas unique : chacune d'elles doit être regardée comme la somme de deux parties provenant de deux phénomènes distincts. L'une n'est soumise à aucune loi générale, et constitue réellement le mouvement propre de chaque étoile; l'autre, au contraire, a un caractère parallactique, et provient d'un mouvement de notre système dans l'espace, c'est-à-dire du mouvement propre du Soleil lui-même; sauf quelques exceptions, on peut considérer les mouvements dus à cette dernière partie comme uniformes et dirigés suivant un grand cercle. Dans le calcul il sera nécessaire de tenir compte de ces deux effets, quand on voudra déduire l'une de l'autre les positions moyennes d'une étoile correspondantes à des époques différentes.

On a montré dans les deux Chapitres précédents comment on détermine les diverses corrections qu'il faut appliquer aux lieux des étoiles; mais comme ce calcul se répète fréquemment, on emploie d'autres méthodes plus expéditives et plus commodes pour la réduction des lieux apparents à la position moyenne au commencement de l'année : nous allons les exposer immédiatement.

I. — De la réduction des positions moyennes des étoiles aux lieux apparents, et réciproquement.

87. *Réduction au lieu apparent. — Quantités auxiliaires du calcul.* — La position moyenne d'une étoile étant connue pour

le commencement d'une certaine année, comment obtenir sa position apparente pour un jour quelconque donné d'une autre année? On déduit d'abord de la position donnée, la position moyenne au commencement de la seconde année, en tenant compte de la précession et dans certains cas du mouvement propre; puis on ajoute la précession et le mouvement propre depuis le commencement de l'année jusqu'au jour donné, ainsi que la nutation et l'aberration correspondantes à ce jour. Pour faciliter l'application de ces trois dernières corrections, on a calculé des Tables qui ont pour argument le jour de l'année. Ces Tables ont été données par Bessel dans les *Tabulæ Regiomontanæ* (*).

Désignons par α et δ l'ascension droite et la déclinaison moyenne d'une étoile au commencement d'une certaine année; par α' et δ' l'ascension droite et la déclinaison apparente au temps τ, compté à partir du commencement de cette année et exprimé en parties de l'année; soient de plus μ et μ' les mouvements propres de l'étoile en ascension droite et en déclinaison : on a, d'après les formules (D) du n° 58, (B) et (C) du n° 61 et (A) du n° 80 :

$$
\begin{aligned}
\alpha' - \alpha = {} & (m + n \sin\alpha \operatorname{tang}\delta)\,\tau + \tau\mu \qquad \text{Précession et mouvement propre.}\\
& \left.\begin{aligned}
& - (15'',8148 + 6'',8650 \sin\alpha \operatorname{tang}\delta) \sin \text{☊}\\
& + (\ 0\ ,1902 + 0\ ,0825 \sin\alpha \operatorname{tang}\delta) \sin 2\,\text{☊}\\
& - (\ 1\ ,1642 + 0\ ,5054 \sin\alpha \operatorname{tang}\delta) \sin 2\odot\\
& + (\ 0\ ,1173 + 0\ ,0509 \sin\alpha \operatorname{tang}\delta) \sin(\odot - P)\\
& - (\ 0\ ,0195 + 0\ ,0085 \sin\alpha \operatorname{tang}\delta) \sin(\odot + P)\\
& \qquad - 9,2231 \cos\alpha \operatorname{tang}\delta \cos \text{☊}\\
& \qquad + 0,0897 \cos\alpha \operatorname{tang}\delta \cos 2\,\text{☊}\\
& \qquad - 0,5509 \cos\alpha \operatorname{tang}\delta \cos 2\odot\\
& \qquad - 0,0093 \cos\alpha \operatorname{tang}\delta \cos(\odot + P)
\end{aligned}\right\}\ \text{Nutation.}\\
& \left.\begin{aligned}
& \qquad -20,4451 \sin\alpha \operatorname{s\acute{e}c}\delta \sin\odot\\
& \qquad -20,4451 \cos\alpha \cos\varepsilon \operatorname{s\acute{e}c}\delta \cos\odot,
\end{aligned}\right\}\ \text{Aberration.}
\end{aligned}
$$

(*) Pour un petit nombre d'étoiles, il faut encore introduire la parallaxe annuelle, dont l'expression la plus commode sera donnée plus loin.

$$\begin{aligned}
\delta' - \delta = & \tau n \cos\alpha + \tau\mu' && \text{Précession et mouvement propre.}\\
& + 9'',2231 \sin\alpha \cos \Omega && \\
& - 0\ ,0897 \sin\alpha \cos 2\ \Omega && \\
& + 0\ ,5509 \sin\alpha \cos 2 \odot && \\
& + 0\ ,0093 \sin\alpha \cos(\odot + P) && \\
& - 6\ ,8650 \cos\alpha \sin \Omega && \text{Nutation.}\\
& + 0\ ,0825 \cos\alpha \sin 2\ \Omega && \\
& - 0\ ,5054 \cos\alpha \sin 2 \odot && \\
& + 0\ ,0509 \cos\alpha \sin(\odot - P) && \\
& - 0\ ,0085 \cos\alpha \sin(\odot + P) && \\
& - 20,4451 \cos\alpha \sin\delta \sin \odot && \text{Aberration.}\\
& + 20,4451 (\sin\alpha \sin\delta \cos\varepsilon - \cos\delta \sin\varepsilon) \cos \odot. &&
\end{aligned}$$

Dans ces formules on a négligé les termes dépendants de 2☾ et de l'anomalie (☾ — P') de la Lune; en raison de la rapidité du mouvement de la Lune, ils ont une courte période, et par conséquent il sera plus avantageux de les donner dans une Table spéciale. Ces termes sont d'ailleurs très-petits et, à cause de la brièveté de la période, disparaissent en grande partie dans la moyenne d'un grand nombre d'observations d'une étoile; généralement, on n'en tient compte que pour les étoiles circompolaires. Dans ce cas, il faudra introduire aussi les termes qui contiennent les carrés de l'aberration, de la nutation et leur produit; termes donnés par les formules (E) du n° 61, (*c*), (*d*) et (*e*) du n° 80; on peut d'ailleurs, dans le cas où ils ont une valeur sensible, les convertir en Tables avec les arguments ☾, ⊙, (⊙ + ☊) et (⊙ — ☊).

La conversion en Tables des expressions précédentes se fait comme il suit; on pose

$$\begin{aligned}
6'',8650 &= ni, & 15'',8148 - mi &= h,\\
0\ ,0825 &= ni_1, & 0\ ,1902 - mi_1 &= h_1,\\
0\ ,5054 &= ni_2, & 1\ ,1642 - mi_2 &= h_2,\\
0\ ,0509 &= ni_3, & 0\ ,1173 - mi_3 &= h_3,\\
0\ ,0085 &= ni_4, & 0\ ,0195 - mi_4 &= h_4,
\end{aligned}$$

et on obtient

$$\alpha' - \alpha = [\tau - i \sin \Omega + i_1 \sin 2\Omega - i_2 \sin 2\odot + i_3 \sin(\odot - P) - i_4 \sin(\odot + P)]$$
$$\times (m + n \operatorname{tang}\delta \sin\alpha)$$
$$- [9'',2231 \cos \Omega - 0'',0897 \cos 2\Omega + 0'',5509 \cos 2\odot + 0'',0093 \cos(\odot + P)] \operatorname{tang}\delta \cos\alpha$$
$$- 20'',4451 \cos\varepsilon \cos\odot \cos\alpha \operatorname{séc}\delta$$
$$- 20'',4451 \sin\odot \sin\alpha \operatorname{séc}\delta$$
$$+ \tau\mu$$
$$- h \sin\Omega + h_1 \sin 2\Omega - h_2 \sin 2\odot$$
$$+ h_3 \sin(\odot - P) - h_4 \sin(\odot + P),$$

et

$$\delta' - \delta = [\tau - i \sin\Omega + i_1 \sin 2\Omega - i_2 \sin 2\odot + i_3 \sin(\odot - P) - i_4 \sin(\odot + P)]\, n \cos\alpha$$
$$+ [9'',2231 \cos\Omega - 0'',0897 \cos 2\Omega + 0'',5509 \cos 2\odot + 0'',0093 \cos(\odot + P)] \sin\alpha$$
$$- 20'',4451 \cos\varepsilon \cos\odot (\operatorname{tang}\varepsilon \cos\delta - \sin\alpha \sin\delta)$$
$$- 20'',4451 \sin\odot \cos\alpha \sin\delta$$
$$+ \tau\mu'.$$

Faisons maintenant les conventions suivantes :

$$A = \tau - i \sin\Omega + i_1 \sin 2\Omega - i_2 \sin 2\odot + i_3 \sin(\odot - P) - i_4 \sin(\odot + P),$$
$$B = -9'',2231 \cos\Omega + 0'',0897 \cos 2\Omega - 0'',5509 \cos 2\odot - 0'',0093 \cos(\odot + P),$$
$$C = -20'',4451 \cos\varepsilon \cos\odot,$$
$$D = -20'',4451 \sin\odot,$$
$$E = -h \sin\Omega + h_1 \sin 2\Omega - h_2 \sin 2\odot + h_3 \sin(\odot - P) - h_4 \sin(\odot + P),$$

$$a = m + n \sin\alpha \operatorname{tang}\delta, \qquad a' = n \cos\alpha,$$
$$b = \cos\alpha \operatorname{tang}\delta, \qquad b' = -\sin\alpha,$$
$$c = \cos\alpha \operatorname{séc}\delta, \qquad c' = \operatorname{tang}\varepsilon \cos\delta - \sin\alpha \sin\delta,$$
$$d = \sin\alpha \operatorname{séc}\delta, \qquad d' = \cos\alpha \sin\delta,$$

nous aurons simplement

$$(A)\quad \begin{cases} \alpha' - \alpha = Aa + Bb + Cc + Dd + \tau\mu + E, \\ \delta' - \delta = Aa' + Bb' + Cc' + Dd' + \tau\mu'; \end{cases}$$

les grandeurs a, b, c, d, a', b', c', d' dépendent uniquement de la position de l'étoile et de l'obliquité de l'écliptique, elles sont données par leurs logarithmes dans les Catalogues d'étoiles; a et a' sont les nombres désignés dans les Catalogues sous le nom de *précession annuelle en ascension droite et en déclinaison;* les grandeurs A, B, C, D ne dépendent, au contraire, que de ☉ et ☊, et sont ainsi de simples fonctions du temps, qui peuvent être réduites en Tables, avec le temps pour argument.

Les valeurs numériques données dans les formules précédentes conviennent pour 1800, et on a pour cette époque :

$$\begin{aligned} i &= 0'',34223, & h &= 0'',0572, \\ i_1 &= 0\;,00410, & h_1 &= 0\;,0016, \\ i_2 &= 0\;,02519, & h_2 &= 0\;,0041, \\ i_3 &= 0\;,00254, & h_3 &= 0\;,0005, \\ i_4 &= 0\;,00042, & h_4 &= 0\;,0000, \end{aligned}$$

d'où il résulte que la quantité E ne surpasse jamais quelques centièmes de seconde, et peut presque toujours être négligée. Quelques coefficients des formules précédentes relatives à $\alpha' - \alpha$ et $\delta' - \delta$ varient avec le temps (nº 61), il en est de même des valeurs de m et de n; on a pour 1900 :

$$\begin{aligned} i &= 0'',34256, & h &= 0'',0488, \\ i_1 &= 0\;,00410, & h_1 &= 0\;,0014, \\ i_2 &= 0\;,02520, & h_2 &= 0\;,0035, \\ i_3 &= 0\;,00253, & h_3 &= 0\;,0005, \\ i_4 &= 0\;,00042. & h_4 &= 0\;,0000. \end{aligned}$$

Bessel a donné dans les *Tabulæ Regiomontanæ*, les valeurs des constantes A, B, C, D, E, pour toutes les années de 1750 à 1850. Mais comme il a employé pour les constantes de la nutation et de l'aberration des valeurs différentes de celles que nous avons adoptées, et que les termes en $(\odot - P)$ et $(\odot + P)$ ont été omis, il faut, afin d'établir la concordance avec nos formules, faire subir aux valeurs des constantes de Bessel les corrections suivantes (l'unité est la seconde d'arc) :

Pour 1750,

$$dA = -0{,}0090 \sin \Omega + 0{,}0001 \sin 2\Omega + 0{,}0013 \sin 2\odot + 0{,}0025 \sin(\odot - P) - 0{,}0004 \sin(\odot + P),$$

$$dB = -0{,}2456 \cos \Omega + 0{,}0019 \cos 2\Omega + 0{,}0290 \cos 2\odot - 0{,}0093 \cos(\odot + P),$$

$$dC = -0{,}1744 \cos \odot,$$

$$dD = -0{,}1901 \sin \odot,$$

$$dE = -0{,}006 \sin \Omega + 0{,}001 \sin 2\Omega.$$

Pour 1850, la valeur de dB devient

$$dB = -0{,}2465 \cos \Omega + 0{,}0019 \cos 2\Omega + 0{,}0291 \cos 2\odot - 0{,}0093 \cos(\odot + P).$$

Ces constantes ont été calculées par Zech pour l'intervalle de 1850 à 1860, d'après les formules et les nombres de Bessel, et pour l'intervalle de 1860 à 1880, par Wolfer dans les *Tabulæ reductionum observationum astronomicarum* à l'aide des valeurs plus récentes données plus haut. On trouve aussi ces constantes dans les Annuaires astronomiques.

88. *Tables de Bessel.* — Ces Tables contiennent les valeurs des quantités qui, dans les expressions de la réduction au jour, ne dépendent que du temps, c'est-à-dire A, B, C, D, τ et E. Elles y sont données (A, B, C, D et τ par leurs logarithmes, E en valeur absolue) de dix en dix jours sidéraux d'une année tropique fictive, dont le commencement aurait lieu au moment où la longitude moyenne du Soleil est 280°, ou ce qui revient au même, au moment où son ascension droite moyenne est $18^h 40^m$; ces Tables conviennent immédiatement au méridien pour lequel, au commencement de l'année civile, le Soleil a cette longitude moyenne 280°, c'est-à-dire au méridien pour lequel l'*époque de la longitude moyenne* du Soleil est 280°; et le jour désigné par janv. 0 est, en suivant l'usage astronomique de compter les jours à par-

tir de midi, celui dont le temps sidéral $18^h 40^m$, marque le commencement de l'année. Les Tables donnent donc les valeurs des quantités A, B, C, D, τ et E, non point au commencement des jours sidéraux, mais à $18^h 40^m$ de chacun d'eux, et par suite au moment du passage au méridien de toute étoile dont l'ascension droite est $18^h 40^m$.

Les éléments du calcul sont :

1° Le temps écoulé depuis le commencement de l'année : il se trouve au moyen de la formule

$$\tau = \frac{10\,n}{366,242201},$$

n prenant toutes les valeurs entières de 0 à 37, inclusivement.

2° La longitude vraie du Soleil : on la déduit de la longitude moyenne (n° 42), dont on obtient la valeur à un instant quelconque par la relation

$$L = 280° + \frac{10\,n}{366,242201}\,360°.$$

3° La longitude du nœud de la Lune; Bessel l'obtenait au moyen de la formule

$$☊ = 33°15'25'',9 - 19°20'29'',53\,(t - 1800) - \frac{10\,n}{366,242201} \times 19°20'29'',53,$$

où $33°15'25'',9$ est, d'après les Tables de Burckardt, la valeur de cette longitude au commencement de l'année 1800, et $19°20'29'',53$ le moyen mouvement du nœud de la Lune pendant une année tropique.

Ceci posé, parmi les quantités A, B, C, D, les unes C et D ne dépendent que de $\odot$: on les calcule à part ; A et B se composent de deux parties, l'une dépendant de $\odot$, l'autre de ☊ : on les calcule séparément, leur somme donne A et B. Pour les Tables de Bessel, les quantités C et D ont été déterminées par Bessel de 1750 à 1850; A et B ont été calculées par Steinheil et Knorre, pour l'intervalle de 1750 à 1800, et par Olufsen, de 1800 à 1850.

Les Tables des valeurs de A, B, C, D, τ et E étant construites, on prendra dans les Catalogues les quantités

$$a,\ b,\ c,\ d,\quad a',\ b',\ c',\ d',\ \mu \text{ et } \mu',$$

relatives à l'étoile, et on formera les quantités

$$\alpha' - \alpha = Aa + Bb + Cc + Dd + \tau\mu + E,$$
$$\delta' - \delta = Aa' + Bb' + Cc' + Dd' + \tau\mu',$$

et on aura de dix en dix jours, au moment du passage au méridien, les réductions au jour en ascension droite et en déclinaison.

Lorsque l'ascension droite de l'étoile diffère de $18^h 40^m$, les valeurs ainsi trouvées pour $\alpha' - \alpha$ et $\delta' - \delta$ ne correspondent pas au moment de la culmination.

1° L'ascension droite surpasse $18^h 40^m$: on devra pour obtenir le moment du passage au méridien ajouter à chacun des jours de la Table le temps

$$(1) \qquad \frac{\alpha - 18^h 40^m}{24^h}.$$

2° L'ascension droite est moindre que $18^h 40^m$: dans ce cas la culmination, qui a lieu au jour où commence l'année civile, ne tombe pas le jour indiqué dans les Tables par janv. 0, mais bien le jour précédent; par conséquent, si partant du commencement du jour, janv. 0, on veut retrouver le passage de cette étoile au méridien, il faut à chacune des dates de la Table ajouter

$$(2) \qquad \frac{18^h 40^m - (24^h - \alpha)}{24^h}.$$

Ces deux expressions (1) et (2) se réduisent à une seule

$$\alpha' = \frac{\alpha + 5^h 20^m}{24^h},$$

si l'on convient de supprimer l'unité, lorsque $\alpha > 18^h 40^m$.

On trouve les valeurs de α', p. 16 des *Tabulæ Regiomontanæ*, de centième en centième, c'est-à-dire pour des valeurs de α variant de $14^m,4$.

En outre, puisque le jour où l'ascension droite moyenne du Soleil égale celle de l'étoile, celle-ci passe deux fois au méridien, il faut ce jour-là ajouter l'unité à la date de la Table; l'argument complet est donc

$$\alpha' + i,$$

où $i = 0$ depuis le commencement de l'année jusqu'au jour où l'ascension droite moyenne du Soleil est égale à α, et $i = +1$, à partir de cette époque.

La durée de la révolution du Soleil ne comprenant pas un nombre entier de jours, les Tables de Bessel conviennent chaque année à un méridien différent. En d'autres termes, les valeurs de $\alpha' - \alpha$ et $\delta' - \delta$ déduites des Tables ne correspondent pas à $18^h 40^m$ de chaque méridien, et pour obtenir ce résultat une petite correction est nécessaire. Soit K la différence exprimée en temps des longitudes de Paris et du lieu pour lequel la longitude moyenne du Soleil est 280° au commencement de l'année, différence que nous supposerons positive si le lieu est à l'est de Paris; soit en outre d la différence, exprimée en temps, des longitudes de Paris et du méridien où se font les observations, et prise au contraire négativement si ce méridien est à l'est de Paris: il faudra, aux valeurs de $\alpha' - \alpha$ et $\delta' - \delta$ déduites des Tables pour la date donnée, ajouter les quantités dont varient les différences pour l'intervalle de $K + d$. Si à la date donnée on ajoute ce nombre $K + d$, exprimé en parties du jour, on la réduit à l'année fictive; aussi Bessel a-t-il appelé *jour réduit* la date ainsi corrigée.

La quantité d se déduit des longitudes géographiques déterminées directement, et que l'on trouve dans tous les Annuaires astronomiques.

Les valeurs de K s'obtiennent au moyen de la formule

$$K = \frac{L - 280^\circ}{\mu},$$

où μ est le moyen mouvement tropique du Soleil en un jour, c'est-à-dire $59'8'',33$, et L la longitude moyenne du Soleil au commencement de l'année pour le méridien de Paris. On a pris dans les Tables du Soleil les différentes valeurs de L, ou la formule qui donne L en fonction du temps (*), et on a réduit en Tables les valeurs

(*) La formule adoptée par Bessel, déduite des observations de Bradley et de Bessel, est la suivante

$$L = 279^\circ 54' 1'',86 + 27'',605844.t + 0'',0001221805.t^2 - 14'47'',083.\varphi,$$

t est compté en années juliennes à partir de 1800, φ représente pour les

de K (voir *Tabulæ Regiomontanæ*, p. 1, pour toutes les années de 1750 à 1850, et le *Supplément de Wolfer*, pour les années comprises entre 1860 et 1880; les valeurs de K y sont données en parties décimales du jour et en heures, minutes et secondes).

En résumé, le problème que nous avons à résoudre étant le suivant : « Trouver les positions d'une étoile pour un certain nombre de jours successifs, tous ceux d'un mois, par exemple, » on trouvera dans les Tables les valeurs de A, B, C, D, τ et E pour tout le mois, et à l'aide des quantités a, b, c, d et μ, a', b', c', d' et μ' prises dans les Catalogues, on formera les sommes

$$(3)\quad \begin{cases} \alpha'-\alpha = \mathrm{A}a + \mathrm{B}b + \mathrm{C}c + \mathrm{D}d + \tau\mu + \mathrm{E}, \\ \delta'-\delta = \mathrm{A}a' + \mathrm{B}b' + \mathrm{C}c' + \mathrm{D}d' + \tau\mu', \end{cases}$$

en y ajoutant ensuite les produits des différences successives de $\alpha'-\alpha$ et $\delta'-\delta$, par l'argument

$$\mathrm{K} + d + \alpha' + i;$$

on aura, de dix en dix jours sidéraux, la réduction au jour pour l'époque du passage de l'étoile au méridien.

Ou encore, comme l'a proposé Bessel, on regardera les quantités (3) comme se rapportant à des dates précédant celles des Tables d'un nombre de jours marqué par le nombre entier contenu dans la valeur de K, et on interpolera pour la fraction de jour restante. On aura ainsi, pour ces dates nouvelles, et de dix en dix jours sidéraux, la réduction au jour pour l'époque du passage de l'étoile au méridien.

Remarque. — Quand l'année est bissextile il faut, dans les mois de janvier et février, ajouter 1 à l'argument que nous venons de donner.

Exemple. — On cherche la correction de la position moyenne

---

années du XIXe siècle, le reste r de la division par 4 du nombre t d'années; pour les années du XVIIIe siècle $\rho = r - 4$. — On trouvera dans les *Annales de l'Observatoire*, vol. IV, p. 102 et suiv. la formule donnée par M. Le Verrier pour la longitude moyenne du Soleil, et les Tables qui en résultent pour cette longitude.

de Véga (α Lyre), pour avril 1861 et pour le temps de culmination à Berlin. On a pour le commencement de l'année

$$\alpha = 278^\circ 3' 30'', \quad \delta = +38^\circ 39' 23'', \quad \varepsilon = 23^\circ 27' 22'',$$
$$m = 46'',062, \quad \log n = 1,30220,$$

et on obtient ainsi

$$\log a = 1,47971, \qquad \log a' = 0,44889,$$
$$\log b = \bar{1},04973, \qquad \log b' = \bar{1},99569,$$
$$\log c = \bar{1},25409, \qquad \log c' = \bar{1},98106,$$
$$\log d = 0,10309n, \qquad \log d' = \bar{2},94233;$$

en outre

$$\log \mu = \bar{1},4425, \qquad \log \mu' = \bar{1},4564.$$

De plus, on a, d'après les *Tabulæ reductionum* de Wolfer :

	log A	log B	log C	log D	log τ	E
Mars 31	$\bar{1}$,7494	0,5497n	1,2660n	0,5668n	$\bar{1}$,3905	+0,05
Avril 10	$\bar{1}$,7653	0,5279n	1,2456n	0,8488n	$\bar{1}$,4362	+0,05
20	$\bar{1}$,7819	0,4982n	1,2109n	1,0089n	$\bar{1}$,4776	+0,05
30	$\bar{1}$,7995	0,4620n	1,1596n	1,1155n	$\bar{1}$,5154	+0,05

et on obtient ensuite, d'après les formules précédentes (A),

	$\alpha' - \alpha$	$\delta' - \delta$
Mars 31	$+1^s,203$	$-19'',85$
Avril 10	$+1,541$	$-19,09$
20	$+1,871$	$-17,79$
30	$+2,185$	$-15,97$

On a maintenant

$$K = +0,124, \quad \alpha = -0,031, \quad \frac{\alpha + 5^h 20^m}{24^h} = +0,995;$$

en outre $i = 0$; car pour l'époque indiquée l'ascension droite du Soleil est plus petite que celle de l'étoile; l'argument est donc dans ce cas

$$\text{Date} + 1,088.$$

On obtient ainsi, pour les époques de culmination à Berlin,

Mars 31	$+1^s,239$	$-19'',79$
Avril 10	$+1,577$	$-19,09$
20	$+1,906$	$-17,62$
30	$+2,219$	$-15,76$

En retranchant ces corrections du lieu apparent, on obtient le lieu moyen au commencement de l'année.

Remarque. — Dans ses *New Tables for faciliting the computation of precession, aberration and nutation*, Baily a donné les valeurs de A, B, C, D pour midi moyen. On trouvera dans la préface du *British Association Catalogue* (B. A. C.) (p. 27 et suiv.) les modifications légères et d'ailleurs évidentes qu'entraîne cette convention.

De plus Baily a, et sans utilité, changé les notations de Bessel. On a cru nécessaire de prévenir le lecteur de ce changement introduit aussi dans les publications anglaises et américaines. Le Tableau de correspondance est le suivant :

Bessel.......	A,	B,	C,	D,
Baily.........	C,	D,	A,	B,

et de même pour les petites lettres a, b, c, d; en outre les quantités a', b', c', d' y sont changées de signes, car les corrections se rapportent aux distances polaires.

M. Airy a remplacé les nombres de Bessel par d'autres qui s'en déduisent facilement et qui présentent l'avantage d'avoir toujours le même signe. Cette méthode employée à l'observatoire de Greenwich repose sur les remarques suivantes. Les valeurs négatives de A, B, D, c' (nous conservons ici les notations anglaises pour la commodité du lecteur) ne peuvent surpasser 25 en valeur absolue; celles de C, a', b', d' ne peuvent surpasser 1,2; de plus, si nous ne considérons que les étoiles dont la distance polaire est supérieure à 3° 10′, les valeurs négatives de c ne peuvent surpasser 25 en valeur absolue, et celles de a, b, d ne peuvent surpasser 1,2; par conséquent si nous posons

$$\begin{aligned}
E &= A + 25, & e &= a + 1,2, & e' &= a' + 1,2,\\
F &= B + 25, & f &= b + 1,2, & f' &= b' + 1,2,\\
G &= C + 1,2, & g &= c + 25, & g' &= c' + 25,\\
H &= D + 25, & h &= d + 1,2, & h' &= d' + 1,2,
\end{aligned}$$

$$\begin{aligned}
L &= 210 - 1,2\,E - 1,2\,F - 25\,G - 1,2\,H,\\
l &= 210 - 25\,e - 25\,f - 1,2\,g - 25\,h,\\
l' &= 210 - 25\,e' - 25\,f' - 1,2\,g' - 25\,h',
\end{aligned}$$

les nouvelles quantités seront toujours positives, et si nous substituons dans les formules

$$Aa + Bb + Cc + Dd,$$
$$Aa' + Bb' + Cc' + Dd',$$

les valeurs de A, B, ..., a, b, ..., tirées des équations précédentes, nous aurons les expressions :

En ascension droite (l'unité étant la seconde de temps),

$$Ee + Ff + Gg + Hh + L - l - 300{,}00;$$

En distance polaire (l'unité étant la seconde d'arc),

$$Ee' + Ff' + Gg' + Hh' + L - l' - 300{,}00;$$

dans lesquelles chaque symbole représente une quantité positive en ascension droite pour toutes les étoiles distantes du pôle de plus de 3° 10′ et en distance polaire pour toutes les étoiles. Les nombres d'Airy, E, F, G, H sont donnés pour chaque jour de l'année dans le *Nautical Almanac;* les autres, e, f, g, h, e', ..., sont donnés dans les Catalogues où l'on emploie cette méthode de réduction. (*Catalogue of* 2156 *stars formed from the observations made during twelve years from* 1836 *to* 1847 *at the royal observatory*, Greenwich).

89. *Autre méthode de calcul du lieu apparent d'une étoile.* — La méthode précédente est surtout commode quand on veut calculer une éphéméride pour un long espace de temps et qu'on doit réduire un grand nombre d'observations de la même étoile. Si l'on ne veut effectuer la réduction que pour un seul jour, il est préférable d'employer la méthode suivante, dans laquelle on est dispensé du calcul pénible des constantes a, b, c, ...

Les termes de la précession et de la nutation sont, en effet :

En ascension droite : $Am + An \sin\alpha \tang\delta + B\cos\alpha \tang\delta + E.$
En déclinaison : $An\cos\alpha - B\sin\alpha.$

Posons donc

$$An = g\cos G, \quad B = g\sin G, \quad Am + E = f;$$

les termes relatifs à l'ascension droite deviendront

$$f + g\sin(G + \alpha)\tang\delta,$$

et ceux qui se rapportent à la déclinaison

$$g\cos(G + \alpha).$$

De plus, les termes de l'aberration sont, pour l'ascension droite,

$$C \cos\alpha \sec\delta + D \sin\alpha \sec\delta,$$

et pour la déclinaison,

$$-C \sin\alpha \sin\delta + D \cos\alpha \sin\delta + C \tang\varepsilon \cos\delta.$$

Par suite, si l'on pose

$$C = h \sin H, \quad D = h \cos H, \quad i = C \tang\varepsilon,$$

ils deviendront,

En ascension droite : $h \sin(H + \alpha) \sec\delta$,

En déclinaison : $h \cos(H + \alpha) \sin\delta + i \cos\delta$.

Les formules complètes, pour la réduction au lieu apparent, sont, dès lors,

$$(B) \quad \begin{cases} \alpha' - \alpha = f + g \sin(G + \alpha) \tang\delta \\ \qquad\qquad + h \sin(H + \alpha) \sec\delta + \tau\mu, \\ \delta' - \delta = \quad g \cos(G + \alpha) \tang\delta \\ \qquad\qquad + h \cos(H + \alpha) \sin\delta + i \cos\delta + \tau\mu'. \end{cases}$$

Les grandeurs f, g, h, i, G et H, ont été réduites en Tables dont l'argument est encore le temps, et se trouvent dans tous les Annuaires astronomiques pour des intervalles de dix en dix ou de cinq en cinq jours, et pour midi moyen.

Exemple. — Chercher la réduction de Véga (α Lyre) pour 1861 avril 10.

L'ascension droite de Véga est déjà connue approximativement; on en conclut $17^h 15^m$ pour temps moyen approché de sa culmination. Or, d'après le *Jahrbuch* de Berlin, on a, pour cette époque,

$$f = +26'',98, \quad h = +18'',98, \quad G = 344^\circ 3',$$
$$g = +12,20, \quad i = -7,58, \quad H = 247.3.$$

$$G + \alpha = 262^\circ 6', \quad H + \alpha = 165^\circ 6'.$$

$\cos(G+\alpha)$..	$\bar{1},13813n$	$g\sin(G+\alpha)$.	$1,08222n$
g..........	$1,08636$	$\tang\delta$........	$\bar{1},90304$
$\sin(G+\alpha)$..	$\bar{1},99586n$	$h\sin(H+\alpha)$..	$0,68846$
$\cos(H+\alpha)$..	$\bar{1},98515n$	$\cos\delta$........	$\bar{1},89260$
h..........	$1,27830$	i.......	$0,87967n$
$\sin(H+\alpha)$..	$\bar{1},41016$	$h\cos(H+\alpha)$..	$1,26345$
		$\sin\delta$..........	$\bar{1},79564$

$$f = +26'',98 \qquad i\cos\delta = -\ 5'',92$$
$$g\sin(G+\alpha)\tang\delta = -\ 9,67 \qquad g\cos(G+\alpha) = -\ 1,68$$
$$h\sin(H+\alpha)\sec\delta = +\ 6,25 \qquad h\cos(H+\alpha)\sin\delta = -11,46$$
$$\tau\mu = +\ 0,08 \qquad \tau\mu' = +\ 0,08$$
$$\alpha' - \alpha = +23'',64 \qquad \delta' - \delta = -18'',98$$
$$= +1^s,576$$

90. *Formules pour le calcul de la parallaxe annuelle.* — Les formules (A) et (B), pour la réduction au lieu apparent, ne contiennent ni l'aberration diurne, ni la parallaxe annuelle : l'expression de l'aberration diurne renfermant la latitude, on ne peut construire des Tables générales qui en donnent les différentes valeurs. D'ailleurs, pour le méridien, l'aberration diurne en déclinaison est nulle, et, comme nous le verrons plus tard, l'expression de l'aberration en ascension droite a la même forme que la correction rendue nécessaire aux observations par l'erreur de collimation de l'instrument; il est donc plus simple de réunir ces deux corrections en un seul terme.

Quant à la parallaxe, on doit aussi en tenir compte quand on veut obtenir une très-grande exactitude : elle n'a été déterminée d'ailleurs que pour un petit nombre d'étoiles. On la calcule à part comme il suit. Nous avons trouvé au n° 82, pour les formules relatives à la parallaxe,

$$\alpha' - \alpha = -\pi(\cos\odot\sin\alpha - \sin\odot\cos\varepsilon\cos\alpha)\sec\delta,$$
$$\delta' - \delta = -\pi(\cos\varepsilon\sin\alpha\sin\delta - \sin\varepsilon\cos\delta)\sin\odot$$
$$-\pi\cos\odot\cos\alpha\sin\delta.$$

Posons

$$k\cos K = -\sin\alpha,$$
$$k\sin K = -\cos\alpha\cos\varepsilon,$$
$$l\cos L = -\cos\alpha\sin\delta,$$
$$l\sin L = +\sin\alpha\sin\delta\cos\varepsilon - \cos\delta\sin\varepsilon,$$

nous aurons les expressions suivantes :

$$\alpha' - \alpha = \pi k\cos(K + \odot)\,\text{séc}\,\delta,$$
$$\delta' - \delta = \pi l\cos(L + \odot).$$

Il n'y aura lieu d'appliquer ces corrections que rarement, quand, par exemple, on voudra réduire les observations de α Centaure, dont la parallaxe atteint presque une seconde d'arc, ou celles de la Polaire, à cause de la présence du facteur séc δ dans l'expression de $\alpha' - \alpha$.

II. — Détermination de l'ascension droite et de la déclinaison des étoiles, et de l'obliquité de l'écliptique.

91. *Détermination des différences d'ascension droite.* — L'observation des temps des passages des étoiles au méridien d'un lieu donne immédiatement les différences de leurs ascensions droites apparentes exprimées en temps. Ces observations exigent une bonne pendule, c'est-à-dire une pendule telle, que, pour des temps pendant lesquels des arcs égaux de l'équateur traversent le méridien, elle batte toujours le même nombre de secondes (*), et un instrument des hauteurs parfaitement établi dans le plan du méridien, un *cercle méridien*. Cet instrument consiste essentiellement en un axe horizontal reposant sur deux supports et portant de chaque côté un cercle dont l'un au moins est divisé avec soin, et en outre une lunette. Aux supports sont adaptés des verniers ou des microscopes au moyen desquels on lit sur le cercle les arcs parcourus par la lunette dans tout mouvement simultané de la lunette et du cercle autour de l'axe horizontal.

(*) Il n'est pas nécessaire de connaître ici le temps absolu, puisqu'on ne doit observer que des différences de temps.

Pour s'assurer de la régularité de la marche de la pendule sans avoir besoin de connaître les positions des étoiles, on observe les passages successifs de différentes étoiles au fil horaire d'un réticule situé dans le plan focal de l'objectif, fil qu'on suppose ici être exactement dans le méridien (*). Le temps qui s'écoule entre deux passages consécutifs de la même étoile au méridien est égal à $24^{\text{h.sid.}} + \Delta\alpha$, $\Delta\alpha$ représentant la variation en 24^{h} de la réductionau lieu apparent. En conséquence, si les observations étaient exemptes d'erreurs, et si, au moment de ces deux observations, l'instrument était exactement dans le méridien, condition que nous supposerons remplie, l'intervalle de temps qui s'écoule entre les deux passages d'une étoile quelconque, observé avec une pendule parfaitement réglée, serait égal à $24^{\text{h}} + \Delta\alpha$; mais, en raison des erreurs auxquelles est soumise chacune de ces observations, on doit se borner à admettre que la moyenne des intervalles de temps observés avec un certain nombre d'étoiles, diminuée de la moyenne de tous les $\Delta\alpha$, est égale à 24^{h}.

Lorsque l'on trouve, pour cette moyenne, un nombre $24^{\text{h}} - a$ différent de 24^{h}, la pendule est imparfaitement réglée; a est ce que nous appelons sa *marche*, et il y a lieu de corriger de son effet toutes les heures fournies par cet appareil.

Supposons en premier lieu que, pendant un certain intervalle de temps, chaque étoile donne des nombres $24^{\text{h}} - a$ assez peu différents les uns des autres pour qu'on puisse attribuer ces écarts aux erreurs d'observation; on regardera alors la marche de la pendule comme constante pendant cet intervalle de temps; et la prenant égale à la moyenne de toutes les valeurs de a, on aura corrigé les différences d'ascension droite observées, en les multipliant par $\dfrac{24}{24 - a} = \dfrac{1}{1 - \dfrac{a}{24}}$.

(*) L'un des fils de ce réticule est établi parallèlement au mouvement diurne, de telle sorte qu'une étoile voisine de l'équateur parcoure toute la longueur du fil : on obtient ce résultat au moyen d'une vis agissant sur la monture des fils et à l'aide de laquelle on fait tourner le réticule tout entier, jusqu'à ce que l'étoile ne quitte plus le fil pendant son mouvement dans le champ de la lunette.

Mais, lorsque des observations nombreuses montrent que la marche de la pendule croît ou décroît avec le temps, on supposera, ce qui est toujours permis, que l'expression de la marche horaire au temps t est de la forme $a + b\,(t - \mathrm{T})$, a désignant la marche horaire au temps T. Multipliant cette expression par dt et intégrant entre les limites t et $24 + t$, nous trouverons pour valeur de la marche de la pendule, dans l'intervalle de deux culminations d'une étoile qui passe au méridien au temps t,

$$24a + 24b\,(12 + t - \mathrm{T}) = u.$$

Pour chaque étoile observée, on calcule le coefficient de b, et, en remplaçant a par la marche déduite de l'observation de chaque étoile, on aura un certain nombre d'équations de condition à l'aide desquelles on pourra déterminer a et b par la méthode des moindres carrés. En définitive, la marche de la pendule pendant le temps $t'' - t'$ est

$$a\,(t'' - t') + b\,(t'' - t')\left[\tfrac{1}{2}(t' + t'') - \mathrm{T}\right],$$

quantité dont il faudra corriger tout intervalle de temps observé $t'' - t'$.

Quand on possède déjà une série d'étoiles dont les différences en ascension droite sont exactement déterminées, la différence du lieu apparent de chaque étoile et du temps U fourni par la pendule donne l'erreur $\Delta\mathrm{U}$ de la pendule, et, en faisant abstraction des erreurs possibles d'observation et des erreurs de position des étoiles, cette différence doit être la même pour toutes les étoiles, si la pendule est exactement réglée sur le temps sidéral. Soit encore a la marche de la pendule au temps T; chaque étoile donnera une équation de la forme

$$0 = \mathrm{U} - \alpha + \Delta\mathrm{U} + a\,(t - \mathrm{T}) + \tfrac{1}{2}\,b\,(t - \mathrm{T})^2,$$

et, à l'aide d'un grand nombre d'observations, on pourra déterminer $\Delta\mathrm{U}$, a et b.

Pour observer les temps de culmination des étoiles, il est nécessaire de disposer le cercle méridien de façon que le point d'intersection des fils du réticule soit dans le méridien pour chaque position de la lunette; ou plutôt il faut, si cette condition n'est pas remplie, connaître l'écart de l'instrument hors du méridien (*). Supposons que la ligne qui joint le centre optique de l'objectif au point d'intersection de la croisée des fils, et qu'on appelle *ligne de collimation*, soit perpendiculaire à l'axe des tourillons (axe de rotation de l'instrument); dans la rotation, cette ligne décrira un plan qui coupe la sphère céleste suivant un grand cercle. Si, de plus, l'axe des tourillons est horizontal, le plan de ce grand cercle sera vertical, et si, enfin, l'axe est dirigé du point est au point ouest de l'horizon, la ligne de collimation se mouvra dans le méridien. L'installation de l'instrument exige donc trois rectifications.

On peut toujours, nous le montrerons plus tard, s'assurer de l'horizontalité de l'axe avec un niveau à bulle d'air, et, au besoin, l'obtenir en élevant ou en abaissant l'un des coussinets au moyen de vis.

L'influence de l'angle que la ligne de collimation fait avec l'axe se corrige par l'opération appelée *retournement*. On retourne l'instrument tout entier sur ses supports, en dirigeant la lunette, dans chacune de ses positions, vers un objet éloigné, ou, mieux encore, sur une seconde lunette (*collimateur*) établie dans ce but devant l'instrument, et dont la ligne de collimation coïncide avec celle du cercle méridien. Au foyer de cette lunette est disposé aussi un réticule qu'on verra dans la lunette du cercle méridien comme un objet infiniment éloigné, puisque les rayons émanés du réticule sortent de l'objectif du collimateur parallèles entre eux. Si l'angle que la ligne de collimation fait avec l'axe du cercle méridien diffère d'un angle droit de la quantité x, les angles que les axes des deux lunettes font entre eux dans les deux positions du cercle méridien sera $2x$, c'est-à-dire que le réticule du collimateur, vu à travers la lunette du cercle méridien, paraîtra s'être déplacé de l'angle $2x$ par rapport à l'autre. On fera mouvoir ce

(*) Les méthodes complètes d'établissement du cercle méridien, la détermination de ses erreurs et des corrections qui en résultent seront données dans le second volume. Nous voulons seulement montrer ici que ces déterminations sont possibles sans qu'il soit nécessaire de connaître les positions elles-mêmes des étoiles.

dernier de l'angle x au moyen d'une vis dont l'axe est perpendiculaire à la lignée de visée; la ligne de collimation sera alors perpendiculaire à l'axe de rotation, et le réticule du collimateur conservera dans les deux positions de la lunette une situation invariable par rapport au réticule de celle-ci, ou, plus rigoureusement, il sera dans les deux cas également éloigné du point de croisée des fils du réticule de la lunette. Si ce résultat n'est pas encore exactement obtenu, on peut rendre l'erreur aussi petite que possible en répétant l'opération. Ces conditions une fois remplies, la ligne de collimation décrit un cercle vertical.

Reste à faire coïncider l'axe horizontal avec la ligne est-ouest; dans ce but, on a recours à l'observation des étoiles, mais la connaissance de leurs positions n'est pas nécessaire. Excepté pour de très-petites latitudes, les circompolaires, la Polaire par exemple, décrivent un cercle entier au-dessus de l'horizon. Supposons maintenant que la lunette se meuve dans un cercle vertical et soit, au moins à peu près, dans le méridien : dans sa rotation, la ligne de visée coupera le parallèle de l'étoile en deux points, c'est-à-dire que, chaque jour, cette étoile pourra être vue deux fois dans la lunette. Observons les époques de ces passages sur la croisée des fils, d'abord au-dessus, puis au-dessous du pôle. Si le plan que décrit la lunette était le méridien, l'intervalle de temps qui les sépare serait égal à $12^{h.sid.} + \Delta\alpha$, $\Delta\alpha$ étant la variation de l'ascension droite apparente en 12 heures; cet intervalle est-il, au contraire, plus grand ou plus petit que 12 heures, la lunette se meut à l'est ou à l'ouest du méridien. Mais, puisqu'on peut faire mouvoir l'un des tourillons dans la direction du nord au sud, on le déplacera jusqu'à ce que l'intervalle de temps qui sépare deux observations soit exactement égal à $12^h + \Delta\alpha$; la lunette sera alors dans le méridien, son axe sera dirigé de l'est à l'ouest (*).

(*) L'établissement parfait de l'instrument est irréalisable à cause de la variation continue de ses erreurs; aussi ne cherche-t-on à l'obtenir que d'une façon approchée; et on détermine ensuite par les méthodes précédentes, ou par d'autres analogues que nous exposerons dans le second volume, les erreurs de l'instrument, et ces erreurs une fois connues, on en corrige les passages observés.

On peut aussi comparer entre eux trois passages consécutifs d'une même étoile au méridien ; deux d'entre eux sont par conséquent d'un même côté du pôle. Dans le cas où l'instrument se meut dans le méridien, ces intervalles de temps doivent être égaux ; s'ils sont inégaux, le plan vertical dans lequel se meut la lunette est situé du côté du méridien où l'étoile est restée le moins longtemps.

L'observation des temps des passages des étoiles, faite avec un instrument ainsi établi, donnera immédiatement les différences des ascensions droites apparentes. Pour obtenir les différences des ascensions droites moyennes rapportées au commencement de l'année, il faut leur ajouter les réductions au lieu apparent prises en signe contraire. Le calcul des formules relatives à ces corrections exige que l'on connaisse déjà des valeurs approchées de l'ascension droite et de la déclinaison ; on les trouve dans les Catalogues d'étoiles construits antérieurement.

Si l'astre a un diamètre apparent, il arrive qu'on ne peut en observer que l'un des bords ; et comme cet astre a toujours un mouvement propre, il faut calculer la durée du passage au méridien de son demi-diamètre (n° 56) ; on augmentera ou on diminuera de cette durée le temps observé, suivant qu'on aura observé le bord qui précède le centre (1er bord), ou le bord qui le suit (2e bord). Pour le Soleil, dont on peut observer les deux bords, il suffit de prendre la moyenne des deux observations.

L'époque de culmination d'une étoile peut être déterminée par une autre méthode ; elle consiste à observer les instants où cette étoile est à des hauteurs égales de chaque côté du méridien. Pour ces observations, il faut un *cercle des hauteurs ;* c'est un cercle fixé à une colonne verticale mobile elle-même autour de son axe, de telle sorte que le cercle puisse être amené successivement dans tous les plans verticaux. Après avoir observé avec cet instrument les instants où une étoile a des hauteurs égales de part et d'autre du méridien, on en prend la demi-somme et on a l'époque de la culmination de l'étoile. Il est évidemment inutile de connaître la hauteur de l'étoile, et il suffit que, dans les deux observations, la lunette fasse avec l'horizon des angles égaux. Mais si ces deux angles diffèrent quelque peu, il est facile de calculer l'erreur qui en résulte pour l'époque de la culmination. En effet, si la distance zénithale observée à l'ouest est trop grande de Δz, l'étoile avait au moment de l'observation un angle horaire trop grand de $\frac{\Delta z}{\cos\varphi \sin A}$; il faut donc retrancher la quantité $\frac{1}{30} \frac{\Delta z}{\cos\varphi \sin A}$ de la moyenne des deux temps observés.

D'ailleurs, la réfraction rend toujours nécessaire une correction de ce genre; en effet, bien que la réfraction moyenne soit la même pour deux observations faites à la même hauteur, les variations survenues dans l'état des instruments météorologiques pendant l'intervalle de deux observations produit dans les termes correctifs de la réfraction une petite différence dont l'influence peut être calculée à l'aide des formules données précédemment. Pour le Soleil, on doit encore tenir compte de la variation de la déclinaison pendant l'intervalle de ces observations.

De la formule donnée au n° 53, et que nous venons de rappeler,

$$\frac{dz}{dt} = \cos\varphi \sin A = \cos\delta \sin p,$$

résultent plusieurs enseignements. Il est clair tout d'abord que, pour la détermination qui nous occupe, il faudra de préférence observer les étoiles au voisinage du premier vertical, car c'est alors que les distances zénithales varient le plus rapidement, et de plus choisir des étoiles voisines de l'équateur; en outre, cette méthode sera surtout avantageuse pour un lieu de la Terre proche de l'équateur; car alors $\cos\varphi$, étant égal à l'unité, à une même variation de z correspondra une variation minimum de t. La détermination des ascensions droites absolues repose, comme nous le verrons plus tard, sur des observations de passages; aussi emploiera-t-on avec avantage la méthode précédente, quand on sera placé en un lieu voisin de l'équateur.

92. *Détermination des déclinaisons des étoiles.* — Au moment de son passage au fil vertical du cercle méridien, on bissecte l'étoile avec le fil horizontal, et on fait la lecture sur le cercle avec les verniers ou les microscopes; la différence des lectures faites dans

chaque cas donne la différence des hauteurs méridiennes apparentes (*).

Si l'on connaît aussi la lecture qui correspond au zénith, en la retranchant de toutes les autres on obtiendra les distances zénithales apparentes. Le point du cercle qui correspond au zénith se détermine comme il suit : la lunette pointant sur le nadir et un bain de mercure étant placé sous l'objectif, on éclaire l'oculaire par l'extérieur, de façon que la lumière soit réfléchie par le mercure; on peut alors apercevoir en même temps le fil horizontal sur le fond clair du champ, et son image réfléchie; on fait ensuite mouvoir la lunette jusqu'à ce que l'image réfléchie du fil coïncide avec le fil lui-même. Dans cette position, la ligne de visée de la lunette est exactement verticale. On lit la division correspondante du cercle, on en déduit ensuite celle qui correspond au zénith.

Les distances zénithales des étoiles doivent être avant tout corrigées de la réfraction, et aussi de la parallaxe quand on observe le Soleil, la Lune ou les planètes. Pour cela on ajoute à la distance zénithale la réfraction calculée d'après la formule (A) du n° 76, et on en retranche $p \sin z$, p désignant la parallaxe horizontale; pour la Lune, cependant, on calcule la parallaxe au moyen des formules rigoureuses. Si l'astre a un diamètre apparent, il faut, après avoir corrigé de la réfraction et de la parallaxe la distance zénithale du bord observé, lui ajouter le demi-diamètre apparent pris avec un signe convenable. Lorsqu'on aura pu observer les deux bords, on prendra la moyenne des deux distances zénithales corrigées. Dans ce cas, l'observation du bord supérieur et celle du bord inférieur se font à une certaine distance du fil vertical, c'est-à-dire du méridien; une petite correction devient donc nécessaire, car le fil horizontal représente un grand cercle de la sphère céleste et diffère par conséquent du parallèle de l'astre; on y reviendra dans le second volume. Avec les distances zénithales méridiennes et la latitude du lieu d'observation, on ob-

(*) Nous donnerons dans le second volume les corrections complètes qu'il faut apporter à cette lecture pour éliminer les erreurs de l'instrument (erreurs de division et de flexion).

tient les déclinaisons d'après les formules du n° 51. Quant à la latitude, on peut la déterminer facilement, en observant les distances zénithales des circompolaires à leurs culminations supérieure et inférieure. En effet, la demi-somme des distances zénithales corrigées de la réfraction, augmentée de $\frac{1}{2}\Delta\delta$, est égale à la colatitude du lieu de l'observation, $\Delta\delta$ étant la variation de la déclinaison apparente pendant cet intervalle de temps. On peut encore obtenir la latitude en observant, au moment de leurs culminations supérieure et inférieure, les circompolaires directement et par réflexion sur un bain de mercure. La demi-somme des hauteurs corrigées, diminuée de $\frac{1}{2}\Delta\delta$, donnera la latitude du lieu de l'observation. Mais, puisque les observations directes et réfléchies ne peuvent jamais avoir lieu au même instant, on fait habituellement dans le voisinage du méridien plusieurs observations pour chaque culmination, et l'on réduit chacune d'elles au méridien, comme on le montrera dans le second volume en traitant du cercle méridien.

Quand le lieu d'observation est voisin de l'équateur, les circompolaires ne conviennent point à la détermination de la latitude. Dans ce cas, au lieu de chercher directement la latitude, on détermine la hauteur ou la distance zénithale de l'équateur par l'observation du Soleil (*voir* n° 93).

La latitude du lieu d'observation étant connue, on déduit de la distance zénithale observée et corrigée de la réfraction la valeur de la déclinaison apparente de l'étoile, et en ajoutant à cette déclinaison la réduction au lieu apparent prise avec un signe contraire, on obtient la déclinaison moyenne au commencement de l'année.

93. *Détermination de l'obliquité de l'écliptique.* — La relation

$$\sin A \tan \varepsilon = \tan D$$

montre que l'observation de la déclinaison du Soleil donnera l'obliquité de l'écliptique si l'ascension droite est connue, ou l'ascension droite si l'obliquité est déjà déterminée. D'un autre côté, de l'équation

$$\cot A\, dA + \frac{2\, d\varepsilon}{\sin 2\varepsilon} = \frac{2\, dD}{\sin 2D}$$

obtenue en différentiant logarithmiquement la formule précédente, il résulte que, pour la détermination de l'obliquité de l'écliptique, les observations les plus avantageuses sont celles qui sont faites au voisinage des solstices, et qu'au contraire, pour celle de l'ascension droite du Soleil, il faut de préférence faire les observations au voisinage des équinoxes. Si l'on avait observé la déclinaison du Soleil au moment même où son ascension droite était 90° ou 270°, la différence du nombre ainsi obtenu et de la latitude du Soleil serait égale à l'obliquité de l'écliptique.

En général, la déclinaison du Soleil a été observée non point aux solstices mêmes, mais en leur voisinage; cependant, si l'on connaît approximativement la position des équinoxes, ces observations pourront servir à déterminer l'obliquité de l'écliptique; on emploiera dans ce but la formule précédente, ou mieux son développement en série.

Soit D′ la déclinaison observée, B la latitude du Soleil; d'après les formules données dans la remarque du n° 39,

$$D = D' - \frac{\cos\varepsilon}{\cos D} B$$

serait la déclinaison corrigée de l'influence de la latitude du Soleil, c'est-à-dire la déclinaison qu'on aurait obtenue si, au moment de l'observation, le centre de cet astre eût été dans l'écliptique. Soit x la distance du Soleil au point solsticial exprimée en ascension droite et par conséquent égale à 90° — A, on aura

$$\cos x \operatorname{tang}\varepsilon = \operatorname{tang} D.$$

Puisque, par hypothèse, x est très-petit, on peut, à l'aide de cette équation, développer ε en une série rapidement convergente, qu'on obtient au moyen de la formule (18) du n° 11,

$$(A) \qquad \varepsilon = D + \operatorname{tang}^2 \tfrac{1}{2}x \sin 2D + \operatorname{tang}^4 \tfrac{1}{2}x \sin 4D + \ldots.$$

Cette formule permet de trouver l'obliquité de l'écliptique à l'aide d'une observation de la déclinaison du Soleil faite au voisinage du solstice. L'aberration, n'ayant d'autre effet que de changer la position apparente du Soleil dans l'écliptique, est évidemment sans influence sur le résultat. De même, la valeur de ε variera peu quand on réduira A et D à un autre équinoxe en tenant compte de la précession. Mais si A et D sont affectés de la nutation, la valeur trouvée pour ε sera celle de l'obliquité apparente de l'écliptique affectée de la *nutation*.

Exemple. — Au 19 juin 1843, on a observé à Kœnigsberg la déclinaison du Soleil; corrigée de la réfraction et de la parallaxe, cette déclinaison était $+23^\circ 26' 8'',57$; on a trouvé à la même époque, pour l'ascension droite, $5^h 48^m 50^s,54$. Ainsi, dans ce cas,

$$x = 0^h\, 11^m\, 9^s,46 = 2^\circ 47' 21'',90,$$

et, puisque la latitude du Soleil était $+0'',70$, on avait

Déclinaison............	$= +23^\circ 26'\ 7'',87$
Premier terme de la série...	$= +\quad 1.29\ ,23$
Deuxième terme de la série.	$= +\quad 0\ ,04$
	$\varepsilon = +23^\circ 27' 37'',14$

Cette valeur est l'obliquité apparente pour 1843 juin 19, telle que l'aurait donnée cette observation. Calculons maintenant la nutation de l'obliquité d'après les formules du n° 61; à cete date

$$\Omega = 272^\circ 37',4,\quad \odot = 87^\circ\ 0',0,$$
$$☾ = 350.17,0,\quad P = 280.14,0,$$

nous avons donc

$$\Delta\varepsilon = +0'',05,$$

et, par conséquent, cette observation donnera, pour l'obliquité moyenne en ce jour,

$$23^\circ 27' 37'',09.$$

On serait arrivé au même résultat, mais par une voie plus longue, en corrigeant A et D de la nutation, comme on l'a montré aux n°s 61 et 63, et en faisant avec ces valeurs corrigées les calculs indiqués par la formule (A). La nutation en longitude est égale à

$$+17'',18;$$

on a, par conséquent,

$$\Delta\delta = +1^s,25, \quad \Delta\delta = 0'',39,$$

et, par suite,

Déclinaison corrigée...	$= +$	$23°26'\ 7'',48$
Premier terme........	$= +$	$1.29\ ,57$
Deuxième terme......	$= +$	$0\ ,04$
Obliquité moyenne....	$= +$	$23°27'37'',09$

Élimination des erreurs. — Pour obtenir un résultat indépendant des erreurs accidentelles d'observation, on observera aussi souvent que possible la déclinaison du Soleil dans les jours voisins du solstice, et on prendra pour valeur de l'obliquité, la moyenne des valeurs déduites de chacune de ces observations.

Mais de cette manière les erreurs constantes dont peuvent être affectés x et D ne sont point éliminées. Désignons par ε' l'obliquité calculée avec les valeurs précédentes de x et D, par ε la valeur exacte de l'obliquité, par dx et dD les erreurs de x et de D. Chaque observation donne une équation de la forme

$$\varepsilon = \varepsilon' + \tfrac{15}{2}\operatorname{tang} x \sin 2\varepsilon\, dx + \frac{\sin 2\varepsilon}{\sin 2\mathrm{D}}\, d\mathrm{D},$$

qu'on obtient facilement au moyen de l'équation différentielle précédente, en y supposant dx exprimé en temps; ainsi, pour l'exemple précédent, on a

$$\varepsilon = 23°27'37'',09 + 0'',212 . dx + 1'',001 . d\mathrm{D},$$

de telle sorte qu'une erreur d'une seconde de temps, commise sur x, produit une erreur de $0'',212$ sur l'obliquité. Prenons ensuite une valeur ε_0 de ε, telle que $\varepsilon = \varepsilon_0 + d\varepsilon$, et posons $\varepsilon_0 - \varepsilon' = n$, on déduit de chaque observation une équation de la forme

$$0 = n + d\varepsilon - \tfrac{15}{2}\operatorname{tang} x \sin 2\varepsilon\, dx - \frac{\sin 2\varepsilon}{\sin 2\mathrm{D}}\, d\mathrm{D}.$$

En traitant ces équations par la méthode des moindres carrés, nous obtiendrons les trois équations du minimum à l'aide desquelles nous pourrons considérer $d\varepsilon$ comme fonction de dx et dD; en d'autres termes, ces équations permettraient de trouver la variation $d\varepsilon$ correspondante à des variations $d\text{A} = -dx$, et dD des ascensions droites et des déclinaisons du Soleil : la valeur la plus probable de l'obliquité, déduite des observations d'un solstice, aura donc la forme

$$\varepsilon' + ad\text{D} + bdx,$$

où la valeur du coefficient de dD est toujours très-voisine de l'unité.

S'il n'existe pas d'erreurs constantes dans D et x, ou, ce qui revient au même, si dD et dx sont nuls, on devrait, avec les observations faites à deux solstices consécutifs, trouver des valeurs de ε ne différant entre elles que de 0″, 23, partie de la variation séculaire qui correspond à l'intervalle des deux observations. Mais les erreurs accidentelles commises sur chaque observation de la distance zénithale ou les erreurs accidentelles de la réfraction, ne disparaissent pas complétement de la moyenne des observations faites aux environs d'un même solstice; nous ne pourrons donc espérer obtenir une valeur exacte de l'obliquité pour une époque déterminée, qu'en réduisant à cette époque tous les résultats obtenus, comme nous venons de l'indiquer, pour un grand nombre de solstices différents et en prenant leur moyenne : de plus, en déterminant ainsi l'obliquité moyenne pour deux époques différentes, on aura en même temps la variation séculaire de cette quantité.

Cela posé, soit $\varepsilon_0 + d\varepsilon$ la vraie valeur de l'obliquité moyenne à l'époque t_0, $\Delta\varepsilon + x$ sa diminution annuelle, et supposons que l'observation ait donné le nombre ε pour valeur de l'obliquité moyenne au temps t; si cette valeur était exacte, on aurait l'équation

$$\varepsilon = \varepsilon_0 + d\varepsilon - (\Delta\varepsilon + x)(t - t_0).$$

Ainsi, en faisant

$$\varepsilon_0 - \Delta\varepsilon(t - t_0) - \varepsilon = n,$$

chaque observation de l'obliquité moyenne, faite à l'époque d'un solstice, donnera une équation de la forme

$$0 = n + d\varepsilon + x(t - t_0),$$

et, avec un grand nombre d'observations analogues, on pourra, par la méthode des moindres carrés, trouver les valeurs les plus probables de $d\varepsilon$ et de x. Bessel a obtenu ainsi, par la comparaison de ses observations propres avec celles de Bradley, la valeur $23°27'54'',80$ pour l'obliquité moyenne de l'écliptique en 1800, et $0'',457$ pour sa diminution annuelle. Peters, en comparant les observations de Struve avec celles de Bradley, a trouvé, pour l'obliquité moyenne au temps t,

$$23°27'54'',22 - 0'',4645\,(t - 1800),$$

valeur que l'on regarde généralement aujourd'hui comme plus exacte.

Examinons maintenant le cas où il y a dans les données des observations des erreurs constantes. Supposons en particulier que les observations des déclinaisons soient affectées d'une erreur constante comme, par exemple, si la latitude du lieu n'est connue qu'approximativement : dans ce cas, les valeurs de l'obliquité, déterminées aux solstices d'hiver et aux solstices d'été, présentent entre elles une différence constante. Or, soit $d\varphi$ la correction de la valeur adoptée pour la latitude, ε et ε' la valeur vraie de l'obliquité et la valeur déduite des observations. Comme (n° 51) $D = z + \varphi$, on aura, pour déterminer $d\varphi$, les équations

observations du solstice d'été...... $\varepsilon = \varepsilon' + a\,d\varphi$,
observations du solstice d'hiver.... $\varepsilon_1 = \varepsilon'_1 - a'\,d\varphi$,

d'où

$$d\varphi = \frac{\varepsilon'_1 - \varepsilon' + \varepsilon - \varepsilon_1}{a + a'},$$

où $\varepsilon - \varepsilon_1$ représente la variation séculaire. Telle est la correction de la latitude, en supposant que la détermination de z ne soit affectée d'aucune erreur constante. Mais on peut en outre trouver ainsi, par les observations des distances zénithales du Soleil faites aux jours des solstices d'été et d'hiver, une valeur déjà approchée de la latitude du lieu. Soient, en effet, z' et z'' les distances zénithales observées et corrigées de la réfraction, de la parallaxe et de la nutation, et regardées comme négatives quand le Soleil passe au méridien au sud du zénith ; on a évidemment

$$\varphi = -\tfrac{1}{2}(z' + z'').$$

94. *Détermination des ascensions droites absolues des étoiles.* — L'obliquité de l'écliptique étant connue, on peut déterminer l'ascension droite absolue d'une étoile, et, à l'aide des différences d'ascension droite, les ascensions droites de toutes les étoiles. On choisit toujours, dans ce but, une belle étoile que l'on puisse observer même dans le jour et qui soit située au voisinage de l'équateur, comme Procyon (α Petit Chien) ou Altaïr (α Aigle). Supposons actuellement que l'on ait observé au méridien l'étoile et le Soleil aux temps t et T de la pendule ; la quantité $t - T$, corrigée de la marche de la pendule, est égale à la différence de l'ascension droite de l'étoile et de celle du Soleil à l'époque de la culmination de ce dernier astre. Supposons de plus qu'on ait aussi observé la déclinaison du Soleil au moment de son passage au méridien, et soit D cette déclinaison corrigée de la parallaxe et de la latitude du Soleil, on aura l'équation

$$\sin A \operatorname{tang} \varepsilon = \operatorname{tang} D,$$

et, par suite,

$$\alpha = \arc\sin \frac{\operatorname{tang} D}{\operatorname{tang} \varepsilon} + t - T.$$

En toute rigueur, le temps T doit en outre être corrigé de l'influence de la latitude du Soleil par l'addition du petit terme

$$+\frac{B}{15}\cos A \operatorname{séc} \delta \sin \varepsilon.$$

Si la valeur ε adoptée pour l'obliquité et la déclinaison D donnée par l'observation sont erronées, la valeur obtenue pour α le sera également, même en faisant abstraction des erreurs d'observation qui peuvent avoir été commises sur l'intervalle $t - T$.

Pour apprécier l'influence de ces erreurs, on se sert encore de l'équation différentielle trouvée au n° 93

$$dA = -\frac{2\tang A}{\sin 2\varepsilon}d\varepsilon + \frac{2\tang A}{\sin 2D}dD,$$

d'après laquelle chaque observation donne

$$(A)\quad \alpha = \arcsin\frac{\tang D}{\tang\varepsilon} + t - T - \frac{2\tang A}{\sin 2\varepsilon}d\varepsilon + \frac{2\tang A}{\sin 2D}dD.$$

Cette équation montre que les meilleures observations sont celles qui sont faites au voisinage des équinoxes. En effet, les coefficients de $d\varepsilon$ et dD ont alors les plus petites valeurs possibles; celui de $d\varepsilon$ est nul et celui de dD égal à $\cot\varepsilon$, c'est-à-dire à 2, 3. De plus, il est facile de combiner les observations de manière à annuler les effets des erreurs constantes qui altéreraient les valeurs de ε et de D. En effet, prenons toujours pour l'angle A celle des valeurs données par l'équation $\sin A = \frac{\tang D}{\tang\varepsilon}$ qui est inférieure à 90°, et appliquons la formule précédente à l'ascension droite du Soleil, $180° - A'$, A' étant un angle aigu; nous aurons, en désignant par t' et T' les époques de culmination de l'étoile et du Soleil,

$$\alpha = 180° - \arcsin\frac{\tang D'}{\tang\varepsilon} + t' - T' + \frac{2\tang A'}{\sin 2\varepsilon'}d\varepsilon - \frac{2\tang A'}{\sin 2D'}dD,$$

équation qui, combinée avec la précédente, donne

$$(B)\quad \left\{\begin{aligned} \alpha = {} & \tfrac{1}{2}[(t-T)+(t'-T')] \\ & + \tfrac{1}{2}\left(\arcsin\frac{\tang D}{\tang\varepsilon} - \arcsin\frac{\tang D'}{\tang\varepsilon} + 180°\right) \\ & + \left(\frac{\tang A}{\sin 2D} - \frac{\tang A'}{\sin 2D'}\right)dD - \frac{\tang A - \tang A'}{\sin 2\varepsilon}d\varepsilon. \end{aligned}\right.$$

Supposons maintenant que $A' = A$, nous aurons aussi $D' = D$. Ainsi, en observant les différences en ascension droite du Soleil et d'une étoile à des époques où les ascensions droites du Soleil sont supplémentaires, les coefficients de dD et de $d\varepsilon$ dans l'équation (B) seront nuls, et par conséquent les erreurs constantes commises sur la déclinaison et sur l'obliquité n'auront aucune influence sur l'ascension droite de l'étoile. A la vérité on n'atteindra jamais rigoureusement ce résultat, car jamais il n'arrivera que le Soleil, ayant l'ascension droite A à l'un de ses passages au méridien, ait exactement à un autre passage l'ascension droite 180° — A. Mais A′ étant seulement voisin de 180° — A, l'erreur résiduelle dépendant de dD et de $d\varepsilon$ sera encore excessivement petite.

Ainsi, pour déterminer l'ascension droite absolue d'une étoile, il faut observer les différences d'ascension droite du Soleil et de l'étoile au voisinage des deux équinoxes. Si la première observation a été faite après l'équinoxe du printemps, on fera la seconde à la même distance avant l'équinoxe d'automne; réciproquement, si la première observation a été faite avant l'équinoxe du printemps, on devra faire la seconde après l'équinoxe d'automne et à la même distance. Par la combinaison de deux pareilles observations, les erreurs constantes de D et de ε disparaissent, et il ne reste dans le résultat que les erreurs accidentelles commises dans l'observation du passage et de la déclinaison. Ces dernières erreurs ne peuvent être éliminées que par la multiplicité des observations; il faudra donc combiner non pas seulement deux, mais un nombre aussi grand que possible d'observations faites avant et après l'équinoxe du printemps, et pareillement avant et après l'équinoxe d'automne; dans ce cas il ne sera même pas nécessaire de se limiter au voisinage immédiat de l'équinoxe. Supposons que α_0 soit une valeur approchée de α, de sorte que $\alpha = \alpha_0 + d\alpha$, et posons

$$\alpha_0 - \arcsin \frac{\tang D}{\tang \varepsilon} - (t - T) = n,$$

chaque observation donnera une équation de la forme

$$0 = n + d\alpha + \frac{2 \tang A}{\sin 2\varepsilon} d\varepsilon - \frac{2 \tang A}{\sin 2D} dD,$$

à la condition que dD puisse être regardée comme constante pendant tout l'intervalle des observations. Traitant toutes ces équations par la méthode des moindres carrés, nous trouverons les valeurs les plus probables de $d\alpha$, $d\varepsilon$ et dD; en d'autres termes, à l'aide des équations du minimum nous déterminerons $d\alpha$ en fonction de $d\varepsilon$ et dD; en les substituant dans l'expression de $d\alpha$, nous trouverons la correction $d\alpha$ qui, combinée avec les valeurs de $d\varepsilon$ et dD, rend minimum la somme des carrés des erreurs résiduelles. D'ailleurs, si les observations sont assez nombreuses et convenablement réparties entre les deux équinoxes, les coefficients de $d\varepsilon$ et dD, dans l'équation finale relative à $d\alpha$, seront toujours très-petits.

Si les observations s'étendent à une grande distance des équinoxes, il peut arriver que dD ne puisse pas être regardée comme ayant une valeur constante pour toutes les déclinaisons observées; ce fait se présente quand, par exemple, les erreurs de division du cercle qui sert aux observations dépendent de la distance zénithale, ou bien encore quand la constante de réfraction employée a besoin d'une correction. Bien que, dans cette hypothèse, avec des observations faites symétriquement par rapport aux équinoxes, une pareille erreur n'ait aucune influence sur le résultat, néanmoins la valeur trouvée pour dD, ou le terme dépendant de dD dans l'expression finale de $d\alpha$, n'aurait aucun sens, ou du moins ne se rapporterait qu'à une valeur moyenne. Aussi, dans ce cas, on partage, d'après leurs distances zénithales, les observations en différents groupes dans chacun desquels on puisse regarder l'erreur dD comme à peu près constante, et on traite chacun de ces groupes par la méthode des moindres carrés. Si la distance zénithale est comptée au sud du zénith, on aura

$$D = \varphi - z - \rho;$$

on pourra donc remplacer, dans l'équation précédente, dD par $d\varphi - dk.\tang z - \beta f(z)$, où dk représente la correction de la constante de la réfraction, et $\beta f(z)$ la correction de lecture. Pour la détermination de ces inconnues elles-mêmes, on possède, en général, d'excellentes méthodes.

Exemple. — Au 24 mars 1843, Bessel a trouvé à Kœnigsberg, pour la déclinaison du centre du Soleil, corrigée de la réfraction et de la parallaxe,

$$D' = +1^\circ 15' 27'',24,$$

et pour différence des temps des passages au méridien du Soleil et de Procyon (α Petit Chien), corrigée de la marche de la pendule,

$$t - T = 7^h 19^m 29^s,86.$$

La latitude du Soleil était alors $+0'',21$; par conséquent, la correction de la déclinaison était $-0'',19$, et celle du temps T était nulle. Il n'est pas nécessaire de corriger de l'aberration les quantités D et T relatives au Soleil, puisque celle-ci n'a d'autre résultat que de déplacer le Soleil dans l'écliptique; pour l'étoile, au contraire, on emploiera la formule (A) du n° 80; et comme la longitude du Soleil est $3^\circ 10'$ et le lieu approché de l'étoile $\alpha = 112^\circ 46'$, $\delta = +5^\circ 37'$, l'aberration en ascension droite pour l'étoile est $0^s,42$, quantité qu'il faut retrancher du temps t; on obtient ainsi

$$D = +1^\circ 15' 27'',05, \quad t - T = 7^h 19^m 29^s,44.$$

Ces deux valeurs sont rapportées à l'équinoxe apparent au temps de l'observation. Si l'on prend pour obliquité moyenne à cette date $23^\circ 27' 35'',05$, il faudra y ajouter la nutation pour trouver l'obliquité apparente au temps de l'observation; mais ce jour-là

$$☊ = 277^\circ 14', \quad ⊙ = 1^\circ 14', \quad ☾ = 283^\circ 56', \quad P = 280^\circ 14';$$

on a donc, d'après la formule (A_1) du n° 61,

$$\Delta\varepsilon = +1'',72,$$

et, par suite,

$$\varepsilon = 23^\circ 27' 36'',77;$$

et comme $A = \arcsin \dfrac{\tang D}{\tang \varepsilon}$, on obtient

$$A = 2^\circ 53' 57'',44 = 0^h 11^m 35^s,83.$$

L'ascension droite rapportée à l'équinoxe apparent sera donc

$$\alpha = 7^h 31^m 5^s,27.$$

Il faut ajouter $+1^s,10$ pour la nutation en ascension droite, et en retrancher $0^s,71$ pour la précession et le mouvement propre depuis le commencement de l'année jusqu'au 24 mars (la variation annuelle est $3^s,146$); cela fait, si l'on calcule les coefficients de dD et de $d\varepsilon$, cette observation donnera, comme ascension droite moyenne de Procyon pour 1843,0,

$$\alpha = 7^h 31^m 3^s,46 + 0,1539\, dD - 0,0092\, d\varepsilon,$$

où dD et $d\varepsilon$ sont exprimés en secondes d'arc.

Le 20 septembre de la même année, Bessel a trouvé par l'observation

$$D' = +1^\circ 16' 29'',22, \quad t' - T' = -4^h 17^m 5^s,82;$$

or, en ce jour la latitude du Soleil était $B = -0'',56$, et, par suite, la correction de la déclinaison D', $-0'',51$, et celle du temps T', $+0^s,01$; pour l'étoile, l'aberration en ascension droite était $-0^s,56$. On avait donc

$$D' = +1^\circ 16' 29'',73, \quad t' - T' = -4^h 17^m 5^s,27;$$

en outre, ce jour-là,

$$\Omega = 267^\circ 42', \quad \odot = 178^\circ 39', \quad ☾ = 135^\circ 41', \quad P = 280^\circ 14';$$

d'où l'on conclut

$$\Delta\varepsilon = +0'',27,$$

l'obliquité moyenne en ce jour était $23^\circ 27' 34'',82$, d'où

$$\varepsilon = 23^\circ 27' 35'',09;$$

on en déduit

$$A = 2^\circ 56' 22'',36 = 0^h 11^m 45^s,49,$$

ce qui donne pour ascension droite du Soleil, rapportée à l'équinoxe apparent,

$$11^h 48^m 14^s,51,$$

et, par conséquent,

$$\alpha = 7^h 31^m 9^s,24;$$

de plus, la nutation étant égale à $+1^s,11$, la précession et le mouvement propre à $+2^s,27$, cette observation donne, pour l'ascension droite moyenne de Procyon à l'époque 1843, 0,

$$\alpha = 7^h 31^m 5^s,86 - 0,1539\, dD + 0,0094\, d\varepsilon,$$

et, de la moyenne arithmétique des deux déterminations, on déduit

$$\alpha = 7^h 31^m 4^s,66,$$

résultat débarrassé des erreurs constantes de D et de ε (*).

Nous aurions pu obtenir l'ascension droite moyenne en retranchant de D, T et t les réductions au lieu apparent, et négligeant pour le Soleil les termes dépendants de l'aberration. En se servant de l'obliquité moyenne pour chaque jour, on aurait immédiatement trouvé l'ascension droite rapportée à l'équinoxe moyen du commencement de l'année.

95. *Déterminations relatives. Emploi des fondamentales. Observation des zones.* — Dès que l'ascension droite absolue d'une étoile est parfaitement déterminée, on connaît les ascensions droites de toutes les étoiles dont on a observé les différences d'ascension droite avec la première; on peut alors, en y ajoutant les déclinaisons, construire un catalogue de toutes les étoiles. Mais les ascensions droites données dans les catalogues des différents observateurs peuvent présenter entre elles une différence constante

(*) Dans les *Tabulæ Regiomontanæ*, on trouve $\alpha = 7^h 31^m 4^s,81$. Comme la moyenne arithmétique s'approche de cette valeur, les erreurs accidentelles commises dans les deux jours étaient presque égales. Aussi en comparant les déclinaisons observées avec les Tables du Soleil, on trouve pour erreurs de ces déclinaisons $+7'',67$ et $+8'',24$.

causée par les erreurs commises dans la détermination de l'équinoxe. Quant à cette différence, on la détermine en comparant un grand nombre de positions d'étoiles données dans les différents catalogues, après les avoir toutes réduites à la même époque. Des différences analogues peuvent se présenter dans les déclinaisons; on les trouvera de la même manière. Mais les causes que nous avons indiquées précédemment peuvent rendre ces erreurs variables; il sera donc avantageux de comparer ensemble les étoiles comprises dans des zones d'un certain nombre de degrés, et de déterminer séparément la différence propre à chacune de ces zones.

Afin de faciliter la recherche des positions relatives des étoiles ainsi que celle des planètes et des comètes, on a fixé avec une grande exactitude les positions apparentes d'un certain nombre d'étoiles appelées *fondamentales;* les Ephémérides astronomiques contiennent ces positions de dix jours en dix jours pour l'instant de leur passage au méridien. Pour trouver ensuite l'ascension droite et la déclinaison d'un astre inconnu, on le comparera à une ou plusieurs étoiles fondamentales, et on déterminera, en suivant les méthodes indiquées plus haut, leurs différences en ascension droite et en déclinaison. Si la déclinaison de l'astre inconnu diffère peu de celle de l'étoile, les erreurs instrumentales auront à peu près la même influence sur les deux observations et disparaîtront presque entièrement dans la différence.

Lorsque l'astre dont on veut déterminer la position est très-voisin de l'étoile, on peut, pour observer les différences en ascension droite et en déclinaison, employer, au lieu d'un instrument méridien, une lunette munie d'un micromètre (instrument qui sera décrit dans le second volume). Cette méthode est très-avantageuse, car elle permet de répéter l'observation aussi souvent qu'on le veut, et dispense d'attendre le passage de l'astre au méridien; il faut remarquer, de plus, que, dans le cas où il s'agirait d'un astre faible, l'observation méridienne en serait impossible si ce passage avait lieu dans le jour. C'est pourquoi l'on emploie toujours la dernière méthode quand on veut obtenir les positions relatives d'étoiles très-voisines, ou les positions des planètes et des comètes nouvelles. Il faut donc connaître un grand nombre de positions d'étoiles, afin d'en avoir en toutes circonstances qui puissent servir à des comparaisons micrométriques avec l'astre inconnu. Dans ce but, et en même temps dans le but plus général d'arriver à une connaissance plus approfondie du ciel, on a construit et on construit encore chaque jour de nombreux recueils d'observations de petites étoiles jusqu'à la 9ᵉ et 10ᵉ grandeur. Afin de pouvoir observer le plus grand nombre possible d'étoiles, et aussi pour faciliter la réduction à leur position moyenne, l'astronome ne prend chaque jour que les étoiles comprises dans une zone peu étendue en déclinaison, et note pour chacune d'elles l'instant de son passage et la lecture du cercle. Les observations de ce genre sont appelées *observations des zones*. On construit ensuite des Tables spéciales à chaque zone, qui permettent de déduire, de la position observée d'une étoile, sa position moyenne à une époque déterminée; il sera d'ailleurs très-facile de calculer ces Tables de nouveau, si l'on vient à posséder des éléments de calcul plus exacts, par exemple des positions d'étoiles plus précises. Cette méthode d'observation par zones offre donc de grands avantages.

Le temps observé t du passage de l'étoile au fil de l'instrument et la lecture z du cercle doivent subir certaines corrections avant de servir au calcul de l'ascension droite et de la déclinaison moyennes de l'étoile. A la valeur de t il faut ajouter l'état de la pendule, la déviation du fil hors du méridien, la réduction au lieu apparent avec un signe contraire, et la précession pour l'intervalle compris entre l'observation et l'époque. Dans la valeur de z on doit introduire l'erreur de collimation du cercle, les erreurs de flexion et de division, la réfraction, et, comme plus haut, la réduction au lieu apparent avec un signe contraire et la précession. On peut, en adoptant la marche suivie par Bessel, effectuer très-commodément ces corrections. On construit :

1° Une Table qui donne les valeurs k et d de ces corrections pour une déclinaison D correspondant au milieu de la zone et de dix en dix minutes de temps pour toute l'étendue de la zone ;

2° Une Table qui contient les variations k' et d' de ces corrections pour une variation de 100 minutes dans la déclinaison.

L'ascension droite et la déclinaison moyennes d'une étoile pour l'époque assignée s'obtiendront alors par les formules

$$\alpha = t + k + k' \frac{z - Z}{100},$$

$$\delta = z + d + d' \frac{z - Z}{100},$$

où Z désigne la lecture du cercle pour la déclinaison D correspondante au milieu de la zone.

Comment déterminer les quantités k, d, k', d'?

Soient :

u et u' l'état de la pendule et sa marche horaire,

e et e' la déviation du fil en dehors du méridien correspondant à la lecture Z, et sa variation pour 100 minutes,

P la lecture correspondante au pôle,

ρ et s la réfraction et les erreurs de division et de flexion,

ρ' et s' leurs variations pour 100 minutes,

$\Delta\alpha$ et $\Delta\delta$ les réductions au lieu apparent;

supposons de plus que les divisions aillent en croissant dans le même sens que les déclinaisons, et prenons pour époque le commencement de l'année, nous aurons

$$\alpha = t + u + e + u'(t - T) + e' \frac{z - Z}{100} - \Delta\alpha,$$

$$\delta = z - P + 90° \mp \rho \mp \rho' \frac{z - Z}{100} + s + s' \frac{z - Z}{100} - \Delta\delta.$$

D'ailleurs, les formules du n° 89 donnent

$$\Delta\alpha = \frac{f}{15} + \frac{g}{15} \sin(G + \alpha) \tang D + \frac{h}{15} \sin(H + \alpha) \sec D$$
$$+ \left[\frac{g}{15} \frac{\sin(G + \alpha)}{\cos^2 D} 100' + \frac{h}{15} \sin(H + \alpha) \frac{\tang D}{\cos D} 100'\right] \frac{z - Z}{100},$$

$$\Delta\delta = g \cos(G + \alpha) + h \cos(H + \alpha) \sin D + i \cos D$$
$$+ [h \cos(H + \alpha) \cos D . 100' - i \sin D . 100'] \frac{z - Z}{100};$$

nous trouvons donc

$$k = u + c + u'(t - \mathrm{T}) - \frac{f}{15} - \frac{g}{15}\sin(\mathrm{G} + \alpha)\,\mathrm{tang\,D}$$
$$- \frac{h}{15}\sin(\mathrm{H} + \alpha)\,\mathrm{séc\,D},$$

$$k' = c' - \frac{g}{15}\,\frac{\sin(\mathrm{G} + \alpha)}{\cos^2\mathrm{D}}\,100' + \frac{h}{15}\sin(\mathrm{H} + \alpha)\,\frac{\mathrm{tang\,D}}{\cos\mathrm{D}}\,100',$$

$$d = -\mathrm{P} + 90^\circ \mp \rho + s - g\cos(\mathrm{G} + \alpha)$$
$$- h\cos(\mathrm{H} + \alpha)\sin\mathrm{D} - i\cos\mathrm{D},$$

$$d' = \mp\rho' + s' - [h\cos(\mathrm{H} + \alpha)\cos\mathrm{D}\,.\,100' + i\sin\mathrm{D}\,.\,100'].$$

On détermine l'état de la pendule et la collimation du cercle à l'aide d'étoiles connues de la zone, ou au moyen d'étoiles fondamentales observées avant et après la zone. On considère les erreurs instrumentales, la collimation et la marche de la pendule comme constantes pendant toute la durée de l'observation de la zone. De plus, on construit des Tables contenant pour toute l'étendue de la zone les valeurs de k, k', d, d', correspondantes à des valeurs de t distantes de 10 minutes, et on obtient, par interpolation, les valeurs intermédiaires.

III. — Des méthodes employées pour déterminer les valeurs les plus probables des constantes qui servent a la réduction des positions des étoiles.

96. *Détermination de la latitude et de la constante de la réfraction par la combinaison des culminations inférieure et supérieure des circompolaires. — Détermination du coefficient de dilatation de l'air atmosphérique.* — Nous avons montré au nº 92 comment l'observation permet de trouver les distances zénithales apparentes des étoiles; on les corrigera ensuite de la réfraction si l'on veut avoir les distances zénithales vraies. Supposons qu'on ait observé la distance zénithale d'une circompolaire à son passage supérieur et à son passage inférieur, et corrigé le résultat de la réfraction et des petites variations de l'aberration, de la nutation et de la précession pendant l'intervalle de temps qui sépare les deux observations, la moyenne arithmétique des distances zénithales corrigées sera égale au complément de la latitude, ou *colatitude* du lieu d'observation.

Une série d'observations de ce genre faites sur les étoiles devrait, si les valeurs adoptées pour les constantes de la formule de la réfraction étaient exactes, donner pour la colatitude des valeurs égales, ou des valeurs dont les différences resteraient comprises dans les limites des erreurs possibles d'observation et des erreurs accidentelles de réfraction (n° 77). En réalité les latitudes trouvées à l'aide d'étoiles diverses présentent toujours entre elles des différences bien plus considérables, et par cela même ces observations permettront de corriger les constantes qui servent de base au calcul des Tables de réfraction.

Désignons par z et ζ les distances zénithales observées à la culmination supérieure et à la culmination inférieure; par r et ρ les réfractions correspondantes; et soit φ la latitude du lieu, supposée boréale, nous aurons les équations

$$\delta - \varphi = z \pm r,$$

$$180^\circ - \delta - \varphi = \zeta + \rho,$$

où les distances zénithales sont regardées comme négatives lorsque l'étoile est au sud du zénith, et où nous prendrons le signe supérieur ou le signe inférieur, suivant que l'étoile, à sa culmination supérieure, est au nord ou au sud du zénith. Ces deux équations donnent

$$(a) \qquad 90^\circ - \varphi = \tfrac{1}{2}(\zeta + z + \rho \pm r).$$

Les distances zénithales ζ' et z' d'une autre étoile, observée aussi aux époques de ses deux culminations, fournissent une équation analogue

$$90^\circ - \varphi = \tfrac{1}{2}(\zeta' + z' + \rho' \pm r').$$

Ces deux équations nous permettent de trouver la valeur de φ et celle de la constante qui entre comme facteur dans ρ, ρ', r et r'; mais, à cause des erreurs d'observation, ces valeurs ne seront qu'approchées. De plus, ainsi que le montre l'équation (l) du n° 73, la réfraction n'est pas rigoureusement proportionnelle à la constante α; et, outre la constante α, les formules de la réfraction en renferment d'autres, dont il serait désirable de déterminer les valeurs par l'observation. La formule d'Ivory contient, en même temps que α, la constante f qui dépend de la loi du décroissement de la température avec l'élévation au-dessus de la surface de la Terre, et qui, n'ayant d'ailleurs d'influence sensible qu'au voisinage de l'horizon, peut être négligée ici. Comme toutes les autres formules, elle renferme encore le coefficient de dilatation de l'air, qu'il sera avantageux de déterminer aussi par les observations astronomiques. En effet, ce coefficient dépend de l'état hygrométrique de l'air, sa valeur obtenue à l'aide d'un grand nombre de réfractions observées, conviendra donc à un état hygrométrique moyen de l'atmosphère, et par suite les réfractions calculées avec ce coefficient auront des valeurs aussi voisines que possible de la moyenne d'un grand nombre d'observations, c'est-à-dire les valeurs que l'on aurait obtenues en supposant à l'atmosphère un état hygrométrique moyen. Soient R la réfraction moyenne, R' la réfraction vraie, on a (n° 76)

$$R' = R(B.T)^{A}[1 + \varepsilon(\tau - 50)]^{-\lambda},$$

si $A = 1 + q$, $\lambda = 1 + p$, $\varepsilon = \frac{n}{m}$, et $\tau_0 = 50°$ F. On obtient donc

$$dR' = \frac{dR'}{d\alpha}\, d\alpha - \frac{\lambda(\tau - 50)}{1 + \varepsilon(\tau - 50)} R'\, d\varepsilon,$$

ou

$$dR' = \alpha \frac{dR'}{d\alpha}\, k - \varepsilon \frac{\lambda(\tau - 50)}{1 + \varepsilon(\tau - 50)} R' i,$$

en posant

$$\alpha + d\alpha = \alpha(1 + k), \quad \varepsilon + d\varepsilon = \varepsilon(1 + i).$$

Mais la formule (l) du n° 73 donne

$$\alpha \frac{dR}{d\alpha} = R + \frac{\alpha^2 \beta \sqrt{2\beta}}{(1 - \alpha)\sin^2 z}\left[\sqrt{2}.\psi(2) - \psi(1)\right].$$

L'influence du dernier terme du second membre de cette équation ne commence à se faire sentir que pour des distances zénithales supérieures à 80°. Soit encore

$$\alpha \frac{dR}{d\alpha} = R\left(1 + \frac{1}{y}\right),$$

l'équation devient

$$dR' = R'\left(1 + \frac{1}{y}\right)k - \frac{\lambda\varepsilon(\tau - 50)}{1 + \varepsilon(\tau - 50)} R' i;$$

quant aux valeurs de y elles se tirent de la Table suivante :

z	y	z	y
80°	246	86°	60,5
81	205	87	43,2
82	168	88	29,5
83	135	89	19,0
84	106	89.30′	14,8
85	82		

Supposons maintenant que les réfractions employées dans le calcul de l'équation (a) doivent être corrigées de $d\rho$ et dr, et désignons par m et μ les deux valeurs de $\frac{\lambda\varepsilon(\tau - 50)}{1 + \varepsilon(\tau - 50)}$ qui correspondent à la culmination supérieure et à la culmination inférieure; nous aurons

$$\begin{aligned} 90° - \varphi = {} & \tfrac{1}{2}(\zeta + z) + \tfrac{1}{2}(\rho \pm r) \\ & + \tfrac{1}{2}\left[\rho\left(1 + \frac{1}{y}\right) \pm r\right]k - \tfrac{1}{2}(\mu\rho \pm mr)\,i. \end{aligned}$$

Soit φ_0 une valeur approchée de φ, de sorte que $\varphi = \varphi_0 + d\varphi$; soit de plus

$$\tfrac{1}{2}(\zeta + z) + \tfrac{1}{2}(\rho \pm r) + \varphi_0 - 90° = n;$$

en combinant les deux passages d'une même étoile nous obtiendrons une équation de condition qui aura la forme

$$(b)\quad 0 = n + d\varphi + \tfrac{1}{2}\left[\rho\left(1 + \frac{1}{y}\right) \pm r\right]k - \tfrac{1}{2}(\mu\rho \pm mr)\,i.$$

Les observations des différentes étoiles n'ont pas le même poids, car les erreurs accidentelles d'observation sont de plus en plus grandes à mesure que l'étoile traverse le méridien plus près de l'horizon. L'erreur probable d'une observation augmente donc en général avec la distance zénithale méridienne de l'étoile. Si les valeurs de $d\varphi$, k et i étaient déjà connues et substituées dans les équations, les quantités n représenteraient les erreurs réelles d'observation, et l'on pourrait, pour chaque étoile, déterminer l'erreur probable d'une observation. Mais puisque ces valeurs sont inconnues, la différence entre le résultat de l'observation d'une étoile et la moyenne, permettra seule de déterminer cette erreur probable. Soient w et w' les erreurs probables de l'observation d'un passage supérieur et d'un passage inférieur d'une étoile, en divisant par $\sqrt{w^2 + w'^2}$ toutes les équations relatives à cette étoile, on donnera le même poids aux équations relatives aux différentes étoiles. On résoudra alors toutes ces équations, et dans le cas où leur résolution donnerait, pour les erreurs probables, des valeurs sensiblement différentes, on recommencerait le calcul.

Les étoiles qui passent au méridien au sud du zénith, peuvent aussi servir à déterminer la correction i du coefficient de dilatation de l'air. En effet, en conservant les notations déjà employées, et en considérant les distances zénithales comme positives, on a

$$\varphi_0 - \delta_0 + d(\varphi - \delta) = z + r + r\left(1 + \frac{1}{y}\right)k - mri,$$

ou

$$(c) \qquad 0 = n + d(\delta - \varphi) + r\left(1 + \frac{1}{y}\right)k - mri,$$

si

$$n = z + r + \delta_0 - \varphi_0.$$

Multiplions encore les équations relatives à chaque étoile par les poids correspondants, et, de toutes les équations relatives à une seule étoile, tirons les équations du minimum, nous pourrons ensuite éliminer les inconnues $d(\delta - \varphi)$ et k, de telle sorte que chaque étoile donnera en définitive une équation de la forme

$$(d) \qquad 0 = N - Mi.$$

Toute circompolaire observée à ses deux culminations fournira aussi une équation de ce genre, que l'on obtiendra en traitant de la même manière les équations (b) relatives à cette étoile. On a donc ainsi autant d'équations de la forme (d) qu'il y a d'étoiles observées; il est facile d'en déduire la valeur la plus probable de i (*). Telle est la méthode suivie par Bessel pour déterminer la quantité i, et avec elle le coefficient de dilatation de l'air pour un état hygrométrique moyen de l'atmosphère. Il a déduit de ses observations faites à Kœnigsberg (*voir* BESSEL, *Astronomische Beobachtungen*, septième Partie, p. x) la valeur 0,002 024 3 pour un degré Fahrenheit. Actuellement substituons à i sa valeur la plus probable, dans les équations (b), ou plutôt dans les équations du minimum trouvées pour chaque étoile; par la combinaison de toutes les équations, nous obtiendrons ensuite les valeurs les plus probables de $d\varphi$ et de k (**).

Pour avoir égard aussi à la correction de la constante f, il aurait fallu ajouter dans dR' le terme $\frac{dR'}{df}df$, ou, en posant $f + df = f(1 + h)$, le terme $f\frac{dR'}{df}h = \frac{R'h}{x}$, dans lequel les valeurs de x se tirent de la Table suivante :

z	x	z	x
85°	338	88°	59,3
86	196	89	29,8
87	111	89.30	20,6

(*) Les variations de la température ayant une influence d'autant plus grande que les étoiles sont plus basses, il conviendra de n'employer dans ce calcul que des étoiles dont la hauteur méridienne est inférieure à 60°.

(**) Les équations de condition employées dans l'exemple du n° 25, sont celles que l'on aurait obtenues en supposant le même poids à toutes les observations et en prenant la moyenne arithmétique de toutes les équations relatives à une étoile. Si la valeur de i est déjà corrigée, la forme des équations sera $0 = n + d\varphi + ak$. Bessel ayant rapporté toutes ces observations au point polaire du cercle, et non pas comme on l'a supposé ici à son point zénithal, la valeur qu'il a donnée pour le coefficient a est différente de celle que nous avons employée.

97. *Constantes de l'aberration et de la nutation; leur détermination par l'observation de la Polaire; parallaxe annuelle.* — L'aberration, la nutation et la parallaxe annuelle forment l'ensemble des termes périodiques contenus dans l'expression des positions apparentes des étoiles, termes dont il faudra déterminer les constantes par l'observation des positions apparentes des étoiles à différentes époques. L'aberration et la parallaxe ont une période d'une année, et par conséquent peuvent être déterminées par la comparaison des lieux apparents observés pendant le cours d'une année. Le terme principal de la nutation a une période de 18 ans et 219 jours, temps de la révolution complète des nœuds de l'orbite lunaire sur l'écliptique; on ne pourra donc trouver la constante de la nutation que par la comparaison d'un grand nombre d'observations de positions apparentes faites pendant une longue suite d'années.

Les observations les plus convenables pour la détermination des constantes de l'aberration et de la nutation sont celles des ascensions droites de l'étoile polaire, dont les positions apparentes éprouvent de grandes variations, comme le prouve la présence des facteurs $\text{séc}\,\delta$ et $\text{tang}\,\delta$. Pour la même raison, il y aura un grand avantage à appliquer la même méthode à la détermination de la parallaxe de l'étoile polaire. Posons

$$a \sin A = -\cos\alpha \cos\varepsilon,$$

$$a \cos A = -\sin\alpha,$$

et désignons par k la constante de l'aberration, par π la parallaxe, et par $\varphi(k^2)$ les termes du second ordre; les formules des nos 80 et 82, relatives à l'aberration et à la parallaxe en ascension droite, donnent

$$\begin{aligned}\alpha' - \alpha = &+ ka \sin(\odot + A)\,\text{séc}\,\delta \\ &+ \pi a \cos(\odot + A)\,\text{séc}\,\delta + \varphi(k^2).\end{aligned}$$

Si l'on a fait un grand nombre d'observations aux époques où $\sin(\odot + A) = \pm 1$, pour lesquelles l'aberration atteint son maximum, la comparaison des ascensions droites, observées à ces deux époques et réduites à un même équinoxe moyen, donne une valeur approchée de k; on en obtiendra ensuite une valeur plus exacte en déterminant la valeur la plus probable qui résulte d'un grand nombre d'observations. Appelons $\Delta\alpha$ et Δk les erreurs de l'ascension droite moyenne α et de la valeur adoptée pour la constante k, en sorte que $\alpha + \Delta\alpha$ et $k + \Delta k$ soient les valeurs exactes de ces quantités. Appelons encore α_0 l'ascension droite apparente déduite de α au moyen de la précession et de la nutation supposées exactes, et du nombre k adopté pour constante de l'aberration, ascension droite dans laquelle on a conservé les termes qui dépendent de k^2 et du produit de l'aberration et de la nutation; car ces termes, très-petits par eux-mêmes, varient fort peu pour une petite correction apportée à la valeur de k. Désignons enfin par α' l'ascension droite apparente observée, nous aurons

$$\alpha' = \alpha_0 + \Delta\alpha + \Delta k . a \sin(\odot + \mathrm{A}) \operatorname{séc}\delta + \pi a \cos(\odot + \mathrm{A}) \operatorname{séc}\delta;$$

et si l'on pose

$$\alpha_0 - \alpha' = n,$$

toute observation de l'ascension droite de la Polaire fournira une équation de la forme

$$0 = n + \Delta\alpha + \Delta k . a \sin(\odot + \mathrm{A}) \operatorname{séc}\delta + \pi a \cos(\odot + \mathrm{A}) \operatorname{séc}\delta.$$

La combinaison de toutes ces équations permettra de trouver, par la méthode des moindres carrés, les valeurs les plus probables de $\Delta\alpha$, Δk et π.

Si les observations sont réparties dans une longue période d'années, on pourra déterminer en même temps la constante de la nutation, c'est-à-dire le coefficient de $\cos \Omega$ dans l'expression de la nutation de l'obliquité. Désignons par $\Delta\nu$ la correction de ce coefficient; il faudra ajouter aux équations de condition précédentes le terme $+ \frac{d\alpha_0}{d\nu}\Delta\nu$ (la valeur de $\frac{d\alpha_0}{d\nu}$ a été donnée au n° 62). L'équation complète qui permet de déterminer, par des observations d'ascensions droites apparentes, les constantes de l'aberration et de la nutation, ainsi que la parallaxe annuelle de la Polaire, est donc

$$0 = n + \Delta\alpha + \Delta k . a \sin(\odot + A) \operatorname{séc} \delta$$
$$+ \pi a \cos(\odot + A) \operatorname{séc} \delta + \frac{d\alpha_0}{d\nu} \Delta\nu.$$

On peut faire servir à cette détermination les observations de différents observatoires; mais il faut alors attribuer à chaque série d'équations le poids qui lui correspond, en déterminant les erreurs probables des observations faites en chaque observatoire. La correction $\Delta\alpha$ peut n'avoir pas non plus la même valeur pour des observations faites en deux observatoires différents, puisque entre les ascensions droites observées il peut y avoir une différence constante. Après avoir déterminé cette différence, on l'ajoutera aux observations de chaque observatoire, ou bien on éliminera les quantités inconnues $\Delta\alpha$, $\Delta\alpha'$,... entre les équations données par les observations de chaque observatoire.

Cette méthode a été appliquée par Lindenau (*) aux ascensions droites de la Polaire observées dans un intervalle de 60 ans par Bradley, Maskelyne, Pond, Bessel et Lindenau lui-même; il a trouvé

$$k = 20'',4486, \quad \nu = 8'',97707, \quad \pi = 0'',1444;$$

avec 603 observations faites par Struve et Preuss à Dorpat, de 1822 à 1838, Peters a obtenu (**)

$$k = 20'',4255, \quad \nu = 9'',2361, \quad \pi = 0'',1724.$$

Quand on veut faire servir la déclinaison à la détermination de ces constantes, les observations de la Polaire sont encore très-avantageuses; car en faisant à chaque culmination un grand nombre de pointés sur cette étoile, on peut pour ainsi dire rendre ces observations aussi exactes qu'on le veut.

(*) LINDENAU. — Comparaison de 810 observations de la Polaire, faites par Bradley, Maskelyne, Pond, Bessel et Lindenau. — *Jahrbuch de Bode*, pour 1820, p. 210.

(**) PETERS. — *Numerus constans nutationis.*

Posons

$$b \sin B = + \sin\alpha \sin\delta \cos\varepsilon - \cos\delta \sin\varepsilon,$$
$$b \cos B = - \cos\alpha \sin\delta.$$

L'aberration en déclinaison aura pour expression $kb \sin(\odot + B)$, et la parallaxe $\pi b \cos(\odot + B)$. Appelons δ_0 la déclinaison apparente déduite de la déclinaison moyenne à l'aide de la précession supposée exacte, des constantes k et ν de l'aberration et de la nutation, et en tenant compte des petits termes qui dépendent de k^2 et du produit de l'aberration et de la nutation ; appelons encore δ' la déclinaison apparente observée, et posons $\delta_0 - \delta' = n$, chaque observation de la déclinaison fournira une équation de la forme

$$0 = n + \Delta\delta + \Delta k . b \sin(\odot + B) + \pi b \cos(\odot + B) + \frac{d\delta_0}{d\nu}\Delta\nu,$$

et si les observations embrassent une période de temps suffisamment longue, on pourra, par la méthode des moindres carrés, déterminer les valeurs de $\Delta\delta$, Δk, π et $\Delta\nu$ (*). C'est en faisant des observations de ce genre, et en particulier en observant les distances zénithales méridiennes que Bradley découvrit l'aberration. A partir de l'année 1725, il suivit à Kew l'étoile γ Dragon et 22 autres étoiles passant près du zénith de ce lieu, et remarqua une variation périodique de leur distance zénithale, qui ne pouvait s'expliquer par l'effet de la parallaxe, dont la découverte était le but réel de ses observations. Il reconnut plus tard que cette variation résultait de la combinaison du mouvement de la lumière et de celui de la Terre. L'instrument dont il se servait pour ces observations était un *secteur zénithal*, c'est-à-dire un secteur circulaire d'un très-grand rayon, avec lequel il pouvait observer les distances zénithales des étoiles dans un intervalle

(*) Dans le cas où l'étoile possède un mouvement propre, on doit ajouter aux équations qui donnent l'ascension droite et la déclinaison des termes de la forme $p(t - t_0)$ et $q(t - t_0)$, où p et q sont les mouvements propres en ascension droite et en déclinaison ; α et δ représentent alors les positions moyennes à l'époque t_0.

de 12° de part et d'autre du zénith. L'étoile γ Dragon, étant située près du pôle de l'écliptique, était particulièrement propre à la détermination de la parallaxe, et par conséquent aussi de l'aberration. En effet, pour le pôle de l'écliptique : $\alpha = 270°$, $\delta = 90° - \varepsilon$, donc $b = 1$ et $B = -90°$; par conséquent aussi le maximum et le minimum de l'aberration et de la parallaxe en déclinaison ont pour valeurs $\pm k$ et $\pm \pi$.

C'est encore par des observations analogues faites à Kew et à Wanstead que Bradley fut conduit à la découverte de la nutation. Ces observations s'étendent du 19 août 1727 au 3 septembre 1747 : elles comprennent donc une période complète de la nutation. Busch (*) par la discussion de 1949 d'entre elles a obtenu

$$k = 20'',211\,6, \quad \nu = 9'',23.$$

Lundahl a déduit de plus de 1 200 observations de la déclinaison de la Polaire faites à Dorpat par Struve et Preuss,

$$k = 20'',550\,8, \quad \nu = 9'',216\,4, \quad \pi = 0'',147\,3.$$

La valeur de la constante de la nutation donnée au n° 61 est celle qu'a publiée Peters dans son Mémoire (*Numerus constans nutationis*) : elle est déduite des trois déterminations précédentes faites par Peters, Busch et Lundahl, en tenant compte de l'erreur probable de chaque résultat.

Méthode de Struve par l'observation des étoiles dans le premier vertical. — La valeur de la constante de l'aberration donnée au n° 80 ne résulte pas des valeurs précédentes, mais elle a été obtenue par Struve à l'aide des observations de passage de certaines étoiles dans le premier vertical.

Si avec un instrument exactement installé dans le premier vertical on observe le temps du passage d'une étoile dans ce plan, l'étoile étant d'abord à l'est, puis à l'ouest (*voir* au n° 26 du second volume), la demi-différence des temps observés sera égale à l'angle horaire de l'étoile au moment de son passage dans le pre-

(*) *Reduction of the observations made by Bradley, to determine the quantities of aberration and nutation*, by Dr Busch (Oxford, 1838).

mier vertical. Soit t cet angle horaire, le triangle rectangle formé par le zénith, le pôle et l'étoile donnera l'équation

$$\tang \delta = \tang \varphi \cos t,$$

d'où résulte la possibilité de déterminer les déclinaisons des étoiles par des observations de ce genre. Prenons les logarithmes des deux membres et différentions, nous obtiendrons

$$d\delta = \frac{\sin 2\delta}{\sin 2\varphi} d\varphi - \frac{1}{2} \sin 2\delta \tang t . dt.$$

Ainsi une erreur commise dans l'observation de t a une influence d'autant moindre que t est plus petit, c'est-à-dire qu'au moment de son passage dans le premier vertical, l'étoile est plus voisine du zénith. Si la distance zénithale est très-petite, cette méthode donnera donc avec une grande exactitude la déclinaison d'une pareille étoile. Chaque étoile fournit une équation de condition analogue à celle que nous avons donnée, et les étoiles qui permettront la meilleure détermination de la constante sont évidemment celles qui sont situées près du pôle de l'écliptique. Telle a été la marche adoptée par Struve (*). Ses observations s'étendent à un grand nombre d'étoiles, offrent la plus grande concordance, et la valeur 20″,4451 qu'elles donnent pour la constante de l'aberration est certainement fort approchée de la vérité. Mais elles embrassent un intervalle de temps trop restreint pour pouvoir servir à la détermination de la constante de la nutation; cependant la même méthode donnerait avec un grand degré d'approximation la valeur de cette constante ainsi que la parallaxe de ces étoiles.

Détermination de la constante de l'aberration à l'aide des éclipses des satellites de Jupiter. — Comme on l'a vu au n° 80, la constante de l'aberration se déduit immédiatement de la vitesse de la lumière et de la vitesse du mouvement de translation de la Terre. Le moyen mouvement sidéral de la Terre en un jour est connu avec la plus grande exactitude, il est égal à 59′ 8″,193.

(*) Struve. — *Observationes astronomicæ*, vol. 3, p. LXIV (Dorpat).

Reste donc à trouver la vitesse de la lumière. La première détermination de ce nombre a été faite en 1675 à l'Observatoire de Paris, par l'astronome danois Olaf Rœmer, à l'aide des éclipses des satellites de Jupiter. En observant avec assiduité ces éclipses, et en particulier celles du premier satellite, il reconnut que le phénomène était irrégulier : l'intervalle qui sépare deux immersions ou deux émersions consécutives n'est pas constant; à partir d'une opposition de Jupiter jusqu'à la conjonction suivante, cet intervalle est plus grand que sa valeur moyenne calculée à l'aide d'un grand nombre d'éclipses; de la conjonction à l'opposition, il est au contraire moindre que cette valeur moyenne. Rœmer expliqua cette différence en supposant qu'il existe un rapport fini entre la vitesse de la lumière et la vitesse de translation de la Terre. Dans cette hypothèse, le temps qui, pour l'observateur, sépare deux immersions consécutives doit en effet augmenter, si la distance de la Terre à Jupiter augmente. La somme de tous les retards constatés depuis une opposition jusqu'à la conjonction suivante est égale au temps nécessaire à la lumière pour parcourir le diamètre de l'orbite terrestre. Soit K ce temps exprimé en secondes, Δ la distance du satellite de Jupiter à la Terre exprimée avec le demi grand axe de l'orbite terrestre pour unité et T l'époque du commencement ou de la fin d'une éclipse donnée par les Tables; pour faire concorder ce temps avec le temps observé, il faudra lui ajouter le terme $+K\Delta$ qu'on appelle *équation de la lumière.*

Soit donc T_0 l'époque ainsi corrigée de l'immersion ou de l'émersion du satellite dans le cône d'ombre portée par Jupiter, T' l'époque observée. Chaque observation d'éclipse donnera une équation de la forme

$$0 = T_0 - T' + \Delta dK.$$

Un grand nombre d'observations de ce genre permettront de trouver la valeur la plus probable de dK. Mais l'observation d'une immersion ou d'une émersion est toujours incertaine, car le satellite ne perd que graduellement son éclat, et l'erreur d'observation dépend de la puissance de la lunette. Il conviendra donc non-seulement de ne combiner que les observations faites avec un même instrument, mais aussi de traiter à part les observations d'immersion et les observations d'émersion.

D'une première série d'observations Rœmer avait conclu 22^m pour valeur de K; une seconde série lui avait donné la valeur 14^m. Beaucoup plus tard Delambre, en discutant, comme nous l'avons indiqué, un grand nombre d'observations des satellites de Jupiter faites pendant le XVIIIe siècle, surtout par Bradley, en tenant compte en outre des perturbations du mouvement de ces satellites, a trouvé que la lumière met $8^m 13^s$ pour venir du Soleil à la Terre. Cette valeur donne $20'',255$ comme constante de l'aberration, nombre trop faible, comme cela résulte des observations de Struve.

Remarque. — Nous croyons utile de donner ici un tableau des valeurs trouvées par les différents observateurs pour la constante de l'aberration, c'est-à-dire pour l'arc dont le sinus est égal au rapport de la vitesse de translation de la Terre et de la vitesse de la lumière.

Observations anciennes.

Observations des satellites de Jupiter, calculées par Delambre...	$20'',255$
Observations de Bradley, calculées par Busch.......	$20'',212$

Observations modernes.

Observations de la Polaire, calculées par Lindenau............	$20'',449$
Observations de Struve et Preuss, sur les variations de la Polaire en ascension droite, calculées par Peters..................	$20'',426$
Observations de Struve sur les variations de la Polaire en déclinaison, calculées par Lundahl..........................	$20'',551$
Observations de Peters à l'observatoire de Pulkowa............	$20'',503$

Ainsi en prenant $20'',5$ pour valeur de la constante de l'aberration, l'erreur sera moindre que $\frac{1}{20}$ de seconde. Le rapport de la vitesse de la Terre à celle de la lumière est donc connu à $\frac{1}{4000}$ près de sa valeur, et si la vitesse de la lumière peut être déterminée avec une grande approximation, on en déduira une valeur fort approchée des dimensions de l'orbite terrestre (*voir* n° 140).

98. *Détermination des parallaxes annuelles des étoiles.* — La parallaxe annuelle d'une étoile peut être obtenue par une méthode différente de celle que nous avons déjà donnée, et qui consiste à mesurer les variations de sa position par rapport à une étoile voisine dont la parallaxe est nulle. Cette méthode a sur la précé-

dente cet avantage que les positions relatives de deux étoiles voisines peuvent être déterminées avec une grande exactitude au moyen de mesures micrométriques, et que de petites corrections apportées aux positions de ces deux étoiles produisant sur chacune d'elles des effets égaux, de petites erreurs commises sur les valeurs des constantes employées ne peuvent occasionner d'erreurs sensibles sur les positions moyennes qui s'en déduisent (*). En réalité, cette méthode ne donne que la différence des parallaxes des deux étoiles considérées. Mais, en général, il est permis de supposer que des étoiles très-petites sont très-éloignées, et que, par suite, leurs parallaxes sont insensibles; on peut donc toujours espérer que, si l'on a pris pour étoiles de comparaison des étoiles faibles, la valeur trouvée pour la parallaxe s'approchera beaucoup de la vérité (**).

Chaque comparaison de deux étoiles, dont les résultats auront été corrigés comme il est nécessaire, donnera deux équations de la forme

$$0 = n + \Delta\alpha + \pi a \cos(\odot + A)\,\text{séc}\,\delta + p\,(t - t_0),$$
$$0 = n' + \Delta\delta + \pi b \cos(\odot + B) + q\,(t - t_0),$$

où $\alpha'_0 - \alpha_0$, $\delta'_0 - \delta_0$ étant les différences de leurs coordonnées au temps t_0, $\alpha' - \alpha$, $\delta' - \delta$ les différences au temps t, on a posé

$$n = (\alpha'_0 - \alpha_0) - (\alpha' - \alpha), \quad n' = (\delta'_0 - \delta_0) - (\delta' - \delta),$$

et représenté par $\Delta\alpha$ et $\Delta\delta$ les erreurs des valeurs adoptées.

Ordinairement, au lieu des différences en ascension droite et

---

(*) Quand les étoiles sont très-voisines, il est préférable de ne pas calculer séparément la position moyenne de chacune d'elles, mais d'appliquer à la différence seule des lieux apparents, les corrections dues aux effets de la réfraction, de l'aberration, de la précession et de la nutation. Les formules qu'on emploie dans ce but seront données aux paragraphes VIII et IX du second volume.

(**) Au lieu de n'observer qu'une seule étoile de comparaison il sera bon d'en observer deux dans des directions rectangulaires par rapport à l'étoile, ainsi que Bessel l'a fait dans la recherche de la parallaxe de la 61e du Cygne (*Astronomische Untersuchungen*, vol. I, p. 125, et *Astronomische Nachrichten*, n° 401).

en déclinaison de deux étoiles, on observe leur distance et leur angle de position, angle formé par le cercle de déclinaison de l'une des étoiles avec le grand cercle sur lequel elles sont situées.

Soient :

α et δ l'ascension droite et la déclinaison vraies de l'une des étoiles,

α' et δ' ses coordonnées affectées de la parallaxe,

α'' et δ'' l'ascension droite et la déclinaison de l'étoile de comparaison.

Les variations apportées par la parallaxe dans les différences en ascension droite et en déclinaison seront données par les équations

$$d(\alpha'' - \alpha) = \alpha - \alpha' = \pi R(\cos\odot \sin\alpha - \sin\odot \cos\varepsilon \cos\alpha)\,\text{séc}\,\delta,$$

$$d(\delta'' - \delta) = \delta - \delta' = \pi R(\cos\varepsilon \sin\alpha \sin\delta - \sin\varepsilon \cos\delta)\sin\odot + \pi R \sin\delta \cos\alpha \cos\odot.$$

Soient Δ et P la distance et l'angle de position vrais, on a

$$\Delta \sin P = (\alpha'' - \alpha)\cos\delta,$$
$$\Delta \cos P = \delta'' - \delta;$$

d'où

$$d\Delta = \sin P \cos\delta\, d(\alpha'' - \alpha) + \cos P\, d(\delta'' - \delta),$$
$$\Delta dP = \cos P \cos\delta\, d(\alpha'' - \alpha) - \sin P\, d(\delta'' - \delta).$$

Portons, dans ces équations, les valeurs qui précèdent, et posons :

$$m\cos M = \sin\alpha \sin P + \sin\delta \cos\alpha \cos P,$$
$$m\sin M = (-\cos\alpha \sin P + \sin\delta \sin\alpha \cos P)\cos\varepsilon - \cos\delta \cos P \sin\varepsilon;$$

$$m'\cos M' = \frac{1}{\Delta}(\sin\alpha \cos P - \sin\delta \cos\alpha \sin P),$$

$$m'\sin M' = \frac{1}{\Delta}[-(\cos\alpha \cos P + \sin\delta \sin\alpha \sin P)\cos\varepsilon + \cos\delta \sin P \sin\varepsilon].$$

Nous trouverons facilement

$$d\Delta = \pi R m \cos(\odot - M),$$
$$dP = \pi R m' \cos(\odot - M').$$

Par conséquent, si $d\Delta_0$ représente la correction de la distance admise pour l'époque t_0, dq la correction de la valeur adoptée pour le mouvement propre dans la direction de Δ, les distances et les angles de position mesurés donneront les équations

$$0 = v + d\Delta_0 + (t - t_0)\,dq + \pi R m \cos(\odot - M),$$
$$0 = v' + dP_0 + (t - t_0)\,dq' + \pi R m' \cos(\odot - M'),$$

qu'on résoudra par la méthode des moindres carrés. C'est ainsi que Bessel a déterminé la première parallaxe connue, celle de la 61e du Cygne, et l'a trouvée égale à 0″, 37.

Remarque. — Outre les ouvrages déjà indiqués, consulter :

STRUVE, *Astronomische Nachrichten*, n° 486.

HUBBARD, COFFIN et KEITH, *Tables de nutation* (*Washington's Observations*, vol. III).

99. *Détermination de la précession lunisolaire à l'aide des positions moyennes des étoiles à deux époques éloignées.* — Nous avons vu, au n° 58, que les variations annuelles de l'ascension droite α et de la déclinaison δ d'une étoile, dues à la précession, ont pour expressions

$$\frac{d\alpha}{dt} = \frac{dl_1}{dt}\cos\varepsilon_0 - \frac{da}{dt} + \frac{dl_1}{dt}\sin\varepsilon_0 \operatorname{tang}\delta \sin\alpha = m + n \operatorname{tang}\delta \sin\alpha,$$
$$\frac{d\delta}{dt} = \frac{dl_1}{dt}\sin\varepsilon_0 \cos\alpha = n\cos\alpha,$$

et qu'en outre on obtient les variations de ces mêmes coordonnées relatives à l'intervalle $t' - t$, en multipliant par $t' - t$ les valeurs de $\frac{d\alpha}{dt}$ et $\frac{d\delta}{dt}$ correspondantes à l'époque $\frac{t' + t}{2}$. Mais la valeur numérique de $\frac{da}{dt}$ étant donnée par la théorie des inégalités séculaires des planètes, la comparaison avec les formules précédentes des différences des ascensions droites ou des déclinaisons d'une étoile observée aux époques t et t' permettra de déterminer la valeur de la précession lunisolaire $\frac{dl_1}{dt}$, ou constante de la précession. Si les étoiles conservaient dans l'espace des positions invariables, elles donneraient toutes pour $\frac{dl_1}{dt}$ la même valeur, valeur qui serait d'autant plus exacte que les observations seraient plus distantes l'une de l'autre; il est bien évident, en effet, que l'influence des erreurs accidentelles d'observation deviendrait alors de moins en moins considérable. Or, il arrive que l'on trouve ainsi pour $\frac{dl_1}{dt}$ des valeurs différentes, et cela non-seulement avec des étoiles différentes, mais aussi avec les ascensions droites et les déclinaisons d'une même étoile; ces différences doivent être attribuées aux mouvements propres des étoiles; ils sont, comme la précession, proportionnels au temps, et par suite on ne peut, dans le calcul, les en séparer : la difficulté est encore accrue par ce fait, que les mouvements propres, en partie du moins, suivent une certaine loi dépendante de la position de l'étoile. On ne peut donc éliminer ces mouvements propres que par la comparaison d'un très-grand nombre d'étoiles distribuées dans toutes les parties du ciel, comparaison d'où l'on devra exclure toutes celles qui, par suite d'un mouvement propre très-considérable, donneraient une valeur de la précession fort différente de la moyenne. Par ce grand nombre d'observations on aura éliminé autant que possible l'influence des mouvements propres et complétement celle des erreurs accidentelles d'observation. Puisque les mouvements propres sont proportionnels au temps, l'incertitude que cause leur existence sur la valeur de la précession reste la même, quelque grand que soit l'intervalle de temps compris entre les époques des deux catalogues servant de base à la comparaison : on choisira donc des catalogues ayant le plus grand nombre possible d'étoiles communes, et dont les époques soient d'ailleurs assez distantes pour que l'incertitude due aux erreurs d'observation soit rendue suffisamment petite.

Désignons par:

m_0 et n_0 les valeurs de m et de n employées dans la comparaison des deux catalogues;

α, δ et α', δ' les positions moyennes qu'ils donnent respectivement pour une étoile aux temps t et t';

$\Delta\alpha$ et $\Delta\delta$ les différences constantes des deux catalogues en ascension droite et en déclinaison,

et posons

$$\nu(t'-t) = \alpha - \alpha' + (t'-t)(m_0 + n_0 \operatorname{tang}\delta_0 \sin\alpha_0),$$
$$\nu'(t'-t) = \delta - \delta' + (t'-t)\, n_0 \cos\alpha_0,$$

chaque étoile donne deux équations de la forme

$$0 = \nu + \frac{\Delta\alpha}{t'-t} + dm_0 + dn_0 \operatorname{tang}\delta_0 \sin\alpha_0.$$
$$0 = \nu' + \frac{\Delta\delta}{t'-t} + dn_0 \cos\alpha_0;$$

en considérant donc les mouvements propres qui sont contenus dans ν et ν' comme de même nature que les erreurs accidentelles d'observation, il sera possible, avec un grand nombre d'équations semblables, de trouver, par la méthode des moindres carrés, les valeurs les plus probables des inconnues. Cette hypothèse serait conforme à la vérité, si les mouvements propres des étoiles ne suivaient pas en partie, comme on l'a dit plus haut, une loi dépendant de la position de l'étoile; mais comme, en réalité, il est très-difficile, sinon impossible, d'introduire dans les équations précédentes un terme exprimant cette loi (sur laquelle nous reviendrons plus tard), il faut se contenter de l'hypothèse précédente, en ayant soin toutefois d'employer un très-grand nombre d'étoiles distribuées aussi également que possible dans toutes les parties du ciel. On déduira ainsi des ascensions droites une détermination de m et de n, des déclinaisons une détermination de n; mais l'erreur commise sur les ascensions droites absolues, constante pour chaque catalogue, se combinera avec dm_0, et, de plus, les valeurs adoptées pour les masses des planètes étant inexactes, $\frac{da}{dt}$ ne sera connu qu'approximativement, d'où résulte une nouvelle erreur sur la valeur de m.

La détermination de n ou $\frac{dl_1}{dt}\sin\varepsilon_0$, au moyen des ascensions droites, est indépendante d'une pareille erreur constante, et, d'un autre côté, les déclinaisons donnent tout aussi bien n que l'erreur constante de déclinaison. Mais comme on ne peut admettre que, dans les deux catalogues, cette erreur soit la même pour toutes les déclinaisons, il vaut mieux grouper les étoiles en zones d'un certain nombre de degrés, de 10° en déclinaison par exemple, et résoudre séparément les équations relatives à chacune d'elles, de manière à déterminer la différence moyenne $\Delta\delta$ pour chaque zone considérée. Telle est la méthode suivie par Bessel dans les *Fundamenta Astronomiæ*. Il a déterminé la valeur de la constante $\frac{dl_1}{dt}$ à l'aide de plus de 2000 étoiles observées soit par Bradley, soit par Piazzi, et réduites, les premières à l'année 1755, et les dernières à 1800. Il a trouvé ainsi pour 1750 la valeur 50",340499; plus tard, à l'aide des observations faites par lui à Kœnigsberg, il fut conduit à adopter la valeur un peu différente 50",37572 (*Astronomische Nachrichten*, n° 92).

100. *Mouvements propres des étoiles. Détermination du point vers lequel est dirigé le mouvement du Soleil.* — Si les positions des étoiles observées à des époques différentes et réduites à la même époque à l'aide de la constante de la précession que nous venons de trouver présentent entre elles des différences, celles-ci doivent être attribuées aux mouvements propres des étoiles. En général, en restant dans les limites des erreurs possibles d'observation, on peut supposer que les mouvements s'effectuent suivant un grand cercle et avec une vitesse constante. Halley, en 1713, découvrit le premier les mouvements propres de Sirius, Aldébaran et Arcturus (*). Depuis on s'est assuré qu'un grand nombre d'étoiles ont aussi un mouvement propre, et on doit supposer que

(*) Cette dernière étoile a un mouvement propre de 2 secondes en déclinaison; depuis Hipparque sa déclinaison avait donc varié de plus de 1°.

c'est le cas général, quoique pour beaucoup d'étoiles ces mouvements propres soient, en raison de leur extrême petitesse, compris dans les erreurs d'observation et ne soient pas encore déterminés.

Voici quelques-uns de ces mouvements propres les plus considérables :

	VARIATIONS ANNUELLES	
	en ascension droite.	en déclinaison.
61 Cygne............	5",1	3",2
α Centaure..........	7,0	0,8
1830 (Groombridge)...	5,2	5,7

W. Herschel découvrit le premier une loi dans la direction des mouvements propres des étoiles. La comparaison d'un grand nombre d'entre eux lui prouva qu'en général les étoiles s'éloignent d'un point du ciel voisin de l'étoile λ Hercule. Pour expliquer ce fait, il supposa que les mouvements propres des étoiles ne sont, en partie du moins, qu'une apparence produite par un mouvement du système solaire tout entier vers ce point du ciel, hypothèse qui fut confirmée par les recherches postérieures. Le mouvement propre d'une étoile résulte donc et de son mouvement propre particulier en vertu duquel elle se meut dans l'espace suivant une loi qui nous est inconnue, et d'un mouvement apparent ou parallactique résultant du déplacement du système solaire. Le premier de ces deux mouvements, ne s'effectuant suivant aucune loi déterminée, déplacera les étoiles situées dans différentes portions du ciel suivant les directions les plus diverses ; le second, au contraire, le mouvement apparent, sera complétement déterminé si l'on connaît l'ascension droite A et la déclinaison D du point vers lequel notre système solaire est entraîné; il sera dès lors facile, en effet, de calculer la direction dans laquelle chaque étoile paraît emportée par suite du déplacement du Soleil. La comparaison de la direction ainsi calculée avec la direction réellement observée nous donnera pour chaque étoile une équation de condition entre la différence de ces deux directions et les variations de l'ascension droite A et de la déclinaison D; la partie de cette différence qui tient au mouvement particulier de l'étoile, ne suivant point une loi déterminée, peut être traitée comme une erreur accidentelle d'observation, et par suite, au moyen d'un grand nombre de ces équations de condition, on déterminera par la méthode des moindres carrés les valeurs les plus probables des corrections dA et dD.

Pour nous, ce mouvement parallactique se fait évidemment suivant le grand cercle mené par l'étoile et le point vers lequel le système solaire est emporté; car, en supposant rectiligne le mouvement du Soleil, l'étoile est toujours vue dans le plan que déterminent sa position et deux positions quelconques du Soleil.

Soient :

a le rapport qui existe entre le déplacement, supposé rectiligne, du Soleil pendant le temps $t'-t$ et la distance de l'étoile au Soleil;

α et δ, α' et δ' les ascensions droites et les déclinaisons de l'étoile aux temps t et t',

ρ le rapport des distances de l'étoile au Soleil à ces deux époques;

on a les équations

$$\rho\cos\delta'\cos\alpha' = \cos\delta\cos\alpha - a\cos D\cos A,$$
$$\rho\cos\delta'\sin\alpha' = \cos\delta\sin\alpha - a\cos D\sin A,$$
$$\rho\sin\delta' = \sin\delta - a\sin D;$$

multiplions la première de ces équations par $\cos\alpha'$, la seconde par $\sin\alpha'$, et ajoutons les résultats; de même, du produit de la première par $\sin\alpha$, retranchons le produit de la seconde par $\cos\alpha$, et négligeons dans les deux cas les infiniment petits du second ordre, nous obtenons

$$\cos\delta' - \cos\delta = a\cos D\sin(\alpha - A),$$
$$(\alpha'-\alpha)\cos\delta' = a\cos D\sin(\alpha - A);$$

en combinant d'une façon analogue la troisième des équations primitives avec la dernière de celles que nous venons de trouver, nous mettons en évidence la différence $\delta'-\delta$, et le système définitif que nous conserverons sera

$$(A)\quad \begin{cases} \cos\delta'(\alpha'-\alpha) = a\cos D\sin(\alpha - A), \\ \delta' - \delta = a[\cos\delta\sin D - \sin\delta\cos D\cos(\alpha - A)]. \end{cases}$$

Ces formules nous permettent de calculer a, ou, si a est connu, les différences $\alpha' - \alpha$ et $\delta' - \delta$. D'autre part, dans le triangle formé par le pôle de l'équateur, l'étoile et le point dont les coordonnées sont A et D, on a, en désignant par Δ la distance de ce point à l'étoile et par P l'angle à l'étoile,

$$(B)\quad \begin{cases} \sin\Delta\sin P = \cos D\sin(\alpha - A), \\ \sin\Delta\cos P = \sin D\cos\delta - \cos D\sin\delta\cos(\alpha - A). \end{cases}$$

De plus, p représentant l'angle de la direction du mouvement de l'étoile avec son cercle de déclinaison, on a

$$\tang p = \frac{\alpha' - \alpha}{\delta' - \delta}\cos\delta';$$

on voit donc que

$$p = 180^\circ - P,$$

c'est-à-dire que l'étoile se meut sur le grand cercle qui joint sa position actuelle au point dont l'ascension droite et la déclinaison sont A et D, en s'éloignant de ce dernier.

D'autre part, de la troisième des formules (11) du n° 9 appliquée au cas qui nous occupe, on déduit

$$dP = -\frac{\cos\delta\sin(\alpha - A)}{\sin^2\Delta}dD + \frac{\cos D}{\sin^2\Delta}[\sin\delta\cos D - \cos\delta\sin D\cos(\alpha - A)]dA,$$

ou bien

$$dp = +\frac{\cos\delta\sin(\alpha - A)}{\sin^2\Delta}dD - \frac{\cos D}{\sin^2\Delta}[\sin\delta\cos D - \cos\delta\sin D\cos(\alpha - A)]dA;$$

par conséquent, si p' est la valeur que donne l'observation (*) pour l'angle de la direction du mouvement propre et du cercle de déclinaison, si p est la valeur obtenue par le calcul à l'aide des valeurs approchées A et D, chaque étoile donnera une équation de la forme

$$o = p - p' + \frac{\cos\delta \sin(\alpha - A)}{\sin^2\Delta} dD$$
$$- \frac{\cos D}{\sin^2\Delta}[\sin\delta \cos D - \cos\delta \sin D \cos(\alpha - A)] dA,$$

ou bien

$$o = (p - p')\sin\Delta + \frac{\cos\delta \sin(\alpha - A)}{\sin\Delta} dD$$
$$- \frac{\cos D}{\sin\Delta}[\sin\delta \cos D - \cos\delta \sin D \cos(\alpha - A)] dA;$$

et, en traitant par la méthode des moindres carrés les équations fournies par un grand nombre d'étoiles, on trouvera les valeurs les plus probables de dA et dD.

Telle est la méthode suivie par Argelander pour déterminer la direction du mouvement du système solaire (*Astronomische Nachrichten*, n° 363). Bessel avait, dans ses *Fundamenta Astronomiæ*, trouvé les mouvements propres d'un grand nombre d'étoiles par la comparaison des observations de Bradley et de Piazzi. Argelander choisit dans toutes ces étoiles celles qui, dans l'intervalle de 45 ans, de 1755 à 1800, avaient un mouvement propre plus grand que 5″, et détermina leurs mouvements propres d'une manière plus précise en comparant les anciennes observations de Bradley avec celles qu'il fit lui-même à l'observatoire d'Abo (**).

(*) Les quantités données par l'observation directe sont les différences $\alpha' - \alpha$ et $\delta' - \delta$; l'angle p' s'en déduit par la formule

$$\tan p' = \frac{\alpha' - \alpha}{\delta' - \delta}\cos\delta'.$$

(**) *Argelander*, DLX *stellarum fixarum positiones mediæ ineunte anno* 1830. Helsingforsiæ, 1835.

Pour calculer la direction du mouvement du système solaire, il employa 390 étoiles dont le mouvement propre annuel surpassait 0",1. Il les partagea en trois groupes, d'après la grandeur de leurs mouvements propres, et déduisit isolément de chacun de ces groupes les corrections *d*A et *d*D des valeurs adoptées pour A et D. Les trois nombres obtenus sont sensiblement concordants, et leur moyenne prise en tenant compte de la précision de chacune de ces déterminations, donne les valeurs suivantes pour les coordonnées A et D, rapportées à l'équateur et à l'équinoxe de 1800,

$$A = 259^\circ 51',8, \quad D = +32^\circ 29',1,$$

valeurs qui s'accordent très-sensiblement avec celles adoptées par Herschel. Lundahl se servit, pour déterminer ce même point, de 147 étoiles différentes des précédentes, et, en comparant les positions de Bradley à celles données par le Catalogue des 1112 étoiles de Pond pour 1830, il trouva (*Astronomische Nachrichten*, n° 398)

$$A = 252^\circ 24',4, \quad D = +14^\circ 26',1.$$

Une discussion de ces deux déterminations a été faite par Argelander, et, en ayant égard à leurs erreurs probables, il en a déduit

$$A = 257^\circ 59',7, \quad D = +28^\circ 49',7.$$

Des recherches semblables ont été faites par Otto Struve et plus récemment par Galloway. Struve compara 400 étoiles observées à Dorpat aux positions données par le Catalogue de Bradley, et trouva

$$A = 261^\circ 21',8, \quad D = +37^\circ 36',0.$$

Galloway se servit, dans ses recherches, des étoiles australes, et par la comparaison des observations faites par Johnson à Sainte-Hélène, et par Henderson au cap de Bonne-Espérance, avec celles de Lacaille, il obtint

$$A = 260^\circ 1', \quad D = +34^\circ 23'.$$

Le travail le plus considérable sur cette question est celui de

Mædler, qui obtint, avec un très-grand nombre d'étoiles (*),

$$A = 261^\circ 38',8, \quad D = +39^\circ 53',9.$$

Toutes ces valeurs s'accordent sensiblement entre elles, et par conséquent le point vers lequel est emporté le système solaire est ainsi déterminé avec autant d'exactitude que le permet la difficulté de cet important problème.

101. *Valeur absolue du mouvement propre du Soleil. — Constante de la précession.* — La formule

$$\tang P = \frac{\cos D \sin(\alpha - A)}{\sin D \cos\delta - \cos D \sin\delta \cos(\alpha - A)},$$

où l'on emploie la moyenne des valeurs trouvées pour A et D, permet de déduire des observations de chaque étoile une direction suffisamment approchée de ce mouvement parallactique. Si l'on connaissait en outre pour chaque étoile la valeur du mouvement annuel suivant cette direction, on pourrait, pour chacune d'elles, calculer les variations annuelles en ascension droite et en déclinaison qui résultent de ce mouvement parallactique, et les ajouter aux équations de condition données dans le n° 99 pour déterminer la constante de la précession. Ce mouvement parallactique dépend nécessairement de la distance de l'étoile au Soleil, et si cette dernière était connue, il serait facile d'obtenir la grandeur absolue de ce mouvement, pour une distance déterminée. En effet, en posant

$$g \cos G = \cos\delta_0,$$
$$g \sin G = \sin\delta_0 \cos(\alpha_0 - A),$$

les équations des deux numéros précédents donnent

$$o = \nu + dm_0 + dn_0 \tang\delta_0 \sin\alpha_0 + \frac{K}{\Delta}\frac{\cos D}{\cos\delta_0}\sin(\alpha_0 - A),$$

$$o = \nu' + dn_0 \cos\alpha_0 + \frac{K}{\Delta} g \sin(G - D).$$

(*) *Die Eigenbewegungen der Fixsternen in ihrer Beziehung zum Gesammtsystem*, J.-H. MÆDLER; Dorpat, 1856.

Si Δ était connu, ces équations permettraient de calculer la grandeur K, c'est-à-dire le mouvement du Soleil exprimé en secondes pour une distance égale à l'unité adoptée, et les grandeurs dm_0 et dn_0 indépendantes du mouvement parallactique des étoiles; comme on ne connaît pas les distances des étoiles, ce procédé est inapplicable. O. Struve tourna la difficulté en adoptant pour Δ les valeurs hypothétiques données par W. Struve dans ses *Études d'Astronomie stellaire.* Cet astronome y groupe les étoiles d'après leur éclat; et du nombre des étoiles contenues dans chaque classe, ainsi que de leur plus ou moins grande condensation, il déduit les rapports des moyennes distances au Soleil des étoiles de différentes classes (*). O. Struve compara les observations de 400 étoiles faites par W. Struve et Preuss à Dorpat avec les observations faites par Bradley. En négligeant d'abord le mouvement général du système solaire, les ascensions droites et les déclinaisons lui donnèrent, pour les corrections de la constante de la précession, deux valeurs, l'une positive et l'autre négative, et, par suite, contradictoires. Mais en tenant compte du mouvement propre du Soleil, il trouva les corrections $+ 1'',16$ à l'aide des ascensions droites, et $+ 0'',66$ à l'aide des déclinaisons. En ayant égard ensuite à leurs erreurs probables, il obtint, pour la valeur de la constante de la précession en 1790, le nombre $50'',23449$, valeur plus grande de $0'',01343$ que celle donnée par Bessel. Il en déduisit, pour le mouvement angulaire annuel du Soleil, vu à angle droit et de la distance des étoiles de première grandeur, $+ 0'',321$ avec les ascensions droites, et $+ 0'',357$ avec les déclinaisons. Mais on ne doit pas oublier que, malgré sa précision apparente, cette détermination de la constante de la précession et du mouvement du Soleil repose sur le rapport hypothétique des

(*) Struve prend pour unité la distance d'une étoile de première grandeur et adopte les nombres suivants :

Pour la distance d'une étoile de	2e grandeur......	1,71
	3e »	2,57
	4e »	3,76
	5e »	5,44
	6e »	7,86
	7e »	11,34

distances moyennes des étoiles de différentes grandeurs. De plus, il n'y a pas lieu d'approuver entièrement le choix des étoiles qui servent de base à ce calcul : elles sont trop peu nombreuses, et sont, pour la plupart, des étoiles doubles.

Si l'on veut tenir compte du mouvement du système solaire dans la détermination de la constante de la précession, il est peut-être préférable de ne pas introduire les rapports hypothétiques des distances moyennes des étoiles de différentes grandeurs, mais de grouper les étoiles en classes d'après leurs grandeurs ou la grandeur de leurs mouvements propres, et de déterminer, pour chaque classe, une valeur du rapport $\frac{K}{\Delta}$ et de la correction de la constante de la précession. Les valeurs de $\frac{K}{\Delta}$ trouvées ainsi peuvent être considérées comme des valeurs moyennes pour ces différentes classes, et les valeurs de m et de n seront indépendantes d'une portion au moins du mouvement parallactique, d'autant plus considérable que les rapports des distances des étoiles d'une même classe seront plus voisins de l'unité (*).

Cette méthode permet d'avoir égard aux variations de A et D. En effet, si l'on pose $\frac{K}{\Delta} = a$, on peut donner aux équations qui précèdent la forme

$$\begin{aligned} 0 &= \nu + dm_0 + dn_0 \tan \delta_0 \sin \alpha_0 - \frac{\cos D}{\cos \delta_0} \cos(\alpha_0 - A)\, dA \\ &\quad + (\cos D - \sin D\, dD)\, \frac{\sin(\alpha_0 - A)}{\cos \delta_0}\, a, \\ 0 &= \nu' + dn_0 \cos \alpha_0 - g \cos(G - D)\, a\, dD \\ &\quad + \cos D \sin \delta_0 \sin(\alpha_0 - A)\, a\, dA + a g \sin(G - D); \end{aligned}$$

ces équations peuvent servir à déterminer pour chaque classe les valeurs les plus probables de a, $a\,dA$, $a\,dD$, dm_0 et dn_0. Dans le

(*) L'auteur de cet Ouvrage a entrepris cette recherche depuis un certain nombre d'années, et n'a pu jusqu'à présent la terminer. Les mouvements propres y sont déduits de la comparaison des observations de Bradley avec celles faites par Henderson à Edimbourg. Les valeurs des

cas où l'on adopte les rapports des distances données par Struve, la valeur de l'inconnue a, déduite de ces équations, dans lesquelles on a multiplié son coefficient par $\frac{1}{\Delta}$, doit être la même pour toutes les classes. (*Voir*, sur le même sujet, un travail d'Airy dans le volume XXVIII des *Memoirs of the Royal Astronomical Society*.)

102. *Réduction de la position de la Polaire à une époque quelconque.* — Nous pourrons désormais supposer, et cela sans erreur sensible, qu'à quelques exceptions près, les mouvements propres des étoiles s'effectuent sur un grand cercle, et proportionnellement au temps. Les variations annuelles qui en résultent dans l'ascension droite et la déclinaison d'une étoile seraient constantes si les plans auxquels ces coordonnées sont rapportées conservaient la même situation par rapport à la direction du mouvement propre de l'étoile. Mais il n'en est pas ainsi, ces plans se déplacent; les variations annuelles rapportées à ces mêmes plans sont donc variables, et il est nécessaire d'en tenir compte, au moins pour les étoiles très-voisines du pôle.

Les formules qui servent à transformer les coordonnées polaires rapportées à l'équinoxe du temps t', en coordonnées rapportées à l'équinoxe du temps t, sont, d'après le n° 59,

$$\cos\delta' \sin(\alpha' + a' - z') = \cos\delta \sin(\alpha + a + z),$$
$$\cos\delta' \cos(\alpha' + a' - z') = \cos\delta \cos(\alpha + a + z)\cos\Theta - \sin\delta \sin\Theta,$$
$$\sin\delta' = \cos\delta \cos(\alpha + a + z)\sin\Theta + \sin\delta \cos\Theta,$$

où a et a' désignent la précession planétaire pour les temps t et t',

---

mouvements parallactiques annuels des étoiles de différentes grandeurs sont les suivantes :

Pour 32 étoiles	de grandeur	3.4	....	$0'',068\,985 \pm 0,010\,964$
» 75	»	4	....	$0'',069\,715 \pm 0,006\,584$
» 71	»	4.5	....	$0'',046\,811 \pm 0,006\,925$
» 284	»	5	....	$0'',029\,043 \pm 0,002\,446$

On a exclu de cette recherche les étoiles dont le mouvement propre excède $0'',3$.

et z, z' et Θ des quantités auxiliaires obtenues à l'aide des formules (A) du n° 59. En raison de la petitesse des mouvements propres on peut négliger leurs carrés et leurs produits, et en se rappelant que les formules précédentes sont déduites d'un triangle sphérique ayant pour côtés $90° - \delta'$, $90° - \delta$ et Θ, et pour angles $\alpha + a + z$, $180° - \alpha' - a' + z'$ et c, on obtient, d'après la première et la troisième des formules (11) du n° 9,

$$\Delta\delta' = \Delta\delta \cos c - \Delta\alpha \sin\Theta \sin(\alpha' + a' - z'),$$
$$\cos\delta' \, \Delta\alpha' = \Delta\delta \sin c + \Delta\alpha \cos\delta \cos c;$$

en remplaçant $\sin c$ et $\cos c$ par leurs valeurs en fonction des autres éléments du triangle, on aura

$$(a)\quad \begin{cases} \Delta\alpha' = \Delta\alpha[\cos\Theta + \sin\Theta \operatorname{tang}\delta' \cos(\alpha' + a' - z')] \\ \qquad + \dfrac{\Delta\delta}{\cos\delta} \sin\Theta \dfrac{\sin(\alpha' + a' - z')}{\cos\delta'}, \\ \Delta\delta' = -\Delta\alpha \sin\Theta \sin(\alpha' + a' - z') \\ \qquad + \dfrac{\Delta\delta}{\cos\delta} \cos\delta' [\cos\Theta + \sin\Theta \operatorname{tang}\delta' \cos(\alpha' + a' - z')]; \end{cases}$$

et de même

$$(b)\quad \begin{cases} \Delta\alpha = \Delta\alpha' [\cos\Theta - \sin\Theta \operatorname{tang}\delta \cos(\alpha + a + z)] \\ \qquad - \dfrac{\Delta\delta'}{\cos\delta'} \sin\Theta \dfrac{\sin(\alpha + a + z)}{\cos\delta}, \\ \Delta\delta = \Delta\alpha' \sin\Theta \sin(\alpha + a + z) \\ \qquad + \dfrac{\Delta\delta'}{\cos\delta'} \cos\delta [\cos\Theta - \sin\Theta \operatorname{tang}\delta \cos(\alpha + a + z)]. \end{cases}$$

Exemple. — L'ascension droite et la déclinaison moyennes de la Polaire au commencement de 1755 étaient

$$\alpha = 10°55'44'',955, \quad \delta = +87°59'41'',12;$$

en y ajoutant la précession, on trouve, pour la position de la Polaire au commencement de 1850,

$$\alpha' = 16°12'56'',917, \quad \delta' = +88°30'34'',680.$$

D'après les *Tabulæ Regiomontanæ* de Bessel, les coordonnées de la Polaire, à la même époque, étaient

$$\alpha' = 16^\circ 15' 19'',530, \quad \delta' = +88^\circ 30' 34'',898.$$

La différence entre ces deux valeurs provient du mouvement propre de la Polaire; on en conclut que, dans l'intervalle de 1755 à 1850, il a pour valeur

$$+2' 22'',613 \text{ en ascension droite,}$$
$$+ \quad 0\ ,218 \text{ en déclinaison.}$$

Rapportées à l'équateur de 1850, les variations annuelles de l'ascension droite et de la déclinaison de la Polaire dues à son mouvement propre sont donc

$$\Delta\alpha' = +1'',501189, \quad \Delta\delta' = +0'',002295.$$

Si maintenant on veut obtenir le mouvement propre de la Polaire rapporté, par exemple, à l'équateur de 1755, on emploiera les formules (b), et l'on trouvera

$$\Theta = 0^\circ 31' 45'',600, \quad \alpha + a + z = 11^\circ 32' 9'',530,$$

d'où

$$\Delta\alpha = +1'',10836, \quad \Delta\delta = +0'',005063.$$

Variabilité de certains mouvements propres. — Compagnon de Sirius. — Pour les étoiles voisines du pôle, les variations du mouvement propre annuel en ascension droite et en déclinaison s'expliquent par les déplacements des plans fondamentaux. Mais il est d'autres étoiles, comme Sirius, Procyon, dont les distances polaires sont considérables, et cependant dont les observations faites à des époques éloignées présentent, après correction du mouvement parallactique, des différences considérables qui ne peuvent être attribuées aux erreurs d'observation. Cette erreur résiduelle, ce *résidu*, Bessel l'a remarqué le premier sur Sirius et sur Procyon, et l'a attribué dans chaque cas à l'attraction d'un corps invisible et de masse considérable placé dans le voisinage de l'étoile. Basant ses recherches sur cette hypothèse, Peters à Altona a déterminé au moyen des écarts en ascension droite de Sirius l'orbite de cette étoile autour de son compagnon, et a exprimé par la formule suivante la correction qu'il faut apporter à l'ascension droite de Sirius :

$$q = 0^s,127 + 0^s,00050(t - 1800) + 0^s,171 \sin(u + 77^\circ 44');$$

l'angle u est donné par l'équation

$$M = 7^\circ,1865(t - 1791,431) = u - 0,7994 \sin u,$$

$7^\circ,1865$ étant le moyen mouvement de Sirius autour du centre de gravité du système.

D'après les recherches de Safford à Cambridge, les déclinaisons de Sirius ont aussi une variation périodique, et l'on doit, pour en tenir compte, appliquer aux déclinaisons observées la correction

$$q' = +0'',56 + 0'',0202(t - 1800) + 1'',47 \sin u + 0''51 \cos u,$$

dans laquelle u a la même signification que dans l'équation précédente (*).

(*) A. Clarke découvrit en 1862, à Chicago, ce compagnon obscur de Sirius, à une distance de cette étoile de 8″ environ.

Consulter sur le mouvement propre de Sirius : *Notices astronomiques de Brunnow*, n° 28.

CHAPITRE V.

DÉTERMINATION DE LA POSITION DES GRANDS CERCLES FIXES DE LA SPHÈRE PAR RAPPORT A L'HORIZON D'UN LIEU.

Nous avons déjà montré (nos 91 et 92) comment, au moyen d'un instrument méridien parfaitement stable, on peut déterminer, par rapport à l'horizon, les positions des grands cercles fixes de la sphère céleste. En effet, si la ligne de collimation de l'instrument décrit un grand cercle vertical, il sera facile, au moyen de l'observation des deux culminations d'une circompolaire, d'amener cette ligne de collimation à décrire le méridien, et de déterminer ainsi le plan vertical qui contient le pôle de l'équateur. On reconnaît que ce résultat est obtenu, lorsque l'intervalle de temps compris entre les deux observations est de $12^{h.sid.} + \Delta\alpha$, $\Delta\alpha$ étant la variation de l'ascension droite apparente pendant cet intervalle de 12^h.

L'instrument étant ainsi dans le méridien, l'observation des distances zénithales d'une étoile à ses deux culminations donnera la latitude, car son complément est égal à la moyenne arithmétique des deux distances zénithales corrigée de la réfraction et augmentée de la demi-variation $\frac{\Delta\delta}{2}$ de la déclinaison apparente dans l'intervalle des observations. De plus, la détermination de l'heure du passage au méridien d'une étoile dont l'ascension droite est connue, donne l'angle horaire à cet instant de l'équinoxe du printemps, ou le temps sidéral; et si, au même instant, on fait dans un autre lieu une détermination semblable, la différence des deux temps observés sera égale à la différence des angles horaires de l'équinoxe du printemps aux deux lieux, ou à la différence de leurs longitudes géographiques. Il s'agit maintenant de connaître les méthodes qui permettent de s'assurer de la simultanéité des deux observations, ou au moins de déterminer la différence des époques d'observation aux deux lieux.

Les méthodes les plus simples et les plus exactes reposent sur l'emploi d'un instrument des hauteurs établi d'une façon stable dans le méridien; mais on peut encore déterminer la position du zénith par rapport au pôle et celle de l'équinoxe du printemps, en observant hors du méridien les coordonnées rapportées à l'horizon d'étoiles connues; cette marche donne lieu à un grand nombre de procédés qui permettent aux voyageurs et aux marins de faire ces déterminations avec plus ou moins d'avantages, suivant les circonstances, et qu'on peut d'ailleurs suivre toutes les fois que l'on manque des moyens nécessaires à l'emploi des méthodes indiquées précédemment.

Pour exprimer les relations qui existent entre la hauteur et l'azimut d'une étoile, son ascension droite et sa déclinaison, le temps sidéral et la latitude du lieu d'observation, nous avons trouvé les formules suivantes :

$$\sin h = \sin\varphi \sin\delta + \cos\varphi \cos\delta \cos(\Theta - \alpha),$$

$$\cot A = -\frac{\cos\varphi \tang\delta}{\sin(\Theta - \alpha)} + \sin\varphi \cot(\Theta - \alpha).$$

Ces équations montrent que, par l'observation de la hauteur ou de l'azimut d'une étoile connue, on peut déterminer le temps si la latitude est connue, ou la latitude si le temps est connu. Par conséquent, on aura la latitude et le temps sidéral en combinant deux observations de hauteur ou d'azimut de la même étoile, ou bien les observations de deux étoiles connues.

On devra, dans toutes ces déterminations, corriger les observations de la réfraction et de la parallaxe diurne (si l'astre observé n'est pas une étoile fixe), et, dans le calcul, employer les positions apparentes. L'instrument dont on se sert pour ces observations est un altazimut installé de telle sorte que la ligne de collimation de la lunette décrive un cercle vertical pendant le mouvement de rotation. (*Voir* n° 12 du second volume.) On peut aussi, dans le cas où l'on n'observe que les hauteurs, se servir d'un instrument de réflexion avec lequel on mesure l'angle compris entre l'étoile et son image donnée par un horizon artificiel, c'est-à-dire le double de sa hauteur. Dans le cas où l'on emploie un altazimut, on peut, comme avec un instrument méridien, déterminer le point zénithal du cercle au moyen d'un horizon artificiel, ou bien encore observer l'étoile dans une première position de l'instrument, et recommencer l'observation après avoir fait tourner celui-ci de 180° autour d'un axe vertical. Soient ζ et ζ' les lectures faites aux deux époques Θ et Θ', $\frac{dz}{d\Theta}$ et $\frac{d^2z}{d\Theta^2}$ les dérivées de la distance zénithale (n° 53) correspondantes à l'époque $\Theta_0 = \frac{\Theta + \Theta'}{2}$, Z la lecture correspondante au zénith ; nous aurons, pour les lectures réduites à la moyenne des temps, en supposant que dans la première position du cercle les lectures croissent dans le même sens que les distances zénithales,

$$z_0 + Z = \zeta + \frac{dz}{d\Theta_0}(\Theta_0 - \Theta) - \tfrac{1}{2}\frac{d^2z}{d\Theta^2}(\Theta - \Theta_0)^2,$$

$$Z - z_0 = \zeta' + \frac{dz}{d\Theta_0}(\Theta' - \Theta_0) + \tfrac{1}{2}\frac{d^2z}{d\Theta_0^2}(\Theta' - \Theta_0)^2.$$

La distance zénithale correspondante à la moyenne des temps a donc pour valeur

$$z_0 = \tfrac{1}{2}(\zeta - \zeta') - \tfrac{1}{8}\frac{d^2z}{d\Theta_0^2}(\Theta' - \Theta)^2.$$

Si l'étoile a été observée directement et par réflexion, le premier membre de la seconde équation doit s'écrire $180^\circ - z_0 + Z$, en conservant la même convention pour le sens dans lequel croissent les lectures, et cette seconde équation devient

$$90^\circ - z_0 = \tfrac{1}{2}(\zeta' - \zeta) + \tfrac{1}{8}\frac{d^2z}{d\Theta_0^2}(\Theta' - \Theta)^2 \ (*).$$

(*) Nous supposons ici que c'est le même point du cercle qui correspond au zénith dans les deux positions de l'instrument. Pour s'en assurer, on adapte au cercle un niveau dont la bulle se déplace quand une ligne fixe du cercle change d'inclinaison par rapport à la verticale. Ce niveau indique donc la variation du point zénithal et donne en même temps le moyen de la mesurer. (*Voir* n° 13 du second volume.)

Pour observer avec cet instrument l'azimut d'un astre, il faut encore déterminer le point du cercle horizontal qui correspond au méridien ou le zéro des azimuts; nous donnerons plus tard les méthodes qui permettent d'effectuer cette détermination, et supposerons actuellement que ce point est connu. Soient L_0 et L les lectures du cercle qui correspondent au méridien et à l'azimut A, on aura

$$A = \pm (L - L_0),$$

suivant que les lectures croissent ou décroissent dans le sens des azimuts.

I. — Détermination du méridien ou d'un azimut absolu.

103. *Méthode des plus grandes hauteurs.* — La méthode la plus simple pour trouver la direction du méridien est fondée sur l'observation de l'instant où un astre atteint sa plus grande hauteur au-dessus de l'horizon; avec un instrument des hauteurs on observe le Soleil, par exemple, et on admet que cet astre est dans le méridien aussitôt que sa hauteur cesse de varier. Cette méthode est employée en mer pour trouver approximativement l'instant du midi vrai; elle est nécessairement très-incertaine, car au méridien la hauteur de l'astre atteint son maximum, et, par suite, n'éprouve que de petites variations avant et après la culmination.

Méthode des digressions de la Polaire. — Une autre méthode repose sur l'observation des plus grandes digressions. Nous avons vu (nº 55) que l'angle horaire de plus grande digression d'une circompolaire était donné par l'équation

$$\cos t = \frac{\operatorname{tang} \varphi}{\operatorname{tang} \delta} \quad \text{ou} \quad \operatorname{tang}^2 \frac{t}{2} = \frac{\sin(\delta - \varphi)}{\sin(\delta + \varphi)},$$

et qu'à cette époque le mouvement de l'étoile était perpendiculaire à l'horizon; le mouvement en azimut est donc nul, puisque le cercle vertical est tangent au parallèle de l'étoile. Or si, avec un instrument azimutal dont la ligne de collimation décrit un cercle vertical, on veut suivre une semblable étoile, il faudra en général, pour conserver l'étoile sous la croisée des fils du réticule, déplacer la lunette sur son cercle vertical et faire tourner celui-ci par rapport au cercle azimutal, tandis qu'à l'époque de la plus grande digression il suffira d'un déplacement vertical de la lunette. Aussitôt que ce résultat est atteint, on lit sur le cercle azimutal la position de l'instrument, puis on recommence la même opération de l'autre côté du méridien, et si a et a' désignent les deux lectures, $\frac{a+a'}{2}$ donnera le point du cercle qui correspond au méridien. Il convient, pour appliquer cette méthode, de choisir l'étoile polaire à cause de son éclat, et aussi parce qu'en raison de la lenteur de son mouvement elle reste plus longtemps à sa plus grande digression.

Méthode des hauteurs correspondantes. — A des angles horaires égaux de part et d'autre du méridien correspondent aussi des hauteurs égales; il en résulte que si, à des époques différentes, on a observé une étoile à la même hauteur, on a, par là même, déterminé deux cercles verticaux également distants du méridien. Ainsi, après avoir fait coïncider l'image d'une étoile avec la croisée des fils du réticule d'un instrument azimutal et lu la position correspondante du cercle azimutal, on attendra qu'après sa culmination l'étoile vienne encore coïncider avec la croisée des fils de la lunette dont la hauteur n'a pas varié; on fera de nouveau la lecture sur le cercle azimutal, et la moyenne arithmétique des deux lectures donnera le point du cercle qui correspond au méridien.

Si, dans ces observations, on emploie le Soleil dont la déclinaison varie dans l'intervalle des deux observations, il faudra faire subir une petite correction à la direction trouvée pour le méridien. En effet, différentions l'équation

$$\sin\delta = \sin\varphi \sin h - \cos\varphi \cos h \cos A$$

en n'y considérant comme variables que A et δ, nous aurons

$$dA = \frac{\cos\delta\, d\delta}{\cos\varphi \cos h \sin A} = \frac{d\delta}{\cos\varphi \sin t}.$$

Ainsi $\Delta\delta$ désignant la variation de la déclinaison pendant l'intervalle des deux observations, et les divisions croissant dans le même sens que les azimuts, il faudra de la moyenne arithmétique des lectures retrancher la quantité

$$\frac{\Delta\delta \cos\delta}{2\cos\varphi \cos h \sin A} = \frac{\Delta\delta}{2\cos\varphi \sin t}.$$

Méthode des culminations d'une circompolaire. — La quatrième méthode est identique avec celle qui a été donnée au n° **91** pour l'installation exacte d'un instrument méridien. On observe les époques où une circompolaire a le même azimut au-dessus et au-dessous du pôle; le plan dans lequel se meut l'instrument coïncidera avec le méridien si l'intervalle compris entre les deux observations est égal à $12^{\text{h.sid.}} + \Delta\alpha$, $\Delta\alpha$ étant la variation de l'ascension droite apparente pendant l'intervalle des observations. Si cette condition n'est pas réalisée, on trouvera la valeur de l'azimut de la manière suivante. L'azimut étant compté à partir du point nord, et non plus du point sud, la première observation donne

$$\cos h \sin A = \cos\delta \sin t,$$
$$\cos h \cos A = \sin\delta \cos\varphi - \cos\delta \sin\varphi \cos t,$$

et la seconde, faite au-dessous du pôle,

$$\cos h' \sin A = \cos\delta \sin t',$$
$$\cos h' \cos A = \sin\delta \cos\varphi - \cos\delta \sin\varphi \cos t';$$

ajoutons la première et la troisième de ces équations, retranchons la seconde de la quatrième, et divisons les résultats membre à membre, nous aurons

$$\operatorname{tang} A = \cot \tfrac{1}{2}(t' - t) \frac{\operatorname{tang} \frac{1}{2}(h + h') \operatorname{tang} \frac{1}{2}(h - h')}{\sin\varphi}.$$

Si $t' - t$ diffère peu de $12^{\text{h.sid}}$, $90° - \frac{1}{2}(t' - t)$, et par suite A, sera un petit angle, et comme $\frac{1}{2}(h + h')$ et $\frac{1}{2}(h - h')$ sont alors presque égaux respectivement à φ et $90° - \delta$, l'équation précédente peut s'écrire

$$A = \frac{90° - \frac{1}{2}(t' - t)}{\cos\varphi \operatorname{tang}\delta}.$$

104. *Détermination de la direction du méridien ou de l'azimut d'un astre quand on connaît le temps et la latitude du lieu.* — Ces méthodes ne supposent pas que le temps et la latitude du lieu soient connues, ou du moins n'en exigent qu'une connaissance approchée. Mais si l'on possède leurs valeurs exactes, chaque observation faite avec un cercle azimutal permet de trouver le point méridien du cercle; il suffit de comparer la lecture du cercle avec l'azimut déduit des équations

$$(a)\qquad \begin{cases} \cos h \sin A = +\cos\delta \sin t, \\ \cos h \cos A = -\sin\delta \cos\varphi + \sin\varphi \cos\delta \cos t. \end{cases}$$

Si l'on fait une série d'observations de ce genre, il n'est pas nécessaire de calculer ainsi l'azimut correspondant à chaque observation, mais on peut opérer plus brièvement. Soient Θ, Θ', Θ'',... les époques des n observations, Θ_0 leur moyenne arithmétique, A_0 l'azimut correspondant à l'époque Θ_0; on a

$$A = A_0 + \frac{dA}{dt}(\Theta - \Theta_0) + \frac{1}{2}\frac{d^2A}{dt^2}(\Theta - \Theta_0)^2,$$

$$A' = A_0 + \frac{dA}{dt}(\Theta' - \Theta_0) + \frac{1}{2}\frac{d^2A}{dt^2}(\Theta' - \Theta_0)^2,$$

$$\cdots\cdots\cdots\cdots\cdots\cdots\cdots\cdots\cdots\cdots;$$

et, puisque

$$\Theta - \Theta_0 + \Theta' - \Theta_0 + \ldots = 0,$$

on obtient, en ajoutant toutes ces équations,

$$A_0 = \frac{A + A' + A'' + \ldots}{n} - \frac{1}{2n}\frac{d^2A}{dt^2}\Sigma(\Theta - \Theta_0)^2,$$

$$= \frac{A + A' + A'' + \ldots}{n} - \frac{1}{n}\frac{d^2A}{dt^2}\Sigma 2\sin^2\tfrac{1}{2}(\Theta - \Theta_0).$$

On a remplacé les quantités $\frac{1}{2}(\Theta - \Theta_0)^2$ par les quantités $2\sin^2\frac{1}{2}(\Theta - \Theta_0)$, qui en diffèrent très-peu. On trouve dans tous les Recueils de Tables astronomiques, dans celui de Warnstorff par exemple, des Tables commodes qui donnent, avec l'argument t exprimé en temps, la valeur de $2\sin^2\frac{t}{2}$ exprimée en secondes d'arc. D'après le n° 53, on a encore

$$\frac{d^2A}{dt^2} = -\frac{\cos\varphi\sin A_0}{\cos^2 h_0}(\cos h_0 \sin\delta + 2\cos\varphi\cos A_0).$$

Par conséquent, si à la moyenne arithmétique de toutes les lectures on ajoute la quantité

$$\frac{\cos\varphi\sin A_0}{\cos^2 h_0}(\cos h_0 \sin\delta + 2\cos\varphi\cos A_0)\,\frac{\Sigma 2\sin^2\frac{1}{2}(\Theta - \Theta_0)}{n},$$

on obtient une valeur A_1 que l'on devra comparer à l'azimut donné par les formules (a), pour l'époque $t = \Theta_0 - \alpha$.

La différentiation des équations (a), ou la dernière des équations différentielles du n° 36, donne

$$dA = \frac{\cos\delta\cos p}{\cos h}\,dt - \tang h \sin A\, d\varphi + \frac{\sin p}{\cos h}\,d\delta,$$

relation d'où il résulte que les meilleures déterminations du méridien, faites d'après cette méthode, seront données par l'observation de la Polaire à l'époque de sa plus grande digression, car alors p est égal à $90°$, et sauf pour les fortes latitudes A est voisin de $180°$; de telle sorte qu'une erreur commise sur la valeur du temps n'aura aucune influence sur l'azimut obtenu, et qu'une erreur commise sur la latitude aura sur cette même quantité une influence très-faible; le point méridien du cercle sera donc obtenu ainsi avec une grande exactitude.

Ce point une fois déterminé, la différence des deux lectures qui sur le cercle correspondent à ce point et à un objet quelconque céleste ou terrestre donnera immédiatement l'azimut de cet objet (*).

(*) Pour les objets terrestres, et dans le cas où la lunette est fixée à l'extrémité d'un axe, il faut faire subir à cette différence une petite correction. (*Voir* le n° 12 du second volume.)

105. *Détermination de l'azimut d'un objet terrestre par l'observation de sa distance à un astre.* — On peut encore, mais avec moins d'exactitude il est vrai, et à la condition de connaître le temps et la latitude, déterminer l'azimut d'un objet terrestre de la façon suivante : au moyen d'un instrument de réflexion on mesure sa distance à un astre quelconque, et en même temps on observe sa hauteur au-dessus de l'horizon.

En effet, la connaissance de l'angle horaire de l'étoile à l'époque de l'observation de la distance permet, comme nous l'avons vu au nº 35, d'obtenir la hauteur h et l'azimut a de l'astre; et, de plus, le triangle formé par le zénith et les positions apparentes de l'astre et de l'objet, donne l'équation

$$(a) \qquad \cos\Delta = \sin h \sin H + \cos h \cos H \cos(a - A),$$

où H et A représentent la hauteur et l'azimut de l'objet, et Δ la distance observée (*). On trouve ensuite $a - A$ par la formule

$$(A) \qquad \cos(a - A) = \frac{\cos\Delta - \sin h \sin H}{\cos h \cos H},$$

qui donne l'azimut A, puisque a est connu.

L'équation (A) peut être mise sous une forme plus commode pour le calcul logarithmique. On a en effet

$$1 + \cos(a - A) = \frac{\cos(H + h) + \cos\Delta}{\cos h \cos H},$$

et

$$1 - \cos(a - A) = \frac{\cos(H - h) - \cos\Delta}{\cos h \cos H},$$

d'où

$$\operatorname{tang}^2 \tfrac{1}{2}(a - A) = \frac{\sin\frac{1}{2}(\Delta - H + h)\sin\frac{1}{2}(H - h + \Delta)}{\cos\frac{1}{2}(\Delta + H + h)\cos\frac{1}{2}(H + h - \Delta)},$$

(*) Dans cette formule h ne représente pas réellement la hauteur calculée, mais cette hauteur à laquelle on a ajouté la réfraction, et dont on a retranché la parallaxe si l'astre est le Soleil. De même H représente la hauteur observée affectée de la réfraction; de la sorte ces quantités h et H peuvent entrer dans les formules en même temps que la distance mesurée Δ.

ou

$$(B) \qquad \operatorname{tang}^2 \tfrac{1}{2}(a - A) = \frac{\sin(S - H)\sin(S - h)}{\cos S \cos(S - \Delta)},$$

en posant

$$2S = \Delta + H + h.$$

Si l'objet est à l'horizon, $H = 0$, et on a simplement

$$\operatorname{tang}^2 \tfrac{1}{2}(a - A) = \operatorname{tang} \tfrac{1}{2}(\Delta + h) \operatorname{tang} \tfrac{1}{2}(\Delta - h).$$

La différentiation de l'équation (a), faite en y considérant $a - A$ et Δ comme variables, donne

$$d(a - A) = \frac{\sin \Delta}{\cos h \cos H \sin(a - A)} d\Delta,$$

et, d'après le n° 36,

$$da = \frac{\cos \delta \cos p}{\cos h} dt.$$

Cette équation montre que, pour diminuer l'influence que peut avoir sur A une erreur commise dans l'observation du temps et dans la mesure de la distance, il faut prendre l'astre au voisinage de l'horizon, car s'il était près du zénith le dénominateur $\cos h$ serait très-petit.

Remarque. — Quand, à deux époques différentes, on a mesuré la distance d'un astre à un objet terrestre, il est facile de calculer l'angle horaire et la déclinaison de cet objet, et, par suite aussi, son azimut et sa hauteur.

Soient, en effet, T et D, t et δ l'angle horaire et la déclinaison de l'objet et de l'astre, et λ le temps écoulé entre les deux observations (dans le cas du Soleil λ doit être exprimé en temps vrai); les deux triangles formés par le pôle, l'objet et les deux positions de l'astre donneront les relations

$$\cos \Delta = \sin \delta \sin D + \cos \delta \cos D \cos(t - T),$$
$$\cos \Delta' = \sin \delta \sin D + \cos \delta \cos D \cos(t - T + \lambda).$$

Au moyen d'une méthode de calcul que nous donnerons au n° 116, on déduira D et $t - T$ de ces deux équations; ces valeurs obtenues, on calculera l'angle horaire t de l'astre pour l'époque de la première observation, ce qui fera connaître T, puis, avec T et D, on aura facilement A et H (*voir* n° 35).

II. — Détermination du temps ou de la latitude a l'aide d'une seule observation de hauteur.

106. *Détermination du temps par l'observation de la hauteur d'une étoile.* — L'observation de la hauteur d'une étoile connue, en un lieu dont la latitude est connue, donne immédiatement l'angle horaire au moyen de l'équation

$$\cos t = \frac{\sin h - \sin\varphi \sin\delta}{\cos\varphi \cos\delta}.$$

Le procédé dont nous nous sommes servis dans le numéro précédent peut encore être employé pour rendre cette équation calculable par logarithmes; en introduisant les distances zénithales au lieu des hauteurs, et posant

$$2S = z + \varphi + \delta,$$

on obtiendra

$$\text{(A)} \qquad \tang^2 \tfrac{1}{2} t = \frac{\sin(S-\varphi)\sin(S-\delta)}{\cos S \cos(S-z)};$$

comme cette équation ne détermine pas le signe de t, il faut savoir de quel côté du méridien l'observation a été faite et prendre t positif ou négatif, suivant qu'elle a eu lieu à l'ouest ou à l'est.

Si α est l'ascension droite de l'astre observé, le temps sidéral Θ de l'observation est toujours égal à $t + \alpha$; dans le cas où l'on a observé le Soleil, l'angle horaire calculé représente le temps solaire vrai.

Exemple. — Le 29 octobre 1822, le Dr Westphal a observé, à Abutidsch, en Égypte, pour hauteur du bord inférieur du Soleil,

$$h = 33^\circ 42' 18'',7$$

au moment où le chronomètre marquait $20^h 16^m 20^s$. Quel était le temps correspondant? On doit d'abord corriger cette hauteur de la réfraction et de la parallaxe; mais, puisque les instruments météorologiques n'ont pas été observés, on ne peut se servir que de la réfraction moyenne, dont la valeur, donnée par les Tables, est 1′26″,4. On la retranchera de la hauteur observée, on y ajoutera la parallaxe de hauteur 6″,9 et le demi-diamètre du Soleil 16′8″,7, et on aura, pour la hauteur réduite du centre de cet astre,

$$h = 33°57'7'',9.$$

La latitude d'Abutidsch est 27°5′0″, et la déclinaison du Soleil était ce jour-là

$$\delta = -13°38'11'',1;$$

le calcul est donc le suivant :

$S = +34°44'50'',5$	séc S........	0,0853009
$S - \delta = +48.23.1,6$	sin (S — δ)...	$\bar{1}$,8736752
$S - \varphi = +7.39.50,5$	sin (S — φ)...	$\bar{1}$,1250385
$S - z = -21.18.1,6$	séc (S — z)...	0,0307293
	$\tang^2 \frac{1}{2} t$......	$\bar{1}$,1147439
	$\tang \frac{1}{2} t$......	$\bar{1}$,5573719

$$\tfrac{1}{2} t = -19°50'37'',98,$$
$$t = -39.41.15,96,$$
$$t = -2^h38^m45^s,06.$$

Le temps solaire vrai à l'instant de l'observation était donc égal à $21^h21^m14^s,9$, et, puisque l'équation du temps était $-16^m8^s,7$, on avait pour le temps moyen $21^h5^m6^s,2$. Le chronomètre retardait donc de $48^m46^s,2$ sur le temps moyen; en d'autres termes, il fallait, pour avoir le temps moyen, ajouter $+48^m46^s,2$ à l'heure qu'il marquait.

Remarque I. — La déclinaison du Soleil et l'équation du temps varient à chaque instant; il faudrait donc, en toute rigueur, connaître déjà le temps pour pouvoir employer dans le calcul de t

la déclinaison et l'équation du temps qui correspondent réellement à l'instant de l'observation; mais, dans la pratique, on prendra d'abord une valeur approchée de la déclinaison du Soleil, qui permettra une détermination approchée du temps; à l'aide des Éphémérides et par interpolation, on obtiendra une nouvelle valeur de la déclinaison plus approchée que la première, avec laquelle on recommencera le calcul.

Remarque II. — Le nombre qu'il faut ajouter à l'heure donnée par la pendule à un instant, pour obtenir l'heure exacte au même instant, s'appelle l'*état de la pendule*. L'état est positif ou négatif, suivant que la pendule est en retard ou en avance sur le temps exact. Si la pendule était parfaitement réglée, l'état serait le même à deux époques différentes t et $t+\Theta$: en d'autres termes, l'heure donnée par la pendule au temps $t+\Theta$, augmentée de l'état au temps t, serait égale à l'heure exacte. Mais, pour avoir cette dernière, il faut en général à l'heure corrigée comme nous venons de le dire, ajouter encore un nouveau nombre qui représente la quantité dont la pendule a marché par rapport au temps exact, et qu'on appelle la *marche de la pendule*. Elle est égale à la différence des états à ces deux époques, différence qu'il faut affecter du signe + si la pendule retarde, et du signe — si elle avance. Pendant un court intervalle de temps, on pourra d'ailleurs supposer que cette marche varie d'une manière uniforme; ainsi, si deux observations sont distantes de $24^h - t$, et si Δu est la marche de la pendule pendant cet intervalle, la marche en 24^h sera donnée par l'expression

$$\frac{24\Delta u}{24-t} = \frac{\Delta u}{1-\frac{t}{24}}.$$

Équations différentielles relatives au problème précédent. — En différentiant l'équation primitive

$$\sin h = \sin\varphi \sin\delta + \cos\varphi \cos\delta \cos t,$$

on obtient, comme on l'a vu au nº 36,

$$dh = -\cos A\, d\varphi - \cos\delta \sin p\, dt,$$

d'où

$$dt = -\frac{1}{\cos\varphi \sin A}dh - \frac{1}{\cos\varphi \operatorname{tang} A}d\varphi,$$

puisque

$$\cos\delta \sin p = \cos\varphi \sin A.$$

Les coefficients de dh et de $d\varphi$ seront d'autant plus petits que la valeur de A se rapprochera davantage de $\pm 90^\circ$. Dans ce cas limite, la valeur de la tangente est infinie, et par conséquent une erreur commise sur la latitude n'a aucune influence sur la détermination du temps. De plus, sin A étant alors maximum, le coefficient de dh est minimum, et, par suite, une erreur commise sur la hauteur aura sur la détermination du temps la plus petite influence possible. Ainsi, pour déterminer le temps par des observations de hauteurs, il sera toujours bon de les faire aussi près que possible du premier vertical.

Puisque le coefficient de dh peut encore être exprimé par $-\frac{1}{\cos\delta \sin p}$, on voit que, pour déterminer le temps par des observations de hauteurs, on devra se garder de prendre des étoiles dont la déclinaison soit grande, et qu'il y aura tout avantage à observer des étoiles équatoriales.

Calculons les valeurs numériques des dérivées dans l'exemple précédent; tout d'abord la formule

$$\sin A = \frac{\cos\delta \sin t}{\cos h}$$

donne

$$A = -48^\circ 25',8;$$

nous en concluons

$$dt = +1,5013\,dh + 0,9966\,d\varphi,$$

ou, en exprimant dt en secondes de temps,

$$dt = +0,1001\,dh + 0,0664\,d\varphi.$$

Ainsi une erreur d'une seconde d'arc commise sur la hauteur donne une erreur de $0^s,10$ sur le temps; la même erreur commise sur la latitude ne produit sur le temps qu'une erreur de $0^s,07$.

L'équation différentielle montre encore que la détermination du temps par l'observation des hauteurs devient de plus en plus incertaine à mesure que $\cos\varphi$ diminue, c'est-à-dire à mesure que la latitude augmente. Près du pôle, cette méthode serait tout à fait inapplicable.

107. *Méthode de calcul dans le cas où l'on a observé plusieurs hauteurs d'une même étoile* (*). — Si l'on a observé successivement plusieurs hauteurs ou plusieurs distances zénithales, il n'est pas nécessaire de calculer l'état de la pendule pour chaque observation, à moins que l'on ne veuille s'assurer de la concordance des diverses observations; mais on peut, pour obtenir cet état, employer la moyenne de toutes les distances zénithales observées. Comme les distances zénithales ne croissent point proportionnellement au temps, il faut à leur moyenne arithmétique appliquer une correction (comme on l'a fait au n° 104 pour les azimuts), afin d'obtenir ensuite, à l'aide de cette distance zénithale corrigée, l'angle horaire correspondant à la moyenne arithmétique des temps; ou, plus simplement, appliquer une correction à l'angle horaire calculé à l'aide de la moyenne arithmétique des distances zénithales, pour le faire correspondre à la moyenne arithmétique des temps.

Soient τ, τ', τ'',... les temps des n observations, T leur moyenne arithmétique, et Z la distance zénithale correspondante; on a

$$z = Z + \frac{dZ}{dt}(\tau - T) + \tfrac{1}{2}\frac{d^2Z}{dt^2}(\tau - T)^2,$$

$$z' = Z + \frac{dZ}{dt}(\tau' - T) + \tfrac{1}{2}\frac{d^2Z}{dt^2}(\tau' - T)^2,$$

....

où t est l'angle horaire correspondant au temps T; comme

$$\tau - T + \tau' - T + \tau'' - T + \ldots = 0,$$

(*) Cette méthode, due à SOLDNER, *Jahrbuch* de Berlin pour 1818, a été souvent appliquée par PUISSANT, *Nouvelle description géométrique de la France*, vol. I, p. 96 et suiv.

on obtient, en ajoutant les équations précédentes,

$$Z = \frac{z + z' + z'' + \ldots}{n} - \frac{1}{2}\frac{d^2Z}{dt^2}\frac{(\tau - T)^2 + (\tau' - T)^2 + \ldots}{n},$$

$$= \frac{z + z' + z'' + \ldots}{n} - \frac{d^2Z}{dt^2}\frac{\Sigma\, 2\sin^2\frac{1}{2}(\tau - T)}{n}.$$

En remplaçant $\frac{d^2Z}{dt^2}$ par l'expression trouvée au n° 53, on obtient enfin

$$Z = \frac{z + z' + z'' + \ldots}{n} - \frac{\cos\delta\cos\varphi}{\sin Z}\cos A\cos p\,\frac{\Sigma\, 2\sin^2\frac{1}{2}(\tau - T)}{n}.$$

Avec cette moyenne arithmétique des distances zénithales corrigée, on calculera l'angle horaire, et par suite le temps qui, comparé au temps T, donne l'état de la pendule. Si, au contraire, on a calculé l'angle horaire avec la moyenne arithmétique des distances zénithales non corrigée, on ajoutera à l'angle horaire trouvé la correction

$$-\frac{dt}{dz}\frac{\cos\delta\cos\varphi}{\sin Z}\cos A\cos p\,\frac{\Sigma\, 2\sin^2\frac{1}{2}(\tau - T)}{n},$$

valeur qui, si on l'exprime en secondes de temps, et si l'on y remplace $\frac{dt}{dz}$ par sa valeur (n° 53), deviendra

$$(a) \qquad \frac{\cos p\cos A}{15\sin t}\,\frac{\Sigma\, 2\sin^2\frac{1}{2}(\tau - T)}{n},$$

A et p étant donnés par les formules

$$\sin A = \frac{\sin t}{\sin Z}\cos\delta, \quad \sin p = \frac{\sin t}{\sin Z}\cos\varphi.$$

Ces équations ne déterminent ni le signe de $\cos A$, ni celui de $\cos p$; mais les considérations suivantes permettent de décider facilement quel est le signe de la correction (a).

Si l'on compte les angles horaires non plus à la façon habituelle, mais de 0° à 180° de chaque côté du méridien, il faut toujours ajouter la correction à la valeur absolue de t; cette correction est d'ailleurs de signe contraire à celui du produit $\cos A \cos p$. Or on a

$$\cos p = \frac{\sin\varphi\left(1 - \cos z\,\frac{\sin\delta}{\sin\varphi}\right)}{\sin z \cos\delta} = \frac{\sin\delta\left(\frac{\sin\varphi}{\sin\delta} - \cos z\right)}{\sin z \cos\delta},$$

$$\cos A = \frac{\sin\varphi\left(\cos z - \frac{\sin\delta}{\sin\varphi}\right)}{\sin z \cos\varphi} = \frac{\sin\delta\left(\frac{\cos z \sin\varphi}{\sin\delta} - 1\right)}{\sin z \cos\varphi};$$

par conséquent, si $\delta < \varphi$, $\cos p$ est toujours > 0, et on a

$$\cos A > 0, \text{ si } \cos z > \frac{\sin\delta}{\sin\varphi},$$

$$\cos A < 0, \text{ si } \cos z < \frac{\sin\delta}{\sin\varphi};$$

si, au contraire, $\delta > \varphi$, $\cos A$ est toujours < 0, et on a

$$\cos p < 0, \text{ si } \cos z > \frac{\sin\varphi}{\sin\delta},$$

$$\cos p > 0, \text{ si } \cos z < \frac{\sin\varphi}{\sin\delta}.$$

Ainsi, l'on cherchera la valeur de la fraction

$$\frac{\sin\delta}{\sin\varphi} \text{ si } \varphi > \delta, \quad \text{ou} \quad \frac{\sin\varphi}{\sin\delta} \text{ si } \varphi < \delta,$$

et les deux cosinus auront le même signe, et par suite la correction (a) sera négative, lorsque $\cos z$ sera plus grand que cette fraction; ils auront au contraire des signes différents, et la correction sera positive, lorsque $\cos z$ sera moindre que cette fraction. Pour les étoiles de déclinaison australe, $\cos A$ et $\cos p$ sont toujours positifs; la correction est donc toujours négative. (Voir *Warnstorff's Hülfstafeln*, p. 122.)

EXEMPLE. — Le 29 octobre (*voir* n° 106), le Dr Westphal a observé non-seulement une distance zénithale du Soleil, mais les huit distances zénithales suivantes :

Temps du chronomètre.	Vraie distance zénithale du centre du Soleil.	$\tau - T$	$2\sin^2\frac{1}{2}(\tau - T)$.
h m s	° ′ ″	m s	″
20.16.20	56. 2.52,1	3.32	24,51
20.17.21	55.52.51,5	2.31	12,43
20.18.21	55.42.51,0	1.31	4,52
20.19.21	55.32.50,5	0.31	0,52
20.20.21	55.22.50,0	0.29	0,46
20.21.23	55.12,49,4	1.31	4,52
20.22.23	55. 2.48,9	2.31	12,43
20.23.25	54.52.48,4	3.33	24,74
20.19.51,9	55.27.50,2		10,52

L'angle horaire qui correspond à la moyenne arithmétique des distances zénithales $55°27'50'',2$ et à la déclinaison du Soleil $-13°38'14'',7$, est égal à $-2^h35^m13^s,18$, valeur qu'il faut corriger. Or on a

$$\log \sin p = \bar{1},83079, \quad \log \sin A = \bar{1},86881 ;$$

et comme la déclinaison est australe, la correction a pour valeur $-8'',32$ ou $-0^s,55$.

Avec l'angle horaire corrigé $-2^h35^m12^s,63$, on obtient pour valeur du temps moyen $21^h8^m38^s,70$; *l'état de la pendule* était donc $+48^m46^s,8$.

108. *Détermination de la latitude à l'aide d'une seule observation de hauteur.* — Une seule observation de la hauteur d'une étoile, faite dans un lieu où le temps est connu, permet de calculer la latitude du lieu d'observation. En effet, revenons à l'équation

$$(a) \qquad \sin h = \sin\varphi \sin\delta + \cos\varphi \cos\delta \cos t,$$

et posons

$$(\text{A}) \qquad \begin{cases} M \sin N = \sin\delta, \\ M \cos N = \cos\delta \cos t, \end{cases}$$

nous trouvons

$$\sin h = M \cos(\varphi - N),$$

et par suite

$$(B) \quad \cos(\varphi - N) = \frac{\sin h}{M} = \frac{\sin N}{\sin \delta} \sin h.$$

Il y a ici ambiguïté, puisque $\varphi - N$ n'est déterminé que par son cosinus; mais il est toujours facile de lever la difficulté par des considérations géométriques. En effet (*fig.* 8), abaissons

Fig. 8.

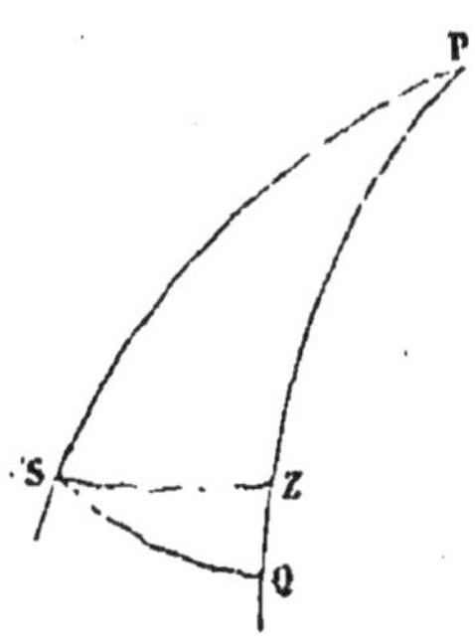

du lieu S de l'étoile une perpendiculaire SQ sur le méridien, nous voyons aisément que $N = 90° - PQ$, qu'ainsi, N représente la distance du point Q à l'équateur, d'où $ZQ = \varphi - N$, et que, d'un autre côté, M est le cosinus de l'arc SQ. Il faut donc prendre $\varphi - N$ ou $N - \varphi$ pour valeur de l'angle donné par la formule (B), suivant que SQ rencontre le méridien au sud ou au nord du zénith, c'est-à-dire suivant que l'astre observé est au sud ou au nord du premier vertical.

Si l'on a observé la hauteur méridienne de l'étoile, on obtient φ à l'aide de l'équation simple

$$\varphi = \delta \pm z,$$

où l'on prend le signe supérieur ou le signe inférieur, suivant que l'étoile passe au méridien au sud ou au nord du zénith. Pour une culmination inférieure, l'équation deviendrait

$$\varphi = 180° - \delta - z.$$

EXEMPLE. — Le 19 octobre 1822, à Bénisuef en Égypte, le Dr Westphal observant la hauteur du centre du Soleil à $23^h\,1^m\,10^s$ de temps moyen, l'a trouvée égale à $49°\,17'\,22'',8$; à cette époque, la déclinaison du Soleil était $-10°\,12'\,16'',1$, et l'équation du temps $-15^m\,0^s,0$; l'angle horaire du Soleil avait donc pour valeur

$$23^h\,16^m\,10^s = -10°57'\,30'',0.$$

On a donc

tang δ...	$\bar{1},2552942n$	sin N........	$\bar{1},2561063n$
cos t....	$\bar{1},9920078$	sin δ.......	$\bar{1},2483695n$
tang N..	$\bar{1},2632864n$	M.........	$0,0077368$
N =	$-10°23'23'',67$	sin h.......	$\bar{1},8796788$
		cos (φ — N).	$\bar{1},8719420$

$$\varphi - N = 39°\,29'\,54'',51.$$
$$\varphi = 29.\ 6.\ 30\ ,84.$$

Équations différentielles. — Pour estimer l'influence que peut avoir sur φ une erreur commise dans la détermination de h et de t, différentions l'équation (a), il viendra, d'après le n° 36,

$$d\varphi = -\text{séc}\,A\,dh - \cos\varphi\,\text{tang}\,A\,dt.$$

Les coefficients contenus dans cette formule auront leur valeur minimum lorsque A est égal à 0° ou à 180°; dans ce cas, en effet, séc A atteint son maximum ± 1; toute erreur commise sur la hauteur produira alors sur la latitude une erreur égale en valeur absolue; et, puisque tang A est nulle, les erreurs commises sur le temps seront sans influence sur la détermination de la latitude. Par conséquent, les observations les plus favorables à l'application de cette méthode seront celles qui auront été faites le plus près possible du méridien.

Dans l'exemple précédent, $A = -16°\,40',1$, on a donc

$$d\varphi = -1,044\,dh + 0,2616\,dt,$$

ou, en exprimant dt en secondes de temps,

$$d\varphi = -1,044\,dh + 3,924\,dt.$$

Si l'on a observé plusieurs hauteurs, la hauteur correspondante à la moyenne arithmétique des temps est, comme nous l'avons vu au n° **107**, donnée par la formule

$$H = \frac{h + h' + h'' + \ldots}{n} + \frac{\cos\delta \cos\varphi}{\cos H} \cos A \cos p \, \frac{\Sigma 2\sin^2\frac{1}{2}(\tau - T)}{n}.$$

109. *Détermination de la latitude par les hauteurs circumméridiennes.* — Si l'observation de la hauteur a été faite le plus près possible du méridien, on peut déterminer la latitude en suivant une marche plus commode que la précédente. En effet, les hauteurs des étoiles atteignent leur maximum au méridien, et par conséquent, au voisinage de celui-ci, elles varient très-lentement; il suffira donc, pour déduire la hauteur méridienne d'une hauteur observée près du méridien, d'ajouter à celle-ci une correction toujours petite, et dont le calcul par logarithmes n'exigera qu'un petit nombre de décimales. A l'aide de la hauteur méridienne et de la déclinaison de l'étoile, on trouvera immédiatement la latitude. Ce procédé de détermination de la latitude est connu sous le nom de *Méthode des hauteurs circumméridiennes.*

Formule de Delambre. — L'équation

$$\cos z = \sin\varphi \sin\delta + \cos\varphi \cos\delta \cos t$$

peut s'écrire

$$\cos z = \cos(\varphi - \delta) - 2\cos\varphi \cos\delta \sin^2\tfrac{1}{2}t,$$

ou, d'après la formule (19) du n° **11**,

$$z = \varphi - \delta + \frac{2\cos\varphi\cos\delta}{\sin(\varphi - \delta)}\sin^2\tfrac{1}{2}t - \frac{2\cos^2\varphi\cos^2\delta}{\sin^2(\varphi - \delta)}\cot(\varphi - \delta)\sin^4\tfrac{1}{2}t,$$

ou

$$\text{(A)} \qquad \varphi = z + \delta - b \cdot 2\sin^2\tfrac{1}{2}t + b^2\cot(\varphi - \delta) \cdot 2\sin^4\tfrac{1}{2}t,$$

en désignant par b la quantité $\dfrac{\cos\varphi\cos\delta}{\sin(\varphi - \delta)}$.

Au moyen de cette formule, due à Delambre, la réduction au méridien se fera de la manière suivante. On calculera $\varphi - \delta$ et b avec une valeur approchée de φ, et l'on prendra dans des Tables ayant pour argument t les valeurs de $2\sin^2\frac{1}{2}t$ et de $2\sin^4\frac{1}{2}t$; de cette façon, le calcul de la latitude sera très-simple. On trouve ces Tables dans le recueil de Warnstorff, où, pour plus de commodité, on a donné aussi les logarithmes de ces grandeurs. Si la valeur trouvée pour φ diffère beaucoup de la valeur adoptée, il faudra recommencer le calcul avec cette nouvelle valeur, et alors il suffira presque toujours de calculer le premier terme de la formule précédente.

Pour les étoiles qui passent au méridien près du zénith, cette méthode ne peut être employée; car, en raison du petit diviseur $\varphi - \delta$, la quantité b acquiert alors une très-grande valeur, et par conséquent une erreur commise sur la valeur de t prend une influence considérable.

Exemple. — Le Dr Westphal a trouvé au Caire le 3 octobre 1822, à $0^h\,2^m\,2^s,7$, temps moyen, pour distance zénithale du centre du Soleil,

$$34^\circ\,1'\,34'',2.$$

La déclinaison du Soleil était

$$-\,3^\circ 48'\,51'',2,$$

l'équation du temps

$$-\,10^m\,48^s,6,$$

et, par conséquent, l'angle horaire du Soleil

$$+\,12^m\,51^s,3.$$

Or on trouve dans les Tables :

$$\log 2\sin^2\tfrac{1}{2}t = 2{,}511\,05,\quad \log 2\sin^4\tfrac{1}{2}t = \bar{1}{,}4060.$$

Prenons $\varphi = 30^\circ\,4'$, nous avons $\log b = 0{,}190\,06$, et les deux termes de la correction sont $-\,8'\,22'',47$ et $+\,0'',91$.

Ainsi

$$\begin{array}{lll}
\text{Correction}\ldots & = - & 0^\circ\ \ 8'21'',56 \\
z+\delta\ldots\ldots & = + & 30.12.43\ ,00 \\
\hline
\varphi\ldots\ldots\ldots & = + & 30.\ \ 4.21\ ,44
\end{array}$$

Une variation de 1′ sur la valeur adoptée pour φ donne dans ce cas une variation de 0″,30 sur la latitude calculée, de telle sorte que la valeur vraie obtenue en recommençant le calcul est

$$\varphi = 30^\circ 4' 21'', 54.$$

La formule (A) convient au cas où l'étoile passe au méridien au sud du zénith; mais si la déclinaison de l'étoile est plus grande que la latitude, c'est-à-dire si l'étoile passe au méridien entre le zénith et le pôle, il faudra remplacer $\varphi - \delta$ par $\delta - \varphi$, et on aura

$$\varphi = \delta - z + \frac{\cos\varphi\cos\delta}{\sin(\delta-\varphi)}\, 2\sin^2\tfrac{1}{2}t - \frac{\cos^2\varphi\cos^2\delta}{\sin^2(\delta-\varphi)}\cot(\delta-\varphi)\, 2\sin^4\tfrac{1}{2}t.$$

Enfin si l'étoile est voisine de sa culmination inférieure, on a, en comptant t à partir de l'instant de cette culmination,

$$\cos z = \cos(180^\circ - \varphi - \delta) + 2\cos\varphi\cos\delta\sin^2\tfrac{1}{2}t$$

et, par conséquent,

$$\varphi = 180^\circ - \delta - z - \frac{\cos\varphi\cos\delta}{\sin(\varphi+\delta)}\, 2\sin^2\tfrac{1}{2}t$$
$$+ \frac{\cos^2\varphi\cos^2\delta}{\sin^2(\varphi+\delta)}\cot(\varphi+\delta)\, 2\sin^4\tfrac{1}{2}t.$$

Pour déterminer ainsi la latitude d'un lieu, il faudra dans la pratique ne pas se contenter d'observer une seule distance zénithale au voisinage du méridien, mais en observer successivement un grand nombre, afin d'obtenir par leur moyenne un résultat plus exact. On cherchera pour chaque valeur de t les valeurs de $2\sin^2\frac{1}{2}t$ et de $2\sin^4\frac{1}{2}t$; on multipliera leur moyenne par les facteurs constants, on ajoutera ensuite la correction ainsi trouvée à la moyenne arithmétique des distances observées (*).

Méthode des approximations successives. — La réduction au méridien peut encore être effectuée d'une autre manière. De l'équation

$$\cos z - \cos(\varphi - \delta) = -2\cos\varphi\cos\delta\sin^2\tfrac{1}{2}t,$$

(*) Dans le cas où l'on a observé le Soleil, on doit tenir compte de la variation de la déclinaison. (*Voir* le n° 110.)

il résulte

$$\sin\tfrac{1}{2}(\varphi-\delta+z)\sin\tfrac{1}{2}(\varphi-\delta-z)=-\cos\varphi\cos\delta\sin^2\tfrac{1}{2}t.$$

Posons

$$\varphi-\delta-z=-x;$$

$-x$ sera la réduction au méridien, et nous aurons

$$\tfrac{1}{2}(\varphi-\delta+z)=\varphi-\delta+\tfrac{1}{2}x,$$

par conséquent

$$\sin\tfrac{1}{2}x=\frac{\cos\varphi\cos\delta}{\sin(\varphi-\delta+\frac{1}{2}x)}\sin^2\tfrac{1}{2}t,$$

équation qu'on peut écrire

$$x\frac{\sin\frac{1}{2}x}{\frac{1}{2}x}=\frac{\cos\varphi\cos\delta}{\sin(\varphi-\delta)}\,2\sin^2\tfrac{1}{2}t\,\frac{\sin(\varphi-\delta)}{\sin(\varphi-\delta+\frac{1}{2}x)}.$$

Or (n° 10), $\frac{\sin a}{a}=\sqrt[3]{\cos a}$, aux termes du quatrième ordre près; remplaçons donc $\frac{\sin a}{a}$ par $\sqrt[3]{\cos a}$ et prenons pour première valeur approchée de x, la valeur ξ tirée de l'équation

$$\text{(B)}\qquad \xi=\frac{\cos\varphi\cos\delta}{\sin(\varphi-\delta)}\,2\sin^2\tfrac{1}{2}t,$$

il viendra

$$x\sqrt[3]{\cos\tfrac{1}{2}x}=\xi\,\frac{\sin(\varphi-\delta)}{\sin(\varphi-\delta+\frac{1}{2}x)};$$

nous résoudrons cette équation par rapport à x en remplaçant partout dans le second membre x par ξ; nous obtiendrons ainsi une nouvelle valeur approchée ξ', donnée par l'équation

$$\xi'=\xi\,\frac{\sin(\varphi-\delta)}{\sin(\varphi-\delta+\frac{1}{2}\xi)}\,\text{séc}^{\frac{1}{3}}\tfrac{1}{2}\xi.$$

Dans la plupart des cas, la seconde approximation fournira une solution suffisamment exacte. Mais, s'il n'en est pas ainsi, on calculera une nouvelle valeur de φ à l'aide de ξ'; puis on déduira de l'équation (B) une nouvelle valeur ξ_1, et on aura pour valeur corrigée

$$\xi'' = \xi_1 \frac{\sin(\varphi - \delta)}{\sin(\varphi - \delta + \frac{1}{2}\xi_1)} \operatorname{séc}^{\frac{1}{3}} \tfrac{1}{2}\xi_1.$$

Exemple. — Pour les données de l'exemple précédent,

$$\xi = 8' 22'',47,$$

d'où

$\log \xi$	$2,70111$
$\log \sin(\varphi - \delta)$	$\bar{1},74620$
$\log \operatorname{coséc}(\varphi - \delta + \frac{1}{2}\xi)$	$0,25293$
$\log \xi'$	$2,70024$

d'où

$$\xi' = 8' 21'',47, \quad \varphi = 30^\circ 4' 21'',53.$$

110. *Même problème en supposant variable la déclinaison de l'astre observé. — Solution de Gauss.* — Quand on s'est servi du Soleil pour opérer cette détermination, il faut encore tenir compte de la variation de sa déclinaison, et, dans le calcul, employer avec chaque angle horaire une déclinaison différente. Il conviendra alors d'effectuer la réduction comme il suit.

Soit D la déclinaison du Soleil à midi; on peut toujours représenter la déclinaison correspondante à un angle horaire t par l'expression $D + \beta t$, dans laquelle β est le mouvement horaire en déclinaison, t étant exprimé en fractions d'heure; et comme, en général, on a

$$\varphi = z + \delta - \frac{\cos\varphi \cos\delta}{\sin(\varphi - \delta)} 2\sin^2 \tfrac{1}{2}t,$$

il viendra

$$(a) \qquad \varphi = z + D + \beta t - \frac{\cos\varphi\cos\delta}{\sin(\varphi - \delta)} 2\sin^2\tfrac{1}{2}t;$$

posons

$$(b) \qquad \beta t - \frac{\cos\varphi\cos\delta}{\sin(\varphi - \delta)} 2\sin^2\tfrac{1}{2}t = -\frac{\cos\varphi\cos\delta}{\sin(\varphi - \delta)} 2\sin^2\tfrac{1}{2}(t + y),$$

la valeur de φ s'écrira (*)

$$(\text{A}) \qquad \varphi = z + \text{D} - \frac{\cos\varphi \cos\delta}{\sin(\varphi - \delta)} 2 \sin^2 \tfrac{1}{2}(t + y),$$

et chaque observation du Soleil donnera une équation analogue; la valeur de y étant connue, il sera facile d'obtenir la latitude. La quantité y est donnée par l'équation

$$-\beta t = 2 \frac{\cos\varphi \cos\delta}{\sin(\varphi - \delta)} [\sin^2 \tfrac{1}{2}(t + y) - \sin^2 \tfrac{1}{2} t]$$

ou

$$\sin \tfrac{1}{2} y = - \tfrac{1}{2} \beta \frac{\sin(\varphi - \delta)}{\cos\varphi \cos\delta} \frac{t}{\sin(t + \frac{1}{2} y)},$$

puisque

$$\sin^2 a - \sin^2 b = \sin(a + b) \sin(a - b).$$

En remplaçant $\sin(t + \frac{1}{2}y)$ par t, et remarquant que l'heure est l'unité avec laquelle on mesure t, tandis que $\sin t$ était au contraire rapporté au rayon, on en déduira

$$y = - \beta \frac{\sin(\varphi - \delta)}{\cos\varphi \cos\delta} \frac{206265}{15 \times 3600}.$$

Soit μ la variation de la déclinaison du Soleil en quarante-huit heures, exprimée en secondes d'arc, on aura

$$\beta = \frac{\mu}{48},$$

et, si l'on veut avoir y en secondes de temps,

$$\beta = \frac{\mu}{720};$$

et par suite,

$$(\text{B}) \qquad y = - \frac{\mu}{188,5} (\operatorname{tang}\varphi - \operatorname{tang}\delta).$$

(*) Il faudrait ajouter encore le terme dépendant de $2 \sin^4 \frac{1}{2} t$.

La quantité y n'est d'ailleurs que l'angle horaire de plus grande hauteur pris négativement. En effet, au n° 52 nous avons trouvé, pour cet angle horaire, l'expression

$$t = \frac{d\delta}{dt}(\tang\varphi - \tang\delta)\frac{206265}{15},$$

où t est exprimé en secondes de temps, et $\frac{d\delta}{dt}$ représente la variation de la déclinaison en une seconde de temps. Mais comme la variation de la déclinaison en une seconde de temps est égale à $\frac{\mu}{48}\frac{1}{3600}$, l'expression en secondes de temps de l'angle horaire de plus grande hauteur devient

$$t = \frac{\mu}{720}(\tang\varphi - \tang\delta)\frac{206265}{3600 \times 15}$$
$$= \frac{\mu}{188,5}(\tang\varphi - \tang\delta),$$

valeur égale à y et de signe contraire. Il en résulte que $t + y$ est l'angle horaire de l'astre, compté, non plus à partir de la culmination, mais à partir de l'instant de la plus grande hauteur.

Cette interprétation de y donne lieu à une conséquence importante. Quand on aura fait, près du méridien, plusieurs observations d'un astre dont la déclinaison est variable, il ne sera pas nécessaire d'employer, pour la réduction au méridien, la déclinaison correspondante à chaque angle horaire; mais on pourra supposer qu'à chacun d'eux correspond la déclinaison de l'instant de la culmination, à la condition de compter alors les angles horaires non plus du passage au méridien, mais à partir du moment de la plus grande hauteur. On aura ainsi ramené le calcul à avoir la même simplicité que dans le cas où la déclinaison de l'astre observé est considérée comme invariable.

EXEMPLE. — Pour l'observation faite au Caire (n° 109), on a

$$\log\mu = 3,4458\,n, \quad D = -3°48'38'',57,$$

d'où

$$y = +9^s,6 \quad \text{et} \quad t + y = 13^m\,0^s,9;$$

le premier terme de la réduction au méridien est donc

$$-8'35'',00.$$

A cause du second terme dépendant de $\sin^4 \frac{1}{2} t$, il faut encore ajouter à la correction $+0'',91$, de telle sorte que l'on a pour φ la valeur

$$\varphi = 30^\circ 4' 21'',54.$$

Dans le cas où l'on n'a observé qu'une seule hauteur, il est évidemment plus commode d'interpoler la déclinaison du Soleil pour l'époque de l'observation; si, au contraire, on a fait plusieurs observations de hauteurs, la méthode de réduction qui précède est infiniment plus simple.

111. *Détermination de la latitude par des observations extra-méridiennes de la Polaire.* — L'étoile polaire, à cause de sa proximité du pôle, ne s'écarte jamais beaucoup du méridien, aussi peut-elle, à un instant quelconque, être employée avec grand avantage pour la détermination de la latitude. Mais les séries données au n° 109 n'étant convergentes que pour de petites valeurs de l'angle horaire, la méthode de calcul que nous avons alors employée n'est plus applicable ici. Il faut dans le cas actuel suivre une autre voie, et, comme la distance polaire est toujours très-faible, il sera évidemment commode de développer suivant les puissances de cette quantité l'expression de la correction qu'il faut apporter à la hauteur observée.

Imaginons que, par le lieu S (*fig.* 9) de l'étoile, on mène un

Fig. 9.

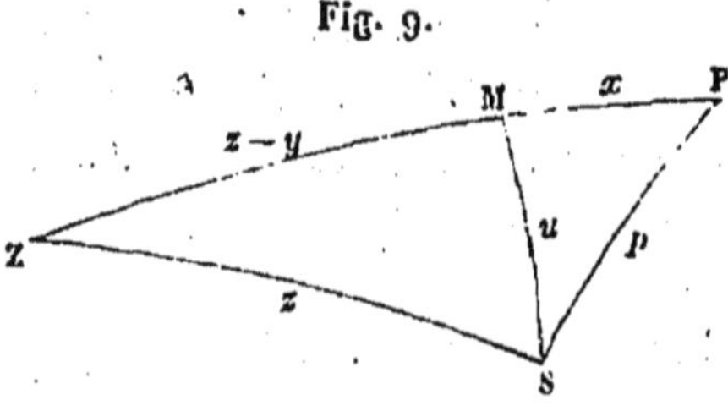

grand cercle SM perpendiculaire au méridien; désignons par x

l'arc PM du méridien compris entre le pôle et le pied M de ce grand cercle ; de plus y étant une petite quantité, représentons par $z-y$ l'arc ZM du méridien compris entre le zénith et le point M ; nous aurons

$$\varphi = 90^\circ - z + y - x.$$

Les triangles rectangles PSM, ZSM donneront

$$(a)\qquad \left\{\begin{aligned} &\operatorname{tang} x = \operatorname{tang} p \cos t,\\ &\cos(z-y) = \frac{\cos z}{\cos u}.\end{aligned}\right.$$

En négligeant les cinquièmes puissances de $\operatorname{tang} p$, nous tirons immédiatement de la première des équations (a)

$$x = \operatorname{tang} p \cos t - \tfrac{1}{3}\operatorname{tang}^3 p \cos^3 t,$$

d'où, avec la même approximation,

$$(b)\qquad x = p\cos t + \tfrac{1}{3} p^3 \cos t \sin^2 t.$$

Développons la seconde des équations (a), nous trouvons

$$\sin y = \frac{1-\cos u}{\cos u}\cot z + 2\sin^2 \tfrac{1}{2} y \cot z,$$

ou, en négligeant les cinquièmes puissances de u,

$$\sin y = (\tfrac{1}{2}u^2 + \tfrac{5}{24}u^4)\cot z + 2\sin^2\tfrac{1}{2} y\cot z.$$

Mais l'équation

$$\sin u = \sin p \sin t,$$

donne

$$u = p\sin t - \tfrac{1}{6} p^3 \sin t \cos^2 t.$$

En substituant cette valeur dans l'équation précédente, et négligeant encore les termes du cinquième ordre, nous obtenons

$$(c)\quad y = \tfrac{1}{2} p^2 \sin^2 t \cot z - \tfrac{1}{24} p^4 \sin^2 t (4\cos^2 t - 5\sin^2 t)\cot z + \tfrac{1}{2} y^2 \cot z.$$

Cette formule, il est vrai, renferme encore y dans le second membre, mais le terme $\frac{1}{2} y^2 \cot z$ étant petit, il suffira d'y remplacer y par sa valeur calculée à l'aide du premier terme seul; on a ainsi

$$(A)\left\{\begin{array}{l}\varphi = 90^\circ - z - p\cos t + \frac{1}{2}p^2\sin^2 t\cot z - \frac{1}{3}p^3\cos t\sin^2 t \\ \qquad + \frac{1}{24}p^4\sin^2 t\,(5\sin^2 t - 4\cos^2 t)\cot z + \frac{1}{8}p^4\sin^4 t\cot^3 z.\end{array}\right.$$

Il serait excessivement incommode d'avoir à calculer cette formule pour chaque observation, aussi a-t-on construit des Tables qui en facilitent singulièrement l'emploi. Elles sont de deux espèces.

Dans le *Jahrbuch* de Berlin et le *Nautical Almanac*, on trouve des Tables annuelles qui donnent seulement les premiers termes de l'expression précédente, termes qui suffisent toujours à moins que l'on ne veuille une extrême exactitude. En négligeant la troisième et la quatrième puissance de p, cette expression se réduit à (*)

$$\varphi = 90^\circ - z - p\cos t + \frac{1}{2}p^2\sin^2 t\cot z.$$

Désignons maintenant par α_0 et p_0 des valeurs déterminées de l'ascension droite et de la distance polaire, de telle sorte que les valeurs apparentes α et p, au moment de l'observation, soient

$$\alpha = \alpha_0 + \Delta\alpha, \quad p = p_0 + \Delta p;$$

de plus, Θ étant le temps sidéral de l'observation, posons

$$t_0 = \Theta - \alpha_0,$$

t_0 pourra être regardé comme l'angle horaire de l'étoile au même instant, et l'on aura

$$\begin{array}{l}\varphi = 90^\circ - z - p_0\cos t_0 + \frac{1}{2}p_0\cos t_0\cot z\sin^2 t_0 \\ \qquad - \Delta p\cos t_0 - \Delta\alpha\, p_0\sin t_0.\end{array}$$

Dans les recueils que nous avons cités, on trouve trois Tables

(*) Le terme qui contient p^3 atteint son maximum pour $t = 54^\circ 44'$, et sa valeur, en supposant $p = 1^\circ 40'$, est seulement $0'',65$. Les termes qui contiennent p^4 ont encore des valeurs moindres, à moins que z ne soit très-petit. Ces termes pourraient aussi d'ailleurs être facilement introduits dans les Tables, en réunissant le premier à $p\cos t$, et l'autre à $\frac{1}{2}p^2\sin^2 t\cot z$.

différentes. La première contient les valeurs du terme $-p_0 \cos t_0$ avec l'argument Θ qui est ici la seule variable; la seconde donne les valeurs du terme $-\frac{1}{2} p_0^2 \cot z \sin^2 t_0$ avec les arguments z et Θ, dont il dépend; la dernière fournit les valeurs du troisième terme dépendant de Θ, $\Delta\alpha$ et Δp, les arguments sont le temps sidéral et le jour de l'année.

Les Tables de la seconde espèce contiennent tous les termes; elles ont été publiées par Petersen dans les *Warnstorff's Hülfstafeln*, p. 73 et suiv.; elles sont construites de façon à pouvoir servir pendant tout le temps que la distance polaire de l'étoile restera comprise entre les limites $1^\circ 20'$ et $1^\circ 40'$. Petersen part d'une valeur déterminée de p

$$p_0 = 1^\circ 30';$$

la formule (A) peut alors s'écrire

$$\begin{aligned}\varphi = 90^\circ - z &- \frac{p}{p_0}\left(p_0 \cos t + \tfrac{1}{3} p_0^3 \cos t \sin^2 t\right)\\ &- \tfrac{1}{3}\frac{p}{p_0}\left(\frac{p^2}{p_0^2} - 1\right) p_0^3 \cos t \sin^2 t\\ &+ \frac{p^2}{p_0^2}\cot z\left[\tfrac{1}{2} p_0^2 \sin^2 t + \tfrac{1}{24} p_0^4 \sin^2 t (5\sin^2 t - 4\cos^2 t)\right]\\ &+ \tfrac{1}{8}\frac{p^4}{p_0^4} p_0^4 \sin^4 t \cot^3 z,\end{aligned}$$

et, en posant

$$\begin{aligned}A &= \frac{p}{p_0},\\ \alpha &= p_0 \cos t + \tfrac{1}{3} p_0^3 \cos t \sin^2 t,\\ \gamma &= \tfrac{1}{3} A (A^2 - 1) p_0^3 \cos t \sin^2 t,\\ \beta &= \tfrac{1}{2} p_0^2 \sin^2 t + \tfrac{1}{24} p_0^4 \sin^2 t (5 \sin^2 t - 4\cos^2 t),\\ \mu &= \tfrac{1}{8} A^4 p_0^4 \sin^4 t \cot^3 z = \tfrac{1}{2} A^4 \beta^2 \cot^3 z,\end{aligned}$$

cette formule devient

$$\varphi = 90^\circ - z - A\alpha - \gamma + A^2 \beta \cot z + \mu.$$

D'après cela on construit quatre Tables; les deux premières donnent α et β avec l'argument t; la troisième donne la petite quantité γ avec les deux arguments p et t; la quatrième enfin donne avec les arguments $y = A^2 \beta \cot z$ et $90^\circ - z$, la quantité μ qui est aussi très-petite. Ces Tables ne sont calculées que de $t = 0^h$ à $t = 6^h$. Par conséquent, si $t > 6^h$, l'angle horaire doit être compté à partir de la culmination inférieure, et alors on emploie la formule

$$\varphi = 90^\circ - z + A\alpha + \gamma + A^2 \beta \cot z + \mu.$$

Exemple. — Le 12 octobre 1847, à l'Observatoire de feu le docteur Hülsmann à Düsseldorf, on a observé la Polaire avec un petit altazimut. A $18^h 22^m 48^s,8$ de temps sidéral, on a trouvé pour sa hauteur corrigée de la réfraction

$$h = 50^\circ 55' 30'',8.$$

D'après le *Jahrbuch* de Berlin la position de la Polaire était ce jour-là

$$\alpha = 1^h 5^m 31^s,7, \quad \delta = 88^\circ 29' 52'',4,$$

par suite

$$p = 1^\circ 30' 7'',6, \quad t = 17^h 17^m 17^s,1 = 259^\circ 19' 16'',5,$$

et

$$\log A = 0,0006108;$$

au moyen des Tables ou des formules précédentes, on obtient

$$\alpha = 1000'',85, \quad \beta = 68'',28, \quad \gamma = 0'',00, \quad \mu = 0'',02,$$

d'où

$$\begin{aligned} A\alpha &= +\ 16' 42'',26 \\ A^2 \beta \cot z &= +\ \ 1.24,33 \\ \mu &= +\ \ 0.\ 0,02 \\ \hline \text{Somme} &= +\ 18'\ 6'',61 \end{aligned}$$

ainsi

$$\varphi = 51^\circ 13' 37'',41.$$

112. *Méthode de Gauss.* — Quand on connaît déjà une valeur approchée φ_0 de la latitude φ, et qu'on veut, avec la moyenne arithmétique d'un grand nombre de distances zénithales d'une étoile, prises longtemps avant et après la culmination, en obtenir la valeur exacte, on emploie avec avantage la méthode suivante, due à Gauss, et qui, surtout dans le cas de la Polaire, est d'une simplicité remarquable.

Au temps sidéral Θ, on a observé la distance zénithale z_1 (z_1 est la valeur corrigée de la réfraction); d'autre part, les valeurs Θ et φ_0 permettent d'obtenir une valeur approchée ζ de la distance zénithale, soit avec la formule

$$\cos\zeta = \sin\varphi_0 \cos\delta + \cos\varphi_0 \cos\delta \cos t,$$

soit avec le système équivalent

$$\tang x = \cos t \cot\delta,$$

$$\cos\zeta = \frac{\sin\delta}{\cos x} \sin(\varphi_0 + x),$$

où x est encore l'arc du méridien compris entre le pôle et le pied de l'arc de grand cercle abaissé de l'étoile sur le méridien.

Or on a

$$z_1 - \zeta = \frac{d\zeta}{d\varphi} d\varphi,$$

d'où

$$d\varphi = \frac{z_1 - \zeta}{\dfrac{d\zeta}{d\varphi}} = \frac{\zeta - z_1}{\dfrac{\sin\delta}{\cos x} \dfrac{\cos(\varphi_0 + x)}{\sin\zeta}}.$$

Avec une deuxième observation de distance zénithale z'_1, faite au temps Θ', on aurait de même

$$\tang x' = \cos t' \cot\delta,$$

$$\cos\zeta' = \frac{\sin\delta}{\cos x'} \sin(\varphi_0 + x'),$$

$$d\varphi = \frac{z'_1 - \zeta}{\dfrac{d\zeta'}{d\varphi}} = \frac{\zeta - z'_1}{\dfrac{\sin\delta}{\cos x'} \dfrac{\cos(\varphi_0 + x')}{\sin\zeta'}}.$$

Chacune des distances observées donnerait les mêmes équations, et, en calculant séparément pour chacune d'elles la quantité ζ, la correction $d\varphi$ de la latitude déduite de leur ensemble serait

$$(\alpha) \qquad d\varphi = \frac{Z - \frac{1}{n}(\zeta + \zeta' + \zeta'' + \ldots + \zeta_{n-1})}{\frac{1}{n}\left(\frac{d\zeta}{d\varphi} + \frac{d\zeta'}{d\varphi} + \ldots + \frac{d\zeta_{n-1}}{d\varphi}\right)},$$

où Z désigne la moyenne arithmétique des distances zénithales $z_1, z'_1, \ldots$

Mais Gauss procède différemment; il transforme cette équation de manière à n'avoir à effectuer que deux fois le calcul relatif à ζ; en d'autres termes, il ramène le problème à ce qu'il serait si l'on n'avait observé que deux distances zénithales, cas que nous considérerons d'abord.

Dans ce cas, représentons encore par Z la moyenne arithmétique des distances zénithales observées

$$Z = \tfrac{1}{2}(z_1 + z'_1),$$

nous aurons

$$d\varphi = \frac{Z - \frac{1}{2}(\zeta + \zeta')}{\frac{1}{2}\left(\frac{d\zeta}{d\varphi} + \frac{d\zeta'}{d\varphi}\right)},$$

ou

$$(a) \qquad d\varphi = \frac{\frac{1}{2}(\zeta + \zeta') - Z}{\frac{1}{2}(A + B)},$$

si l'on pose

$$(b) \qquad \begin{cases} A = \dfrac{\sin\delta}{\cos x}\,\dfrac{\cos(\varphi_0 + x)}{\sin\zeta}, \\[2ex] B = \dfrac{\sin\delta}{\cos x'}\,\dfrac{\cos(\varphi_0 + x')}{\sin\zeta'}. \end{cases}$$

A et B peuvent encore se calculer à l'aide des formules

$$(c) \qquad \begin{cases} A = \cot\zeta \cot(\varphi_0 + x), \\ B = \cot\zeta' \cot(\varphi_0 + x'); \end{cases}$$

si l'on déduit la valeur de $\frac{d\zeta}{d\varphi}$ de l'équation primitive

$$\cos\zeta = \sin\varphi_0 \sin\delta + \cos\varphi_0 \cos\delta \cos t,$$

on obtiendra facilement une troisième expression

$$(d) \qquad \tfrac{1}{2}(A + B) = \frac{\cos\varphi_0 \sin\delta}{\sin Z} - \frac{\sin\varphi_0 \cos\delta}{\sin Z} \cos\tfrac{1}{2}(t' + t).$$

Ceci posé, représentons par Θ_0 la moyenne arithmétique de tous les temps sidéraux, par ζ_0 la distance zénithale calculée correspondante; soit en outre

$$\Theta - \Theta_0 = \tau, \quad \Theta' - \Theta_0 = \tau, \ldots,$$

nous aurons, en suivant la même marche qu'au n° 107,

$$\frac{\zeta + \zeta' + \zeta'' + \ldots}{n} = \zeta_0 + \frac{d^2\zeta_0}{dt^2} \frac{\Sigma 2 \sin^2 \frac{1}{2}(\Theta - \Theta_0)}{n};$$

soit encore un temps T déterminé par l'équation

$$2 \sin^2 \tfrac{1}{2} T = \frac{\Sigma 2 \sin^2 \frac{1}{2}(\Theta - \Theta_0)}{n},$$

les distances zénithales z et z', correspondantes aux époques $\Theta_0 - T$ et $\Theta_0 + T$, auront pour expressions

$$z = \zeta_0 - \frac{d\zeta_0}{dt} T + \tfrac{1}{2} \frac{d^2\zeta_0}{dt^2} T^2,$$

$$z' = \zeta_0 + \frac{d\zeta_0}{dt} T + \tfrac{1}{2} \frac{d^2\zeta_0}{dt^2} T^2,$$

d'où

$$\frac{z + z'}{2} = \zeta_0 + \tfrac{1}{2} \frac{d^2\zeta_0}{dt^2} T^2,$$

$$= \zeta_0 + \frac{d^2\zeta_0}{dt^2} 2 \sin^2 \tfrac{1}{2} T,$$

$$= \frac{\zeta + \zeta' + \zeta'' + \ldots}{n};$$

et, pour calculer $d\varphi$, on a simplement

$$d\varphi = \frac{\frac{1}{2}(z' + z) - Z}{\frac{1}{2}(A' + B')},$$

A' et B' étant les valeurs de A et B correspondantes à z et à z'.

En résumé, si l'on a observé plusieurs distances zénithales, on prend la moyenne des temps observés que l'on retranche de chacun d'eux sans prendre garde au signe. Ces différences, converties en temps sidéral, donnent les quantités τ pour lesquelles on trouve dans les Tables les quantités $2\sin^2\frac{1}{2}\tau$. Dans les mêmes Tables on trouve l'argument T correspondant à la moyenne arithmétique de ces quantités, et on calcule les angles horaires

$$\Theta_0 - (\alpha + T) = t,$$
$$\Theta_0 - (\alpha - T) = t';$$

puis z et z' au moyen des formules

$$\tang x = \cos t \cot \delta, \quad \cos z = \frac{\sin \delta}{\cos x}\sin(\varphi_0 + x),$$

$$\tang x' = \cos t' \cot \delta, \quad \cos z' = \frac{\sin \delta}{\cos x'}\sin(\varphi_0 + x'),$$

et Z étant la moyenne arithmétique de toutes les distances zénithales observées, on calculera $d\varphi$ par la relation

$$d\varphi = \frac{\frac{1}{2}(z + z') - Z}{\frac{1}{2}(A + B)},$$

où A et B se déduisent des formules (b), (c) ou (d), dans lesquelles on a remplacé d'abord ζ et ζ' par z et z'.

Dans le cas de l'étoile polaire, ces formules se simplifient beaucoup. En effet, l'arc x étant toujours compris entre $+(90° - \delta)$ et $-(90° - \delta)$, on peut, dès que la latitude est connue à quelques secondes, c'est-à-dire dès que $d\varphi$ est une petite quantité, supposer, dans le cas de la Polaire, $\frac{\sin\delta}{\cos x}$ et $\frac{\cos(\varphi_0 + x)}{\sin\zeta}$ tous deux égaux à l'unité. Les quantités A et B sont donc aussi égales à l'unité, et l'on a simplement

$$(e)\qquad d\varphi = \tfrac{1}{2}(\zeta + \zeta') - Z,$$

d'où

$$d\varphi = \tfrac{1}{2}(z + z') - Z \ (^*).$$

Exemple. — Le 12 octobre 1847, on a trouvé, à l'Observatoire du Dr Hülsmann, les dix distances zénithales de la Polaire :

Temps sidéral.	Distance zénithale.	τ	$2\sin^2\frac{1}{2}\tau$.
h m s	° ′ ″	m s	
17.56.21,4	39.13.42,1	13.19,75	348,75
17.59.54,5	39.12.17,6	9.46,65	187,69
18. 3.29,7	39.11. 6,8	6.11,45	75,24
18. 6. 2,9	39,10. 3,6	3.38,25	25,98
18. 8.35,0	39. 9. 0,6	1. 6.15	2,39
18.11. 5,1	39. 8. 2,8	1.23,95	3,85
18.13.32,0	39. 7. 7,6	3.50,85	29,06
18.16.34,0	39. 6. 4,8	6.52,85	92,95
18.18.28,1	39. 5.15,3	8.46,95	151,43
18.22.48,8	39. 3.42,7	13. 7,65	338,28
$\Theta_0 =$ 18. 9.41,15	39. 8.38,39		125,56
Réfr.	46,50		$T = 7^m 59^s,83$
	$Z =$ 39. 9.24,89		

$$\Theta_0 - (\alpha + T) = 16^h 56^m 9^s,62 \qquad \Theta_0 - (\alpha - T) = 17^h 12^m 9^s,28$$
$$= 254^\circ 2' 24'',3, \qquad\qquad = 258^\circ 2' 19'',2.$$

Prenons maintenant

$$\varphi_0 = 51^\circ 13' 30'',0,$$

nous obtenons

$$z = 39^\circ 12' 37'',56, \qquad z' = 39^\circ 6' 34'',54,$$
$$\tfrac{1}{2}(z' + z) = 39.\ 9.36,05, \qquad \tfrac{1}{2}(z' + z) - Z = 0.0.11,16,$$

et par conséquent

$$\varphi = 51^\circ 13' 41'',16.$$

(*) *Warnstorff's Hülfstafeln*, p. 127 et suiv.

III. — Détermination du temps et de la latitude par la combinaison de plusieurs hauteurs.

113. *Détermination de la latitude par l'observation des deux culminations d'une circompolaire, ou par l'observation de deux étoiles situées de part et d'autre du zénith.* — Supposons qu'en un lieu dont la latitude est inconnue, on ait observé les hauteurs de deux étoiles dont les positions sont connues. Dans les deux équations

$$\sin h = \sin\varphi \sin\delta + \cos\varphi \cos\delta \cos t,$$
$$\sin h' = \sin\varphi \sin\delta' + \cos\varphi \cos\delta' \cos t',$$

qui lient les résultats de l'observation aux coordonnées de l'étoile, il n'y a en réalité que deux inconnues; en effet,

$$t' = t + (t' - t) = t + (\Theta' - \Theta) - (\alpha' - \alpha),$$

et la position de l'étoile étant connue, ainsi que l'intervalle de temps $\Theta' - \Theta$ qui sépare les deux observations, les équations primitives ne contiennent d'autres inconnues que Θ et φ. Ainsi, par l'observation de deux hauteurs on pourra toujours déterminer à la fois le temps et la latitude; mais, dans certains cas particuliers, la combinaison de deux observations de hauteurs donne des méthodes d'une grande commodité pour déterminer séparément ou la latitude ou le temps.

Nous avons déjà montré que la moyenne arithmétique des hauteurs d'une même étoile à ses deux culminations successives, supérieure et inférieure, est égale à la latitude du lieu d'observation, dont la valeur est ainsi indépendante de la déclinaison de l'étoile. D'ailleurs, on peut obtenir en même temps la valeur de cette déclinaison, puisqu'elle est égale au complément de la demi-différence des hauteurs observées.

On peut encore trouver la latitude par la différence des distances zénithales méridiennes de deux étoiles dont l'une a sa culmination au sud, l'autre au nord du zénith. Si δ est la déclinaison de la première étoile, sa distance zénithale méridienne est

$$z = \varphi - \delta;$$

si δ' est la déclinaison de la seconde étoile, on a

$$z' = \delta' - \varphi,$$

et, par conséquent,

$$\varphi = \tfrac{1}{2}(\delta + \delta') + \tfrac{1}{2}(z - z').$$

114. *Détermination du temps par les hauteurs correspondantes. — Correction du midi.* — Deux observations d'une même étoile, faites à des hauteurs égales, donneront les deux équations

$$(a) \qquad \left\{ \begin{array}{l} \sin h = \sin\varphi \sin\delta + \cos\varphi \cos\delta \cos t, \\ \sin h = \sin\varphi \sin\delta + \cos\varphi \cos\delta \cos t'; \end{array} \right.$$

d'où l'on déduit $t = -t'$; les hauteurs ont donc été prises dans des cercles horaires situés de part et d'autre du méridien et à égale distance. Soient maintenant u le temps de la pendule correspondant à la première observation, u' celui qui correspond à la seconde, $\frac{1}{2}(u + u')$ est le temps du passage de l'étoile au méridien, et, puisque sa valeur doit être égale à l'ascension droite connue de l'étoile, l'état de la pendule est donné par l'expression

$$\alpha - \tfrac{1}{2}(u + u').$$

Cette méthode de détermination du temps par les *hauteurs correspondantes* est la plus exacte de toutes celles où l'on emploie les hauteurs pour trouver le temps. En outre, on n'a besoin de connaître ni la latitude du lieu d'observation, ni la déclinaison de l'astre, ni la longitude du lieu; aussi cette méthode est-elle employée pour déterminer le temps dans un lieu dont la position géographique est entièrement inconnue. Il n'est pas non plus nécessaire de connaître la hauteur elle-même; il est donc possible d'obtenir, par ce moyen, des résultats approchés, même au moyen d'instruments imparfaits, qui ne permettraient pas d'obtenir avec exactitude les hauteurs absolues. L'emploi de cette méthode exige seulement qu'on possède une bonne pendule, de marche régulière pendant l'intervalle des observations, et un instrument des hauteurs dont le cercle peut d'ailleurs n'être qu'imparfaitement gradué.

Nous avons jusqu'à présent supposé que la déclinaison de l'astre était invariable pendant l'intervalle des observations; mais, dans le cas où l'on emploie le Soleil dont la déclinaison peut varier beaucoup en quelques heures, la moyenne arithmétique des temps des deux observations ne donnera plus le temps du passage du Soleil au méridien; si, par exemple, la déclinaison du Soleil va en croissant, l'angle horaire correspondant à une même hauteur est plus grand après midi qu'avant, et, par suite, la moyenne arithmétique des temps tombe un peu après le midi vrai. La moyenne des temps tombe au contraire avant midi, si la déclinaison du Soleil est décroissante. On devra donc alors appliquer à la moyenne arithmétique des temps une correction dépendant de la variation de la déclinaison. Cette correction s'appelle *équation des hauteurs correspondantes* ou *correction du midi*. Pour déterminer cette correction, nous regarderons comme connue la marche de la pendule.

Si δ est la déclinaison du Soleil à midi, $\Delta\delta$ la variation de la déclinaison entre midi et le temps de chaque observation, nous avons

$$\sin h = \sin\varphi \sin(\delta - \Delta\delta) + \cos\varphi \cos(\delta - \Delta\delta) \cos t,$$
$$\sin h = \sin\varphi \sin(\delta + \Delta\delta) + \cos\varphi \cos(\delta + \Delta\delta) \cos t'.$$

Soient, de plus, u et u' les temps de la pendule pour les deux observations; $\frac{1}{2}(u + u') = \mathrm{U}$ est le temps qui correspondrait au passage du Soleil au méridien, si la déclinaison n'avait pas varié : c'est le *midi non corrigé*.

Désignons par τ le demi-intervalle des deux observations, par x l'équation des hauteurs correspondantes; l'époque du midi vrai est $\mathrm{U} + x = 0^{\mathrm{h}}$, et nous avons, pour valeurs absolues des angles horaires,

$$t = \tau + x,$$
$$t' = \tau - x,$$

et ainsi

$$\sin h = \sin\varphi \sin(\delta - \Delta\delta) + \cos\varphi \cos(\delta - \Delta\delta) \cos(\tau + x),$$
$$\sin h = \sin\varphi \sin(\delta + \Delta\delta) + \cos\varphi \cos(\delta + \Delta\delta) \cos(\tau - x).$$

De ces deux expressions de $\sin h$, nous déduisons l'équation suivante

$$0 = \sin\varphi \cos\delta \sin\Delta\delta - \cos\varphi \sin\delta \sin\Delta\delta \cos\tau \cos x + \cos\varphi \cos\delta \cos\Delta\delta \sin\tau \sin x.$$

Mais dans le cas du Soleil, x est toujours assez petit pour qu'on puisse remplacer $\sin x$ par x, et $\cos x$ par l'unité. Nous aurons donc, en substituant $\Delta\delta$ à $\operatorname{tang}\Delta\delta$,

$$x = -\left(\frac{\operatorname{tang}\varphi}{\sin\tau} - \frac{\operatorname{tang}\delta}{\operatorname{tang}\tau}\right)\Delta\delta \ (*).$$

Soit μ la variation de la déclinaison en quarante-huit heures, et supposons que, dans cet intervalle, la déclinaison varie proportionnellement au temps,

$$\Delta\delta = \frac{\mu}{48}\tau \ (**);$$

d'où

$$x = \frac{\mu}{48}\left(-\frac{\tau}{\sin\tau}\operatorname{tang}\varphi + \frac{\tau}{\operatorname{tang}\tau}\operatorname{tang}\delta\right),$$

ou, si l'on veut exprimer x en secondes de temps,

$$x = \frac{\mu}{720}\left(-\frac{\tau}{\sin\tau}\operatorname{tang}\varphi + \frac{\tau}{\operatorname{tang}\tau}\operatorname{tang}\delta\right).$$

Pour faciliter le calcul de cette formule, Gauss a publié des

(*) Nous aurions pu obtenir cette équation par la différentiation de l'équation primitive qui donne $\sin h$, en y regardant δ et t comme variables, et en remarquant que

$$x = -\frac{dt}{d\delta}\Delta\delta.$$

(**) Puisqu'on se sert de la variation de la déclinaison au moment du midi vrai, on devrait en réalité prendre la demi-somme des variations qu'éprouve la déclinaison entre le midi du jour de l'observation et le midi de chacun des jours qui le précèdent et le suivent immédiatement. Mais, au lieu de cela, les Éphémérides donnent la quantité μ.

Tables (*Zach's monatliche Correspondenz*, vol. XXIII), qu'on trouve aussi dans le recueil de Warnstorff. Ces Tables, dont l'argument est τ, donnent les quantités

$$\frac{1}{720}\frac{\tau}{\sin\tau} = A,$$

et

$$\frac{1}{720}\frac{\tau}{\tang\tau} = B,$$

et la formule avec laquelle on obtient l'équation des hauteurs correspondantes est simplement

$$(A) \qquad x = -A\mu \tang\varphi + B\mu \tang\delta.$$

Équations différentielles. — Différentions les deux formules (a) en considérant δ comme constant, nous aurons

$$dh = -\cos A\, d\varphi - \cos\varphi \sin A\, dt,$$
$$dh' = -\cos A'\, d\varphi - \cos\varphi \sin A'\, dt.$$

Dans ces équations, nous remplaçons dt' par dt, car nous pouvons supposer que l'erreur commise sur le temps de l'observation est réunie avec les erreurs de hauteur; d'autre part, puisque nous avons $A = -A'$, il vient

$$dh = -\cos A'\, d\varphi + \cos\varphi \sin A'\, dt,$$
$$dh' = -\cos A'\, d\varphi - \cos\varphi \sin A'\, dt,$$

et

$$(b) \qquad dt = \frac{dh - dh'}{2\cos\varphi \sin A'}.$$

Cette relation montre que, pour la détermination du temps par la méthode des hauteurs correspondantes, il faut choisir des étoiles dont l'azimut soit voisin de $\pm 90°$.

Exemple. — Le 8 octobre 1822, le Dr Westphal a observé au Caire les hauteurs du Soleil qui suivent :

Double de la hauteur du Soleil (bord inférieur).	TEMPS DE LA PENDULE avant midi.	après midi.	Moyenne.
° ′	h m s	h m s	h m s
73. 0	21. 7.27	2.33.59	23.50.43,0
73.20	21. 8.24	2.33. 3	23.50.43,5
73.40	21. 9.23	2.32. 5	23.50.44,0
74. 0	21.10.18	2.31. 9	23.50.43,5
74.20	21.11.16	2.30.12	23.50.44,0
74.40	21.12.11	2.29.14	23.50.42,5
75. 0	21.13.11	2.28.13	23.50.42,0
75.20	21.14. 9	2.27.15	23.50.42,0
75.40	21.15.10	2.26.15	23.50.42,5
76. 0	21.16. 6	2.25.20	23.50.43,0

et le midi non corrigé a pour valeur

$$23^h 50^m 43^s,00.$$

On a pour le demi-intervalle de temps compris entre les deux observations

Les plus éloignées du midi......... $2^h 43^m 16^s$,
Les plus rapprochées du midi....... 2.34.37;

nous prendrons comme valeur de τ la moyenne des deux

$$\tau = 2^h 38^m 56^s,5 = 2^h,649;$$

dès lors nous aurons

$\log \tau$.......	0,42308	$\log \tau$.......	0,42308
$\log \operatorname{coséc} \tau$...	0,19435	$\log \cot \tau$.....	0,08028
$c^t \log 720$...	$\bar{3},14267$	$c^t \log 720$...	$\bar{3},14267$
$\log A$.......	$\bar{3},76010$	$\log B$.......	$\bar{3},64603$

et comme

$$\delta = -6°7', \quad \varphi = 30°4', \quad \log \mu = 3,4391\,n,$$

nous obtenons

$$x = +10^s,46.$$

Le Soleil était donc au méridien, et il était midi vrai lorsque la pendule marquait

$$23^h 50^m 53^s,46.$$

Mais, puisque l'équation du temps était

$$-12^m 33^s,18,$$

le Soleil passait ce jour-là au méridien, à

$$23^h 47^m 26^s,82, \text{ temps moyen,}$$

l'état de la pendule par rapport au temps moyen était donc

$$-3^m 26^s,64.$$

D'autre part, l'équation différentielle (*b*) exprimée en secondes de temps donne

$$dt = -0^s,048\,(dh' - dh);$$

ainsi, on voit que si, au lieu d'être égales, les deux hauteurs diffèrent entre elles de 10″, il n'en résultera, sur l'état de la pendule, qu'une erreur de $0^s,48$.

Cette formule différentielle peut encore nous servir à calculer la petite correction qui devra être ajoutée à la moyenne arithmétique des temps, si les hauteurs prises avant et après midi ne sont plus qu'approximativement égales. Désignons par h et h' les hauteurs prises avant et après midi, et posons $h' - h = dh'$; la correction à appliquer à h' est $-dh'$, et par suite celle de U

$$dU = +\frac{dh'}{30\cos\varphi\sin A'},$$

$$= +\frac{dh'\cos h'}{30\cos\varphi\cos\delta\sin t'}.$$

Si l'on veut atteindre une très-grande exactitude, une correction de ce genre sera nécessaire, même lorsqu'on aura observé des hauteurs égales. Bien qu'en effet pour des hauteurs apparentes égales la réfraction moyenne ait la même valeur, il n'en sera pas ainsi de la réfraction vraie, à moins que les indications des instruments météorologiques avant et après midi ne soient accidentellement les mêmes. Si donc ρ et $\rho + d\rho$ sont les réfractions pour les observations faites avant et après midi, la hauteur de l'astre après midi est moindre de $d\rho$ que la hauteur observée avant midi; il faudra donc ajouter à la moyenne des temps U la correction

$$dU = -\frac{d\rho \cos h}{30 \cos\varphi \cos\delta \sin t}.$$

115. *Correction du minuit.* — Souvent l'état du ciel ne permet pas de prendre des hauteurs égales du Soleil avant et après midi; mais si l'on a observé des hauteurs correspondantes dans l'après-midi d'un certain jour et dans la matinée du jour suivant, il sera facile de trouver le temps qui correspond à minuit. La correction relative à la variation de déclinaison qu'il faut apporter dans ce cas à la moyenne des temps, ou au *minuit non corrigé*, pour obtenir le *minuit vrai*, s'appelle *correction du minuit*.

Soit T le demi-intervalle des observations, $\tau = 12^h - T$ le complément à 12^h de ce demi-intervalle, les angles horaires de part et d'autre du méridien sont

$$12^h - T - x = \tau - x,$$
$$12^h - T + x = \tau + x;$$

nous trouvons ainsi, comme dans le nº 114, la formule

$$-x = -\left(\frac{\text{tang}\varphi}{\sin\tau} - \frac{\text{tang}\delta}{\text{tang}\tau}\right)\Delta\delta.$$

Dans ce cas,

$$\Delta\delta = \frac{\mu}{48}T = \frac{\mu}{48}(12^h - \tau),$$

et par suite

$$x = \frac{\mu}{720}\,\frac{12^h - \tau}{\tau}\left(\frac{\tau}{\sin\tau}\text{tang}\varphi - \frac{\tau}{\text{tang}\tau}\text{tang}\delta\right);$$

nous pourrons donc nous servir des Tables indiquées plus haut. La quantité $\frac{12^h - \tau}{\tau}$ peut aussi être réduite en Tables dont l'argument est le demi-intervalle T des observations. Le facteur numérique est désigné par f dans les Tables de Warnstorff, de sorte que la correction du minuit est

$$x = f\mu(\mathrm{A}\,\mathrm{tang}\,\varphi - \mathrm{B}\,\mathrm{tang}\,\delta).$$

Exemple. — De Zach a observé à Marseille, le 17 et le 18 septembre 1810, des hauteurs égales du Soleil. Le demi-intervalle des temps était $10^{\mathrm{h}}55^{\mathrm{m}}$; d'autre part on avait

$$\delta = +2^\circ 14' 16'', \quad \varphi = 43^\circ 17' 50'', \quad \log\mu = 3{,}4453\,n,$$

nous trouvons donc

$$\log\mathrm{A} = \bar{3}{,}7305, \quad \log\mathrm{B} = \bar{3}{,}7128, \quad \log f = 1{,}0033,$$
$$\mu f\mathrm{A}\,\mathrm{tang}\,\varphi = -142^{\mathrm{s}}{,}33,$$
$$-\mu f\mathrm{B}\,\mathrm{tang}\,\delta = +\quad 5{,}67,$$

et par suite, pour la correction x, la valeur

$$x = -136^{\mathrm{s}}{,}66.$$

Remarque I. — L'équation des hauteurs correspondantes est exprimée en temps solaire vrai. Cependant on peut, sans qu'il soit besoin d'autre correction, la considérer comme exprimée en temps moyen, et par suite l'appliquer directement aux observations faites avec une pendule réglée sur le temps moyen; mais lorsqu'on s'est servi d'une pendule sidérale, il faut multiplier la correction par la fraction $\frac{366}{365}$, dont le logarithme est 0,0012.

Remarque II. — Si l'angle horaire τ est assez petit pour qu'on puisse remplacer le sinus et la tangente par l'arc, la correction du midi devient

$$x = -\frac{\mu}{720}(\mathrm{tang}\,\varphi - \mathrm{tang}\,\delta).$$

Mais comme les unités du numérateur et du dénominateur sont différentes, la première étant l'heure et la deuxième le rayon, on devra multiplier le second membre de l'équation par 206265 et le diviser par 15×3600, et on aura

$$x = -\frac{\mu}{188{,}5}[\mathrm{tang}\,\varphi - \mathrm{tang}\,\delta],$$

où x est la correction du midi exprimée en secondes de temps, pour $\tau = 0$. Mais dans ce cas, l'angle horaire étant nul, les deux hauteurs se réduisent à une seule, la hauteur maximum, et x est alors la quantité qu'il faut ajouter à l'époque de la plus grande hauteur pour obtenir celle de la culmination.

C'est l'expression que nous avions déjà trouvée au n° 110 dans la réduction des hauteurs circumméridiennes.

116. *Détermination du temps et de la latitude à l'aide de deux observations de hauteur.* — Dans le cas où l'on a observé les hauteurs de deux astres et où l'on connaît l'intervalle qui sépare les deux époques d'observation, on peut toujours déterminer à la fois le temps et la latitude du lieu. En effet, on a encore les deux équations

$$(\alpha)\qquad \left\{\begin{aligned}\sin h &= \sin\varphi\sin\delta + \cos\varphi\cos\delta\cos t,\\ \sin h' &= \sin\varphi\sin\delta' + \cos\varphi\cos\delta'\cos t'.\end{aligned}\right.$$

Si u et u' désignent les temps de la pendule correspondants aux deux observations, Δu l'état de la pendule par rapport au temps sidéral, on a (*)

$$t = u + \Delta u - \alpha,$$
$$t' = u' + \Delta u - \alpha';$$

on donne ici à Δu la même valeur dans les deux observations, car on admet que l'une d'elles a été corrigée de la marche de la pendule, supposée connue. Ainsi, l'on connaît la quantité

$$u' - u - (\alpha' - \alpha) = t' - t = \lambda.$$

Les équations (α) ne contiennent donc que deux inconnues φ et t, qu'on pourra dès lors déterminer. Dans ce but, on exprime les trois quantités

$$\sin\varphi,\quad \cos\varphi\sin t,\quad \cos\varphi\cos t$$

en fonction de l'angle parallactique; le triangle formé par le pôle, le zénith et l'étoile donne

$$(a)\qquad \left\{\begin{aligned}\sin\varphi &= \sin h\sin\delta + \cos h\cos\delta\cos p,\\ \cos t\cos\varphi &= \sin h\cos\delta - \cos h\sin\delta\cos p,\\ \sin t\cos\varphi &= \cos h\sin p.\end{aligned}\right.$$

(*) Si l'on observe le Soleil avec une pendule de temps moyen, on a, en désignant par w et w' les équations du temps aux deux époques d'observation,

$$t = u + \Delta u - w,$$
$$t' = u' + \Delta u - w',$$

d'où

$$\lambda = u' - u - (w' - w).$$

Substituant ces expressions dans la valeur de $\sin h'$, nous trouvons

$$\begin{aligned}\sin h' = &+ (\sin\delta \sin\delta' + \cos\delta \cos\delta' \cos\lambda) \sin h \\ &+ (\cos\delta \sin\delta' - \sin\delta \cos\delta' \cos\lambda) \cos h \cos p \\ &- \cos\delta' \sin\lambda \cos h \sin p.\end{aligned}$$

Mais, dans le triangle formé par les deux étoiles et le pôle, on a, en désignant par D la distance des deux étoiles, par s et s' les angles aux étoiles,

$$(b) \quad \left\{\begin{aligned} \cos D &= \sin\delta \sin\delta' + \cos\delta \cos\delta' \cos\lambda, \\ \cos s \sin D &= \cos\delta \sin\delta' - \sin\delta \cos\delta' \cos\lambda, \\ \sin s \sin D &= \cos\delta' \sin\lambda, \end{aligned}\right.$$

d'où, en portant ces expressions dans la valeur de $\sin h'$,

$$\sin h' = \cos D \sin h + \sin D \cos h \cos(s + p),$$

et, par suite,

$$(c) \qquad \cos(s + p) = \frac{\sin h' - \cos D \sin h}{\sin D \cos h}.$$

Dans l'équation,

$$\sin h = \sin\varphi \sin\delta + \cos\varphi \cos\delta \cos(t' - \lambda),$$

remplaçons $\sin\varphi$, $\cos\varphi \sin t'$ et $\cos\varphi \cos t'$ par leurs valeurs, que nous donnera le triangle formé par le pôle, le zénith et la seconde étoile; nous trouverons aisément

$$(d) \qquad \cos(s' - p') = \frac{\sin h - \cos D \sin h'}{\sin D \cos h'}.$$

Après avoir calculé soit l'angle p à l'aide des équations (b) et (c), soit l'angle p' à l'aide de l'équation (d) et des analogues de (b), on obtiendra les grandeurs cherchées φ et t ou φ et t' au moyen des équations (a), ou des équations semblables en $\sin\varphi$, $\cos\varphi \sin t'$ et $\cos\varphi \cos t'$.

D'ailleurs, les équations (a) et (b) donnant φ et t, D et s par leurs sinus et leurs cosinus, il ne peut y avoir aucune incertitude sur les valeurs de ces angles. Les équations (c) et (d), au contraire, ne contiennent que les cosinus de $(s+p)$ et $(s'-p')$, mais le triangle formé par le zénith et les deux étoiles donne

$$\sin D \sin(s+p) = \cos h' \sin(A'-A),$$
$$\sin D \sin(s'-p') = \cos h \sin(A'-A);$$

on voit ainsi que, $\sin(s+p)$ et $\sin(s'-p')$ ayant toujours le signe de $\sin(A'-A)$, il n'y a aucune ambiguïté dans l'emploi des formules (c) et (d).

Au moyen d'angles auxiliaires et en suivant la marche ordinaire, on pourra rendre les formules (a) et (b) d'un usage plus commode pour le calcul logarithmique; pour y arriver on transformera, comme on l'a fait au n° 106, la formule (c) en une autre qui donne $\operatorname{tang}^2 \dfrac{s+p}{2}$, et de la sorte F et f, G et g étant des angles auxiliaires, le système complet des formules sera le suivant :

$$(e)\quad \begin{cases} \sin\delta' = \sin f \sin F, \\ \cos\lambda \cos\delta' = \sin f \cos F, \\ \sin\lambda \cos\delta' = \cos f; \end{cases}$$

$$(f)\quad \begin{cases} \cos D = \sin f \cos(F-\delta), \\ \cos s \sin D = \sin f \sin(F-\delta), \\ \sin s \sin D = \cos f; \end{cases}$$

$$(g)\quad \begin{cases} \operatorname{tang}^2 \dfrac{s+p}{2} = \dfrac{\cos S \sin(S-h')}{\cos(S-D)\sin(S-h)}, \\ 2S = D + h + h'; \end{cases}$$

$$(h)\quad \begin{cases} \sin G \sin g = \sin h, \\ \cos G \sin g = \cos h \cos p, \\ \cos g = \cos h \sin p; \end{cases}$$

$$(i)\quad \begin{cases} \sin\varphi = \sin g \cos(G-\delta), \\ \cos t \cos\varphi = \sin g \sin(G-\delta), \\ \sin t \cos\varphi = \cos g. \end{cases}$$

Dans le cas actuel, les formules de Delambre seront aussi fort commodes. Le triangle formé par les deux étoiles et le pôle a pour côtés D, $90^\circ - \delta$ et $90^\circ - \delta'$, et pour angles opposés λ, s' et s; on a donc

$$(A)\quad \left\{\begin{aligned} \sin\tfrac{1}{2}D\sin\tfrac{1}{2}(s'-s) &= \sin\tfrac{1}{2}(\delta'-\delta)\cos\tfrac{1}{2}\lambda,\\ \sin\tfrac{1}{2}D\cos\tfrac{1}{2}(s'-s) &= \cos\tfrac{1}{2}(\delta'+\delta)\sin\tfrac{1}{2}\lambda,\\ \cos\tfrac{1}{2}D\sin\tfrac{1}{2}(s'+s) &= \cos\tfrac{1}{2}(\delta'-\delta)\cos\tfrac{1}{2}\lambda,\\ \cos\tfrac{1}{2}D\cos\tfrac{1}{2}(s'+s) &= \sin\tfrac{1}{2}(\delta'+\delta)\sin\tfrac{1}{2}\lambda; \end{aligned}\right.$$

et d'ailleurs, comme précédemment,

$$(B)\quad \left\{\begin{aligned} \operatorname{tang}^2\frac{s+p}{2} &= \frac{\cos S\sin(S-h')}{\cos(S-D)\sin(S-h)},\\ \operatorname{tang}^2\frac{s'-p'}{2} &= \frac{\cos S\sin(S-h)}{\cos(S-D)\sin(S-h')}; \end{aligned}\right.$$

enfin nous avons, dans le triangle formé par le pôle, le zénith et la première étoile,

$$(C)\quad \left\{\begin{aligned} \sin(45^\circ-\tfrac{1}{2}\varphi)\sin\tfrac{1}{2}(A+t) &= \sin\tfrac{1}{2}p\cos\tfrac{1}{2}(h+\delta),\\ \sin(45^\circ-\tfrac{1}{2}\varphi)\cos\tfrac{1}{2}(A+t) &= \cos\tfrac{1}{2}p\sin\tfrac{1}{2}(h-\delta),\\ \cos(45^\circ-\tfrac{1}{2}\varphi)\sin\tfrac{1}{2}(A-t) &= \sin\tfrac{1}{2}p\sin\tfrac{1}{2}(h+\delta),\\ \cos(45^\circ-\tfrac{1}{2}\varphi)\cos\tfrac{1}{2}(A-t) &= \cos\tfrac{1}{2}p\cos\tfrac{1}{2}(h-\delta). \end{aligned}\right.$$

Le triangle formé par le pôle, le zénith et la seconde étoile donnerait des formules semblables dans lesquelles A', t', h', p' et δ' remplaceraient A, t, h, p et δ.

Ces formules ont un grand avantage; elles contiennent l'azimut, et par suite, si l'observation ayant été faite avec un altazimut, on a eu soin de lire, en même temps que la hauteur, les divisions du cercle azimutal, la comparaison de cette lecture avec la valeur calculée A de l'azimut donnera incidemment la division du cercle qui correspond au méridien.

Exemple. — Le 29 octobre 1822, le Dr Westphal a observé,

à Benisuef en Égypte, les hauteurs suivantes du centre du Soleil :

$$h = 37^\circ 56' 59'',6, \qquad u = 20^h 48^m 48^s,$$
$$h' = 50.40.55\ ,3, \qquad u' = 23.\ \ 7.17,$$

où u' est corrigé de la marche de la pendule, et h et h' sont les hauteurs vraies. L'intervalle de temps des observations, converti en temps solaire vrai, donne

$$\lambda = 2^h 18^m 28^s,66 = 34^\circ 37' 9'',90,$$

et la déclinaison du Soleil était pour ces deux époques

$$\delta = -10^\circ 10' 50'',1, \qquad \delta' = -10^\circ 12' 57'',8.$$

Avec ces valeurs, les formules de Delambre donnent

$$\begin{aligned} D &= 34^\circ\ 3' 20'',27, & p &= -39^\circ 57' 17'',00,\\ s &= 93.12.58\ ,26, & \varphi &= +29.\ 5.39\ ,80,\\ s' &= 93.\ 6.\ 1\ ,93, & t &= -35.24.59\ ,23,\\ s+p &= 53.15.41\ ,26, & A &= -46.19.52\ ,17; \end{aligned}$$

le calcul de φ et de t', fait à l'aide des formules déduites du second triangle, donnera une vérification; car on devra trouver pour φ la même valeur, et pour t' la valeur $t+\lambda$.

Équations différentielles. — Afin de reconnaître quelles sont les étoiles les plus propres à ces déterminations, considérons les deux équations différentielles

$$dh = -\cos A\, d\varphi - \cos\varphi \sin A\, dt,$$
$$dh' = -\cos A'\, d\varphi - \cos\varphi \sin A'\, dt,$$

dans lesquelles nous donnons à dt la même valeur, puisqu'on peut supposer la différence qui existe entre dt et dt' réunie à l'erreur de hauteur.

Nous obtenons par l'élimination successive de $d\varphi$ et de dt,

$$\cos\varphi\, dt = +\frac{\cos A'}{\sin(A'-A)}\, dh - \frac{\cos A}{\sin(A'-A)}\, dh',$$
$$d\varphi = -\frac{\sin A'}{\sin(A'-A)}\, dh + \frac{\sin A}{\sin(A'-A)}\, dh'.$$

Ainsi, pour que les erreurs d'observation ne puissent avoir une grande influence sur les valeurs de φ et t, nous devrons choisir les étoiles de telle sorte que $A' - A$ soit aussi voisin que possible de $\pm 90°$; si cette condition est remplie, on a

$$\cos\varphi\, dt = +\cos A'\, dh - \cos A\, dh',$$
$$d\varphi = -\sin A'\, dh + \sin A\, dh';$$

par conséquent, si A' est voisin de $\pm 90°$, auquel cas A est lui-même voisin de $0°$ ou $180°$, on voit que dans la première équation le coefficient de dh est minimum et celui de dh' est au contraire maximum; l'exactitude de la détermination du temps dépend donc principalement de celle de la hauteur prise dans le voisinage du premier vertical. Nous verrions de même que l'exactitude de la détermination de la latitude dépend surtout de celle de la hauteur prise dans le voisinage du méridien.

Dans l'exemple précédent, $A' = -1°15'$, nous aurons donc, $d\varphi$, dh et dh' étant exprimés en secondes d'arc et dt en secondes de temps,

$$d\varphi = +0{,}0308\, dh - 1{,}0215\, dh',$$
$$dt = +0{,}1077\, dh - 0{,}0744\, dh'.$$

117. *Détermination du temps et de la latitude par l'observation de deux hauteurs d'une même étoile.* — On simplifie beaucoup la solution du problème en observant deux fois la même étoile. En effet, on a alors $\delta' = \delta$, $s' = s$, et les formules (A) du n° 116 deviennent

$$\sin\tfrac{1}{2}D = \sin\tfrac{1}{2}\lambda \cos\delta,$$
$$\cos s \cos\tfrac{1}{2}D = \sin\tfrac{1}{2}\lambda \sin\delta,$$
$$\sin s \cos\tfrac{1}{2}D = \cos\tfrac{1}{2}\lambda.$$

A l'aide de ces formules on calculera D et s; puis on trouvera φ et t, et A si l'on veut avoir sa valeur, au moyen de la première équation (B) et des équations (C).

Nous donnerons une seconde solution de ce problème; les

formules

$$\sin h = \sin\varphi \sin\delta + \cos\varphi \cos\delta \cos t,$$

$$\sin h' = \sin\varphi \sin\delta + \cos\varphi \cos\delta \cos(t + \lambda),$$

combinées par voie d'addition et de soustraction, donnent

$$(a') \left\{ \begin{aligned} &\cos\tfrac{1}{2}(h + h') \sin\tfrac{1}{2}(h - h') = \cos\delta \cos\varphi \sin\tfrac{1}{2}\lambda \sin(t + \tfrac{1}{2}\lambda), \\ &\sin\tfrac{1}{2}(h + h') \cos\tfrac{1}{2}(h - h') = \cos\delta \cos\varphi \cos\tfrac{1}{2}\lambda \cos(t + \tfrac{1}{2}\lambda) \\ &\qquad\qquad\qquad\qquad\qquad\qquad + \sin\varphi \sin\delta. \end{aligned} \right.$$

En posant

$$(A') \left\{ \begin{aligned} \sin\delta &= \cos b \cos B, \\ \cos\tfrac{1}{2}\lambda \cos\delta &= \cos b \sin B, \\ \sin\tfrac{1}{2}\lambda \cos\delta &= \sin b, \end{aligned} \right.$$

la seconde des équations (a') devient

$$\sin\varphi \cos B + \cos\varphi \cos(t + \tfrac{1}{2}\lambda) \sin B = \frac{\sin\tfrac{1}{2}(h + h') \cos\tfrac{1}{2}(h - h')}{\cos b}.$$

Prenons maintenant de nouveaux angles auxiliaires F et G, tels que

$$(B') \left\{ \begin{aligned} \sin\varphi &= \cos G \cos F, \\ \cos(t + \tfrac{1}{2}\lambda) \cos\varphi &= \cos G \sin F, \\ \sin(t + \tfrac{1}{2}\lambda) \cos\varphi &= \sin G, \end{aligned} \right.$$

et par suite déterminés par les équations

$$(C') \left\{ \begin{aligned} \sin G &= \frac{\cos\tfrac{1}{2}(h + h') \sin\tfrac{1}{2}(h - h')}{\sin b}, \\ \cos(B - F) \cos G &= \frac{\sin\tfrac{1}{2}(h + h') \cos\tfrac{1}{2}(h - h')}{\cos b}. \end{aligned} \right.$$

Dès lors le calcul sera le suivant : au moyen des équations (A') on déterminera b et B, à l'aide des équations (C') on obtiendra G et F, puis les équations (B') donneront les quantités inconnues φ et t.

La signification géométrique des angles auxiliaires s'obtient aisément : soit PQ (*fig.* 10) un arc de grand cercle perpendicu-

Fig. 10.

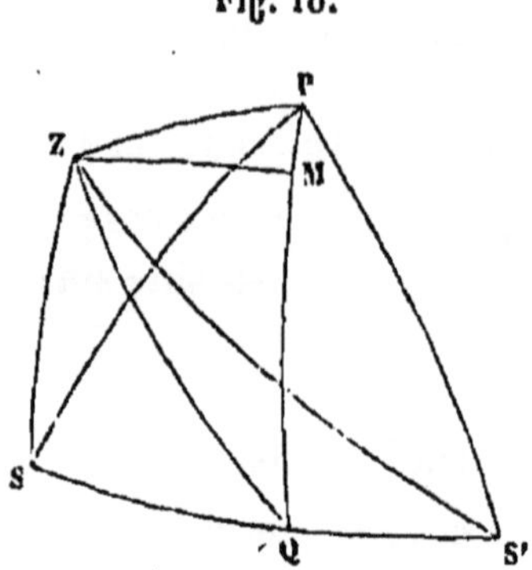

laire à celui qui passe par les deux étoiles S, S', et ZM un arc perpendiculaire à PQ; on a

$$b = \frac{1}{2}D = QS, \quad B = PQ, \quad F = PM \quad \text{et} \quad G = ZM.$$

Exemple. — Avec les données du nº 117 et en supposant à la déclinaison une valeur constante $\delta = -10^\circ 12' 57'',8$, on a

$$\sin b \ldots \bar{1},466\,600, \qquad \sin B \ldots \bar{1},992\,400,$$
$$\cos b \ldots \bar{1},980\,534, \qquad \cos B \ldots \bar{1},268\,321\, n,$$
$$B = 100^\circ 41' 23'',1,$$

$$\sin G \ldots\ldots\ldots\ldots \bar{1},432\,833\, n,$$
$$\cos(B-F) \ldots\ldots \bar{1},703\,425,$$
$$\cos G \ldots\ldots\ldots\ldots \bar{1},983\,445.$$

$$B - F = 59^\circ 30' 29'',8, \qquad F = 41^\circ 1' 53'',3,$$
$$t = 35.22.21,0, \qquad \varphi = 29.5.42,7.$$

Remarque. — Dans le cas où les deux hauteurs sont égales, on a encore la même formule (A) et les formules équivalentes (*e*) et (*f*) du nº 116; mais alors les formules (B) se réduisent à la suivante

$$\operatorname{tang}^2 \tfrac{1}{2}(s+p) = \operatorname{tang}^2 \tfrac{1}{2}(s'-p') = \frac{\cos(h+\frac{1}{2}D)}{\cos(h-\frac{1}{2}D)},$$

et si l'on connaît p, on pourra calculer φ et t par les formules (h) et (i), ou φ, t et A par les formules C (nº 116).

118. *L'observation donne les différences des hauteurs et des azimuts de deux étoiles, à deux époques dont l'intervalle est connu : trouver à la fois le temps, la latitude, les hauteurs et les azimuts de ces étoiles.*

Ce problème est analogue aux précédents; aussi nous le traiterons immédiatement, bien qu'il ne soit pas un simple problème de hauteurs.

On calculera d'abord les formules (A) du nº 116.

En outre, si dans le triangle formé par le zénith et les deux étoiles et dont l'un des angles est $A' - A$, les côtés $90^\circ - h$, $90^\circ - h'$ et D, on désigne par q et q' les angles opposés aux côtés $90^\circ - h$ et $90^\circ - h'$, on aura

$$(B) \quad \begin{cases} \sin\frac{1}{2}(q'+q) = \dfrac{\cos\frac{1}{2}(h'-h)\cos\frac{1}{2}(A'-A)}{\cos\frac{1}{2}D}, \\[2ex] \sin\frac{1}{2}(q'-q) = \dfrac{\sin\frac{1}{2}(h'-h)\cos\frac{1}{2}(A'-A)}{\sin\frac{1}{2}D}, \\[2ex] \operatorname{tang}\frac{1}{2}(h'+h) = \dfrac{\cos\frac{1}{2}(q'+q)}{\cos\frac{1}{2}(q'-q)}\cot\frac{1}{2}D. \end{cases}$$

Ces équations nous permettront d'obtenir q et q' et aussi $\frac{1}{2}(h+h')$, d'où h et h' : mais puisque nous avons (nº 116)

$$q = s + p, \quad q' = s' - p',$$

nous connaîtrons par là même p et p'. Nous chercherons ensuite φ, t et A au moyen des formules (C) du nº 116, et comme vérification nous tirerons φ, t' et A' des formules analogues relatives à la seconde étoile.

Équations différentielles. — Si dans les équations différentielles du nº 36, on remplace

$$t' \text{ par } \tfrac{1}{2}(t'+t) + \tfrac{1}{2}(t'-t), \quad t \text{ par } \tfrac{1}{2}(t'+t) - \tfrac{1}{2}(t'-t),$$

on obtient, puisque dans le cas actuel $d\delta = 0$,

$$dh = -\cos A\, d\varphi - \cos\delta \sin p\, d\tfrac{1}{2}(t'+t) + \cos\delta \sin p\, d\tfrac{1}{2}(t'-t),$$

$$dh' = -\cos A'\, d\varphi - \cos\delta' \sin p'\, d\tfrac{1}{2}(t'+t) - \cos\delta' \sin p'\, d\tfrac{1}{2}(t'-t),$$

$$\begin{aligned} dA = &- \sin A \tang h\, d\varphi \\ &+ \frac{\cos\delta \cos p}{\cos h}\, d\tfrac{1}{2}(t'+t) - \frac{\cos\delta \cos p}{\cos h}\, d\tfrac{1}{2}(t'-t), \end{aligned}$$

$$\begin{aligned} dA' = &- \sin A' \tang h'\, d\varphi \\ &+ \frac{\cos\delta' \cos p'}{\cos h'}\, d\tfrac{1}{2}(t'+t) + \frac{\cos\delta' \cos p'}{\cos h'}\, d\tfrac{1}{2}(t'-t). \end{aligned}$$

Retranchons la première équation de la seconde, la troisième de la quatrième, entre les équations résultantes éliminons successivement $\frac{1}{2}d(t'+t)$ et $d\varphi$, et servons-nous des relations

$$\cos\delta \sin p = \cos\varphi \sin A, \quad \frac{\cos\delta \cos p}{\cos h} = \sin\varphi + \cos\varphi \tang h \cos A,$$

$$\cos\delta' \sin p' = \cos\varphi \sin A', \quad \frac{\cos\delta' \cos p'}{\cos h'} = \sin\varphi + \cos\varphi \tang h' \cos A',$$

nous aurons

$$\begin{aligned} M\, d\varphi = &(\tang h \cos A - \tang h' \cos A')\, d(h'-h) \\ &+ (\sin A - \sin A')\, d(A'-A) \\ &+ \left(\frac{\cos\delta}{\cos h} \cos p \sin A' - \frac{\cos\delta'}{\cos h'} \cos p' \sin A\right) d(t'-t), \end{aligned}$$

$$\begin{aligned} &M \cos\varphi\, d\tfrac{1}{2}(t'+t) \\ &\quad = (\tang h \sin A - \tang h' (\sin A')\, d(h'-h) \\ &\qquad - (\cos A - \cos A')\, d(A'-A) \\ &\qquad + [\cos\varphi (\tang h - \tang h') \sin^2\tfrac{1}{2}(A'+A) \\ &\qquad\qquad + \sin\varphi (\cos A - \cos A')]\, d(t'-t), \end{aligned}$$

où

$$M = 2(\tang h + \tang h') \sin^2\tfrac{1}{2}(A'-A).$$

Nous voyons ainsi que pour diminuer autant que possible l'influence des erreurs d'observation, nous devons choisir des étoiles dont la hauteur et la différence d'azimut soient grandes, de manière à rendre M aussi grand que possible. Si $\frac{1}{2}(A'-A)=90^\circ$, le coefficient de $d(h'-h)$ lui-même sera toujours plus petit que $\frac{1}{2}$.

Remarque. — De Camphausen a proposé d'observer les étoiles au moment où leur hauteur est égale à leur déclinaison; le triangle formé par le pôle, le zénith et l'étoile est alors isocèle; par suite $t=180^\circ-A$, et l'on a simplement

$$\cot\delta\cos t=+\cot\delta'\cos t'=\tan g(45^\circ-\tfrac{1}{2}\varphi),$$
$$-\cot\delta\cos A=-\cot\delta'\cos A'=\tan g(45^\circ-\tfrac{1}{2}\varphi);$$

d'où l'on déduit

$$\tan g\tfrac{1}{2}(t'+t)=\frac{\sin(\delta-\delta')}{\sin(\delta+\delta')}\cot\tfrac{1}{2}(t'-t),$$

ou

$$\tan g\tfrac{1}{2}(A'+A)=\frac{\sin(\delta-\delta')}{\sin(\delta+\delta')}\cot\tfrac{1}{2}(A'-A).$$

Ces formules nous donnent φ et $t'+t$ ou $A'+A$. Mais il est impossible d'observer la hauteur d'un astre au moment précis où elle est égale à la déclinaison; les quantités observées $t'-t$ et $A'-A$ doivent donc être réduites à cette époque. (*Voir* Encke, *Ueber die Erweiterung des Douwes'chen Problems, Jahrbuch* de Berlin, 1859.)

Exemple. — Le 30 mars 1856, on a observé à Cologne les différences en hauteur et en azimut de η Grande Ourse et de α Cocher :

$$h'-h=-\quad 4^\circ 10' 46'',0,$$
$$A'-A=+226.28.\ 9,9,$$

et la différence des époques d'observation, exprimée en temps sidéral, était $0^h 18^m 8^s,70$.

Ce jour-là les positions apparentes des étoiles étaient

η Grande Ourse..	$\alpha=13^h 41^m 54^s,53$,	$\delta=+50^\circ\ 1' 45'',9$,
α Cocher.......	$\alpha'=\ 5.\ 6.\ 1,69$,	$\delta'=+45.51.\ 1,7$,

d'où l'on déduit

$$\lambda = 133^\circ 30' 23'',1.$$

Nous avons d'abord, au moyen des formules (A) du n° **116**,

$$\begin{aligned} s &= +31^\circ 22' 33'',18, \\ s' &= +28.41.50\ ,20, \\ D &= +76.\ 0.14\ ,79; \end{aligned}$$

puis, avec les formules (B),

$$\begin{aligned} q' &= -28^\circ 40' 53'',44, &\text{d'où}\quad p &= -62^\circ 44'\ 5'',98, \\ q &= -31.21.32\ ,80, & p' &= +57.22.43\ ,64, \\ \tfrac{1}{2}(h+h') &= +47.56.40\ ,61, & h &= +50.\ 2.\ 3\ ,61. \end{aligned}$$

Nous obtiendrons donc, par les formules (C) du n° **116**,

$$\begin{aligned} \varphi &= 50^\circ 55' 55'',57, \\ t &= 295.\ 2.56\ ,70, \\ A &= 244.57.48\ ,50. \end{aligned}$$

Si nous calculons les équations différentielles, nous trouvons, en exprimant toutes les erreurs en secondes d'arc,

$$\begin{aligned} d\varphi &= -0,0342\, d(h'-h) - 0,4892\, d(A'-A) \\ &\quad + 0,2438\, d(t'-t), \\ d\tfrac{1}{2}(t'+t) &= -0,8621\, d(h'-h) + 0,0244\, d(A'-A) \\ &\quad - 0,0188\, d(t'-t). \end{aligned}$$

119. *Méthode de Douwes.* — La méthode de détermination de la latitude et de l'heure par deux observations de hauteur est souvent employée en mer. Mais, à cause de la longueur des calculs, les marins ne suivent pas la marche directe que nous venons d'exposer; ils font usage d'une méthode indirecte proposée par Douwes, navigateur hollandais. Ici la latitude est toujours connue approximativement par les calculs ordinaires, que permet, sur la marche du vaisseau, l'emploi de la boussole et du loch. Avec cette valeur approchée, en langage de marine *point estimé*, avec la déclinaison et l'intervalle de temps, et à l'aide de celle des deux observations de hauteur qui a été faite loin du méridien, il sera facile d'obtenir une détermination approchée de l'heure dont on se servira ensuite pour trouver la latitude au moyen de l'observation de hauteur faite au voisinage du méridien. Avec cette nouvelle valeur de la latitude, on recommencera le calcul de la détermination de l'heure.

Supposons encore que la même étoile ait été observée deux fois, on a

$$\begin{aligned}\sin h - \sin h' &= \cos\varphi\cos\delta[\cos t - \cos(t+\lambda)]\\ &= 2\cos\varphi\cos\delta\sin(t+\tfrac{1}{2}\lambda)\sin\tfrac{1}{2}\lambda;\end{aligned}$$

d'où

$$2\sin(t+\tfrac{1}{2}\lambda) = \text{séc}\,\varphi\,\text{séc}\,\delta\,(\sin h - \sin h')\,\text{coséc}\tfrac{1}{2}\lambda,$$

ou, en prenant les logarithmes,

$$\text{(A)}\quad\left\{\begin{aligned}&\log 2\sin(t+\tfrac{1}{2}\lambda)\\ &\quad = \log\text{séc}\,\varphi + \log\text{séc}\,\delta + \log(\sin h - \sin h') + \log\text{coséc}\tfrac{1}{2}\lambda.\end{aligned}\right.$$

Puisqu'on connaît une valeur approchée de φ, on tirera de cette équation $t+\frac{1}{2}\lambda$, et par suite t; avec la hauteur h' observée dans le voisinage du méridien, on trouve ensuite une valeur plus exacte de la latitude à l'aide de la formule

$$\text{(B)}\qquad \cos(\varphi-\delta) = \sin h' + \cos\varphi\cos\delta \,.\, 2\sin^2\tfrac{1}{2}(t+\lambda).$$

Si le résultat obtenu diffère trop de la première valeur adoptée pour la latitude, on recommencera, avec cette nouvelle valeur de φ, le calcul des formules (A) et (B).

Douwes a construit des Tables qui facilitent le calcul et qu'on trouve dans l'ouvrage : *Tables requisite to be used with the nautical ephemeris for finding the latitude and longitude at sea*, et dans tous les ouvrages de navigation. Ces Tables donnent les valeurs de log coséc $\frac{1}{2}\lambda$ pour l'angle horaire exprimé en temps sous le titre *Log half elapsed time* (Logarithme du demi-temps écoulé), et de $\log 2\sin(t+\frac{1}{2}\lambda)$ sous le titre *Log middle time* (Logarithme du temps milieu), et enfin de $\log 2\sin^2\frac{1}{2}t$ sous le titre *Log rising time* (Logarithme du temps d'origine). La grandeur log séc φ séc δ se nomme *Log ratio*, et on a, par l'équation (A),

$$\text{log temps milieu} = \text{log ratio} + \log(\sin h - \sin h') + \text{log demi-temps écoulé}.$$

En cherchant ce logarithme dans la Table du temps milieu, on obtient immédiatement la valeur de t. Puis on prend dans les Tables de temps d'origine le logarithme correspondant à l'angle horaire $t+\lambda$, on en retranche le log ratio, et on ajoute le nombre résultant au sinus de la plus grande hauteur. On obtient ainsi le cosinus de $\varphi-\delta$, et par suite la latitude.

Exemple. — Appliquons la méthode de Douwes à l'exemple du n° **116**.

	$\varphi=29^\circ 0'$	log temps d'origine......	$\bar{5},903\,40$
log ratio..............	$0,065\,12$	log ratio...............	$0,065\,12$
log (sin h — sin h').....	$\bar{1},200\,49n$		$+0,000\,07$
log demi-temps écoulé..	$0,526\,45$	sin h'..	$+0,773\,64$
log temps milieu.......	$\bar{1},792\,06n$	log cos$(\varphi-\delta)$.........	$\bar{1},888\,58$
	$t=-2^h 21^m,4$		$\varphi-\delta=39^\circ 18',7$
	$t'=-0^h\ 2^m,9$		$\varphi=29^\circ\ 5',7$

Remarque I. — Si l'on veut, au lieu des Tables de Douwes, employer les formules ordinaires de la trigonométrie sphérique, on calculera les formules

$$\sin(t+\tfrac{1}{2}\lambda)=\frac{\cos\frac{1}{2}(h+h')\sin\frac{1}{2}(h-h')}{\cos\varphi\cos\delta\sin\frac{1}{2}\lambda},$$

$$\cos(\varphi-\mathrm{N})=\frac{\sin h'}{\mathrm{M}},$$

où

$$\sin\delta=\mathrm{M}\sin\mathrm{N},\quad \cos\delta\cos t=\mathrm{M}\cos\mathrm{N}.$$

Remarque II. — Dans le cas où les observations sont faites en mer, les deux hauteurs correspondent à deux points différents de la surface de la Terre, puisque le vaisseau s'est déplacé pendant l'intervalle des deux observations. Mais comme on connaît la vitesse du vaisseau à l'aide du loch et la direction de sa marche par la boussole, il sera très-facile de réduire les deux hauteurs à un même lieu d'observation.

Soit A (*fig.* 11) le lieu du vaisseau à l'époque de la première observation, B sa position à l'époque de la seconde. Menons, par le centre de la Terre et l'astre, une droite qui coupe la surface de la Terre en S', et considérons le triangle ABS'; BS' représente la distance zénithale mesurée en B; et, puisque BA est donné, il suffira de connaître l'angle S'BA pour trouver le côté AS', distance

Fig. 11.

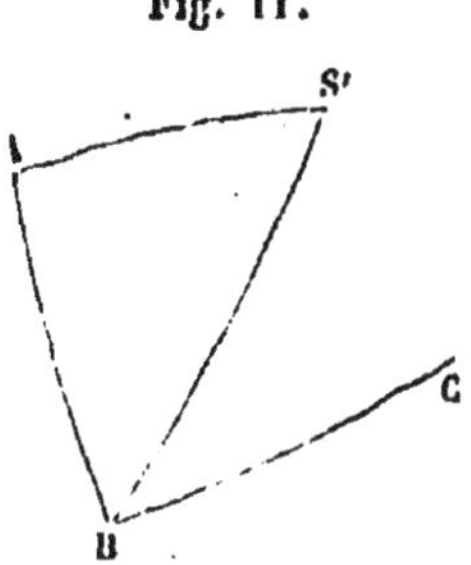

zénithale de l'étoile qu'on aurait mesurée au point A. Par conséquent, en observant la seconde hauteur, celle qu'il faut réduire, le marin devra déterminer aussi l'azimut de l'étoile, c'est-à-dire l'angle S'BC; et comme il connaît l'angle CBA que fait avec le méridien la direction de la marche du vaisseau, il aura par cela même la valeur de l'angle S'BA qu'il cherchait. Soient α cet angle et Δ la distance des deux lieux A et B, h_0 la hauteur réduite, on aura la relation

$$\sin h_0 = \cos\Delta \sin h + \sin\Delta \cos h \cos\alpha,$$

ou

$$\sin h_0 = \sin h + \sin\Delta \cos h \cos\alpha - 2\sin^2\tfrac{1}{2}\Delta \sin h;$$

et si nous remplaçons $\sin\Delta$ par Δ, nous obtenons, à l'aide de la formule (20) du n° **11**,

$$h_0 = h + \Delta\cos\alpha - \tfrac{1}{2}\Delta^2 \operatorname{tang} h,$$

équation dont le dernier terme peut le plus souvent être négligé.

120. *Détermination du temps, de la latitude et de la déclinaison à l'aide de trois observations de hauteur de la même étoile.* — Avec trois observations de hauteur d'une même étoile, on a les trois équations

$$\begin{aligned}
\sin h &= \sin\varphi \sin\delta + \cos\varphi \cos\delta \cos t,\\
\sin h' &= \sin\varphi \sin\delta + \cos\varphi \cos\delta \cos(t+\lambda),\\
\sin h'' &= \sin\varphi \sin\delta + \cos\varphi \cos\delta \cos(t+\lambda'),
\end{aligned}$$

qui serviront à déterminer φ, t et δ. Au moyen des quantités auxiliaires

$$x = \cos\varphi \cos\delta \cos t,$$
$$y = \cos\varphi \cos\delta \sin t,$$
$$z = \sin\varphi \sin\delta,$$

les formules précédentes deviennent

$$\sin h = z + x,$$
$$\sin h' = z + x \cos\lambda - y \sin\lambda,$$
$$\sin h'' = z + x \cos\lambda' - y \sin\lambda'.$$

Ces équations permettent de trouver x, y, z; et ces quantités une fois connues, on obtiendra φ, t et δ à l'aide des relations

$$\operatorname{tang} t = \frac{y}{x},$$
$$\sin\varphi \sin\delta = z,$$
$$\cos\varphi \cos\delta = \sqrt{x^2 + y^2}.$$

Cette méthode paraît, au premier abord, être l'une des plus commodes et des plus avantageuses; car, pour le calcul des observations, elle n'exige aucune donnée étrangère (*). Mais elle n'est point pratique, car les erreurs commises dans les observations des hauteurs ont une très-grande influence sur les quantités inconnues. Cependant si l'on ne considère pas δ comme constant, c'est-à-dire si l'on observe à des hauteurs égales trois étoiles différentes et de déclinaisons connues, le problème devient susceptible d'une solution élégante et utile.

121. *Détermination du temps, de la latitude et de la hauteur par l'observation de trois hauteurs égales. Méthode de Gauss* (**).

(*) Puisque l'on a observé trois hauteurs d'une même étoile, λ et λ' ne dépendent pas de l'ascension droite (no 116).

(**) Voir *Monatliche Correspondenz*, t. XVIII, p. 277 et suiv.

— Dans ce cas, on a les trois équations

$$(a)\qquad \left\{\begin{aligned} \sin h &= \sin\varphi \sin\delta + \cos\varphi \cos\delta \cos t,\\ \sin h &= \sin\varphi \sin\delta' + \cos\varphi \cos\delta' \cos(t+\lambda),\\ \sin h &= \sin\varphi \sin\delta'' + \cos\varphi \cos\delta'' \cos(t+\lambda'), \end{aligned}\right.$$

avec

$$\lambda = (u' - u) - (\alpha' - \alpha),\quad \lambda' = (u'' - u) - (\alpha'' - \alpha).$$

Dans les deux premières équations remplaçons δ et δ' par

$$\tfrac{1}{2}(\delta+\delta') + \tfrac{1}{2}(\delta-\delta') \quad \text{et} \quad \tfrac{1}{2}(\delta+\delta') - \tfrac{1}{2}(\delta-\delta'),$$

et retranchons ensuite la seconde équation de la première, il viendra

$$\begin{aligned} = {} & 2\sin\varphi \sin\tfrac{1}{2}(\delta-\delta')\cos\tfrac{1}{2}(\delta+\delta')\\ & + \cos\varphi\left[\cos\tfrac{1}{2}(\delta-\delta')\cos\tfrac{1}{2}(\delta+\delta') - \sin\tfrac{1}{2}(\delta-\delta')\sin\tfrac{1}{2}(\delta+\delta')\right]\cos t\\ & - \cos\varphi\left[\cos\tfrac{1}{2}(\delta-\delta')\cos\tfrac{1}{2}(\delta+\delta') + \sin\tfrac{1}{2}(\delta-\delta')\sin\tfrac{1}{2}(\delta+\delta')\right]\cos(t+\lambda), \end{aligned}$$

ou

$$(\alpha)\qquad \left\{\begin{aligned} 0 = {} & \sin\varphi \sin\tfrac{1}{2}(\delta-\delta')\cos\tfrac{1}{2}(\delta+\delta')\\ & + \cos\varphi\cos\tfrac{1}{2}(\delta-\delta')\cos\tfrac{1}{2}(\delta+\delta')\sin\tfrac{1}{2}\lambda\sin(t+\tfrac{1}{2}\lambda)\\ & - \cos\varphi\sin\tfrac{1}{2}(\delta-\delta')\sin\tfrac{1}{2}(\delta+\delta')\cos\tfrac{1}{2}\lambda\cos(t+\tfrac{1}{2}\lambda); \end{aligned}\right.$$

d'où résulte

$$\begin{aligned} \operatorname{tang}\varphi = {} & -\sin\tfrac{1}{2}\lambda\sin(t+\tfrac{1}{2}\lambda)\cot\tfrac{1}{2}(\delta-\delta')\\ & + \cos\tfrac{1}{2}\lambda\cos(t+\tfrac{1}{2}\lambda)\operatorname{tang}\tfrac{1}{2}(\delta+\delta'). \end{aligned}$$

Actuellement introduisons les quantités auxiliaires définies par les équations suivantes

$$(\mathrm{A})\qquad \left\{\begin{aligned} \sin\tfrac{1}{2}\lambda \cot\tfrac{1}{2}(\delta-\delta') &= m'\sin \mathrm{M}',\\ \cos\tfrac{1}{2}\lambda \operatorname{tang}\tfrac{1}{2}(\delta+\delta') &= m'\cos \mathrm{M}',\\ \mathrm{M}' + \tfrac{1}{2}\lambda &= \mathrm{N}', \end{aligned}\right.$$

nous aurons

$$(\mathrm{B})\qquad \operatorname{tang}\varphi = m'\cos(t+\mathrm{N}').$$

Avec les notations analogues

$$(C)\qquad \begin{cases} \sin\frac{1}{2}\lambda' \ \cot\frac{1}{2}(\delta - \delta'') = m'' \sin M'', \\ \cos\frac{1}{2}\lambda' \operatorname{tang}\frac{1}{2}(\delta + \delta'') = m'' \cos M'', \\ M'' + \frac{1}{2}\lambda' = N'', \end{cases}$$

la première et la troisième des formules (a) donneront de même

$$(D)\qquad \operatorname{tang}\varphi = m'' \cos(t + N'').$$

De la comparaison des formules (B) et (D) on déduit

$$m' \cos(t + N') = m'' \cos(t + N'');$$

H étant un angle auxiliaire dont la valeur peut être arbitrairement choisie, nous écrirons, selon le procédé habituel de Gauss, l'équation précédente comme il suit :

$$m' \cos[(t + H) + (N' - H)] = m'' \cos[(t + H) + (N'' - H)],$$

d'où, en développant,

$$\operatorname{tang}(t + H) = \frac{m' \cos(N' - H) - m'' \cos(N'' - H)}{m' \sin(N' - H) - m'' \sin(N'' - H)}.$$

Les valeurs de H qui donneraient à cette expression la forme la plus commode pour le calcul seraient o, N', N''; mais, en posant

$$H = \frac{1}{2}(N' + N''),$$

on obtiendra une formule très-élégante; en effet, on a alors

$$\operatorname{tang}[t + \frac{1}{2}(N' + N'')] = \frac{m' - m''}{m' + m''} \cot\frac{1}{2}(N' - N'');$$

si l'on introduit dans cette équation l'angle ζ donné par la relation

$$(E)\qquad \operatorname{tang}\zeta = \frac{m''}{m'},$$

on aura

$$\frac{m' - m''}{m' + m''} = \frac{1 - \operatorname{tang}\zeta}{1 + \operatorname{tang}\zeta} = \operatorname{tang}(45^\circ - \zeta);$$

de telle sorte que la formule précédente deviendra

$$(\mathrm{F})\quad \operatorname{tang}[t+\tfrac{1}{2}(\mathrm{N}'+\mathrm{N}'')]=\operatorname{tang}(45^\circ-\zeta)\cot\tfrac{1}{2}(\mathrm{N}'-\mathrm{N}'').$$

Les équations (A),..., (F) renferment la solution du problème. On cherche d'abord, à l'aide des équations (A) et (C), les valeurs de m', M', N' et de m'', M'', N''; on trouve ensuite t par les équations (E) et (F), et φ par l'une des équations (B) ou (D); on n'a donc pas besoin de connaître la hauteur pour calculer φ et t; mais, en substituant dans les équations primitives (a) les nombres ainsi trouvés, on obtient la valeur de h; et si, d'un autre côté, on a lu cette hauteur sur l'instrument lui-même, la comparaison du calcul et de l'observation permettra de déterminer l'erreur de l'instrument.

Équations différentielles. — Étudions maintenant les positions relatives que les trois étoiles doivent occuper dans le ciel, pour que leur observation donne les résultats les plus exacts. Pour cela, nous aurons encore recours aux équations différentielles. Puisque les trois hauteurs sont égales, on peut supposer que les valeurs de dh sont aussi les mêmes dans les trois équations différentielles, car il suffit de reporter sur les valeurs du temps les erreurs commises dans l'observation des hauteurs. Dès lors

$$t=u+\Delta u-\alpha,$$

et ainsi dt sera composé de deux erreurs :

1° L'erreur $d(\Delta u)$ commise sur l'état de la pendule, et qui est la même pour les trois observations, car on considère la marche de la pendule comme connue;

2° L'erreur commise sur le temps de l'observation, erreur qui, au contraire, pourra être différente pour chacune d'elles.

Les trois équations différentielles sont ainsi

$$dh=-\cos\mathrm{A}\,d\varphi-\cos\varphi\sin\mathrm{A}\,du-\cos\varphi\sin\mathrm{A}\,d(\Delta u),$$

$$dh=-\cos\mathrm{A}'\,d\varphi-\cos\varphi\sin\mathrm{A}'\,du'-\cos\varphi\sin\mathrm{A}'\,d(\Delta u),$$

$$dh=-\cos\mathrm{A}''\,d\varphi-\cos\varphi\sin\mathrm{A}''\,du''-\cos\varphi\sin\mathrm{A}''\,d(\Delta u).$$

Retranchons la seconde équation de la première, nous obtenons

$$0 = 2\sin\tfrac{1}{2}(A+A')\,d\varphi - 2\cos\tfrac{1}{2}(A+A')\cos\varphi\,d(\Delta u) - \frac{\cos\varphi\sin A}{\sin\frac{1}{2}(A-A')}du + \frac{\cos\varphi\sin A'}{\sin\frac{1}{2}(A-A')}du',$$

et de même, en retranchant la troisième de la première,

$$0 = 2\sin\tfrac{1}{2}(A+A'')\,d\varphi - 2\cos\tfrac{1}{2}(A+A'')\cos\varphi\,d(\Delta u) - \frac{\cos\varphi\sin A}{\sin\frac{1}{2}(A-A'')}du + \frac{\cos\varphi\sin A''}{\sin\frac{1}{2}(A-A'')}du'';$$

enfin, en éliminant successivement $d(\Delta u)$ et $d\varphi$ entre ces deux équations, on a

$$d\varphi = \frac{\cos\varphi\sin A\cos\frac{1}{2}(A'+A'')}{2\sin\frac{1}{2}(A-A')\sin\frac{1}{2}(A-A'')}du + \frac{\cos\varphi\sin A'\cos\frac{1}{2}(A''+A)}{2\sin\frac{1}{2}(A'-A'')\sin\frac{1}{2}(A'-A)}du' + \frac{\cos\varphi\sin A''\cos\frac{1}{2}(A+A')}{2\sin\frac{1}{2}(A''-A)\sin\frac{1}{2}(A''-A')}du'',$$

et

$$d(\Delta u) = \frac{\sin A\sin\frac{1}{2}(A'+A'')}{2\sin\frac{1}{2}(A-A')\sin\frac{1}{2}(A-A'')}du + \frac{\sin A'\sin\frac{1}{2}(A''+A)}{2\sin\frac{1}{2}(A'-A'')\sin\frac{1}{2}(A'-A)}du' + \frac{\sin A''\sin\frac{1}{2}(A+A')}{2\sin\frac{1}{2}(A''-A)\sin\frac{1}{2}(A''-A')}du''.$$

On voit ainsi que l'on doit choisir les étoiles de telle sorte que la différence des azimuts de deux quelconques d'entre elles soit la plus grande possible, car alors les dénominateurs des coefficients de du, du' et du'' atteignent leur valeur maximum. On prendra donc des étoiles telles, que la différence de leurs azimuts soit sensiblement de 120°.

Exemple. — Le Dr Westphal a observé au Caire, le 5 octobre 1822, trois hauteurs égales des étoiles suivantes :

α Petite Ourse......	à $8^h 28^m 17^s$,	à l'ouest.
α Hercule..........	8.31.21,	à l'ouest.
α Bélier...........	8.47.30,	à l'est.

Les coordonnées de ces étoiles étaient, pour le jour indiqué :

	α	δ
α Petite Ourse....	$0^h 58^m 14^s,10$,	$+88^\circ 21' 54'',3$,
α Hercule.........	17. 6.34,26,	+14 36. 2,0,
α Bélier.	1.57.14,00,	+22.37.22,7.

Dans le cas actuel,

$$u' - u = + 3^m 4^s,0, \qquad u'' - u = + 19^m 13^s,0,$$

ou, en temps sidéral,

$$\begin{aligned} u' - u &= + \quad 0^h\ 3^m\ 4^s,50 & u'' - u &= + 0^h 19^m 16^s,16 \\ \alpha' - \alpha &= - \quad 7.51.39,84 & \alpha'' - \alpha &= + 0.58.59,90 \\ \hline \lambda &= + \quad 7.54.44,34 & \lambda' &= - 0.39.43,74 \\ &= + 118^\circ 41'\ 5'',10 & &= - 9^\circ 55' 56'',10 \end{aligned}$$

On a en outre

$$\begin{aligned} \tfrac{1}{2}(\delta - \delta') &= 36^\circ 52' 56'',15, \\ \tfrac{1}{2}(\delta + \delta') &= 51.28.58,15, \\ \tfrac{1}{2}(\delta - \delta'') &= 32.52.15,80, \\ \tfrac{1}{2}(\delta + \delta'') &= 55.29.38,50. \end{aligned}$$

On en conclut

$$\begin{aligned} \log m' &= 0,1183684, & \log m'' &= 0,1629829, \\ M' &= 60^\circ 48' 11'',92, & M'' &= - \quad 5^\circ 16' 52'',22, \\ N' &= 120.\ 8.44,47, & N'' &= - 10.14.50,27, \end{aligned}$$

$$\begin{aligned} \tfrac{1}{2}(N' + N'') &= \quad 54^\circ 56' 57'',10, \\ \tfrac{1}{2}(N' - N'') &= \quad 65.11.47,37, \\ \zeta &= \quad 47.56.16,08, \\ t &= - 56.18.28,09, \\ t + N' &= \quad 63.50.16,38, \\ t + N'' &= - 66.33.18,36, \end{aligned}$$

valeurs qui, introduites dans les formules (B) et (D), donnent pour φ la même valeur

$$\varphi = 30^\circ 4' 23'',72.$$

Avec la valeur

$$t = -3^h 45^m 13^s,87,$$

on obtient pour le temps sidéral

$$\Theta = 21^h 13^m 0^s,23;$$

or, le temps sidéral à midi était $12^h 54^m 2^s,04$, on avait donc pour valeur du temps moyen $8^h 17^m 36^s,44$, et l'état de la pendule par rapport au temps moyen était

$$\Delta u = -10^m 40^s,56.$$

Si l'on calcule aussi la hauteur avec l'une des trois équations (a), on trouve

$$h = 30^\circ 58' 14'',44.$$

A l'aide des quantités auxiliaires N′ et N″, on obtient les angles horaires t' et t'',

$$t' = 62^\circ 22' 37'',01, \quad t'' = -66^\circ 14' 24'',19,$$

et, par suite, les trois azimuts

$$A = 181^\circ 35',2, \quad A' = 89^\circ 33',2, \quad A'' = 279^\circ 50',4;$$

enfin on a, pour les équations différentielles,

$$d\varphi = -0,329\, du - 5,739 du' - 6,068 du'',$$
$$d(\Delta u) = -0,0018 du + 0,468 du' - 0,396 du'',$$

où $d\varphi$ est exprimé en secondes d'arc et $d(\Delta u)$, du, du' et du'' en secondes de temps.

122. *Formules de Cagnoli.* — Cagnoli donne, dans sa Trigonométrie, une solution très-élégante d'un problème (*) qui, sans

(*) Ce problème est le suivant : « *Déterminer, à l'aide de trois lieux héliocentriques d'une tache du Soleil, la position de l'Équateur solaire et la déclinaison de la tache.* Gauss a le premier fait remarquer l'analogie de ces deux problèmes (*Monatliche Correspondenz*, vol. XIX, p. 89 et suiv.).

être identique à celui qui nous occupe maintenant, a cependant avec lui de si grandes analogies, que les mêmes formules s'appliquent immédiatement au problème actuel ; de plus, si l'on veut trouver non-seulement le temps et la latitude, mais aussi la hauteur, les formules de Cagnoli donneront lieu à un calcul plus simple que les méthodes exposées plus haut.

Soient (*fig.* 12) S, S′, S″ les trois étoiles observées : considé-

Fig. 12.

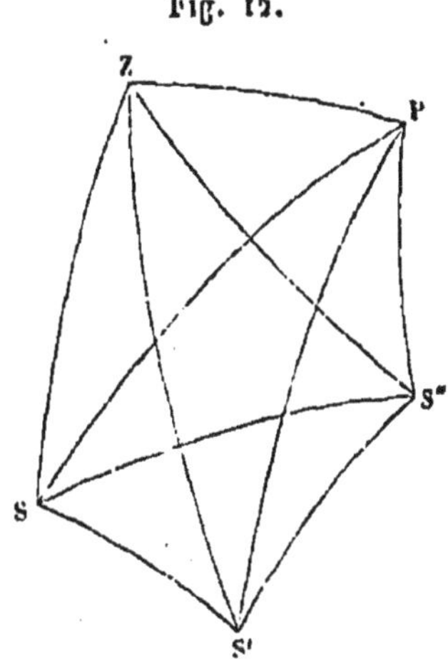

rons le triangle formé par le zénith, le pôle et la première étoile, et soit p l'angle parallactique ; les analogies de Néper donneront

$$(A)\quad\left\{\begin{aligned}\operatorname{tang}\tfrac{1}{2}(\varphi+h)&=\frac{\cos\frac{1}{2}(t+p)}{\cos\frac{1}{2}(t-p)}\cot(45^\circ-\tfrac{1}{2}\delta)\\&=\frac{\cos\frac{1}{2}(t+p)}{\cos\frac{1}{2}(t-p)}\operatorname{tang}(45^\circ+\tfrac{1}{2}\delta),\\\operatorname{tang}\tfrac{1}{2}(\varphi-h)&=\frac{\sin\frac{1}{2}(t-p)}{\sin\frac{1}{2}(t+p)}\operatorname{tang}(45^\circ-\tfrac{1}{2}\delta)\\&=\frac{\sin\frac{1}{2}(t-p)}{\sin\frac{1}{2}(t+p)}\cot(45^\circ+\tfrac{1}{2}\delta);\end{aligned}\right.$$

pour abréger, posons

$$\begin{aligned}PS''S'-PS'S''&=2A,\\PS''S-PSS''&=2A',\\PS'S-PSS'&=2A'',\end{aligned}$$

les analogies de Néper, appliquées aux triangles PSS′, PS′S″ et PS″S, donneront

$$
(B)\quad \begin{cases}
\operatorname{tang} A = \dfrac{\sin\frac{1}{2}(\delta''-\delta')}{\cos\frac{1}{2}(\delta''+\delta')}\cot\frac{1}{2}(\lambda'-\lambda), \\
\operatorname{tang} A' = \dfrac{\sin\frac{1}{2}(\delta''-\delta)}{\cos\frac{1}{2}(\delta''+\delta)}\cot\frac{1}{2}\lambda', \\
\operatorname{tang} A'' = \dfrac{\sin\frac{1}{2}(\delta'-\delta)}{\cos\frac{1}{2}(\delta'+\delta)}\cot\frac{1}{2}\lambda,
\end{cases}
$$

où λ et λ' ont la même signification que précédemment; d'un autre côté, des relations

$$
\begin{aligned}
p + PSS' &= PS'S - p', \\
p' + PS'S'' &= PS''S' - p'', \\
p + PSS'' &= PS''S - p'',
\end{aligned}
$$

il résulte

$$
(C)\quad \begin{cases}
p = A' + A'' - A, \\
p' = A + A'' - A', \\
p'' = A + A' - A'';
\end{cases}
$$

mais nous avons

$$
\frac{\sin t}{\sin p} = \frac{\cos h}{\cos \varphi},
$$

$$
\frac{\sin (t+\lambda)}{\sin p'} = \frac{\cos h}{\cos \varphi}:
$$

donc

$$
\frac{\sin t}{\sin (t+\lambda)} = \frac{\sin p}{\sin p'},
$$

ou

$$
\frac{\sin t + \sin(t+\lambda)}{\sin t - \sin(t+\lambda)} = \frac{\sin(A'+A''-A) + \sin(A+A''-A')}{\sin(A'+A''-A) - \sin(A+A''-A')},
$$

et, par conséquent,

$$
\operatorname{tang}(t+\tfrac{1}{2}\lambda)\cot\tfrac{1}{2}\lambda = \operatorname{tang} A''\cot(A-A'),
$$

ou, en remplaçant tang A″ par sa valeur tirée de l'équation (B),

$$(\mathrm{D}) \qquad \operatorname{tang}\left(t+\tfrac{1}{2}\lambda\right)=\frac{\sin\frac{1}{2}(\delta'-\delta)}{\cos\frac{1}{2}(\delta'+\delta)}\cot(\mathrm{A}-\mathrm{A}').$$

Ainsi, on calculera d'abord A, A′ et A″ au moyen des équations (B), puis p, p', p'' et t à l'aide des équations (C) et (D), et enfin φ et h au moyen des équations (A).

L'emploi de ces formules présente un inconvénient : les différents angles qu'elles renferment n'étant déterminés que par leurs tangentes, il reste une incertitude sur le choix du quadrant dans lequel il faut prendre chacun d'eux. Néanmoins on peut choisir arbitrairement le quadrant dans lequel se trouve l'extrémité de l'un d'eux, à la condition de prendre ensuite $180°+t$ au lieu de t, si l'on trouve pour φ et h des valeurs telles, que $\cos\varphi$ et $\sin h$ aient des signes contraires. De même, si les valeurs obtenues pour φ et h sont plus grandes que 90°, on prendra pour ces angles leur supplément à 180°, ou leur différence avec le plus prochain multiple de 180°. D'ailleurs la latitude est boréale ou australe, suivant que $\sin\varphi$ et $\sin h$ sont de même signe ou de signe contraire.

Exemple. — Appliquons ces formules à l'exemple donné au n° **121**. Nous avons

$$\begin{array}{ll}
\tfrac{1}{2}\lambda=+59°20'32'',55, & \tfrac{1}{2}\lambda'=-\;\;4°57'58'',05,\\
\tfrac{1}{2}(\delta''-\delta')=+\;\;4.\;\;0.40\;,35, & \tfrac{1}{2}(\delta''+\delta')=+18.36.42\;,35,\\
\tfrac{1}{2}(\delta''-\delta)=-32.52.15\;,80, & \tfrac{1}{2}(\delta''+\delta)=+55.29.38\;,50,\\
\tfrac{1}{2}(\delta'-\delta)=-36.52.56\;,15, & \tfrac{1}{2}(\delta'+\delta)=+51.28.58\;,15,
\end{array}$$

et par suite

$$\mathrm{A}=-2°2'1'',33,\quad \mathrm{A}'=+84°49'4'',07,\quad \mathrm{A}''=-29°44'16'',52,$$

$$\begin{aligned}
\mathrm{A}-\mathrm{A}'&=-86°51'\;\;5'',40,\\
t+\tfrac{1}{2}\lambda&=+\;\;3.\;\;2.\;\;4\;,47,\\
t&=-56.18.28\;,08.
\end{aligned}$$

Pour trouver φ et h, on devrait employer les formules (A) déduites du triangle formé par le pôle, le zénith et la première étoile; mais comme, dans ce triangle, certains angles sont très-petits, il vaut mieux se servir du triangle qui correspond à la seconde étoile, et par conséquent calculer les formules

$$\tang\tfrac{1}{2}(\varphi + h) = \frac{\cos\frac{1}{2}(t' + p')}{\cos\frac{1}{2}(t' - p')}\tang(45^\circ + \tfrac{1}{2}\delta'),$$

$$\tang\tfrac{1}{2}(\varphi - h) = \frac{\sin\frac{1}{2}(t' - p')}{\sin\frac{1}{2}(t' + p')}\cot(45^\circ + \tfrac{1}{2}\delta').$$

Nous avons maintenant

$$t' = t + \lambda = 62^\circ 22' 37'',02,$$
$$p' = \mathrm{A} + \mathrm{A}'' - \mathrm{A}' = 243.24.38,08,$$

et enfin

$$\varphi = 30^\circ 4' 23'',73,$$
$$h = 149.1.45,58,$$

ou, en prenant pour h l'angle supplémentaire,

$$h = 30^\circ 58' 14'',42,$$

valeurs qui s'accordent parfaitement avec celles trouvées dans le numéro précédent.

123. *Démonstration analytique des formules de Cagnoli.* — D'après les formules fondamentales de la trigonométrie sphérique, nous avons pour les trois étoiles les systèmes d'équations

$$(a)\quad\left\{\begin{aligned}\sin h &= \sin\varphi\sin\delta + \cos\varphi\cos\delta\cos t,\\ \cos h\sin p &= \cos\varphi\sin t,\\ \cos h\cos p &= \sin\varphi\cos\delta - \cos\varphi\sin\delta\cos t;\end{aligned}\right.$$

$$(b)\quad\left\{\begin{aligned}\sin h &= \sin\varphi\sin\delta' + \cos\varphi\cos\delta'\cos(t+\lambda),\\ \cos h\sin p' &= \cos\varphi\sin(t+\lambda),\\ \cos h\cos p' &= \sin\varphi\cos\delta' - \cos\varphi\sin\delta'\cos(t+\lambda);\end{aligned}\right.$$

$$(c)\quad\left\{\begin{aligned}\sin h &= \sin\varphi\sin\delta'' + \cos\varphi\cos\delta''\cos(t+\lambda'),\\ \cos h\sin p'' &= \cos\varphi\sin(t+\lambda'),\\ \cos h\cos p'' &= \sin\varphi\cos\delta'' - \cos\varphi\sin\delta''\cos(t+\lambda').\end{aligned}\right.$$

Dans ces équations remplaçons δ par $\frac{1}{2}(\delta + \delta') + \frac{1}{2}(\delta - \delta')$ et δ' par $\frac{1}{2}(\delta + \delta') - \frac{1}{2}(\delta - \delta')$, et retranchons l'une de l'autre les premières équations de chacun des systèmes (a) et (b), nous aurons [équation (α) du n° 121]

$$(\alpha)\quad \left\{\begin{aligned} o &= \sin\varphi \sin\tfrac{1}{2}(\delta - \delta')\cos\tfrac{1}{2}(\delta + \delta') \\ &\quad + \cos\varphi\cos\tfrac{1}{2}(\delta - \delta')\cos\tfrac{1}{2}(\delta + \delta')\sin\tfrac{1}{2}\lambda\sin(t + \tfrac{1}{2}\lambda) \\ &\quad - \cos\varphi\sin\tfrac{1}{2}(\delta - \delta')\sin\tfrac{1}{2}(\delta + \delta')\cos\tfrac{1}{2}\lambda\cos(t + \tfrac{1}{2}\lambda); \end{aligned}\right.$$

de même, nous déduirons des troisièmes équations de chacun des systèmes (a) et (b)

$$(\beta)\quad \left\{\begin{aligned} &\cos h \sin\tfrac{1}{2}(p - p')\sin\tfrac{1}{2}(p + p') \\ &\quad = + \sin\varphi\sin\tfrac{1}{2}(\delta - \delta')\sin\tfrac{1}{2}(\delta + \delta') \\ &\qquad + \cos\varphi\cos\tfrac{1}{2}(\delta - \delta')\sin\tfrac{1}{2}(\delta + \delta')\sin\tfrac{1}{2}\lambda\sin(t + \tfrac{1}{2}\lambda) \\ &\qquad + \cos\varphi\sin\tfrac{1}{2}(\delta - \delta')\cos\tfrac{1}{2}(\delta + \delta')\cos\tfrac{1}{2}\lambda\cos(t + \tfrac{1}{2}\lambda); \end{aligned}\right.$$

multiplions l'équation (α) par $\cos\frac{1}{2}(\delta + \delta')$, l'équation (β) par $\sin\frac{1}{2}(\delta + \delta')$ et retranchons les équations résultantes ; $\sin\varphi$ sera éliminé, et nous obtiendrons

$$(\gamma)\quad \left\{\begin{aligned} &\cos h\cos\tfrac{1}{2}(\delta + \delta')\sin\tfrac{1}{2}(p + p')\sin\tfrac{1}{2}(p - p') \\ &\quad = \cos\varphi\sin\tfrac{1}{2}(\delta - \delta')\cos\tfrac{1}{2}\lambda\cos(t + \tfrac{1}{2}\lambda). \end{aligned}\right.$$

En retranchant les secondes équations des deux systèmes (a) et (b), il vient

$$(\delta)\quad \cos h\cos\tfrac{1}{2}(p' + p)\sin\tfrac{1}{2}(p' - p) = \cos\varphi\sin\tfrac{1}{2}\lambda\cos(t + \tfrac{1}{2}\lambda),$$

d'où

$$\operatorname{tang}\tfrac{1}{2}(p' + p) = \frac{\sin\frac{1}{2}(\delta' - \delta)}{\cos\frac{1}{2}(\delta' + \delta)}\cot\tfrac{1}{2}\lambda = \operatorname{tang}A'';$$

par la combinaison des équations correspondantes des groupes (a) et (c), (b) et (c), on trouvera les formules analogues

$$\operatorname{tang}\tfrac{1}{2}(p'' + p) = \frac{\sin\frac{1}{2}(\delta'' - \delta)}{\cos\frac{1}{2}(\delta'' + \delta)}\cot\tfrac{1}{2}\lambda' = \operatorname{tang}A',$$

$$\operatorname{tang}\tfrac{1}{2}(p'' + p') = \frac{\sin\frac{1}{2}(\delta'' - \delta')}{\cos\frac{1}{2}(\delta'' + \delta')}\cot\tfrac{1}{2}(\lambda' - \lambda) = \operatorname{tang}A;$$

enfin, ajoutons les secondes équations des systèmes (a) et (b), nous trouvons la relation

$$(\varepsilon)\quad \cos h \sin\tfrac{1}{2}(p'+p)\cos\tfrac{1}{2}(p'-p) = \cos\varphi\cos\tfrac{1}{2}\lambda\sin(t+\tfrac{1}{2}\lambda);$$

et en divisant membre à membre les équations (δ) et (ε), nous obtenons

$$\operatorname{tang}(t+\tfrac{1}{2}\lambda) = \frac{\sin\frac{1}{2}(\delta'-\delta)}{\cos\frac{1}{2}(\delta'+\delta)}\cot\tfrac{1}{2}(p'-p),$$

où

$$p'-p = 2(A-A').$$

Après avoir ainsi calculé p et t pour la première étoile, nous pourrons trouver φ et h au moyen des formules obtenues précédemment à l'aide des analogies de Néper,

$$\operatorname{tang}\tfrac{1}{2}(\varphi+h) = \frac{\cos\frac{1}{2}(t+p)}{\cos\frac{1}{2}(t-p)}\cot(45^\circ-\tfrac{1}{2}\delta),$$

$$\operatorname{tang}\tfrac{1}{2}(\varphi-h) = \frac{\sin\frac{1}{2}(t-p)}{\sin\frac{1}{2}(t+p)}\operatorname{tang}(45^\circ-\tfrac{1}{2}\delta).$$

IV. — Détermination du temps et de la latitude par l'observation des azimuts des étoiles.

124. — *Trouver le temps par l'observation d'un azimut.* — Nous avons montré précédemment comment on peut, avec la déclinaison et l'azimut d'une étoile ainsi que la latitude du lieu d'observation, calculer l'angle horaire de cette étoile; on comprend donc que si la latitude du lieu d'observation est connue, il suffit, pour obtenir l'état de la pendule, de noter l'heure qu'elle marque au moment où, une étoile dont les coordonnées sont connues, atteint un azimut déterminé. Lorsque l'observation est faite dans le méridien, on n'a besoin de connaître ni la latitude ni la déclinaison de l'étoile, et d'ailleurs, la variation de l'azimut étant alors maximum, les conditions d'observation seront les plus avantageuses possibles.

De plus, en différentiant l'équation

$$\cot A \sin t = -\cos\varphi\operatorname{tang}\delta + \sin\varphi\cos t,$$

on obtient (n° 36)

$$\cos h\, dA = -\sin A \sin h\, d\varphi + \cos\delta \cos p\, dt;$$

si l'observation est faite dans le méridien

$$\sin A = 0, \quad \cos p = 1,$$

et si l'étoile passe au méridien au sud du zénith

$$h = 90^\circ - \varphi + \delta;$$

on a donc

$$dt = \frac{\sin(\varphi - \delta)}{\cos\delta}\, dA.$$

Cette équation montre que dans la détermination du temps à l'aide d'observations faites dans le méridien, on doit choisir des étoiles qui soient proches du zénith au moment de leur passage au méridien, car alors $\varphi - \delta = 0$, et une erreur commise sur l'azimut n'a aucune influence sur la détermination du temps.

Actuellement soient α l'ascension droite d'une pareille étoile et u le temps de la pendule au moment de son passage au méridien : si la pendule est réglée sur le temps sidéral, son état est égal à $\alpha - u$; si elle est, au contraire, réglée sur le temps moyen, on convertit en temps moyen l'ascension droite de l'étoile donnée par les Catalogues, c'est-à-dire le temps sidéral de son passage au méridien, et m étant le temps moyen ainsi obtenu, $m - u$ sera l'état de la pendule par rapport au temps moyen.

Pour des étoiles qui ne satisfont pas à la condition précédente, l'exactitude de la détermination du temps dépend de l'exactitude de la direction adoptée pour le méridien. Dans le cas où l'erreur commise sur cette direction est très-faible, il est facile d'en obtenir la valeur par l'observation de deux étoiles passant au méridien, l'une près du zénith, l'autre près de l'horizon, et par conséquent de trouver, pour l'état de la pendule, un nombre qui en soit complétement indépendant. Soit en effet ΔA l'azimut dans lequel l'étoile a été observée et que nous supposons coïncider à très-peu près avec le méridien; soient $\Theta - \alpha$ et $\Theta' - \alpha'$ les angles horaires des deux étoiles aux moments des observations : ces deux angles horaires seront du même ordre de grandeur que ΔA, et, d'après ce qui précède, on pourra les représenter par les deux expressions

$$\frac{\sin(\varphi-\delta)}{\cos\delta}\Delta A, \qquad \frac{\sin(\varphi-\delta')}{\cos\delta'}\Delta A.$$

Or

$$\Theta = u + \Delta u, \quad \Theta' = u' + \Delta u;$$

on a donc les deux équations

$$\alpha = u + \Delta u - \frac{\sin(\varphi-\delta)}{\cos\delta}\Delta A,$$

$$\alpha' = u' + \Delta u - \frac{\sin(\varphi-\delta')}{\cos\delta'}\Delta A,$$

qui pourront servir à déterminer à la fois Δu et ΔA. Si la construction de l'instrument permet d'observer non-seulement dans l'azimut ΔA, mais aussi dans l'azimut $180° + \Delta A$, il convient, pour déterminer ΔA avec plus d'exactitude encore, de remplacer les étoiles précédentes par deux autres dont l'une soit voisine de l'équateur et l'autre du pôle. Dans ce cas, en effet, les coefficients de ΔA ont des signes contraires dans les deux équations, et de plus dans celle qui est relative à la circompolaire, ce coefficient est très-grand en valeur absolue (*).

Exemple. — A l'Observatoire de Bilk, avant que la lunette méridienne fût exactement dans le méridien, on avait observé les passages suivants au fil moyen :

α Cocher.........	$5^h 6^m 27^s,72$,
β Orion...........	$5.8.12,71$.

Les coordonnées de ces deux étoiles étaient

$$\alpha = 5^h 5^m 33^s,25, \qquad \delta = +45° 50',3,$$
$$\alpha' = 5.7.17,33, \qquad \delta' = -\ 8.23,1;$$

(*) On suppose ici que, par construction même, la ligne de collimation de l'instrument décrit un plan vertical. Le cas où cette condition ne serait pas remplie sera traité au n° 22 du second volume.

d'autre part, la latitude de Bilk a pour valeur

$$\varphi = 51^\circ 12',5.$$

Ces nombres introduits dans les équations précédentes donnent

$$-54^s,47 = \Delta u - 0,13433\,\Delta A,$$
$$-55,38 = \Delta u - 0,87178\,\Delta A;$$

on en déduit

$$\Delta u = -54^s,30, \qquad \Delta A = +1^s,23.$$

125. *Trouver le temps par l'observation de la disparition d'une étoile derrière un objet terrestre.* — Olbers a proposé, pour déterminer le temps, une méthode simple qui consiste à observer l'époque de la disparition d'une étoile derrière une mire verticale. Cette mire doit être placée haut et loin, de telle sorte qu'elle puisse être aperçue distinctement dans la lunette en même temps que l'étoile, et qu'en outre la disparition de l'astre soit instantanée. La lunette employée dans ces observations doit d'ailleurs conserver toujours la même position, et n'avoir qu'un faible grossissement. Supposons que d'autres méthodes aient fait connaître pour un jour quelconque le temps sidéral de l'occultation de l'étoile par la mire, ce phénomène devra évidemment arriver les jours suivants au même temps sidéral, tant que la position de l'étoile sur la sphère céleste n'aura pas changé : dès lors l'observation d'une occultation faite un autre jour donnera immédiatement l'état d'une pendule réglée sur le temps sidéral. Mais si l'on se sert d'une pendule réglée sur le temps moyen, on devra tenir compte de la quantité dont le temps sidéral avance sur le temps moyen, c'est-à-dire de l'accélération des fixes, en vertu de laquelle l'époque de l'occultation de l'étoile avancera chaque jour de $3^m 55^s,909$ de temps moyen.

Lorsque l'ascension droite de l'étoile varie seule, le temps sidéral de son occultation varie de la même quantité, puisque la position où l'étoile est observée correspond toujours au même azimut, et par suite à la même hauteur et au même angle horaire. Lorsque, au contraire, la déclinaison varie, l'angle horaire qui correspond à cet azimut déterminé change chaque jour, et dA et $d\varphi$ étant tous deux nuls, on a, d'après les formules différentielles du nº 36,

$$d\delta = \cos p\, dh, \quad \cos\delta\, dt = -\sin p\, dh,$$

où p est l'angle parallactique; d'où

$$dt = -\frac{\tang p}{\cos\delta}\, d\delta.$$

Par conséquent, si l'ascension droite et la déclinaison varient en même temps des quantités $\Delta\alpha$ et $\Delta\delta$, le temps sidéral de la disparition de l'étoile derrière la mire se déduira du temps déjà déterminé par l'addition de la quantité

$$+\frac{1}{15}\left(\Delta\alpha - \frac{\tang p}{\cos\delta}\Delta\delta\right).$$

EXEMPLE. — Olbers avait trouvé par d'autres observations que, le 6 septembre 1800, l'étoile δ Couronne disparaissait à $11^h 23^m 18^s,3$ de temps moyen, ou à $22^h 26^m 21^s,78$ de temps sidéral, derrière le mur vertical d'une tour éloignée dont l'azimut était $64°56'21'',4$. Le 12 septembre, il observa sa disparition à $10^h 49^m 21^s,0$; or, ce phénomène devait avoir lieu, en temps moyen, à

$$11^h 23^m 18^s,3 - 6 \times 3^m 55^s,909,$$

ou

$$10^h 59^m 42^s,9;$$

par rapport au temps moyen, l'état de la pendule était donc

$$+10^m 21^s,9.$$

En outre, du 6 septembre 1800 au 6 septembre 1801, on avait

$$\Delta\alpha = +42'',0, \quad \Delta\delta = -13'',2;$$

et, puisque

$$p = 37°31', \quad \delta = +26°41',$$

nous trouvons

$$\frac{\operatorname{tang} p}{\cos\delta}\Delta\delta = -11'',35;$$

la correction complète est donc

$$+53'',35 \quad \text{ou} \quad 3^s,56.$$

Par conséquent, le 6 septembre 1801, la disparition de l'étoile devait avoir lieu à $22^h 26^m 25^s,34$ de temps sidéral (*).

126. *Trouver la latitude par l'observation des azimuts. — Observation d'une étoile connue.* — Quand on connaît le temps, il est facile de trouver la latitude par l'observation, faite dans un azimut déterminé, d'une étoile dont la position est connue. On a, en effet, l'équation

$$\cot A \sin t = -\cos\varphi \operatorname{tang}\delta + \sin\varphi \cos t,$$

qui donne, après différentiation,

$$\sin A\, d\varphi = -\cot h\, dA + \frac{\cos\delta \cos p}{\sin h} dt + \frac{\sin p}{\sin h} d\delta.$$

On voit donc que, pour déterminer le plus exactement possible la latitude par l'observation des azimuts, on doit faire ces observations dans le voisinage du premier vertical, puisqu'alors $\sin A$ est maximum. De plus, il convient aussi de choisir une étoile qui passe près du zénith du lieu d'observation, car, dans ce cas, les coefficients de dA et dt sont très-petits; en effet, en remplaçant $\cos\delta \cos p$ par la valeur

$$\cos\delta \cos p = \sin\varphi \cos h + \cos\varphi \sin h \cos A,$$

il devient évident qu'au zénith les erreurs commises sur l'azimut et le temps n'ont aucune influence; mais, puisque $\sin p = 1$, une erreur commise sur la valeur de la déclinaison adoptée produira alors sur la latitude une erreur d'importance à peu près égale.

(*) DE ZACH. — *Monatliche Correspondenz*, vol. III, p. 124 et suiv.

On observe deux étoiles différentes ou deux fois la même étoile. — Quand on n'observe qu'une seule étoile dans un azimut déterminé, il faut connaître cet azimut lui-même; mais, avec deux observations d'étoiles différentes, il en est autrement. On a, en effet, les deux équations

$$(a)\qquad \begin{cases} \cot A\ \sin t = -\cos\varphi\ \tang\delta + \sin\varphi \cos t, \\ \cot A'\ \sin t' = -\cos\varphi\ \tang\delta' + \sin\varphi\cos t'\,; \end{cases}$$

en multipliant la première par $\sin t'$, la seconde par $\sin t$, on obtient

$$\sin t \sin t' \frac{\sin(A'-A)}{\sin A \sin A'}$$
$$= \cos\varphi(\tang\delta' \sin t - \tang\delta \sin t') + \sin\varphi \sin(t'-t),$$

et comme

$$\cos\delta \sin t = \cos h \sin A, \quad \cos\delta' \sin t' = \cos h' \sin A',$$

on a

$$(b)\qquad \begin{cases} \cos h \cos h' \sin(A'-A) \\ \quad = \cos\varphi(\cos\delta \sin\delta' \sin t - \sin\delta\cos\delta' \sin t') \\ \qquad + \sin\varphi \sin(t'-t)\cos\delta\cos\delta'. \end{cases}$$

Posons

$$(A)\qquad \begin{cases} \sin(\delta'+\delta)\sin\tfrac{1}{2}(t'-t) = m \sin M, \\ \sin(\delta'-\delta)\cos\tfrac{1}{2}(t'-t) = m\cos M, \end{cases}$$

puis multiplions la première de ces équations par $\cos\frac{1}{2}(t'+t)$, la seconde par $\sin\frac{1}{2}(t'+t)$, et retranchons ensuite la seconde de la première, nous aurons

$$m \sin[\tfrac{1}{2}(t'+t) - M] = \sin\delta' \cos\delta \sin t - \cos\delta' \sin\delta \sin t';$$

multipliant au contraire la première équation par $\cos\frac{1}{2}(t'-t)$, la seconde par $\sin\frac{1}{2}(t'-t)$, et retranchant ensuite la première de la seconde, on aura

$$m \sin[\tfrac{1}{2}(t'-t) - M] = -\sin\delta\cos\delta' \sin(t'-t);$$

l'équation (b) peut donc s'écrire

$$\cos h \cos h' \sin(A' - A) = + m \cos\varphi \sin[\tfrac{1}{2}(t' + t) - M] - m \sin\varphi \sin[\tfrac{1}{2}(t' - t) - M] \cot\delta.$$

Si maintenant on suppose que les deux étoiles ont été observées dans le même azimut ou dans des azimuts qui diffèrent de 180°,

$$\sin(A' - A) = 0,$$

et par suite

$$\text{(B)} \qquad \tan\varphi = \frac{\sin[\tfrac{1}{2}(t' + t) - M]}{\sin[\tfrac{1}{2}(t' - t) - M]} \tan\delta.$$

Il n'est donc plus nécessaire de connaître l'azimut dans lequel l'observation a été faite; mais les formules (A) et (B) permettent de calculer la latitude à l'aide de la déclinaison de chaque étoile et de l'heure à laquelle elles ont été observées. Quand on a observé deux fois la même étoile, on obtient des formules beaucoup plus simples encore; dans ce cas en effet on a, d'après la seconde des formules (A), $M = 90°$, et il vient

$$\text{(C)} \qquad \tan\varphi = \frac{\cos\tfrac{1}{2}(t' + t)}{\cos\tfrac{1}{2}(t' - t)} \tan\delta.$$

Équations différentielles. — Dans le cas général où l'on a observé deux étoiles dans des azimuts différents, les équations différentielles sont

$$\cos h\, dA = \sin p\, d\delta + \cos\delta \cos p\, dt - \sin h \sin A\, d\varphi,$$
$$\cos h'\, dA' = \sin p'\, d\delta' + \cos\delta' \cos p'\, dt' - \sin h' \sin A'\, d\varphi;$$

d'où, en multipliant la première équation par $\cos h'$, la seconde par $\cos h$, et retranchant, on obtient l'équation suivante, où figure la différence des azimuts,

$$\begin{aligned}\cos h \cos h'\, d(A' - A) &= -\cos h' \cos\delta \cos p\, dt + \cos h \cos\delta' \cos p'\, dt' \\ &\quad - (\sin h' \cos h \sin A' - \sin h \cos h' \sin A)\, d\varphi \\ &\quad + \cos h \sin p'\, d\delta' - \cos h' \sin p\, d\delta.\end{aligned}$$

Supposons $A' = 180° + A$; remplaçons en outre

$\cos\delta \cos p$ et $\cos\delta' \cos p'$ par les valeurs

$$\cos\delta \cos p = \sin\varphi \cos h + \cos\varphi \sin h \cos A,$$
$$\cos\delta' \cos p' = \sin\varphi \cos h' - \cos\varphi \sin h' \cos A,$$

dt et dt' par

$$dt = du + d(\Delta u), \quad dt' = du' + d(\Delta u);$$

du et du' étant les erreurs commises sur l'observation des temps des passages, $d(\Delta u)$ l'erreur dont est affecté l'état de la pendule, nous transformerons cette équation comme il suit :

$$\begin{aligned}\sin A\, d\varphi &- \cos\varphi \cos A\, d(\Delta u)\\ &= \frac{\cos h \cos h'}{\sin(h+h')}[d(A'-A) - \sin\varphi\, d(u'-u)]\\ &+ \frac{\cos\varphi \cos A}{\sin(h+h')}(\sin h \cos h'\, du + \sin h' \cos h\, du')\\ &+ \frac{\sin p \cos h'}{\sin(h+h')}\, d\delta - \frac{\sin p' \cos h}{\sin(h+h')}\, d\delta'.\end{aligned}$$

Nous voyons donc qu'il y a tout avantage à observer les étoiles dans le premier vertical. Dans ce cas, le coefficient de $d\varphi$ est maximum, et les coefficients de du, du' et $d(\Delta u)$ sont nuls; de sorte que la différence des erreurs des temps observés, les erreurs de déclinaison et la différence de $A' - A$ avec 180°, influeront seules sur le résultat. Dans le cas où l'on a observé la même étoile dans le premier vertical à l'est et à l'ouest, on a

$$h = h' \quad \text{et} \quad \sin p' = -\sin p,$$

d'où

$$d\varphi = \tfrac{1}{2}\cot h\,[d(A'-A) - \sin\varphi\, d(u'-u)] + \frac{\sin p}{\sin h}\, d\delta;$$

et, puisque (nº 54)

$$\sin h = \frac{\sin\delta}{\sin\varphi}, \quad \sin p = \frac{\cos\varphi}{\cos\delta},$$

il vient

$$d\varphi = \tfrac{1}{2}\cot h\,[d(A'-A) - \sin\varphi\, d(u'-u)] + \frac{\sin 2\varphi}{\sin 2\delta}\, d\delta.$$

Cette équation montre qu'il est préférable d'observer des étoiles zénithales, car alors $\cot h$ est très-petit, et les erreurs de $A' - A$ et de $u' - u$ n'ont sur le résultat qu'une très-faible influence; d'ailleurs, puisque la déclinaison d'une étoile traversant le méridien au zénith est égale à φ, le coefficient de $d\delta$ est alors égal à l'unité; l'erreur de la déclinaison subsiste donc tout entière dans le résultat. Par suite, si l'on ne cherche que la différence des latitudes de deux lieux assez rapprochés pour que la même étoile satisfasse dans les deux lieux aux conditions précédentes, on obtiendra, avec cette méthode, une valeur de la différence de latitude entièrement débarrassée de l'erreur de déclinaison (*).

Exemple. — L'étoile β Dragon passe très-près du zénith de Berlin. On l'a observée à l'Observatoire avec un instrument de passage établi dans le premier vertical. L'intervalle des temps du passage au fil moyen, à l'est et à l'ouest, a été trouvé égal à

$$34^m 43^s,5,$$

d'où

$$\tfrac{1}{2}(t' - t) = 4^\circ 20' 26'',25,$$

de plus

$$\delta = 52^\circ 25' 26'',77;$$

puisque l'observation a été faite dans le premier vertical, $t' + t = 0$, et la formule (C) donne, pour le calcul de la latitude, l'équation

$$\tang \varphi = \frac{\tang \delta}{\cos \frac{1}{2}(t' - t)} \; (^{**}).$$

d'où l'on déduit

$$\varphi = 52^\circ 30' 13'',04;$$

(*) On suppose ici que l'instrument des passages est suffisamment bien établi pour que la ligne de collimation décrive un plan vertical. Dans le cas où il n'en serait pas ainsi, *voir* le n° 26 du second volume.

(**) Cette formule, qui convient à des observations faites dans le premier vertical, peut s'obtenir directement par la considération du triangle rectangle formé par le pôle, le zénith et l'étoile.

enfin, la formule différentielle est

$$d\varphi = +0,02310[d(A' - A) - 0,7934\, d(u' - u)] + 0,99925\, d\delta.$$

127. *Trouver le temps par l'observation de deux étoiles dans le même vertical.* — Quand on connaît la latitude du lieu d'observation, on peut trouver le temps au moyen des observations de deux étoiles faites dans le même vertical.

En effet, l'équation

$$(A) \qquad \sin[\tfrac{1}{2}(t' + t) - M] = \frac{\tan\varphi}{\tan\delta} \sin[\tfrac{1}{2}(t' - t) - M],$$

où

$$t = u + \Delta u - \alpha, \quad t' = u' + \Delta u - \alpha',$$

et

$$m \sin M = \sin(\delta' + \delta) \sin\tfrac{1}{2}(t' - t),$$
$$m \cos M = \sin(\delta' - \delta) \cos\tfrac{1}{2}(t' - t),$$

permet de trouver $t' + t$, et par suite t' et t, puisque l'on connaît l'intervalle $t' - t$ des deux observations exprimé en temps sidéral.

L'équation différentielle trouvée au nº 124 montre que, pour déterminer le temps au moyen d'observations azimutales, il convient de faire les observations au voisinage du méridien, car alors le coefficient de $d\varphi$ est minimum, tandis que celui de dt est, au contraire, maximum.

Ces observations permettent aussi de déterminer l'azimut lui-même; on a, en effet,

$$\tan A = \frac{\cos\delta \sin t}{-\cos\varphi \sin\delta + \sin\varphi \cos\delta \cos t},$$

et en éliminant $\tan\delta$ entre cette équation et la suivante

$$\tan\varphi = \frac{\sin[\tfrac{1}{2}(t' + t) - M]}{\sin[\tfrac{1}{2}(t' - t) - M]} \tan\delta,$$

il vient

$$\sin\varphi \tan A = \frac{\sin t \sin[\tfrac{1}{2}(t' + t) - M]}{-\sin[\tfrac{1}{2}(t' - t) - M] + \cos t \sin[\tfrac{1}{2}(t' + t) - M]};$$

enfin, en remplaçant $\frac{1}{2}(t'-t)-M$ par $\frac{1}{2}(t'+t)-M-t$, on obtient facilement

$$\text{(B)} \qquad \tang A = \frac{\tang[\frac{1}{2}(t'+t)-M]}{\sin\varphi}.$$

La formule (A) peut encore servir à trouver le temps sidéral où les deux étoiles sont à la fois dans le même vertical. En effet, supposons que les époques des deux observations soient les mêmes, c'est-à-dire $u=u'$, dès lors

$$t'-t=\alpha-\alpha',$$

et comme avec la formule (A) on peut calculer t' et t, on aura le temps sidéral cherché par l'une des deux relations

$$t=\Theta-\alpha, \quad t'=\Theta-\alpha'.$$

Exemple. — Au commencement de 1849 les positions des étoiles Véga et Altaïr étaient

$$\begin{array}{lll} \text{Véga}\ldots & \alpha=18^h31^m47^s,75, & \delta=+38^\circ38'52'',2, \\ \text{Altaïr}\ldots & \alpha'=19.43.23,43, & \delta'=+\ 8.28.30,5. \end{array}$$

On a donc

$$t'-t=-1^h11^m35^s,68=-17^\circ53'55'',2;$$

en prenant pour φ (latitude de Berlin) la valeur $52^\circ30'16''$, on obtient

$$\begin{aligned} M &= 192^\circ55'53'',0, \\ \tfrac{1}{2}(t'-t)-M &= 158.\ 7.\ 9,4, \end{aligned}$$

d'où l'on déduit

$$\begin{aligned} \tfrac{1}{2}(t'+t)-M &= +142^\circ35'38'',6, \\ \tfrac{1}{2}(t'+t) &= -\ 24.28.28,4, \\ &= -\ 1^h37^m53^s,9, \end{aligned}$$

et par suite

$$t=-1^h2^m6^s,1, \quad t'=-2^h13^m41^s,7.$$

A la latitude de 52°30′16″, les deux étoiles se trouvent donc dans le même vertical au temps sidéral

$$\Theta = 17^h 29^m 42^s.$$

Ainsi en notant l'instant où deux étoiles quelconques sont dans un même cercle vertical (il suffit pour cela d'observer leur disparition derrière un fil à plomb), et, d'autre part, en calculant ce même instant au moyen des formules précédentes et des valeurs connues des coordonnées des étoiles et de la latitude, on peut obtenir, au moins approximativement, l'état de la pendule. Il sera commode de prendre, pour l'une des étoiles, la Polaire, dont le mouvement lent rend l'observation plus facile.

Remarque. — Consulter, sur la détermination des latitudes, les Mémoires de M. Yvon Villarceau : *Sur la détermination des longitudes, latitudes et azimuts terrestres*, insérés dans les *Annales de l'Observatoire impérial*, t. VIII et IX.

V. — Détermination de la différence des longitudes géographiques de deux lieux.

128. *Détermination de la différence des longitudes de deux lieux par l'observation de phénomènes vus simultanément de chacun d'eux.* — Si, au même instant physique, on connaît les heures de deux lieux différents de la surface de la terre, on sait quel est au même instant, pour chacun de ces lieux, l'angle horaire de l'équinoxe du printemps. La différence de ces deux angles horaires, c'est-à-dire la différence des temps observés au même instant en ces deux lieux, mesure l'arc d'équateur compris entre chacun d'eux, ou la différence de leurs longitudes géographiques.

Comme le mouvement diurne de la sphère céleste est dirigé de l'est à l'ouest, un lieu quelconque est nécessairement situé à l'ouest de tout autre lieu, dont l'heure est au même instant supérieure à la sienne; il est à l'est dans le cas contraire. En Astronomie, on prend ordinairement comme premier méridien, c'est-à-dire comme méridien à partir duquel on compte les longitudes, le méridien d'un observatoire important, celui de Paris ou de Greenwich, par exemple; en Géographie, au contraire, les longitudes se comptaient autrefois à partir du méridien de l'île de Fer dont la longitude est de $20^{o}0'$ ou $1^{h}20^{m}$ à l'ouest de Paris.

Emploi des phénomènes astronomiques. — Pour obtenir en deux lieux différents l'indication d'un même instant physique, tantôt on se sert de signaux artificiels, tantôt on observe un phénomène astronomique apparaissant au même instant en tous les lieux de la Terre. Parmi ces phénomènes nous plaçons en première ligne les éclipses de Lune. Une éclipse de Lune étant produite par l'entrée de la Lune dans le cône d'ombre de la Terre et le temps qu'emploie la lumière à parcourir le rayon de la Terre étant tout à fait insensible, le commencement et la fin d'un pareil phénomène, tout aussi bien que l'entrée et la sortie d'une tache déterminée de la Lune, seront vus, au même instant physique, de tous les points de la Terre. Il en est absolument de même pour les éclipses des satellites de Jupiter.

Ces phénomènes seraient d'un usage très-commode pour déterminer les différences de longitude, qui seraient égales aux différences mêmes des temps observés en divers lieux de la Terre, si leurs observations pouvaient se faire avec une très-grande exactitude. Mais sur la surface de la Lune l'ombre de la Terre est toujours mal définie, et les erreurs d'observation peuvent atteindre une minute, et même davantage.

De même l'immersion ou l'émersion des satellites de Jupiter n'est jamais instantanée; l'observation de ces phénomènes n'est donc jamais d'une précision parfaite : c'est pourquoi ils ne servent actuellement presque plus à la solution du problème qui nous occupe.

Si l'on voulait employer les éclipses des satellites de Jupiter, il serait absolument nécessaire qu'en chacun des deux lieux les observateurs fussent munis de lunettes de même puissance et qu'ils observassent un nombre égal et très-grand d'immersions et d'émersions; ils devraient d'ailleurs se borner au premier satellite, dont le mouvement autour de Jupiter est très-rapide, et prendre, pour différence des longitudes, la moyenne arithmétique des différences ainsi obtenues; mais, malgré toutes ces précautions, il n'y aurait pas lieu d'espérer obtenir ainsi une très-grande exactitude.

Benzenberg a proposé de faire servir, à la détermination des longitudes, l'observation de la disparition des étoiles filantes. Ces phénomènes peuvent, en effet, être observés très-exactement; mais ils ont cet inconvénient, qu'on ne sait jamais à l'avance à quel instant et à quel endroit du ciel une étoile filante apparaît. Eût-on même, en deux lieux différents, observé un grand nombre d'étoiles filantes, quelques-unes seulement d'entre elles seront identiques dans les deux lieux; en outre pour s'assurer de leur identité, il faut déjà connaître approximativement la différence de longitude des deux lieux.

Emploi des signaux artificiels. — La méthode des signaux artificiels, comme l'explosion instantanée d'un tas de poudre, permet d'obtenir la différence de longitude avec une grande précision. Bien que cette méthode ne soit directement applicable que pour des lieux dont la distance ne dépasse pas dix milles, il est néanmoins possible, par la combinaison d'un grand nombre de signaux, de déterminer de cette manière la différence de longitude de lieux très-éloignés. Soient, en effet, A et B les deux stations dont on veut déterminer la différence l de longitude, et soient $A_1, A_2, A_3, \ldots$ un certain nombre de stations intermédiaires dont les différences inconnues de longitude sont $l_1, l_2, l_3, \ldots$, l_1 désignant la différence des longitudes de A_1 et A, l_2 celle de A_2 et A_1, et ainsi de suite.

Supposons qu'aux stations $A_1, A_3, A_5, \ldots$ on ait donné des signaux aux époques $t_1, t_3, t_5, \ldots$ (temps de ces lieux); à la première station A on ne voit le signal donné en A_1 qu'au temps $t_1 - l_1 = \Theta$; à la station A_2 on l'aperçoit au temps $t_1 + l_2 = \Theta_1$; de même l'observateur placé en A_2 voit le signal donné en A_3 au temps $t_3 - l_3 = \Theta_2$, et celui qui est placé en A_4 voit le même signal au temps $t_3 + l_4 = \Theta, \ldots$. Or, si la dernière station auxiliaire est désignée par A_{n-1}, la somme

$$l_1 + l_2 + \ldots + l_n$$

représente la différence cherchée l des longitudes des deux stations extrêmes, on a donc

$$l = (\Theta_1 - \Theta) + (\Theta_3 - \Theta_2) + (\Theta_5 - \Theta_4) + \ldots$$

ou

$$l = \Theta_{n-1} - (\Theta_{n-2} - \Theta_{n-3}) - \ldots - (\Theta_2 - \Theta_1) - \Theta.$$

Ainsi toute détermination absolue du temps faite dans les stations intermédiaires où les signaux ont été observés est inutile; il suffit de connaître la marche de chaque pendule. Aux deux stations extrêmes seules, dont on veut déterminer la différence de longitude, une détermination très-exacte du temps est indispensable.

Au lieu de se servir comme signal de l'explosion de la poudre, il est plus commode d'employer l'*héliotrope*, instrument inventé par Gauss, qui permet de réfléchir les rayons solaires, dans une direction quelconque, à de grandes distances. L'héliotrope étant dirigé vers l'autre station, on obtient un signal instantané en découvrant l'appareil.

Détermination des longitudes par la méthode chronométrique. — La différence des longitudes de deux lieux peut aussi être obtenue en transportant d'un lieu dans l'autre un bon chronomètre, et en déterminant pour chaque station l'état et la marche du chronomètre. En effet, soit Δu l'état du chronomètre à la première station, et $\frac{d\Delta u}{dt}$ sa marche diurne, l'état du chronomètre après a jours sera $\Delta u + a\frac{d\Delta u}{dt}$. Supposons, par exemple, qu'à une époque u' séparée par a jours de l'époque de la première observation, $\Delta u'$ soit l'état du chronomètre déterminé à la seconde station, et désignons par l la longitude orientale de ce lieu, nous aurons

$$u' - l + \Delta u + a\frac{d\Delta u}{dt} = u' + \Delta u',$$

d'où

$$l = \Delta u + a\frac{d\Delta u}{dt} - \Delta u'.$$

On a supposé ici que, dans l'intervalle des deux observations, le chronomètre avait toujours conservé la même marche; mais, en réalité, ce cas se présente très-rarement, ou plutôt il n'en est jamais ainsi; il faut donc, pour que cette méthode donne des résultats exacts, ne pas se contenter d'un seul chronomètre, mais en transporter un nombre aussi grand que possible et prendre la moyenne des différents résultats obtenus à l'aide de chacun d'eux.

Cette méthode a servi à déterminer la différence de longitude de différents observatoires, par exemple, ceux de Greenwich et de Poulkowa (*).

C'est aussi la méthode employée en mer : on se sert d'un chronomètre dont l'état et la marche ont été déterminés avant le départ par rapport au temps d'un port quelconque, le temps en mer étant donné par la hauteur du Soleil.

129. *Détermination de la différence des longitudes par le télégraphe électrique.* — La méthode la plus commode de détermination des longitudes repose sur l'emploi du télégraphe électrique. Les pendules des deux stations peuvent être comparées au moyen de signaux télégraphiques ; l'observation de ces signaux se faisant de la même manière que les précédents, il n'y aurait rien à ajouter à ce que nous avons dit. Mais la méthode peut être envisagée à un autre point de vue et, à cet égard, nécessite d'assez longs développements. La différence des longitudes des deux stations est évidemment le temps nécessaire à une étoile pour passer du méridien d'une de ces stations au méridien de l'autre. L'emploi du *chronographe* permet d'en effectuer la mesure avec une très-grande exactitude.

Description du chronographe. — Le chronographe consiste essentiellement en un cylindre, sur lequel est enroulée une feuille de papier, et qu'un mouvement d'horlogerie fait tourner d'un mouvement uniforme autour de son axe. Un stylet se meut lentement dans une direction perpendiculaire à celle du mouvement du papier, de manière à occuper sur celui-ci une position différente à chaque révolution du cylindre. Si les mouvements du cylindre et du stylet sont uniformes, celui-ci décrit une hélice qui se transforme en un système de lignes parallèles sur la feuille

---

(*) *Voir* pour plus de détails :

STRUVE, *Expédition chronométrique exécutée par ordre de Sa Majesté l'Empereur Nicolas I*[er], *pour la détermination de la longitude géographique relative de l'Observatoire central de Russie* (Saint-Pétersbourg, 1844);

Expedition executed under professor Airy to determine the longitude of Valentia (*Appendix to the Greenwich's observations of* 1845).

de papier déroulée. Le stylet est en outre relié à un électro-aimant, de telle sorte que si, à un instant donné, le courant est interrompu, l'armature de l'aimant, ramenée en arrière par un ressort, soulève le stylet qui cesse de toucher le papier et y laisse un espace blanc. Supposons dès lors que le courant excitateur de l'électro-aimant traverse une pendule, et que, par un mécanisme quelconque, il soit interrompu à chaque oscillation du balancier, chaque seconde de la pendule sera représentée sur la feuille de papier; imaginons d'ailleurs que la durée d'une révolution du cylindre soit de 1 minute, on trouvera sur la feuille de papier une série de lignes dont chacune sera divisée en 60 parties, et telles, que les signes correspondant aux mêmes secondes dans les différentes minutes forment comme une suite de lignes parallèles entre elles et perpendiculaires à celles que trace le stylet. Le circuit étant d'abord ouvert, fermons-le, lors d'une minute déterminée, avant le battement de la seconde 0 : le premier signe de seconde marqué sur le papier correspondra à cette seconde de la pendule, et il sera très-facile de savoir quelle est la seconde de la pendule qui correspond à un signe quelconque.

Supposons que le courant traverse en outre une *clef* (*), et qu'à un instant quelconque on donne un signal au moyen de cette clef; il en résultera sur la feuille de papier un trait blanc, qui se distinguera, par sa position et sa longueur, des signes de seconde; et en mesurant la distance qui le sépare du signe de seconde le plus voisin, on aura avec une grande exactitude le temps de la pendule qui correspond à l'envoi du signal.

Emploi du chronographe. — Méthode des signaux d'étoiles. — A l'une des stations, A par exemple, se trouvent la pendule et le chronographe, et à chaque station au voisinage d'un instrument des passages, et à portée de l'observateur, est disposée une clef. Un courant électrique traverse cet ensemble. En chacune des deux stations A et B, les observateurs donnent un signal, au

(*) Cette clef est un appareil analogue au manipulateur du télégraphe de Morse; mais elle est construite de manière à interrompre le courant quand on appuie sur la touche.

moyen de la clef, au moment même où une étoile déterminée passe derrière chacun des fils de l'instrument, signal que le courant inscrit sur le chronographe. La différence des temps d'observation mesurée sur le papier et corrigée de la marche de la pendule pendant l'intervalle des deux observations, ainsi que de la quantité dont chaque instrument s'écarte du méridien, est la différence des longitudes des deux stations.

Mais un courant électrique qui traverse un circuit de grande longueur est souvent de faible intensité, surtout si la ligne n'est pas en parfait état; dans ce cas on ne fera pas agir directement, sur l'électro-aimant du chronographe, le courant principal qui passe par les clefs des deux observateurs, mais on lui fera seulement traverser un relais qui ouvrira et fermera le courant d'une pile locale destinée à agir sur cet électro-aimant.

Souvent, à cause de la confusion qui peut exister entre les signes de seconde et les signaux des observateurs, on préfère employer deux stylets. L'un des stylets, mû par le courant d'une pile locale, inscrit d'une façon continue l'heure de la pendule; l'autre, qui se meut parallèlement au premier, indique sur le chronographe les signaux de chaque observateur. Il faut encore que la différence des longitudes des deux stations soit supérieure au temps que met une étoile à traverser le réticule de chacun des instruments; dans le cas contraire, il faudrait employer trois stylets et deux fils télégraphiques.

En raison de la durée nécessaire à la transmission du signal de A en B, durée dont nous parlerons plus tard, la différence des longitudes obtenue ainsi est erronée. Pour remédier à cet inconvénient, on établit un chronographe et une pendule à chacune des deux stations, surtout si elles sont un peu éloignées. Les secondes de la pendule, tout aussi bien que les signaux des deux observateurs, sont alors inscrits sur chacun des chronographes, et la moyenne des différences de longitude obtenues aux deux stations est débarrassée de cette erreur.

Une étoile quelconque donne ainsi une détermination de longitude déjà plus approchée que celle que donnerait une autre méthode quelle qu'elle soit; et comme on peut observer autant d'étoiles qu'on le désire, la précision de la méthode n'a d'autres limites que celles qu'impose l'exactitude avec laquelle ont été déterminées les erreurs instrumentales. En outre, si aux deux stations on a observé les mêmes étoiles, le résultat obtenu sera évidemment indépendant des erreurs qui peuvent exister sur les positions de ces étoiles; il reste néanmoins soumis à certaines erreurs dont nous allons parler.

Temps de la transmission. — Théoriquement les différences des longitudes données par les chronographes des deux stations devraient être rigoureusement égales, mais ce fait ne se présente jamais. En effet, le courant ne se propage pas instantanément, et par suite, dans le cas au moins où les deux stations sont fort éloignées, il s'écoulera un temps petit, mais mesurable, entre le moment où un signal parti d'un lieu A situé à l'est, parvient au lieu B situé à l'ouest. L'instant d'arrivée du signal enregistré en B correspondra donc à l'instant où l'étoile était au méridien d'un certain lieu situé à l'ouest de A. La différence de longitude enregistrée en B sera donc trop petite de tout le temps nécessaire à la transmission du courant du point A au point B. Un signal parti de A mettra le même temps pour arriver en B, et l'instant où il sera enregistré en A correspondra au temps où l'étoile était au méridien d'un certain lieu situé à l'ouest de B; la différence de longitude enregistrée en A sera donc trop grande de tout le temps nécessaire à la transmission du courant. La moyenne des différences données aux deux stations par les appareils enregistreurs est débarrassée de cette erreur. Au contraire, la demi-différence de ces nombres (on retranche le résultat enregistré en B de celui obtenu en A) est égale au temps de transmission lui-même. Dans la détermination de la différence des longitudes de Seaton (Washington) et Raleigh (Caroline du Nord) faite en 1853, le docteur Gould a trouvé que le retard causé par la transmission du courant dans un circuit d'environ 483 kilomètres était de $0^s,03$.

Temps d'armature. — Entre le moment où un signal donné, soit par la pendule, soit par l'observateur, parvient à l'électro-aimant et celui où le stylet du chronographe presse sur le papier, il s'écoule un petit intervalle de temps, dit *temps d'armature.* Nous n'en avons pas tenu compte dans ce qui précède, supposant que ce temps était le même pour les deux observations de la même étoile, hypothèse fort probable, si les signaux de la pendule n'ont pas changé, et si ceux des deux observateurs sont donnés de la même manière.

Équation personnelle. — Outre les erreurs que peut produire dans la différence des longitudes l'inexacte détermination des erreurs instrumentales, la rapidité relative avec laquelle les observateurs perçoivent une impression donnée, ou leur *équation personnelle,* intervient encore dans le résultat. D'ailleurs, cette erreur n'est pas particulière à la méthode actuelle, mais se présente dans toutes les autres. Dans la méthode chronographique, l'erreur dépend du temps qui s'écoule entre le moment où une impression vient frapper la rétine de l'observateur et celui où il en a conscience, et par suite presse la clef. Si cet intervalle est le même pour les deux observateurs, la différence de longitude n'en sera pas modifiée; mais s'il diffère de l'un à l'autre, c'est-à-dire s'il existe entre ces deux observateurs une différence d'équation personnelle, la différence de longitude déterminée par cette méthode est en erreur de toute la grandeur de cette quantité. Cependant l'erreur qui provient de cette source sera complètement éliminée (en admettant que l'équation personnelle soit invariable), si les observateurs font une seconde fois la même détermination après avoir réciproquement changé de station. Les deux déterminations de longitude diffèrent du double de l'équation personnelle, et leur moyenne en est indépendante.

Les deux observateurs peuvent encore déterminer d'une autre manière la valeur de leur équation personnelle. En un même lieu ils observent tous deux avec un même instrument dont le réticule est muni de plusieurs fils. L'un d'eux observe d'abord à un nombre déterminé de fils, et l'autre avec les fils qui restent; on réduit ensuite au fil moyen de l'instrument chacun des temps observés (t. II, n° 20); les résultats trouvés par les deux observateurs avec différentes étoiles présentent entre eux une différence constante précisément égale à leur équation personnelle; puis on recommencera ces opérations, le premier opérateur se servant des derniers fils et le second des premiers. Les temps observés réduits au fil moyen présenteront une différence presque égale à la première, mais en sens opposé. La moyenne de toutes ces différences donne une valeur de l'équation personnelle complétement indépendante des erreurs dont peuvent être entachées les valeurs employées pour les distances de fils dans la réduction au fil moyen (*). Il faut ajouter à la différence de longitude observée la valeur de l'équation personnelle ainsi déterminée. Par exemple, l'observateur placé à l'est observe-t-il un phénomène plus tard que celui placé à l'ouest, de la quantité a; l'équation personnelle est alors $E - O = + a$; la différence de longitude sera dans ce cas trop petite, et il faudra lui ajouter la quantité a.

Second procédé. — Quand les deux stations sont très-éloignées, les déperditions par les supports et par l'air peuvent produire dans le courant des interruptions fréquentes, et un grand nombre d'observations peuvent être perdues; de plus on ne dispose souvent d'un fil télégraphique que pendant très-peu de temps de chaque soirée. On emploie alors un procédé différent de celui que nous avons indiqué, il est fondé sur notre première définition de la différence des longitudes de deux lieux. En chaque station on détermine l'heure de la pendule locale par des observations astronomiques, et, à un moment donné, on fait, au moyen du chronographe, une comparaison électrique des deux pendules. Dans chacune des deux stations le courant d'une pile locale traverse à la fois une pendule et un chronographe, et on ne fait communiquer le courant principal avec les deux courants locaux que pendant un temps très-court, au commencement et à la fin, par exemple, d'une série d'observations; et, par suite, à ces deux époques seules, les secondes des deux pendules seront enregistrées sur le chronographe de chaque station. A chacune de ces stations, après avoir

(*) On peut encore opérer comme il suit: les deux observateurs, placés soit sur un même méridien, soit en deux lieux voisins dont les méridiens sont distants d'une quantité connue et déterminée directement en mètres, observent chacun avec son instrument les mêmes étoiles à la même pendule: la différence des résultats obtenus donne la valeur de l'équation personnelle (*Annales de l'Observatoire impérial*, t. VIII, p. 393).

ouvert le circuit pendant quelques instants, on le fermera au commencement d'une minute de façon à connaître les temps de chaque pendule qui correspondent aux signes de seconde marqués sur les chronographes : chacune des secondes, ainsi notée, donnera une comparaison des deux pendules, et il faudra prendre la moyenne de toutes ces comparaisons. Quant aux différences entre les états relatifs des deux pendules obtenus aux deux stations, elles donnent le double du temps nécessaire au courant pour passer d'une station à l'autre, et on peut de la sorte déterminer cet intervalle avec une grande exactitude. Dans la pratique un petit nombre de comparaisons suffiront, car l'exactitude d'une comparaison quelconque est ordinairement équivalente à celle avec laquelle on connaît l'état de la pendule. Ainsi on n'aura certainement besoin de faire passer ces signaux de pendule que pendant quelques minutes, et la partie essentiellement télégraphique de l'opération sera limitée à ce petit intervalle de temps au commencement et à la fin de la série d'observations. Après avoir fait les comparaisons de pendules, on intercalera, à chaque observatoire, la clef dans le courant local, et, au moyen d'observations astronomiques qu'il enregistrera sur son chronographe, chaque observateur déterminera l'état de sa pendule par rapport au temps sidéral. Ces corrections, appliquées avec un signe convenable aux résultats des comparaisons des deux pendules, permettront de trouver la différence des longitudes. La valeur ainsi obtenue sera nécessairement soumise aux erreurs dont nous avons parlé plus haut, et devra en être corrigée; mais en observant les mêmes étoiles aux deux stations, les différences de longitude obtenues seront indépendantes des erreurs qui peuvent affecter leurs ascensions droites.

La comparaison de ces deux procédés donne lieu à quelques remarques. Le premier donne la marche de la pendule d'une façon continue, et par suite il ne faut interpoler cette marche que pour un intervalle de temps égal à la différence de longitude des deux lieux, intervalle qui sera généralement beaucoup moindre que la durée d'une série d'observations. Dans le dernier, au contraire, l'état de la pendule n'étant donné qu'au commencement et à la fin de la série, il faut, pendant tout cet intervalle, supposer à la marche de la pendule une variation uniforme; à cet égard, ce procédé est donc inférieur au premier.

EXEMPLE. — Le 29 juin 1861, on a fait une détermination de longitude entre l'Observatoire d'Ann-Arbor, dans l'État du Michigan, et celui de Clinton, dans l'État de New-York, et cent vingt-six comparaisons inscrites sur les deux chronographes ont donné :

	Temps de la pendule de Clinton.		Temps de la pendule d'Ann-Arbor.
A Ann-Arbor....	$13^h 59^m 3^s,0$	=	$19^h 58^m 29^s,56$,
A Clinton.......	13.59.3,0	=	19.58.29,40;

la pendule de Clinton était réglée sur le temps moyen, et sa réduction au temps sidéral de Clinton était, pour l'époque donnée, $+6^h 33^m 46^s,07$, tandis que la correction de la pendule de Clinton, par rapport au temps sidéral, était $+1^m 1^s,87$. En se reportant au chronographe d'Ann-Arbor, on voit que

Temps sidéral de Clinton.		Temps sidéral d'Ann-Arbor.
$20^h 32^m 49^s,07$	=	$19^h 59^m 31^s,43$;

de même le chronographe de Clinton donne

Temps sidéral de Clinton.		Temps sidéral d'Ann-Arbor.
$20^h 32^m 49^s,07$	=	$19^h 59^m 31^s,27$.

La différence de longitude est donc, d'après les lectures faites à Ann-Arbor, $33^m 17^s,64$, et à Clinton, $37^m 17^s,80$ ou, en moyenne, $33^m 17^s,72$.

Dans ce cas, l'équation personnelle était $P - B = +0^s,04$, et comme P était l'observateur placé à l'est, la différence de longitude corrigée était

$$33^m 17^s,76\ (*).$$

(*) Le Dr Peters observait à Clinton, et l'Auteur de cet ouvrage à Ann-Arbor.

Remarque. — La méthode chronographique a été surtout employée en Amérique par le *U. S. Coast Survey*; son principe a été indiqué par C. Walker et W. Bond, mais le premier instrument qui ait pu réellement servir à l'enregistrement des observations est dû à Mitchel de Cincinnati. Cette méthode a été ensuite développée et perfectionnée par le Dr Gould.

Consulter sur ce sujet :

Report of the superintendant of the U. S. Coast Survey, for 1856 et 1857;

Förster et Peters, *Différence de longitude entre Berlin et Altona;*

Plantamour et Hirsch, *Différence de longitude entre Genève et Neufchatel;*

Bruhns et Auwers, *Différence de longitude entre Leipzig et Altona.*

Remarque. — Dans le grand travail entrepris depuis l'année 1854 par l'Observatoire impérial de Paris pour la révision de la méridienne de France, la méthode télégraphique a subi de nombreux perfectionnements. En 1856, dans la détermination de la longitude de Bourges, on avait eu recours à l'enregistrement chimique des observations; plus tard, en 1861, dans la détermination de la longitude du Havre (*), on supprima l'enregistrement, qui exige un transport et un maniement d'appareils étrangers aux observations astronomiques pures, pour recourir à la comparaison électrique directe des pendules des deux stations. Enfin, en 1862, dans la détermination des longitudes du Havre et de Dunkerque, on supprima même cette comparaison, et l'on réduisit le procédé à une extrême simplicité : les deux observateurs observent en réalité à la même pendule.

A chacune des deux stations on fait battre par la même pendule sidérale deux relais très-sensibles, et on observe sur le battement de ces relais comme sur le battement d'une pendule. Les relais fournissent aux deux stations l'estime de la fraction de seconde; reste à compter les battements et à les rattacher à une origine commune. Chaque observateur est muni d'une pendule servant de *compteur*, dont il met et entretient les battements d'accord avec ceux de son relais. En outre, au commencement de chaque série d'observations, l'un des observateurs envoie à l'autre un signal

(*) *Détermination de la longitude de Bourges en 1856, de celle du Havre en 1861* (*Annales de l'Observatoire*, t. VIII, p. 1 et suiv.).

électrique au moment où son compteur et son relais battent une seconde *ronde*; l'autre observateur reçoit ce signal sensiblement en coïncidence avec une seconde de son relais et de son compteur. Chacun d'eux marque la seconde ronde donnée ou reçue, et la différence donne l'avance de l'un des cadrans sur l'autre, de telle sorte qu'en ajoutant ou retranchant cette différence aux passages observés d'un côté, on obtienne le même résultat que si l'on avait eu sous les yeux le cadran de la pendule employée dans l'autre station.

En faisant battre deux relais à une grande distance l'un de l'autre et par l'intermédiaire d'un long circuit, il doit se manifester quelque différence dans les temps indiqués aux deux extrémités de la ligne. On l'éliminera en faisant battre alternativement la seconde par les deux stations. D'ailleurs, par des expériences directes, M. Le Verrier s'est assuré qu'un circuit d'une longueur de 800 kilomètres n'apportait qu'un retard de $0^s,03$. L'erreur provenant de ce retard pourra donc être négligée toutes les fois que les deux stations seront peu éloignées.

Il y a d'ailleurs deux moyens de diriger les observations :

1° On peut observer les mêmes étoiles aux deux stations, et dès lors la différence de leurs ascensions droites, corrigée de la marche de la pendule, supposée uniforme pendant l'intervalle des deux observations de la même étoile, sera indépendante des positions adoptées pour ces étoiles ;

2° Il est possible d'éliminer complétement l'erreur provenant de la marche de la pendule : pour cela, on dresse à l'avance une liste d'étoiles, dites *étoiles de longitude*, qu'on observe un grand nombre de fois dans une des stations, et dont les positions peuvent être par suite considérées comme connues avec exactitude. Chacun des observateurs observe alors des étoiles quelconques prises dans cette liste, en ayant soin toutefois de diriger chaque série d'observations de manière que l'époque moyenne des passages observés dans les deux stations corresponde sensiblement au même instant physique; il suffit pour cela qu'à la station la plus orientale chaque série commence à une époque qui soit en retard, sur celle où commence la même série à l'autre station, d'un intervalle de temps égal à la différence de longitude des deux stations, différence que l'on connaît toujours d'un façon approchée (*).

130. *Détermination des différences de longitude par les éclipses; méthode ancienne.* — On peut encore, pour déterminer la différence en longitudes des deux lieux, se servir de l'observation de certains phénomènes célestes qui, n'ayant pas lieu simultanément pour tous les points de la Terre, peuvent sans erreur sensible être ramenés à un seul et même instant. Si les observations sur lesquelles cette méthode repose peuvent être faites avec une grande exactitude, elle offrira des avantages réels, car les phénomènes observés étant visibles à la fois d'une grande partie de la Terre pourront servir à déterminer les différences de longitude de deux lieux très-éloignés. Ces phénomènes sont les occultations des corps célestes les uns par les autres; ainsi, les occultations des étoiles et des planètes par la Lune, les éclipses de Soleil et les passages de Mercure et de Vénus sur le disque du Soleil. Tous ces astres, sauf les étoiles fixes, ayant une parallaxe (celle de la Lune atteint même une valeur considérable), on les voit au même instant, de différents points de la surface de la Terre, en des points différents du ciel; les occultations des astres ou les contacts de leurs bords ne seront donc pas aperçus au même instant en des lieux différents. Aussi faudra t-il appliquer à chaque observation une correction due à la parallaxe, pour avoir l'instant où l'occultation aurait eu lieu si l'astre n'avait pas eu de parallaxe sensible, ou plutôt si le phénomène avait été observé du centre de la Terre.

On calcule d'abord les parallaxes en longitude et en latitude, et les diamètres apparents des deux astres pour l'époque de l'entrée et de la sortie (ou la parallaxe en ascension droite et en déclinaison, si l'on préfère employer ce système de coordonnées). Le triangle formé par le pôle de l'écliptique et les centres des deux astres, dans lequelles trois côtés sont connus (savoir : les complé-

---

(*) Consulter *Annales de l'Observatoire impérial*, t. VIII :

Détermination de la longitude du Havre en 1862, par M. Le Verrier (p. 60 et suiv.);

Détermination de la longitude de Dunkerque en 1862, par M. Yvon Villarceau (p. 209 et suiv.).

ments des latitudes apparentes des deux astres, et la somme ou la différence de leurs demi-diamètres), permet alors de trouver l'angle au pôle, c'est-à-dire la différence des longitudes apparentes des deux astres pour l'époque de l'observation; en la corrigeant de la parallaxe en longitude, on a pour la même époque la différence de longitude des deux astres vus du centre de la Terre. Connaissant la valeur de cet angle et la vitesse relative des deux astres, on obtient l'époque de la conjonction vraie, c'est-à-dire l'époque pour lequelle les deux astres, vus du centre de la Terre, auraient la même longitude, époque exprimée en temps du lieu de l'observation. Si, en un autre lieu, on a observé une occultation des deux astres ou un contact de leurs bords, on a de la même manière l'époque de la conjonction vraie exprimée en temps de ce lieu. La différence de ces deux époques est la différence des longitudes géographiques des deux lieux.

S'il était possible d'observer avec une exactitude parfaite aux deux lieux les époques du contact, on aurait de cette manière une détermination très-exacte de la longitude, à la condition encore que les données employées pour la réduction au centre de la Terre fussent exactes elles-mêmes. Mais ces quantités comportent toujours de petites erreurs, il faudra donc déterminer leur influence sur le résultat et chercher à éliminer ces erreurs par une combinaison convenable des observations.

Telle est la méthode la plus ancienne, celle dont on s'est servi d'abord pour déduire des observations d'éclipses la différence des longitudes de deux lieux. On emploie à présent une méthode un peu différente. Au lieu de prendre pour point de départ l'équation qui exprime les conditions du contact des bords des deux astres, et qui ne contient que les coordonnées géocentriques, on développe une autre équation dont l'inconnue est l'époque de la conjonction, ou, puisqu'on n'a nul besoin de la connaître, dont l'inconnue est la différence de longitude elle-même.

131. *Méthode de Bessel; exemple du calcul d'une éclipse de Soleil.* — Les bords de deux astres paraissent en contact quand l'œil se trouve sur l'une ou l'autre des deux surfaces enveloppes de leurs plans tangents communs. Puisque les corps célestes peu-

vent être considérés comme sphériques (à l'exception de Jupiter et de Saturne), les surfaces enveloppes sont toujours celles de deux cônes droits, dont l'un a son sommet placé entre les centres des deux astres, et l'autre en dehors et au delà du plus petit; le contact sera *extérieur* ou *intérieur*, suivant que l'œil se trouvera sur le premier ou le second de ces deux cônes. Dans le premier cas, le plan tangent commun, passant par l'œil de l'observateur, laisse les deux astres de chaque côté du plan; dans le second, il les laisse du même côté.

Équation fondamentale de la théorie des éclipses. — L'équation d'un cône droit rapporté à un système d'axes rectangulaires dont l'un coïncide avec l'axe du cône est

$$x^2 + y^2 = (c - z)^2 \operatorname{tang}^2 f,$$

dans laquelle on représente par

c la distance du sommet du cône au plan des xy,
f l'angle que fait l'axe du cône avec la génératrice.

Nous chercherons d'abord l'équation du cône qui enveloppe les deux astres, en le rapportant à un système d'axes dont l'un soit la ligne qui joint leurs centres. En remplaçant ensuite dans cette équation les coordonnées variables x, y, z par les coordonnées d'un lieu de la Terre rapporté à ces mêmes axes, nous obtiendrons l'équation fondamentale de la théorie des éclipses. Dans ce but, il faut d'abord déterminer la position de la droite qui joint les centres des deux astres.

Soient :

a et d l'ascension droite et la déclinaison du point où la ligne des centres, prolongée du côté de l'astre le plus éloigné, rencontre la sphère céleste,

α, δ et Δ les coordonnées géocentriques et la distance au centre de la Terre de l'astre le plus rapproché,

α', δ' et Δ' les coordonnées géocentriques et la distance de l'astre le plus éloigné,

G la distance des centres des deux astres,

on a les équations

$$G\cos d\cos a = \Delta'\cos\delta'\cos\alpha' - \Delta\cos\delta\cos\alpha,$$
$$G\cos d\sin a = \Delta'\cos\delta'\sin\alpha' - \Delta\cos\delta\sin\alpha,$$
$$G\sin d = \Delta'\sin\delta' - \Delta\sin\delta,$$

ou

$$G\cos d\cos(a-\alpha') = \Delta'\cos\delta' - \Delta\cos\delta\cos(\alpha-\alpha'),$$
$$G\cos d\sin(a-\alpha') = \qquad\qquad - \Delta\cos\delta\sin(\alpha-\alpha'),$$
$$G\sin d = \Delta'\sin\delta' - \Delta\sin\delta.$$

Prenons pour unité le rayon équatorial de la Terre, et désignons par π la parallaxe horizontale équatoriale de l'astre le plus voisin, et par π' la parallaxe horizontale équatoriale *moyenne* de l'astre le plus éloigné (qu'on supposera être le Soleil); si, comme dans les Tables astronomiques, Δ et Δ' sont rapportés au demi-grand axe de l'orbite terrestre, nous devrons, dans les formules précédentes, remplacer Δ' par $\dfrac{\Delta'}{\sin\pi'}$ et Δ par $\dfrac{1}{\sin\pi}$, de sorte qu'elles deviendront

$$G\sin\pi\cos d\cos(a-\alpha') = \Delta'\frac{\sin\pi}{\sin\pi'}\cos\delta' - \cos\delta\cos(\alpha-\alpha'),$$
$$G\sin\pi\cos d\sin(a-\alpha') = \qquad\qquad -\cos\delta\sin(\alpha-\alpha'),$$
$$G\sin\pi\sin d = \Delta'\frac{\sin\pi}{\sin\pi'}\sin\delta' - \sin\delta.$$

On déduit aussi des équations qui précèdent

$$G\sin\pi\cos d = \Delta'\frac{\sin\pi}{\sin\pi'}\cos\delta'\cos(a-\alpha') - \cos\delta\cos(a-\alpha),$$

et il en résulte

$$\tan(a-\alpha') = -\frac{\dfrac{\sin\pi'}{\Delta'\sin\pi}\dfrac{\cos\delta}{\cos\delta'}\sin(\alpha-\alpha')}{1-\dfrac{\sin\pi'}{\Delta'\sin\pi}\dfrac{\cos\delta}{\cos\delta'}\cos(\alpha-\alpha')},$$

on trouverait de même

$$\tan(d-\delta') = -\frac{\dfrac{\sin\pi'}{\Delta'\sin\pi}\sin(\delta-\delta')}{1-\dfrac{\sin\pi'}{\Delta'\sin\pi}\cos(\delta-\delta')}.$$

Pour les éclipses de Soleil, $\frac{\sin\pi'}{\sin\pi}$ est une petite quantité; on obtient donc, d'après la formule (12) du n° 11,

$$\text{(A)}\qquad \begin{cases} a = \alpha' - \dfrac{\sin\pi'}{\Delta'\sin\pi}\dfrac{\cos\delta}{\cos\delta'}(\alpha-\alpha'), \\ d = \delta' - \dfrac{\sin\pi'}{\Delta'\sin\pi}(\delta-\delta'), \end{cases}$$

et en posant

$$g = \frac{G\sin\pi'}{\Delta'},$$

on aurait aussi

$$\text{(B)}\qquad g = 1 - \frac{\sin\pi'}{\Delta'\sin\pi}.$$

Imaginons un système d'axes rectangulaires dont l'origine soit au centre de la Terre, l'axe des y étant dirigé vers le pôle Nord de l'équateur, les axes des z et des x étant dans ce plan, et passant le premier par le point dont l'ascension droite est a, le second par le point d'ascension droite $90° + a$; par rapport à ces axes, les coordonnées de l'astre le plus voisin seront

$$z_1 = \Delta\cos\delta\cos(\alpha - a),\quad y_1 = \Delta\sin\delta,\quad x_1 = \Delta\cos\delta\sin(\alpha - a);$$

si l'on fait maintenant tourner les axes des y et des z dans le plan des yz d'un angle $-d$ (*), de sorte que le nouvel axe des z soit dirigé vers le point dont l'ascension droite et la déclinaison sont a et d, les coordonnées de l'astre le plus proche rapportées à ce nouveau système d'axes auront pour expressions

$$z = \frac{\sin\delta\sin d + \cos\delta\cos d\cos(\alpha - a)}{\sin\pi},$$

$$y = \frac{\sin\delta\cos d - \cos\delta\sin d\cos(\alpha - a)}{\sin\pi},$$

$$x = \frac{\cos\delta\sin(\alpha - a)}{\sin\pi};$$

(*) L'angle d doit être pris négatif, car le mouvement de la partie positive de l'axe des z se fait vers la partie positive de l'axe des y.

ou encore

$$
\text{(C)}\quad\left\{
\begin{aligned}
z &= \frac{\cos(\delta - d)\cos^2\frac{1}{2}(\alpha - a) - \cos(\delta + d)\sin^2\frac{1}{2}(\alpha - a)}{\sin\pi},\\
y &= \frac{\sin(\delta - d)\cos^2\frac{1}{2}(\alpha - a) + \sin(\delta + d)\sin^2\frac{1}{2}(\alpha - a)}{\sin\pi},\\
x &= \frac{\cos\delta\sin(\alpha - a)}{\sin\pi}.
\end{aligned}
\right.
$$

L'axe des z est maintenant parallèle à la ligne qui joint les centres des deux astres; transportons les axes parallèlement à eux-mêmes, de manière à faire coïncider ces deux lignes, x et y représenteront par rapport à ces nouveaux axes les coordonnées du centre de la Terre prises en signe contraire.

D'autre part, rapportées à un système d'axes parallèles à ces derniers et passant par le centre de la Terre, les coordonnées du point de la surface de la Terre défini par la latitude géocentrique φ', le temps sidéral Θ et la distance au centre ρ ont pour expressions

$$
\text{(D)}\quad\left\{
\begin{aligned}
\zeta &= \rho[\sin d\sin\varphi' + \cos d\cos\varphi'\cos(\Theta - a)],\\
\eta &= \rho[\cos d\sin\varphi' - \sin d\cos\varphi'\cos(\Theta - a)],\\
\xi &= \rho\cos\varphi'\sin(\Theta - a).
\end{aligned}
\right.
$$

Par rapport au troisième système d'axes les coordonnées de ce même lieu sont $\xi - x$, $\eta - y$ et ζ; la condition à laquelle ces coordonnées doivent satisfaire pour que ce lieu soit situé sur la surface du cône circonscrit aux deux astres est donnée par l'équation

$$(x - \xi)^2 + (y - \eta)^2 = (c - \zeta)^2\tang^2 f,$$

où il faudra exprimer c et f en fonction des grandeurs qui se rapportent au centre de la Terre.

On trouve l'angle f au moyen de l'équation

$$\sin f = \frac{r' \pm r}{G},$$

où r et r' sont les demi-diamètres des deux astres, et où l'on prend

le signe $+$, pour les contacts extérieurs,
le signe $-$, pour les contacts intérieurs.

Puisque G est exprimé en parties du rayon équatorial de la Terre, r et r' doivent être rapportés à la même unité. Désignons par K le demi-diamètre de la Lune exprimé en parties du rayon équatorial de la Terre, et par H le demi-diamètre apparent du Soleil pour une distance égale au demi-grand axe de l'orbite terrestre, et remarquons que

$$r' = \frac{\sin H}{\sin \pi'},$$

nous aurons

$$\sin f = \frac{1}{G \sin \pi'} (\sin H \pm K \sin \pi'),$$

ou

$$\text{(E)} \qquad \sin f = \frac{1}{g\Delta'} (\sin H \pm K \sin \pi');$$

mais on a d'après Encke

$$\log \sin \pi' = \bar{5},6186145,$$

de plus, d'après les Tables de la Lune de Burkhardt, $K = 0,2725$, et, d'après Bessel, $H = 15'59'',788$; on a donc

$\log(\sin H + K \sin \pi') = \bar{3},6688041$, pour les contacts extérieurs,

$\log(\sin H - K \sin \pi') = \bar{3},6666903$, pour les contacts intérieurs.

Il nous reste encore à exprimer la quantitité c, ou la distance du sommet du cône au plan des xy. On a, comme on le voit aisément,

$$\text{(F)} \qquad c = z \pm \frac{K}{\sin f},$$

en prenant

le signe $+$, pour les contacts extérieurs,

le signe $-$, pour les contacts intérieurs.

Désignons maintenant par

l la grandeur $c \tang f$, c'est-à-dire le rayon de la trace du cône sur le plan des xy,

λ la grandeur $\tang f$, c'est-à-dire la tangente de l'angle au sommet du cône, nous aurons pour équation fondamentale des éclipses, la relation

$$(x-\xi)^2+(y-\eta)^2=(l-\lambda\zeta)^2,$$

qui exprime que le point de la surface de la Terre déterminé par φ', Θ et ρ se trouve sur la surface du cône enveloppant les deux astres.

Puisque la quantité l est essentiellement positive, il faudra prendre λ négatif, si l'équation (F) donne pour c une valeur négative.

A l'aide des Tables du Soleil et de la Lune, on cherchera d'après les formules (C) et (D), les quantités qui servent au calcul de x, y et z, ξ, η et ζ; toutefois, puisque ces Tables sont toujours affectées de petites erreurs, les valeurs calculées pour x, y, etc., différeront un peu des valeurs véritables. Si donc Δx, Δy et Δl sont les corrections qu'il faut apporter aux valeurs calculées de x, y et l pour avoir les valeurs véritables, l'équation précédente deviendra évidemment (*)

$$(x+\Delta x-\xi)^2+(y+\Delta y-\eta)^2=(l+\Delta l-\lambda\zeta)^2.$$

Calcul de la longitude. — Actuellement, supposons que les valeurs α, δ, π, α', δ', π' tirées des Tables ou des Éphémérides astronomiques se rapportent au temps T du premier méridien adopté; soit, en temps de ce premier méridien, $\mathrm{T}+\mathrm{T}'$ l'heure qui correspond à l'observation d'une phase de l'éclipse, soient aussi x_0 et y_0, x' et y' les valeurs de x et y et de leurs dérivées au temps T; nous aurons

$$x=x_0+x'\mathrm{T}',\quad y=y_0+y'\mathrm{T}'.$$

De même les grandeurs ξ, η et ζ seraient données par la somme de deux termes analogues. Mais puisque ces grandeurs varient toujours très-lentement et que, dans la pratique, on connaît déjà une valeur approchée de la différence de longitude, et par suite du temps du premier méridien correspondant au temps de l'ob-

(*) On a négligé ici les erreurs de a, d et λ, car on ne peut pas les déterminer par les observations des éclipses.

servation; on peut considérer ces grandeurs comme étant connues pour cette époque. L'équation précédente devient donc

$$(x_0 - \xi + x'T' + \Delta x)^2 + (y_0 - \eta + y'T' + \Delta y)^2 = (l + \Delta l - \lambda\zeta)^2;$$

si x et y variaient proportionnellement au temps, x' et y' seraient des constantes, et il suffirait de les calculer une fois pour les connaître à un instant quelconque. En réalité, ceci n'a pas lieu; mais, comme les variations de x' et y' sont toujours très-petites par rapport aux variations de x et de y, on peut résoudre l'équation précédente par approximations successives, et arriver ainsi rapidement au résultat.

Posons

$$x'i - y'i' = \Delta x,$$
$$y'i + x'i' = \Delta y;$$

et

$$(G)\qquad \left\{\begin{array}{ll} m \sin M = x_0 - \xi, & n \sin N = x', \\ m \cos M = y_0 - \eta, & n \cos N = y', \\ \multicolumn{2}{c}{l - \lambda\zeta = L;} \end{array}\right.$$

l'équation précédente pourra s'écrire

$$(L + \Delta l)^2 = [m \cos(M - N) + n(T' + i)]^2 + [m \sin(M - N) - ni']^2,$$

et en négligeant les carrés de i' et de Δl, on a pour trouver $T' + i$, l'équation du second degré

$$\begin{aligned} (T' + i)^2 + 2\frac{m}{n}(T' + i)\cos(M - N) \\ = \frac{L^2 - m^2 \sin^2(M - N)}{n^2} - \frac{m^2 \cos^2(M - N)}{n^2} \\ + 2\frac{m}{n} i' \sin(M - N) + 2\frac{L}{n^2}\Delta l. \end{aligned}$$

Résolvons cette équation par rapport à $T' + i$, en remarquant que

$$\sqrt{x + \Delta x} = \sqrt{x} + \frac{\Delta x}{2\sqrt{x}},$$

et en posant

$$\text{(H)} \qquad L\sin\psi = m\sin(M - N),$$

nous aurons

$$T' = -\frac{m}{n}\cos(M - N) \mp \frac{L\cos\psi}{n} - i \mp i'\tang\psi \mp \frac{\Delta l}{n}\,\text{séc}\,\psi,$$

ou, en exceptant le cas où ψ serait très-petit,

$$T' = -\frac{m}{n}\,\frac{\sin[\psi \pm (M - N)]}{\sin\psi} - i \mp i'\tang\psi \mp \frac{\Delta l}{n}\,\text{séc}\,\psi.$$

Pour l'entrée, ou en d'autres termes pour le commencement de l'éclipse ou d'une phase quelconque, T′ aura une valeur positive plus petite, ou une valeur négative plus grande qu'à l'époque de la sortie ou de la fin; par conséquent si l'on prend toujours l'angle ψ dans le premier ou le quatrième quadrant, il faudra choisir le signe supérieur pour l'entrée, et le signe inférieur pour la sortie, comme on le voit aisément à l'aide de la première forme de l'équation en T′; si l'on prend, au contraire, l'angle ψ dans le premier ou le quatrième quadrant pour l'entrée, et dans le second ou le troisième pour la sortie, on aura dans les deux cas

$$T' = -\frac{m}{n}\,\frac{\sin(M - N + \psi)}{\sin\psi} - i - i'\tang\psi - \frac{\Delta l}{n}\,\text{séc}\,\psi,$$

ou

$$\text{(J)} \quad T' = -\frac{m}{n}\cos(M - N) - \frac{L\cos\psi}{n} - i - i'\tang\psi - \frac{\Delta l}{n}\,\text{séc}\,\psi.$$

Dans le cas d'une éclipse *annulaire* et pour le contact intérieur, la sortie a lieu avant l'entrée; il faut donc, à l'inverse de ce qu'on a fait tout à l'heure, prendre, pour l'entrée, ψ dans le second ou le troisième quadrant, et, pour la sortie, le prendre dans le premier ou le quatrième.

Quant à l'équation (J) on la résout par approximations successives. Dans ce but on calcule les valeurs de x, y, z, a, d, g, l et λ à l'aide des formules (A), (B), (C), (E), (F) pour plusieurs heures successives, de sorte que, à l'aide des formules d'interpolation, on puisse trouver pour chaque instant les valeurs de x_0, y_0 et de leurs dérivées; on adopte ensuite une valeur de T, aussi exacte que le permet la connaissance approchée de la différence de longitude, on interpole pour cette époque les grandeurs x_0, y_0, x' et y', et on trouve à l'aide des formules (D), (G), (H) et (J) une valeur plus approchée de T'. Avec la valeur T+T' on recommence, s'il est nécessaire, le calcul précédent.

Représentons par T la valeur adoptée dans la dernière approximation, et par T' la correction trouvée, en sorte que

$$T + T' = t - \omega,$$

où t est le temps donné par l'observation, ω la différence, prise positivement à l'est, des longitudes du lieu d'observation et du premier méridien, c'est-à-dire du méridien dont le temps a servi de base au calcul des grandeurs x, y, etc., nous avons

$$\omega = t - T + \frac{m}{n}\cos(M - N) + \frac{L}{n}\cos\psi$$
$$+ i + i'\,\text{tang}\,\psi + \frac{\Delta l}{n}\,\text{séc}\,\psi,$$

ou d'après la formule (H)

$$(K_1)\quad \omega = t - T + \frac{m}{n}\,\frac{\sin(M - N + \psi)}{\sin\psi} + i + i'\,\text{tang}\,\psi + \frac{\Delta l}{n}\,\text{séc}\,\psi.$$

Les valeurs de x' et y' ont été trouvées en prenant l'heure de temps moyen comme unité de temps. La formule précédente suppose donc ω rapporté à cette même unité. Or t, temps d'observation, sera donné en secondes, et pourra n'être pas un temps moyen; pour plus de simplicité, nous supposerons que T est donné en secondes du même temps que t; dès lors si nous voulons obtenir la différence des longitudes en secondes du temps d'observation, il faudra multiplier tout le second membre, excepté $t - T$, par le nombre s de secondes de temps moyen contenues dans une heure de cette espèce de temps, de telle sorte que la formule précédente deviendra

$$(\mathrm{K})\quad \left\{\begin{aligned} \omega = t - \mathrm{T} + \frac{m}{n} s \frac{\sin(\mathrm{M} - \mathrm{N} + \psi)}{\sin\psi} \\ + (is + i's\,\mathrm{tang}\,\psi) + s\frac{\Delta l}{n}\,\mathrm{séc}\,\psi. \end{aligned}\right.$$

L'équation (K) ne donne pas la différence des longitudes du lieu de l'observation et du premier méridien, mais plutôt une relation entre cette différence et les erreurs des éléments du calcul de réduction. Mais si en d'autres lieux on a observé la même éclipse, on a pour chacun d'eux autant d'équations analogues qu'on a observé de phases de l'éclipse. Par la combinaison de toutes les équations, on élimine ensuite, comme on le montrera plus tard, les erreurs provenant d'un ou plusieurs éléments du calcul, et de cette manière on rend le résultat aussi indépendant que possible des erreurs des Tables.

Il faut encore développer les quantités i et i' déterminées par les équations

$$x'i - y'i' = \Delta x,$$

$$y'i + x'i' = \Delta y;$$

ou

$$ni = \sin\mathrm{N}\,\Delta x + \cos\mathrm{N}\,\Delta y,$$

$$ni' = \sin\mathrm{N}\,\Delta y - \cos\mathrm{N}\,\Delta x.$$

Les quantités x et y dépendent de $\alpha - a$, $\delta - d$ et π. Considérons-les comme inexactes, nous aurons

$$\Delta x = \mathrm{A}\,\Delta(\alpha - a) + \mathrm{B}\,\Delta(\delta - d) + \mathrm{C}\,\Delta\pi,$$

$$\Delta y = \mathrm{A}'\Delta(\alpha - a) + \mathrm{B}'\Delta(\delta - d) + \mathrm{C}'\Delta\pi,$$

où A, B, C sont les dérivées de x par rapport à $\alpha - a$, $\delta - d$ et π, et A′, B′, C′ les dérivées de y, par rapport aux mêmes grandeurs. Mais puisque $\Delta(\alpha - a)$, $\Delta(\delta - d)$ et $\Delta\pi$ sont toujours de petites quantités, on peut, dans l'expression des dérivées, négliger les termes où $\sin(\alpha - a)$ et $\sin(\delta - d)$ entrent comme facteurs, et y remplacer $\cos(\alpha - a)$ et $\cos(\delta - d)$ par l'unité.

On obtient ainsi

$$A = +\frac{\cos\delta}{\sin\pi}\cos(\alpha - a) = \frac{\cos\delta}{\sin\pi},$$

$$B = -\frac{\sin\delta}{\sin\pi}\sin(\alpha - a) = 0,$$

$$C = -\frac{\cos\delta\sin(\alpha - a)\cos\pi}{\sin^2\pi} = -\frac{x}{\tang\pi},$$

$$A' = +\frac{\cos\delta\sin d\sin(\alpha - a)}{\sin\pi} = 0,$$

$$B' = +\frac{\cos(\delta - d)}{\sin\pi} = \frac{1}{\sin\pi},$$

$$C' = -\frac{y}{\tang\pi};$$

comme i et i', et, par suite, $\Delta(\alpha - a)$, $\Delta(\delta - d)$ et $\Delta\pi$ sont toujours exprimées en parties du rayon, il faudra, pour avoir en secondes les erreurs des éléments, diviser les dérivées par 206 265. Posons

$$\frac{s}{206265.n\sin\pi} = h,$$

nous aurons

$$\begin{aligned} is = &+h\sin N\cos\delta\,\Delta(\alpha - a) + h\cos N\,\Delta(\delta - d)\\ &- h\cos\pi\,\Delta\pi(x\sin N + y\cos N),\end{aligned}$$

$$\begin{aligned} i's = &-h\cos N\cos\delta\,\Delta(\alpha - a) + h\sin N\,\Delta(\delta - d)\\ &+ h\cos\pi\,\Delta\pi(x\cos N - y\sin N),\end{aligned}$$

ou, en multipliant la première équation par $\cos\psi$, la seconde par $\sin\psi$, et ajoutant,

$$\begin{aligned}(is + i's\tang\psi)&\frac{\cos\psi}{h}\\ &= \sin(N - \psi)\cos\delta\,\Delta(\alpha - a) + \cos(N - \psi)\,\Delta(\delta - d)\\ &\quad - \cos\pi\,[x\sin(N - \psi) + y\cos(N - \psi)]\,\Delta\pi,\end{aligned}$$

il en résulte

$$\omega = t - \mathrm{T} + \frac{m}{n} s \frac{\sin(\mathrm{M} - \mathrm{N} + \psi)}{\sin\psi}$$

$$+ h \frac{\sin(\mathrm{N} - \psi)}{\cos\psi} \cos\delta \, \Delta(\alpha - a) + h \frac{\cos(\mathrm{N} - \psi)}{\cos\psi} \Delta(\delta - d)$$

$$+ h \frac{206\,265}{\cos\psi} \sin\pi \, \Delta l - h \cos\pi \left[\frac{x \sin(\mathrm{N} - \psi) + y \cos(\mathrm{N} - \psi)}{\cos\psi} \right] \Delta\pi.$$

Enfin, en posant

$$(\mathrm{L}) \quad \begin{cases} \mu = + \sin\mathrm{N} \cos\delta \, \Delta(\alpha - a) + \cos\mathrm{N} \, \Delta(\delta - d), \\ \nu = - \cos\mathrm{N} \cos\delta \, \Delta(\alpha - a) + \sin\mathrm{N} \, \Delta(\delta - d), \\ \sigma = 206\,265 \sin\pi \, \Delta l, \\ \Omega = \cos\pi \, \Delta\pi, \\ \mathrm{E} = \dfrac{x \sin(\mathrm{N} - \psi) + y \cos(\mathrm{N} - \psi)}{\cos\psi}, \end{cases}$$

on obtient en définitive

$$(\mathrm{M}) \quad \begin{cases} \omega = t - \mathrm{T} + \dfrac{m}{n} s \dfrac{\sin(\mathrm{M} - \mathrm{N} + \psi)}{\sin\psi} \\ \qquad + h\mu + h\nu \operatorname{tang}\psi + h\sigma \operatorname{séc}\psi - h\mathrm{E}\Omega. \end{cases}$$

Chaque observation d'une phase d'une éclipse donnera une équation analogue; et puisque chacune d'elles contient cinq inconnues, il suffira de cinq de ces équations pour en trouver les valeurs. Dans la pratique, on ne pourra pas déterminer σ et Ω, à moins que les observations n'aient été faites en des lieux très-éloignés les uns des autres. Au contraire, le calcul des coefficients montrera toujours l'influence que peuvent avoir sur le résultat les erreurs dont sont entachés l et π. Il sera également toujours possible de débarrasser la différence de longitude des erreurs de μ et ν, mais on ne pourra déterminer la dernière de ces quantités que si l'on connaît les différences en longitude du lieu et du premier méridien. Si μ et ν sont connues, les erreurs des ascensions droites et des déclinaisons données par les Tables s'obtiendront au moyen des équations

$$\cos\delta\,\Delta(\alpha - a) = \mu \sin N - \nu \cos N,$$
$$\Delta(\delta - d) = \mu \cos N + \nu \sin N.$$

Tableau des formules. — Les formules qui servent à la détermination des longitudes par l'observation d'une éclipse de Soleil sont réunies dans le Tableau suivant :

$$(1)\qquad \left\{ \begin{aligned} a &= \alpha' - \frac{\sin\pi'}{\Delta'\sin\pi}\,\frac{\cos\delta}{\cos\delta'}(\alpha - \alpha'),\\ d &= \delta' - \frac{\sin\pi'}{\Delta'\sin\pi}(\delta - \delta'),\\ g &= 1 - \frac{\sin\pi'}{\Delta'\sin\pi}, \end{aligned} \right.$$

où α, δ et π sont l'ascension droite, la déclinaison et la parallaxe horizontale équatoriale de la Lune ; α', δ', Δ' et π' l'ascension droite, la déclinaison, la distance et la parallaxe horizontale équatoriale moyenne du Soleil ;

$$(2)\qquad \left\{ \begin{aligned} x &= \frac{\cos\delta\sin(\alpha - a)}{\sin\pi},\\ y &= \frac{\sin(\delta - d)\cos^2\frac{1}{2}(\alpha - a) + \sin(\delta + d)\sin^2\frac{1}{2}(\alpha - a)}{\sin\pi},\\ z &= \frac{\cos(\delta - d)\cos^2\frac{1}{2}(\alpha - a) - \cos(\delta + d)\sin^2\frac{1}{2}(\alpha - a)}{\sin\pi}; \end{aligned} \right.$$

$$(3)\qquad \sin f = \frac{1}{g\Delta'}(\sin H \pm K \sin\pi'),$$

où

$\log(\sin H + K\sin\pi') = \bar{3},6688041$ pour les contacts extérieurs,

$\log(\sin H - K\sin\pi') = \bar{3},6666903$ pour les contacts intérieurs;

$$(4)\qquad c = z \pm \frac{K}{\sin f},$$

en prenant

le signe $+$, pour les contacts extérieurs,

le signe $-$, pour les contacts intérieurs;

$$\tang f = \lambda, \quad l = c\lambda, \tag{5}$$

où λ a toujours le même signe que c;

$$\left\{\begin{aligned} \xi &= \rho\cos\varphi' \sin(\Theta - a), \\ \eta &= \rho[\cos d \sin\varphi' - \sin d \cos\varphi' \cos(\Theta - a)], \\ \zeta &= \rho[\sin d \sin\varphi' + \cos d \cos\varphi' \cos(\Theta - a)], \end{aligned}\right. \tag{6}$$

où φ' et ρ sont la latitude géocentrique du lieu et sa distance au centre de la Terre, Θ le temps sidéral observé de l'entrée ou de la sortie.

Si de plus on a, pour le temps T, les valeurs

$$x = x_0, \quad \frac{dx}{dt} = x',$$

$$y = y_0, \quad \frac{dy}{dt} = y',$$

on calculera

$$\left\{\begin{aligned} m \sin M &= x_0 - \xi, \quad n \sin N = x' \ (^*), \\ m \cos M &= y_0 - \eta, \quad n \cos N = y', \\ & l - \lambda\zeta = L; \end{aligned}\right. \tag{7}$$

$$L \sin\psi = m \sin(M - N), \tag{8}$$

en prenant ψ, dans le premier ou le quatrième quadrant pour l'entrée, dans le second ou le troisième pour la sortie; et

$$\left\{\begin{aligned} T' &= -s\frac{m}{n}\frac{\sin(M - N + \psi)}{\sin\psi} \\ &= -s\frac{m}{n}\cos(M - N) - \frac{sL\cos\psi}{n}. \end{aligned}\right. \tag{9}$$

(*) Les valeurs de N et de $\log n$ étant presque constantes, il conviendra, si l'on a un grand nombre d'observations à réduire, de les calculer d'abord pour un certain nombre d'heures entières. On en déduira ensuite par une simple interpolation les valeurs correspondantes à un temps donné quelconque.

On aura finalement, pour déterminer ω, l'équation

$$(10) \qquad \omega = t - \mathrm{T} - \mathrm{T}' + h\mu + h\nu \operatorname{tang}\psi,$$

où

$$h = \frac{s}{206\,265 . n \sin\pi},$$

$$\mu = + \sin \mathrm{N} \cos\delta \; \Delta(\alpha - a) + \cos \mathrm{N} \; \Delta(\delta - d),$$

$$\nu = - \cos \mathrm{N} \cos\delta \; \Delta(\alpha - a) + \sin \mathrm{N} \; \Delta(\delta - d),$$

et par suite

$$\cos\delta \; \Delta(\alpha - a) = \mu \sin \mathrm{N} - \nu \cos \mathrm{N},$$

$$\Delta(\delta - d) = \mu \cos \mathrm{N} + \nu \sin \mathrm{N}.$$

EXEMPLE. — L'observation de l'éclipse totale de Soleil du 7 juillet 1842, faite à Vienne et à Poulkowa, a donné les résultats suivants :

VIENNE.

	h m s	
Contact intérieur à l'entrée...	18.49.25,0	Temps moyen de Vienne.
Contact intérieur à la sortie..	18.51.22,0	Temps moyen de Vienne.

POULKOWA.

Contact extérieur à l'entrée..	19. 7. 3,5	Temps moyen de Poulkowa.
Contact extérieur à la sortie..	21.12.52,0	Temps moyen de Poulkowa.

Dans le *Jahrbuch* de Berlin, on trouve les positions suivantes de la Lune et du Soleil :

T. m. de Berlin.	α	δ	α'	δ'	π	$\log \Delta'$
h	° ′ ″	° ′ ″	° ′ ″	° ′ ″	′ ″	
17	105. 8.49,93	+23.22.10,35	106.50.38,49	+22.33.24,46	59.55,06	0,0072061
18	105.47.43,31	23.15. 0,34	106 53.12,37	22 33. 7,93	59.56,37	0,0072056
19	106.26.34,17	23. 7.40,45	106.55.46,24	22.32.51,36	59.57,65	0,0072051
20	107. 5.22,32	23. 0.10,75	106.58.20,09	22.32.34,75	59.58,91	0,0072046
21	107.44. 7,75	22.52.31,29	107. 0.53,91	22.32.18,09	60. 0,14	0,0072041
22	108.22.50,34	22.44.42,13	107. 3.27,78	22.32. 1,40	60. 1,35	0,0072036

Si nous calculons d'abord les quantités a, d et g au moyen des formules (1), nous trouvons

h	a	d	$\log g$
	° ′ ″	° ′ ″	
18	106.53.21,53	+22.33. 2,04	$\bar{1}$,998 9808
19	106.55.50,33	22.32.46,47	$\bar{1}$,998 9811
20	106.58.19,10	22.32.30,87	$\bar{1}$,998 9815
21	107. 0.47,88	22.32.15,25	$\bar{1}$,998 9819

Nous obtenons ensuite, au moyen des formules (2), (3), (4) et (5),

h	x	y	$\log z$
17	−1,563 2144	+0,824 6864	1,758 5349
18	−1,006 1154	+0,703 9354	1,758 4833
19	−0,448 9341	+0,582 7957	1,758 3923
20	+0,108 2514	+0,461 2784	1,758 2614
21	+0,665 3785	+0,339 3985	1,758 0909
22	+1,222 4009	+0,217 1603	1,757 8799

	l		$\log \lambda$	
h	Contact extérieur.	Contact intérieur.	Contact extérieur.	Contact intérieur
17	0,536 2314	0,010 0548	$\bar{3}$,662 6222	$\bar{3}$,660 5084n
18	0,536 2001	0,010 0860	$\bar{3}$,662 6223	$\bar{3}$,660 5085n
19	0,536 1450	0,010 1409	$\bar{3}$,662 6225	$\bar{3}$,660 5087n
20	0,536 0655	0,010 2198	$\bar{3}$,662 6226	$\bar{3}$,660 5088n
21	0,535 9622	0,010 3227	$\bar{3}$,662 6227	$\bar{3}$,660 5089n
22	0,535 8345	0,010 4499	$\bar{3}$,662 6229	$\bar{3}$,660 5091n

Maintenant, pour Vienne, le temps observé du contact intérieur à l'entrée était

$$18^h 49^m 25^s,0,$$

ou en temps sidéral

$$\Theta = 1^h 52^m 29^s,8 = 28^\circ 7' 27'',0;$$

de plus

$$\varphi = 48^\circ 12' 35'',5,$$

et, par suite, la latitude géocentrique

$$\varphi' = 48^\circ 1' 8'',9,$$

et

$$\log \rho = \bar{1},999\,1952.$$

Prenons maintenant $T = 18^h 30^m$, nous obtenons, pour cette époque,

$$x_0 = -0,727530, \quad y_0 = +0,643413,$$

et, d'après les formules (6),

$$\xi = -0,654897, \quad \eta = +0,635482, \quad \log\zeta = \bar{1},606857;$$

de plus, par les formules du n° **15**,

$$x' = +0,557185, \quad y' = -0,121140,$$

et, d'après les formules (7), (8) et (9),

$$M = 276^\circ 13' 54'', \quad \log m = \bar{2},863708,$$
$$N = 102.15.58, \quad \log n = \bar{1},756030,$$
$$\log L = \bar{2},077778,$$
$$\varphi = 39^\circ 57' 10'', \quad T' = -6^m 40^s,85.$$

Puisque, dans ce cas, il n'est pas nécessaire de recommencer le calcul, on obtient, d'après la formule (10),

$$\omega = +0^h 12^m 44^s,15 + 1,7553.\mu + 1,4703.\nu.$$

De l'observation du contact intérieur à la sortie, on déduit également, en conservant la même valeur pour T,

$$\xi = -0,653763, \quad \eta = +0,633338, \quad \log\zeta = \bar{1},612367,$$
$$M = 277^\circ 46' 40'', \quad \log m = \bar{2},871874, \quad \log L = \bar{2},078638,$$
$$\psi = 150^\circ 54' 51'',5,$$
$$T' = -8^m 54^s,74,$$

et ainsi

$$\omega = +0^h 12^m 27^s,26 + 1,7553.\mu - 0,9764.\nu.$$

Si l'on adopte pour Poulkowa la valeur

$$\varphi = 59^\circ 46' 18'',6$$

d'où

$$\varphi' = 59^\circ 36' 16'',8, \quad \log\rho = \bar{1},9989172,$$

on déduit des observations faites en ce lieu

$$\omega' = 1^h 8^m 26^s,57 + 1,7559.\mu + 0,5064.\nu,$$
$$\omega' = 1.8.22,67 + 1,7541.\mu - 0,3034.\nu.$$

On a, par suite,

$$\omega' - \omega = +55^m 42^s,42 - 0,9639.\nu,$$
$$\omega' - \omega = +55.55,41 + 0,6730.\nu,$$

d'où

$$\omega' - \omega = +55^m 50^s,07$$

et

$$\nu = -7'',94.$$

Pour déterminer aussi l'erreur μ, nous regarderons comme connue la différence de longitude entre l'une des stations et Berlin. Or la différence des longitudes de Vienne et de Berlin est

$$+0^h 11^m 56^s,40;$$

nous déduirons donc de la première équation relative à ω

$$\mu = -20'',55.$$

En outre, puisque nous avons

$$\cos\delta\,\Delta(\alpha - a) = \mu \sin N - \nu \cos N,$$
$$\Delta(\delta - d) = \mu \cos N + \nu \sin N,$$

nous trouvons

$$\cos\delta\,\Delta(\alpha - a) = -21'',78, \quad \Delta(\delta - d) = -3'',38.$$

132. *Détermination des longitudes au moyen des occultations d'étoiles par la Lune.* — Dans ce cas, les formules sont beaucoup plus simples. En effet, comme alors $\pi' = 0$, il vient

$$a = \alpha', \quad d = \delta'.$$

Nous n'avons donc pas besoin de calculer les formules (1), et les coordonnées du lieu d'observation sont indépendantes du lieu de la Lune, car nous avons simplement

$$\xi = \rho \cos\varphi' \sin(\Theta - \alpha'),$$
$$\eta = \rho[\sin\varphi' \cos\delta' - \cos\varphi' \sin\delta' \cos(\Theta - \alpha')].$$

La troisième coordonnée ζ n'est pas employée, puisque, dans le cas actuel, $f = 0$, et par suite $\lambda = 0$; nous avons donc un cylindre enveloppant au lieu d'un cône. Le rayon l du cercle, suivant lequel le plan des xy rencontre ce cylindre, est égal au demi-diamètre K de la Lune. Il ne sera donc pas non plus nécessaire de calculer la coordonnée z, mais seulement x et y que donneront les relations simples

$$x = \frac{\cos\delta \sin(\alpha - \alpha')}{\sin\pi},$$

$$y = \frac{\sin\delta \cos\delta' - \cos\delta \sin\delta' \cos(\alpha - \alpha')}{\sin\pi}.$$

L'équation fondamentale des éclipses se transforme en la suivante

$$(K + \Delta K)^2 = (x + \Delta x - \xi)^2 + (y + \Delta y - \eta)^2,$$

que nous résoudrons de la même manière que précédemment. Prenons encore $t - \omega = T + T'$, et désignons par x_0 et y_0, x' et y' les valeurs de x, y et de leurs dérivées correspondantes au temps T, nous calculerons les quantités auxiliaires

$$m \sin M = x_0 - \xi, \quad n \sin N = x',$$
$$m \cos M = y_0 - \eta, \quad n \cos N = y',$$
$$K \sin\psi = m \sin(M - N),$$

et nous trouverons, pour déterminer ω, la formule

$$\omega = t - T + s\frac{m}{n}\frac{\sin(M - N + \psi)}{\sin\psi} + h\mu + h\nu \operatorname{tang}\psi,$$

dans laquelle h, μ et ν ont la même signification que précédemment.

EXEMPLE. — L'immersion et l'émersion d'Aldébaran, observées à Bilk, le 29 novembre 1849, ont donné les résultats suivants :

Immersion... $8^h 15^m 12^s,1$, temps moyen de Bilk,
Émersion.... $9.18.19,8$, temps moyen de Bilk.

L'immersion de la même étoile, observée à Hambourg, a donné

$$8^h 33^m 47^s,2, \text{ temps moyen de Hambourg.}$$

D'après le *Nautical Almanac*, la position de l'étoile était ce jour-là

$$\alpha' = 4^h 11^m 16^s,24 = +62^\circ 49' 3'',6,$$
$$\delta' = +15.15.32,2.$$

De plus, on a pour Bilk

$$\varphi' = 51^\circ 1' 10'',0, \qquad \log \rho = \bar{1},9991201,$$

et pour Hambourg

$$\varphi' = 53^\circ 22' 4'',2, \qquad \log \rho = \bar{1},9990624.$$

Enfin le *Nautical Almanac* donne (temps moyen de Greenwich) les positions suivantes de la Lune :

h	α	δ	π
	h m s	° ′ ″	′ ″
7	4. 6. 2,35	+15.47.24,6	60.50,8
8	4. 8.35,69	15.54.48,8	60.51,8
9	4.11. 9,31	16. 2. 6,5	60.52,9

Nous trouvons donc, pour ces trois époques,

h	x	Δx	y	Δy
7	−1,240 980		+0,527 577	
		+0,606 752		+0,118 741
8	−0,634 228		+0,646 318	
		+0,606 864		+0,118 656
9	−0,027 364		+0,764 974	

Nous avons maintenant, pour l'immersion à Bilk,

$$\Theta = 0^h 49^m 29^s,93, \qquad \Theta - \alpha' = -50^\circ 26' 34'',6;$$

et, par suite,

$$\xi = -0{,}484015, \qquad \eta = +0{,}643216;$$

actuellement, prenons pour T la valeur $T = 7^h 50^m$, nous aurons, pour cette époque,

$$x_0 - \xi = -0{,}251346, \qquad y_0 - \eta = -0{,}016682,$$
$$x' = +0{,}606789, \qquad y' = +0{,}118713,$$

d'où

$$M = +266^\circ 12' 10'', \qquad \log m = \bar{1}{,}401226,$$
$$N = +78.55.50, \qquad \log n = \bar{1}{,}791194,$$
$$\psi = -6.43.11, \qquad T' = +2^m 0^s{,}85.$$

Nous déduisons donc de l'immersion observée à Bilk l'équation suivante entre les erreurs μ, ν et la différence ω de longitude entre Bilk et Greenwich :

$$\omega = +27^m 12^s{,}95 + 1{,}5945.\mu - 0{,}1879.\nu;$$

de même l'émersion observée à Bilk donnera

$$\omega = +27^m 27^s{,}10 + 1{,}5937.\mu + 0{,}5336.\nu,$$

et l'immersion observée à Hambourg

$$\omega' = +40^m 3^s{,}76 + 1{,}5945.\mu - 0{,}1362.\nu;$$

nous aurons donc les deux équations

$$\omega' - \omega = +12^m 50^s{,}81 + 0{,}0517.\nu,$$
$$\omega' - \omega = +12.36{,}66 - 0{,}6698.\nu,$$

d'où l'on tire

$$\omega' - \omega = +12^m 49^s{,}80 \quad \text{et} \quad \nu = -19''{,}61.$$

133. *Prédiction d'une éclipse.* — Les équations générales relatives aux éclipses et aux occultations données dans les n^{os} **131** et **132** servent aussi à calculer le temps de leur arrivée en un lieu donné de la surface de la Terre. Si nous prenons pour T un certain temps du premier méridien voisin du milieu de l'éclipse, et si nous formons pour ce temps les quantités x_0, y_0, x' et y', l'équation fondamentale des éclipses est

$$(x_0 + x'T' - \xi)^2 + (y_0 + y'T' - \eta)^2 = L^2 \ (^*),$$

où ξ et η sont les coordonnées du lieu de la Terre au temps $T + T'$ de la phase cherchée de l'éclipse. Par conséquent, si nous désignons par Θ_0 le temps sidéral correspondant au temps T, $\Theta_0 + \omega_0$ sera le temps sidéral du lieu de longitude ω_0 pour lequel nous calculons l'éclipse, si ξ_0 et η_0 sont les valeurs de ξ et η au temps $\Theta_0 + \omega_0$, et si l'expression $\frac{d(\Theta - a)}{dt}$ se rapporte au temps T, nous avons

$$\xi = \xi_0 + \rho \cos\varphi' \cos(\Theta_0 + \omega_0 - a) \frac{d(\Theta - a)}{dt} T',$$

$$\eta = \eta_0 + \rho \cos\varphi' \sin(\Theta_0 + \omega_0 - a) \frac{d(\Theta - a)}{dt} T' \sin d.$$

Posons maintenant

$$m \sin M = x_0 - \xi_0,$$

$$m \cos M = y_0 - \eta_0,$$

$$n \sin N = x' - \rho \cos\varphi' \cos(\Theta_0 + \omega_0 - a) \frac{d(\Theta - a)}{dt},$$

$$n \cos N = y' - \rho \cos\varphi' \sin(\Theta_0 + \omega_0 - a) \frac{d(\Theta - a)}{dt} \sin d,$$

$$\sin\psi = \frac{m}{L_0} \sin(M - N),$$

où L_0 désigne la valeur de L qui correspond au temps T; nous trouverons

$$T' = -\frac{m}{n}\cos(M - N) \mp \frac{L_0}{n}\cos\psi = t - T - \omega_0;$$

on devra prendre l'angle ψ dans le premier ou le quatrième quadrant, et employer le signe supérieur pour le commencement de

(*) Pour une occultation, on a $L = K = 0,2725$.

l'éclipse, le signe inférieur pour la fin; en d'autres termes, si l'on pose

$$-\frac{m}{n}\cos(M-N)-\frac{L_0}{n}\cos\psi=\tau,$$

$$-\frac{m}{n}\cos(M-N)+\frac{L_0}{n}\cos\psi=\tau',$$

l'époque du commencement de l'éclipse exprimée en temps moyen du lieu est

$$t=T+\omega_0+\tau$$

et celle de la fin

$$t'=T+\omega_0+\tau'.$$

Une première approximation donnera les époques des contacts à quelques minutes près, et cela suffit parfaitement aux besoins des observations. Cependant si l'on désire une valeur beaucoup plus approchée, on recommencera le calcul en se servant de $T+\tau$ et de $T+\tau'$ au lieu de T.

Il est encore nécessaire de connaître les points du bord du Soleil (ou de la Lune, dans le cas de l'occultation) où se font les contacts. Si dans les expressions

$$x_0-\xi+x'T',\quad y_0-\eta+y'T',$$

nous remplaçons T' par la valeur

$$-\frac{m}{n}\cos(M-N)\mp\frac{L_0}{n}\cos\psi,$$

nous trouvons

$$x-\xi=\frac{1}{\sin\psi}(m\sin M\cos N\cos N\sin\psi-m\cos M\sin N\cos N\sin\psi$$
$$\mp m\sin M\cos N\sin N\cos\psi\pm m\cos M\sin N\sin N\cos\psi),$$

ou bien

$$x-\xi=\mp\frac{m\sin(M-N)}{\sin\psi}\sin(N\mp\psi)$$
$$=\mp L_0\sin(N\mp\psi),$$

et de même

$$y-\eta=\mp L_0\cos(N\mp\psi).$$

On aura donc, pour l'entrée,

$$x - \xi = - L_0 \sin(N - \psi) = L_0 \sin(N + 180^\circ - \psi),$$
$$y - \eta = - L_0 \cos(N - \psi) = L_0 \cos(N + 180^\circ - \psi),$$

et, pour la sortie,

$$x - \xi = L_0 \sin(N + \psi),$$
$$y - \eta = L_0 \cos(N + \psi).$$

Nous avons vu, au n° **131**, que $\xi - x$ et $\eta - y$ sont les coordonnées d'un lieu de la Terre situé sur la surface du cône enveloppe, par rapport à un système d'axes dans lequel l'axe des z est la ligne qui joint les centres des deux astres, et l'axe des x est parallèle à l'équateur ; $x - \xi$ et $y - \eta$ sont donc les coordonnées d'un point situé dans la direction de la ligne qui joint le lieu de la Terre au point de contact des deux astres, et dont la distance au sommet du cône est égale à la distance qui sépare ce dernier point et le lieu de la Terre. $\frac{x - \xi}{L_0}$ et $\frac{y - \eta}{L_0}$ sont ainsi le sinus et le cosinus de l'angle que l'axe des y ou le cercle de déclinaison passant par le point Z (*) fait avec la ligne menée du point Z au point de contact. Mais puisque ce point Z est toujours voisin du centre du Soleil, nous pouvons, sans erreur appréciable, supposer que $\frac{x - \xi}{L_0}$ et $\frac{y - \eta}{L_0}$ sont le sinus et le cosinus de l'angle que le cercle de déclinaison passant par le centre du Soleil fait avec la ligne menée du centre du Soleil au point de contact. Dans une phase quelconque, cet angle est donc donné par les expressions

$$(A) \quad \begin{cases} Q = N - \psi + 180^\circ, & \text{pour le commencement,} \\ Q' = N + \psi, & \text{pour la fin.} \end{cases}$$

Pour une éclipse *annulaire* de Soleil il faudra prendre à l'entrée $N + \psi$ pour l'angle de position correspondant à un contact intérieur, et $N - \psi + 180^\circ$ à la sortie.

(*) Le point Z est le point d'intersection de l'axe des z, ou de la ligne joignant les centres des deux astres avec la sphère céleste.

Tableau des formules employées dans le calcul d'une éclipse. — Ainsi, les formules qui servent au calcul d'une éclipse sont les suivantes. Pour un temps voisin du milieu de l'éclipse (le mieux sera de prendre une heure ronde), temps du méridien auquel conviennent les Tables du Soleil et de la Lune, on calculera les formules (1), (2), (3), (4) et (5) du nº 131, ainsi que les valeurs des dérivées x' et y'; on calculera ensuite les formules analogues aux formules (6) :

$$\xi_0 = \rho \cos\varphi' \sin(\Theta_0 + \omega_0 - a),$$
$$\eta_0 = \rho [\cos d \sin\varphi' - \sin d \cos\varphi' \cos(\Theta_0 + \omega_0 - a)],$$
$$\zeta_0 = \rho [\sin d \sin\varphi' + \cos d \cos\varphi' \cos(\Theta_0 + \omega_0 - a)],$$

où Θ_0 est le temps sidéral correspondant au temps moyen T, et ω_0 la longitude du lieu comptée positivement à l'est du premier méridien ; et si l'on pose

$$m \sin M = x_0 - \xi_0,$$
$$m \cos M = y_0 - \eta_0,$$
$$n \sin N = x' - \rho \cos\varphi' \cos(\Theta_0 + \omega_0 - a) \frac{d(\Theta - a)}{dt},$$
$$n \cos N = y' - \rho \cos\varphi' \sin(\Theta_0 + \omega_0 - a) \frac{d(\Theta - a)}{dt} \sin d.$$
$$L_0 = l_0 - \lambda\zeta_0;$$

et ψ étant compris entre $-90°$ et $+90°$,

$$\sin\psi = \frac{m}{L_0} \sin(M - N),$$
$$\tau = -\frac{m}{n} \cos(M - N) - \frac{L_0}{n} \cos\psi,$$
$$\tau' = -\frac{m}{n} \cos(M - N) + \frac{L_0}{n} \cos\psi,$$

le temps moyen du lieu correspondant au commencement et à la fin de l'éclipse sera donné par les valeurs

$$t = T + \omega_0 + \tau, \quad \text{pour le commencement},$$
$$t' = T + \omega_0 + \tau', \quad \text{pour la fin}.$$

Les expressions (A) donnent les points du bord du Soleil où se font les contacts.

Tableau des formules employées dans le calcul d'une occultation. — Dans le calcul d'une occultation les formules sont beaucoup plus simples. Pour le temps T du premier méridien, temps voisin du milieu de l'occultation, on calculera

$$x_0 = \frac{\cos\delta \sin(\alpha - \alpha')}{\sin\pi},$$
$$y_0 = \frac{\sin\delta \cos\delta' - \cos\delta \sin\delta' \cos(\alpha - \alpha')}{\sin\pi},$$

ainsi que les dérivées x' et y'; on calculera ensuite les quantités

$$\xi_0 = \rho \cos\varphi' \sin(\Theta_0 + \omega_0 - \alpha'),$$
$$\eta_0 = \rho[\sin\varphi' \cos\delta' - \cos\varphi' \sin\delta' \cos(\Theta_0 + \omega_0 - \alpha')],$$

où Θ_0 est le temps sidéral correspondant au temps T; et si l'on pose

$$m \sin M = x_0 - \xi_0,$$
$$m \cos M = y_0 - \eta_0,$$
$$n \sin N = x' - \rho \cos\varphi' \cos(\Theta_0 + \omega_0 - \alpha') \frac{d\Theta}{dt},$$
$$n \cos N = y' - \rho \cos\varphi' \sin(\Theta_0 + \omega_0 - \alpha') \frac{d\Theta}{dt} \sin\delta',$$
$$\log \frac{d\Theta}{dt} = \bar{1},41916 \ (*),$$
$$\sin\psi = \frac{m}{K} \sin(M - N) \quad (\text{où l'on a } -90^\circ < \psi < 90^\circ),$$
$$\log K = \bar{1},43537,$$
$$\tau = -\frac{m}{n}\cos(M - N) - \frac{K}{n}\cos\psi, \quad \tau' = -\frac{m}{n}\cos(M - N) + \frac{K}{n}\cos\psi,$$

(*) En effet, dans les dérivées précédentes on a pris l'heure pour unité de temps, $\frac{d\Theta}{dt}$ est donc la variation de l'angle horaire en une heure moyenne;

le temps moyen du lieu, correspondant à l'émersion ou à l'immersion, sera donné par les expressions

$$t = T + \omega_0 + \tau, \text{ pour l'immersion,}$$
$$t' = T + \omega_0 + \tau', \text{ pour l'émersion.}$$

L'angle de position est dans ce cas l'angle que le cercle de déclinaison passant par le centre de la Lune fait avec la droite allant de ce point au point de contact; cette droite est donc dirigée ici du centre de l'astre le plus rapproché vers le plus éloigné; il faut dans les expressions (A) changer ψ en $\psi - 180°$, et l'on a

$$Q = N - \psi, \qquad \text{pour l'immersion,}$$
$$Q' = N + \psi - 180°, \text{ pour l'émersion.}$$

Exemple. — Calculer le temps du commencement et de la fin de l'éclipse de Soleil du 7 juillet 1842 pour Poulkowa. Prenons $T = 19^h$, temps moyen de Berlin; d'après le nº **131**

$$x_0 = -0,44893, \quad y_0 = +0,58280, \quad l = 0,53614,$$
$$x' = +0,55718, \quad y' = -0,12133, \quad \log\lambda = \bar{3},66262,$$
$$a = 106°55',8, \quad d = +22°32',8.$$

De plus, nous obtenons

$$\Theta_0 = 2^h 3^m 8^s,$$

et, puisque la différence ω_0 de longitude entre Poulkowa et Berlin est égale à $+1^h 7^m 43^s$, il vient

$$\Theta_0 + \omega_0 - a = 300°46',9,$$

et, par suite,

$$\xi_0 = -0,43361, \qquad \log\zeta_0 = \bar{1},75470,$$
$$\eta_0 = +0,69560, \qquad \log L_0 = \bar{1},72716.$$

---

or cet intervalle de temps contient 3609,86 secondes sidérales: en multipliant ce nombre par 15, et en le divisant par 206265 afin d'exprimer les dérivées en parties du rayon, on a bien

$$\log \frac{d\Theta}{dt} = \bar{1},41916.$$

En outre

$$\frac{d\xi_0}{dt} = \rho \cos\varphi' \cos(\Theta_0 + \omega_0 - a)\frac{d(\Theta - a)}{dt} = +0,06762\ (^*),$$

$$\frac{d\eta_0}{dt} = \rho \cos\varphi' \sin(\Theta_0 + \omega_0 - a)\frac{d(\Theta - a)}{dt} \sin d = -0,04352;$$

on en conclut

$$x' - \frac{d\xi_0}{dt} = +0,48956, \quad y' - \frac{d\eta_0}{dt} = -0,07781;$$

il en résulte

$$\begin{aligned} M &= 187^\circ 44',1, \quad \log m = \bar{1},05628, \\ N &= \ \ 99.\ \ 1,9, \quad \log n = \bar{1},69522, \\ &\psi = 12^\circ 19',0; \end{aligned}$$

d'où

$$\begin{aligned} \tau &= -1,057 = -1^h 3^m,4, \\ \tau' &= +1,046 = +1.2\ \ ,8. \end{aligned}$$

Le commencement et la fin de l'éclipse ont donc lieu aux époques marquées par

$$t = 19^h 4^m,3, \quad t' = 21^h 10^m,5.$$

(*) On a en effet en temps

$$\frac{d\Theta}{dt} = +3609^s,86,$$

ou en arc

$$\frac{d\Theta}{dt} = +57147'',90;$$

d'ailleurs

$$\frac{da}{dt} = + \quad 148'',78,$$

d'où

$$\frac{d(\Theta - a)}{dt} = +56999'',12,$$

et le logarithme de ce nombre exprimé en parties du rayon est $\bar{1},41796$.

La différence entre ces époques et celles qui ont été données par l'observation n'est que de 3^m. En recommençant le calcul avec $T = 18^h$ et $T = 20^h$, on aurait des valeurs déjà très-approchées des époques inconnues du commencement et de la fin de l'éclipse.

Les valeurs des angles de position des points de contact pour le commencement et la fin de l'éclipse sont

$$267^\circ \quad \text{et} \quad 111^\circ.$$

Remarque. — Sur le calcul des éclipses, consulter :

BESSEL. — *Ueber die Berechnung der Länge aus Sternbedeckungen* (*Astronomische Nachrichten*, nos 151 et 152).

BESSEL. — *Astronomische Untersuchungen* (vol. II, p. 95 et suiv.).

HANSEN. — *Astronomische Nachrichten*, nos 339 à 342.

134. *Méthode des distances lunaires.* — On peut encore trouver les longitudes par l'observation de la distance de la Lune à une étoile ou au Soleil. Cette méthode a l'avantage de pouvoir être employée à un moment quelconque, pourvu que la Lune soit au-dessus de l'horizon ; aussi est-ce la méthode dont les marins se servent habituellement.

Dans ce but, les Éphémérides contiennent les distances de la Lune au Soleil, aux planètes et aux étoiles les plus brillantes, telles qu'elles seraient vues du centre de la Terre, et calculées de trois en trois heures d'un premier méridien déterminé. Si maintenant, en un lieu quelconque, on mesure, à une époque déterminée, la distance de la Lune à l'un de ces astres, et qu'on la corrige de la réfraction et de la parallaxe, on trouvera la distance vraie que l'on aurait obtenue au même instant en se plaçant au centre de la Terre. On cherche alors dans les Éphémérides le temps du premier méridien correspondant à cette distance; la différence entre ce temps et l'époque où a été faite l'observation, et qui est exprimée en temps du lieu, donne la longitude du lieu d'observation. Mais cette méthode suppose que les Tables sont exactes, de sorte que leurs erreurs ne sont point éliminées du résultat; elle ne présente donc pas une précision comparable à celle que donnent les observations correspondantes faites pendant les éclipses. De plus, nous devons remarquer que le moment du contact de deux astres peut être observé beaucoup plus exactement qu'une distance des mêmes astres.

Pour calculer la réfraction et la parallaxe des deux astres, il faut connaître leurs hauteurs. En mer, on observera donc ces hauteurs un peu avant et un peu après l'observation de la distance lunaire; les variations de ces hauteurs dans ce petit intervalle de temps pouvant être considérées comme proportionnelles au temps, une simple proportion permettra de trouver les hauteurs apparentes des astres au moment de l'observation de la distance lunaire. On trouve ensuite les hauteurs vraies des centres des astres en corrigeant les hauteurs observées de la réfraction, de la parallaxe et du demi-diamètre des deux astres.

Au lieu d'observer ces hauteurs, il est préférable de déterminer par le calcul les hauteurs vraies et apparentes des deux astres. A cet effet, on suppose connue approximativement la différence de longitude du lieu d'observation et du premier méridien, et on cherche ensuite dans les Éphémérides la position de la Lune et celle de l'astre pour le temps approché du premier méridien qui correspond au temps de l'observation. Puis, à l'aide des formules du n° 35, on calcule les hauteurs vraies des deux astres et aussi, approximativement du moins, leurs azimuts, si l'on veut tenir compte de l'aplatissement de la Terre. Les formules du n° 67 permettent alors de calculer la parallaxe de hauteur p'. Pour la Lune nous emploierons la formule

$$\tang p' = \frac{\rho \sin p \sin[z - (\varphi - \varphi') \cos A]}{1 - \rho \sin p \cos[z - (\varphi - \varphi') \cos A]},$$

déduite de celle que nous avons donnée, en remarquant que

$$\frac{\cos(\varphi - \varphi')}{\cos\gamma} = \frac{\cos\frac{1}{2}(A' + A)\sin(\varphi - \varphi')}{\cos\frac{1}{2}(A' - A)\sin\gamma}$$

est presque égal à l'unité.

Enfin on cherche, en tenant compte des indications des instruments météorologiques, la valeur de la réfraction correspondante à ces hauteurs affectées de la parallaxe, et toutes ces corrections faites, on obtient les hauteurs apparentes des deux astres. Mais puisque, dans le calcul de la réfraction, on doit déjà employer les hauteurs apparentes, c'est-à-dire les hauteurs affectées de la parallaxe et de la réfraction, il sera nécessaire de recommencer le calcul.

Corrections dues à la parallaxe et à la réfraction. — On n'observe jamais la distance des centres des deux astres, mais seulement la distance de leurs bords. Il faut donc augmenter ou diminuer la distance observée de la somme des demi-diamètres apparents des deux astres, suivant qu'on a observé les bords les plus voisins (intérieurs) ou les bords les plus éloignés (extérieurs). On fera donc subir au demi-diamètre donné par les Tables deux corrections relatives, l'une à la parallaxe, l'autre à la réfraction.

Si r est le demi-diamètre horizontal de la Lune, ce demi-diamètre, affecté de la parallaxe, a pour valeur

$$r' = r(1 + p \sin h),$$

où p est la parallaxe horizontale exprimée en parties du rayon.

La réfraction diminue le diamètre vertical d'un astre, mais n'en change pas le diamètre horizontal; le demi-diamètre mené dans la direction de la distance mesurée est donc le rayon vecteur d'une ellipse dont le grand axe est égal au diamètre horizontal de l'astre, et dont le petit axe est égal à son diamètre vertical. Il est facile de calculer (nous donnerons ces formules dans le second volume) la diminution qu'éprouve le demi-diamètre vertical; on peut encore en prendre la valeur dans des Tables spéciales dont l'argument est la hauteur de l'astre, et qui sont données dans tous les ouvrages de navigation. Dès lors soit π l'angle que le cercle vertical passant par le centre de la Lune fait avec la direction de la distance mesurée, h' la hauteur du second astre et Δ la distance: on a, dans le triangle formé par les deux astres et le zénith,

$$\sin\pi = \frac{\sin(A' - A)\cos h'}{\sin\Delta}, \quad \cos\pi = \frac{\sin h' - \cos\Delta \sin h}{\sin\Delta \cos h},$$

d'où

$$\tan^2 \tfrac{1}{2}\pi = \frac{\cos\frac{1}{2}(\Delta + h + h')\sin\frac{1}{2}(\Delta + h - h')}{\sin\frac{1}{2}(\Delta - h + h')\cos\frac{1}{2}(\Delta - h - h')}.$$

D'ailleurs, si a représente le demi-axe horizontal de l'ellipse et b son demi-axe vertical, on a

$$r = \frac{b}{\sqrt{\cos^2\pi + \frac{b^2}{a^2}\sin^2\pi}}.$$

Distance vraie des centres des deux astres. — Après avoir ainsi déduit de la distance observée la distance apparente des centres des deux astres, il est facile d'obtenir, en combinant les hauteurs apparentes et vraies des deux astres, la distance vraie de leurs centres, telle qu'elle aurait été observée du centre de la Terre. Désignons en effet par H', h' et Δ' les hauteurs et la distance apparentes des deux astres, par E la différence de leurs azimuts; nous aurons, dans le triangle formé par le zénith et les lieux apparents des deux astres,

$$\begin{aligned}\cos\Delta' &= \sin H' \sin h' + \cos H' \cos h' \cos E,\\ &= \cos(H' - h') - 2\cos H' \cos h' \sin^2\tfrac{1}{2}E.\end{aligned}$$

Désignons de plus par H, h et Δ les hauteurs et la distance vraies des deux astres, nous avons de même

$$\begin{aligned}\cos\Delta &= \sin H \sin h + \cos H \cos h \cos E,\\ &= \cos(H - h) - 2\cos H \cos h \sin^2\tfrac{1}{2}E;\end{aligned}$$

en éliminant $\sin^2\frac{1}{2}E$ entre les deux équations, on en déduit

$$(a) \qquad \cos\Delta = \cos(H - h) + \frac{\cos H \cos h}{\cos H' \cos h'}[\cos\Delta' - \cos(H' - h')].$$

Actuellement posons

$$(A) \qquad \frac{\cos H \cos h}{\cos H' \cos h'} = \frac{1}{C}\ (*),$$

$$(B) \qquad H - h = d, \quad H' - h' = d',$$

(*) Dans la plupart des cas C sera plus grand que l'unité; il ne sera moindre que l'unité, que si la hauteur de la Lune est très-grande et celle du second astre très-petite.

d et d' étant toujours pris positifs; nous pourrons alors poser aussi

$$(C) \qquad \cos d' = C \cos d'', \quad \cos \Delta' = C \cos \Delta'',$$

car dans le cas où C est moindre que l'unité, $\cos d'$ et $\cos \Delta'$ sont eux-mêmes petits : avec ces notations l'équation (a) deviendra

$$\cos \Delta - \cos \Delta'' = \cos d - \cos d'',$$

ou, en introduisant les sinus de la demi-somme et de la demi-différence des arcs, et remplaçant les sinus des petits arcs $\Delta - \Delta''$ et $d - d''$ par les arcs eux-mêmes,

$$\Delta - \Delta'' = (d - d'') \frac{\sin \frac{1}{2}(d + d'')}{\sin \frac{1}{2}(\Delta + \Delta'')};$$

enfin prenons $\sin \frac{1}{2}(\Delta' + \Delta'')$ au lieu de $\sin \frac{1}{2}(\Delta + \Delta'')$, et posons

$$(D) \qquad x = (d - d'') \frac{\sin \frac{1}{2}(d + d'')}{\sin \frac{1}{2}(\Delta' + \Delta'')},$$

l'équation (a) se trouve en définitive remplacée par la relation

$$(E) \qquad \Delta = \Delta'' + x,$$

qui, dans la plupart des cas, est suffisamment approchée. Mais si Δ diffère notamment de Δ', il faudra recommencer le dernier calcul et chercher, avec la valeur que nous venons d'obtenir pour Δ, une nouvelle valeur de x au moyen de la formule

$$x = (d - d'') \frac{\sin \frac{1}{2}(d + d'')}{\sin \frac{1}{2}(\Delta + \Delta'')} \ (*).$$

Nous avons supposé ici que l'angle E a la même valeur pour le centre de la Terre et pour un point de sa surface. Or, nous avons montré dans le n° 67 que la parallaxe change aussi l'azimut de la Lune. A et H étant l'azimut et la hauteur vrais, pour avoir l'azimut vu d'un point de la surface nous ajouterons à l'azimut géo-

---

(*) BREMICKER. — *Ueber die Reduction der Monddistanzen* (*Astronomische Nachrichten*, n° 716).

centrique l'angle ΔA, calculé par la relation

$$\Delta A = \rho \frac{\sin p \sin A}{\cos H} \sin(\varphi - \varphi').$$

Dans la formule qui donne $\cos\Delta$, on aurait donc dû employer $\cos(E - \Delta A)$, et non pas $\cos E = \cos(A - a)$; la variation qui en résulte pour Δ est

$$d\Delta = -\frac{\cos H \cos h \sin(A - a)}{\sin\Delta} dA,$$

ou

$$d\Delta = -\frac{\rho \sin p \cos h \sin A \sin(A - a)}{\sin\Delta} \sin(\varphi - \varphi'),$$

correction qu'il faut ajouter à la valeur trouvée précédemment pour Δ.

Exemple. — Le 2 juin 1831, à $23^h 8^m 45^s$ de temps vrai, on a trouvé pour distance des bords les plus voisins du Soleil et de la Lune $\Delta' = 96°47'10''$, en un lieu dont la latitude boréale était 19° 31′ et la longitude comptée à l'est de Greenwich était estimée égale à $8^h 50^m$. La hauteur du baromètre était 29,6 pouces anglais, le thermomètre du baromètre marquait 88° F. et le thermomètre extérieur 90° F.

D'après le *Nautical Almanac*, les lieux du Soleil et de la Lune étaient les suivants :

	Temps moyen de Greenwich.	Asc. dr. ☾.	Déclinaison ☾.	Parallaxe.
	h	° ′ ″	° ′ ″	′ ″
Juin 2	12	336. 6.24,0	− 10.50.58,0	56.44,0
	13	336.38. 4,7	− 10.41.48,4	56.45,9
	14	337. 9.45,7	− 10.32.35,0	56.47,9
	15	337.41.27,0	− 10.23.17,9	56.49,9
		Asc. dr. ☉.	Déclinaison ☉.	
Juin 2	12	70. 5.23,2	+ 22.11.48,9	
	13	70. 7.56,9	+ 22.12. 8,4	
	14	70.10.30,5	+ 22.12.27,9	
	15	70.13. 4,1	+ 22.12.47,3	

Le temps de l'observation correspondait à $14^h 18^m 45^s$ temps moyen de Greenwich, et pour ce temps on a

Asc. droite ☾...	$= 337°.19'.39'',6$	Asc. droite ☉...	$= 70°.11'.18'',5$
Déclinaison ☾..	$=- 10.29.41,3$	Déclinaison ☉..	$=+22.12.33,9$
Parallaxe ☾.....	$= 56.48,5$	Parallaxe ☉.....	$= 8,5$

et par suite aux angles horaires

$$+80°2'53'',8 \quad -12°48'45'',0,$$

correspondent les hauteurs et les azimuts vrais de la Lune et du Soleil

$$H = 5°41'58'',4, \quad A = +76°43',6,$$
$$h = 77.43.56,7, \quad a = -75.\ 4,4.$$

La parallaxe de la Lune calculée avec la formule

$$\tan g p' = \frac{\rho \sin p \sin[z - (\varphi - \varphi')\cos A]}{1 - \rho \sin p \cos[z - (\varphi - \varphi')\cos A]},$$

est $p' = 56'35'',4$; la hauteur apparente H' de la Lune est donc $4°45'23'',0$. Reste à trouver la réfraction; on se sert d'abord de H' pour en obtenir une valeur approchée, on recommence ensuite ce calcul avec la hauteur corrigée et en tenant compte des indications des instruments météorologiques. On obtient ainsi $R = 9'3'',2$, la hauteur apparente affectée de la réfraction est donc

$$H' = 4°54'26'',2;$$

pour le Soleil, on trouve de même

$$h' = 77°44'6'',5.$$

En multipliant la parallaxe horizontale par 0,2725, on a le demi-diamètre horizontal de la Lune

$$r = 15'28'',8,$$

et avec cette valeur on trouve pour demi-diamètre apparent affecté de la parallaxe

$$r' = 15'30'',1.$$

Le demi-diamètre vertical est diminué de 26″,0 par la réfraction, et puisque $\pi = 5^\circ 48'$, le rayon de la Lune dans la direction de la distance mesurée est

$$r' = 15' 4'',6,$$

le demi-diamètre du Soleil était du reste 15′47″,0; donc la distance apparente des centres de la Lune et du Soleil était égale à

$$\Delta' = 97^\circ 18' 1'',6.$$

De plus les formules (A), (B) et (C) donnent

$$\begin{aligned} \log C &= 0,000463, \\ d &= 72^\circ\ 1'\ 58'', \\ d' &= 72.49.40, \\ d'' &= 72.50.48, \\ \Delta'' &= 97.17.33, \end{aligned}$$

et enfin un double calcul, fait à l'aide des formules (D) et (E), donne pour distance vraie des centres du Soleil et de la Lune

$$\Delta = 96^\circ 30' 39''.$$

Maintenant, d'après le *Nautical Almanac*, les distances vraies des centres des deux astres sont

Temps vrai de Greenwich.	
12^h	97°43′ 0″,4,
13	97.13.4, 5,
14	96.43.6, 5,
15	96.13.6, 2;

ainsi la distance 96°30′39″ correspond au temps vrai de Greenwich $14^h 24^m 55^s,2$, et puisque le temps vrai de l'observation était $23^h 8^m 45^s,0$, la longitude du lieu a pour valeur

$$8^h 43^m 49^s,8, \text{ à l'est de Greenwich.}$$

La valeur de la différence de longitude ainsi trouvée est si voisine de la valeur adoptée d'abord, que le calcul des positions du

Soleil et de la Lune fait pour le temps vrai de Greenwich trouvé en dernier lieu ne peut amener qu'un écart excessivement faible. Si la différence entre la valeur trouvée et la valeur admise était plus considérable, il serait nécessaire de recommencer le calcul avec les lieux du Soleil et de la Lune obtenus par interpolation pour $14^h 24^m 55^s$, temps vrai de Greenwich.

Bessel a donné au n° 220 des *Astronomische Nachrichten* (*) une autre méthode qui permet d'obtenir une plus grande approximation dans la détermination de la différence des longitudes à l'aide des distances lunaires. Mais, en mer, on se sert toujours de la méthode précédente ou, tout au moins, d'une méthode complétement analogue; d'autre part sur terre, on a pour la détermination des longitudes des procédés qui comportent une exactitude beaucoup plus grande; aussi est-il inutile d'exposer ici la méthode suivie par Bessel.

135. *Méthode des culminations lunaires.* — L'observation des culminations de la Lune en des lieux différents fournit un excellent moyen de détermination des longitudes. A cause de la rapidité du mouvement de la Lune, le temps sidéral de sa culmination est, en effet, bien différent pour chaque lieu de la Terre. Par conséquent, si l'on connaît son mouvement en ascension droite, on peut de la différence des temps sidéraux de culmination en différents lieux déduire la différence des longitudes de ces lieux. D'ailleurs les observations étant toujours faites dans le méridien, la parallaxe et la réfraction n'ont pas d'influence sur la longitude obtenue; c'est là le grand avantage de cette méthode. En outre, pour rendre encore les résultats indépendants des erreurs instrumentales, on n'observe pas réellement le temps sidéral de la culmination de la Lune, mais bien les différences des temps sidéraux de culmination de la Lune et d'un certain nombre d'étoiles voisines de son parallèle, dites *étoiles de la Lune*, dont les positions sont données dans les Éphémérides astronomiques avec une très-grande exactitude, et sont publiées à l'avance pour permettre aux

(*) L'exemple précédent est tiré de ce Mémoire.

différents observateurs d'observer les mêmes étoiles dans les différents lieux. Cette méthode a été proposée au siècle dernier par Pigott; mais elle ne fut appliquée que beaucoup plus tard, lorsque, par les progrès accomplis dans les méthodes d'observation, les résultats ainsi obtenus eurent pu acquérir l'exactitude nécessaire.

Soit α l'ascension droite de la Lune au temps T d'un certain premier méridien, $\frac{d\alpha}{dt}, \frac{d^2\alpha}{dt^2}\cdots$ ses dérivées; et supposons qu'en un lieu dont la longitude à l'est du premier méridien est ω, on ait observé la culmination de la Lune au temps du lieu $T + t + \omega$, correspondant au temps $T + t$ du premier méridien; pour cette époque l'ascension droite de la Lune a pour valeur

$$\alpha + t\frac{d\alpha}{dt} + \frac{1}{2}t^2\frac{d^2\alpha}{dt^2} + \frac{1}{6}t^3\frac{d^3\alpha}{dt^3} + \cdots.$$

Imaginons qu'en un autre lieu de longitude ω' on ait observé la culmination de la Lune au temps de ce lieu $T + t' + \omega'$ correspondant au temps $T + t'$ du premier méridien; pour cette époque l'ascension droite de la Lune a pour valeur

$$\alpha + t'\frac{d\alpha}{dt} + \frac{1}{2}t'^2\frac{d^2\alpha}{dt^2} + \frac{1}{6}t'^3\frac{d^3\alpha}{dt^3} + \cdots.$$

Les observations étant faites toutes deux dans le méridien, les temps sidéraux des observations sont égaux aux ascensions droites vraies de la Lune. Dès lors, si nous posons

$$T + t + \omega = \Theta, \quad T + t' + \omega' = \Theta',$$

et si nous admettons que, dans les Tables où nous prenons α et ses dérivées, les valeurs de l'ascension droite de la Lune soient toutes trop petites de la quantité $\Delta\alpha$, nous aurons les équations

$$\Theta = \alpha + \Delta\alpha + t\frac{d\alpha}{dt} + \frac{1}{2}t^2\frac{d^2\alpha}{dt^2} + \frac{1}{6}t^3\frac{d^3\alpha}{dt^3} + \cdots,$$

$$\Theta' = \alpha + \Delta\alpha + t'\frac{d\alpha}{dt} + \frac{1}{2}t'^2\frac{d^2\alpha}{dt^2} + \frac{1}{6}t'^3\frac{d^3\alpha}{dt^3} + \cdots,$$

d'où

$$(a) \qquad \Theta' - \Theta = (t' - t)\frac{d\alpha}{dt} + \tfrac{1}{2}(t'^2 - t^2)\frac{d^2\alpha}{dt^2} + \ldots,$$

et puisque nous avons aussi

$$(b) \qquad \omega' - \omega = (\Theta' - \Theta) - (t' - t),$$

il suffira pour pouvoir calculer $\omega' - \omega$ de déterminer $t' - t$ à l'aide de l'équation (a). Or cette équation n'est pas seulement fonction de $t' - t$, elle contient encore $t'^2 - t^2$; mais par une transformation convenable on peut l'amener à ne renfermer que $t' - t$. En effet, au lieu de T, introduisons la moyenne arithmétique des temps $T + t$ et $T + t'$, c'est-à-dire le temps

$$T + \tfrac{1}{2}(t + t') = T',$$

il faudra remplacer $T + t$ et $T + t'$ par $T' - \frac{1}{2}(t' - t)$ et $T' + \frac{1}{2}(t' - t)$; supposons, en outre, que α et ses dérivées $\frac{d\alpha}{dt}$, ..., correspondent au temps T', nous aurons les équations suivantes

$$\Theta = \alpha + \Delta\alpha - \tfrac{1}{2}(t' - t)\frac{d\alpha}{dt} + \tfrac{1}{8}(t' - t)^2\frac{d^2\alpha}{dt^2} - \tfrac{1}{48}(t' - t)^3\frac{d^3\alpha}{dt^3},$$

$$\Theta' = \alpha + \Delta\alpha + \tfrac{1}{2}(t' - t)\frac{d\alpha}{dt} + \tfrac{1}{8}(t' - t)^2\frac{d^2\alpha}{dt^2} + \tfrac{1}{48}(t' - t)^3\frac{d^3\alpha}{dt^3},$$

et par conséquent

$$\Theta' - \Theta = (t' - t)\frac{d\alpha}{dt} + \tfrac{1}{24}(t' - t)^3\frac{d^3\alpha}{dt^3}.$$

Pour résoudre cette équation par rapport à $t' - t$, nous négligerons d'abord le terme en $(t' - t)^3$, et nous remplacerons ensuite dans le second membre $t' - t$ par la valeur ainsi obtenue. Nous trouvons alors

$$(c) \qquad t' - t = \frac{\Theta' - \Theta}{\frac{d\alpha}{dt}} - \frac{1}{24}\left(\frac{\Theta' - \Theta}{\frac{d\alpha}{dt}}\right)^3\frac{d^3\alpha}{dt^3}.$$

Si la différence des longitudes des deux lieux ne surpasse pas deux heures, le dernier terme est si petit, qu'on peut le négliger complétement. Cette solution n'est d'ailleurs qu'indirecte, puisque la détermination de T' suppose déjà une connaissance approchée de la différence des longitudes.

Pour l'application de cette méthode, il est nécessaire d'ajouter quelques remarques.

Supposons Θ et Θ' donnés en temps sidéral et $\Theta - \Theta'$ exprimé en secondes; pour trouver aussi $t' - t$ en secondes, il faudra adopter la même unité pour $\frac{d\alpha}{dt}$; ainsi h étant l'arc qui représente la variation de l'ascension droite de la Lune en une heure sidérale, on aura

$$\frac{d\alpha}{dt} = \frac{1}{15}\frac{h}{3600}.$$

Or, dans les Éphémérides, les positions de la Lune ne sont pas rapportées au temps sidéral, mais au temps moyen; on n'y trouvera donc que le mouvement de la Lune en une heure de temps moyen, mais comme 366,24220 jours sidéraux valent 365,24220 jours moyens,

Un jour sidéral = 0,997 269 3 jour moyen,

et, par conséquent, si h' désigne le mouvement de la Lune en ascension droite pour une heure de temps moyen, on a

$$(d)\qquad \frac{d\alpha}{dt} = \frac{1}{15}\frac{0,997\,269\,3}{3600}h'.$$

Il en résulte

$$t' - t = \frac{15 \times 3600}{0,997\,269\,3}\frac{\Theta' - \Theta}{h'},$$

et, d'après l'équation (b),

$$\omega' - \omega = (\Theta' - \Theta)\left[1 - \frac{1}{h'}\frac{15 \times 3600}{0,997\,269\,3}\right];$$

mais, pour la Lune, le second terme de la parenthèse est toujours plus grand que l'unité, il vaut donc mieux écrire l'expression précédente comme il suit

$$(e)\qquad \omega - \omega' = (\Theta' - \Theta)\left(\frac{1}{h'}\frac{15 \times 3600}{0,997\,269\,3} - 1\right),$$

et suivant que $\Theta' - \Theta$ sera positif ou négatif, le second lieu, celui dont le temps d'observation est Θ', sera à l'ouest ou à l'est du premier.

Dans les Tables on donne toujours les positions du centre de la Lune, mais en réalité on n'en observe jamais que l'un des bords; il est donc nécessaire de calculer à l'aide du temps de l'observation, celui de la culmination du centre. Nous donnerons dans le second volume le procédé rigoureux et la méthode de réduction des observations de la Lune faites au méridien; mais pour le but que nous voulons atteindre actuellement, ce qui suit sera suffisant. Appelons premier bord celui qui passe le premier au méridien, c'est-à-dire celui dont l'ascension droite est inférieure à celle du centre : il faudra, si l'on a observé le premier bord, ajouter au temps de l'observation une certaine correction, et la retrancher au contraire, si l'on a observé le second bord. Cette correction est d'ailleurs égale au temps que met le demi-diamètre de la Lune à traverser le méridien, ou, en d'autres termes, à l'angle horaire correspondant au demi-diamètre de cet astre; δ et R étant, à un moment donné, les valeurs de la déclinaison et du demi-diamètre géocentrique de la Lune, et λ l'augmentation de son ascension droite en une seconde de temps moyen, c'est-à-dire la valeur de $\frac{d\alpha}{dt}$ donnée par l'équation (d), on a

$$\lambda = \frac{d\alpha}{dt} = \frac{1}{15}\,\frac{0,997\,269\,3}{3600}\,h',$$

la valeur de cette correction est donc au même instant

$$\frac{1}{15}\,\frac{R}{\cos\delta}\,\frac{1}{1-\lambda};$$

mais comme δ et R varient avec le temps, si δ et R, δ' et R' sont leurs valeurs aux époques θ et θ' observées aux deux lieux pour la culmination du bord de la Lune, on a

$$\Theta' - \Theta = \theta' - \theta \pm \frac{1}{15}\left(\frac{R'}{\cos\delta'} - \frac{R}{\cos\delta}\right)\frac{1}{1-\lambda};$$

d'où il résulte, d'après l'équation (e),

$$(\mathrm{A}) \quad \omega - \omega' = \left[\theta' - \theta \pm \frac{1}{15}\left(\frac{\mathrm{R}'}{\cos\delta'} - \frac{\mathrm{R}}{\cos\delta}\right)\frac{1}{1-\lambda}\right]\left(\frac{1}{\lambda} - 1\right),$$

où h' désigne le mouvement en ascension droite de la Lune pour une heure de temps moyen, et où il faut prendre le signe supérieur ou le signe inférieur, suivant qu'on a observé le premier ou le second bord.

Si l'instrument, avec lequel on a fait l'observation à l'une des stations, n'est pas exactement dans le méridien, l'angle horaire de la Lune ne sera pas nul au moment de l'observation et, par conséquent, la différence de longitude des deux lieux sera en erreur de la quantité

$$s\left[\frac{1}{h'}\,\frac{15 \times 3600}{0{,}9972693} - 1\right],$$

où s désigne cet angle horaire.

Dans les voyages, où il est impossible d'avoir un instrument exactement établi dans le méridien, cette méthode ne serait point applicable; d'ailleurs, on ne pourrait avoir alors une détermination exacte du temps; mais on évite cette erreur en comparant la Lune à des étoiles situées dans son parallèle, parce qu'alors les erreurs de l'instrument ont la même influence sur les observations de la Lune et celles des étoiles. Dans ce cas on observe en chaque lieu la différence seule de l'ascension droite de la Lune et de l'étoile, c'est-à-dire le temps qui s'écoule entre les passages des deux astres, et cette différence est complétement indépendante des erreurs instrumentales. Mais comme on a fait l'observation non point au moment où la Lune passait au méridien, mais au moment où elle avait un angle horaire s, c'est-à-dire où elle passait par le méridien d'un lieu ayant, avec le lieu d'observation, une différence de longitude égale à s, la différence de longitude des deux lieux ainsi trouvée est en erreur de la quantité s. Il faudra donc ajouter, à la différence de longitude trouvée, la valeur absolue de l'angle horaire de la Lune et de l'étoile au moment de l'observation, angle horaire pris positivement ou négativement suivant que le méridien de l'instrument est à l'intérieur ou à l'extérieur de l'angle formé par les méridiens des deux lieux (*). On montrera plus tard, dans la théorie de l'instrument des passages, comment on peut trouver la valeur de l'angle horaire s quand on connaît les erreurs de l'instrument (t. II, n° 18).

Pour que les observateurs se servent toujours des mêmes étoiles de comparaison, on publie chaque année dans le *Nautical Almanac* et dans les autres Éphémérides astronomiques une Table des étoiles qui sont situées dans le parallèle de la Lune pour chacun des jours où cet astre peut être observé au méridien.

Exemple. — A Bilk, le 13 juillet 1848, on a observé la Lune et ses étoiles, et les temps des passages au méridien, non corrigés de l'état de la pendule, ont été les suivants (t. II, n° 21) :

	h m s
η Ophiuchus...	17. 1.52,64
ρ Ophiuchus...	17.12. 6,59
☾ Centre......	17.27.34,60
μ^1 Sagittaire....	18. 4.52,99
λ Sagittaire....	18.18.48,12

Le même jour, on avait trouvé à Hambourg

	h m s
η Ophiuchus...	17. 1.42,61
ρ Ophiuchus...	17.11.56,91
☾ 1er Bord.....	17.25.50,43
μ^1 Sagittaire....	18. 4.43,53
λ Sagittaire....	18.18.38,56

Le demi-diamètre de la Lune au moment de la culmination à Hambourg était 15′ 2″,10, la déclinaison — 18°10′,1 et la variation de l'ascension droite en une heure de temps moyen 129ˢ,8;

(*) On peut aussi, à la différence observée des ascensions droites de la Lune et de l'étoile, ajouter la quantité

$$\pm \frac{s\lambda}{1-\lambda}$$

d'où $\lambda = 0,035\,96$. Nous trouvons ainsi

$$\frac{1}{15}\frac{R}{(1-\lambda)\cos\delta} = 65^s,66,$$

et pour temps de culmination du centre de la Lune à Hambourg

$$17^h 26^m 56^s,09.$$

Il en résulte entre les ascensions droites des étoiles indiquées et celle du centre de la Lune, les différences suivantes :

	Pour Bilk.	Pour Hambourg.
	m s	m s
η Ophiuchus......	+ 25.41,96	+ 25.13,48
ρ Ophiuchus......	+ 15.28,01	+ 14.59,18
μ' Sagittaire......	− 37.18,39	− 37.47,44
λ Sagittaire.......	− 51.13,52	− 51.42,47

Par suite, entre les observations de Bilk et de Hambourg, on a les différences

$$\Theta' - \Theta = + 28^s,48$$
$$28,83$$
$$29,05$$
$$28,95$$

Moyenne.... $+ 28^s,83$

Or (n° 15), nous avons trouvé, pour mouvement horaire de la Lune aux époques suivantes (temps moyen de Berlin), les valeurs

10^h ...	$+ 2^m\ 9^s,77,$
11	2. 9,91.
12....	2.10,05;

d'autre part, les temps d'observation correspondent,

Celui de Bilk à	$10^h 30^m$,	temps de Berlin,
Celui de Hambourg à.	10.16,	temps de Berlin.

Nous avons donc

$$T' = 10^h 23^m, \quad \text{d'où} \quad h' = 2^m 9^s,82,$$

et, à l'aide de la formule (e), nous obtenons

$$\omega - \omega' = +12^m 52^s,83 \quad (*).$$

Remarque. — h étant égal environ à $30'$, le coefficient de $\theta' - \theta$ dans l'équation (A) sera à peu près égal à 29; les erreurs d'observation se retrouveront donc dans la différence des longitudes, mais multipliées par 29. Ainsi une erreur de $0^s,1$ commise sur $\theta' - \theta$ donnera lieu à une erreur d'environ 3 secondes sur la différence de longitude.

(*) Si dans chacun des deux lieux on a observé le même bord de la Lune, la formule (A) permettra d'effectuer le calcul plus simplement.

CHAPITRE VI.

DIMENSIONS DE LA TERRE. — PARALLAXES HORIZONTALES DES CORPS CÉLESTES.

Dans les Chapitres précédents, nous avons fréquemment employé des constantes qui dépendent de la forme et des dimensions de la Terre, ainsi que les angles sous lesquels apparaît le rayon équatorial de la Terre, vu des autres corps célestes, c'est-à-dire les parallaxes horizontales de ces astres; nous allons maintenant donner les méthodes qui servent à déterminer les valeurs de ces constantes. Les parallaxes horizontales de Mars et de la Lune sont seules obtenues par l'observation directe, tandis que les distances des planètes et des comètes à la Terre, rapportées au demi-grand axe de l'orbite terrestre pris pour unité, se déduisent des grands axes des orbites qu'elles décrivent autour du Soleil suivant les lois de Kepler; par conséquent, pour obtenir les parallaxes horizontales de tous ces astres, il suffit de connaître, soit la parallaxe du Soleil, soit encore la parallaxe horizontale de l'un d'eux.

I. — Figure et dimensions de la Terre.

136. *Mesure de deux arcs du méridien terrestre.* — La figure de la Terre est, comme l'indique la théorie tout aussi bien que les mesures effectuées, un ellipsoïde aplati, c'est-à-dire engendré par la révolution d'une ellipse tournant autour de son petit axe. A la vérité, la Terre n'aurait rigoureusement cette forme que si elle était une masse fluide; cependant l'ellipsoïde aplati est la surface courbe qui s'approche le plus de la véritable figure de la Terre.

On trouve les dimensions de ce sphéroïde par des mesures de degré, c'est-à-dire en déterminant par des opérations géodésiques la dimension linéaire d'un arc de méridien compris entre deux stations, et, par l'observation des latitudes des deux stations, le nombre de degrés correspondant. Ératosthène (300 ans avant J.-C.) employa réellement cette méthode pour la détermination de la longueur de la circonférence de la Terre qu'il supposait sphérique. Il remarqua que les villes d'Alexandrie et de Syène en Égypte étaient à peu près situées sur le même méridien. Il savait de plus que le jour du solstice d'été, à Syène, les corps ne donnaient pas d'ombre à midi, c'est-à-dire qu'à cet instant le Soleil était au zénith de ce lieu; d'où il conclut que Syène était située sur le tropique du Cancer; le même jour il trouva à Alexandrie 7° 12′ pour distance zénithale méridienne du Soleil. L'arc de méridien compris entre Syène et Alexandrie était donc de 7° 12′ ou la cinquantième partie de la circonférence. D'autre part, les mesures directes donnaient 5000 stades pour la distance des deux villes; Ératosthène en concluait 250 000 stades pour la longueur du méridien terrestre. Cette détermination était affectée d'erreurs diverses : 1° les deux lieux ne sont pas sur le même méridien, Syène étant à 3° à l'est d'Alexandrie; 2° Syène ne se trouve pas sur le tropique du Cancer, sa latitude étant de 24°8′ d'après de récentes déterminations, tandis que l'obliquité de l'écliptique au temps d'Ératosthène était égale à 23°44′; 3° enfin la latitude d'Alexandrie et la distance des deux villes étaient inexactement déterminées. Cependant Ératosthène a le mérite d'avoir, le premier, cherché à mesurer les dimensions de la Terre, et d'avoir indiqué la méthode dont on se sert encore aujourd'hui.

Newton ayant prouvé par des considérations théoriques que la Terre n'est pas une sphère, mais un sphéroïde, on ne peut plus se contenter, pour en déterminer les dimensions, de mesurer la longueur d'un degré dans une seule région de la surface, mais il est évidemment nécessaire de combiner deux observations de ce genre, faites sous des latitudes très-différentes, afin d'en déduire l'aplatissement du sphéroïde terrestre.

Nous avons trouvé au n° 66 pour coordonnées d'un point de la surface de la Terre par rapport à un système d'axes tracés dans le plan du méridien,

$$x = \frac{a\cos\varphi}{\sqrt{1-\varepsilon^2\sin^2\varphi}}, \qquad y = \frac{a\sqrt{1-\varepsilon^2}\sin\varphi}{\sqrt{1-\varepsilon^2\sin^2\varphi}};$$

a et ε désignant le demi-grand axe et l'excentricité de l'ellipse méridienne, et φ la latitude du point considéré. De plus, en désignant par b le demi-petit axe, le rayon de courbure est en ce point

$$r = \frac{(a^2-\varepsilon^2x^2)^{\frac{3}{2}}}{ab} = \frac{a(1-\varepsilon^2)}{(1-\varepsilon^2\sin^2\varphi)^{\frac{3}{2}}}.$$

Si donc φ et φ' sont les latitudes des milieux de deux degrés du méridien, G et G' les longueurs de ces degrés, on a

$$G = \frac{\pi}{180}\frac{a(1-\varepsilon^2)}{(1-\varepsilon^2\sin^2\varphi)^{\frac{3}{2}}}, \qquad G' = \frac{\pi}{180}\frac{a(1-\varepsilon^2)}{(1-\varepsilon^2\sin^2\varphi')^{\frac{3}{2}}};$$

d'où

$$\varepsilon^2 = \frac{1-\left(\frac{G}{G'}\right)^{\frac{2}{3}}}{\sin^2\varphi' - \left(\frac{G}{G'}\right)^{\frac{2}{3}}\sin^2\varphi},$$

et l'excentricité de l'ellipse méridienne une fois connue, on trouve la valeur du demi-grand axe à l'aide de l'une quelconque des deux équations précédentes.

Exemple. — La distance des parallèles de Tarqui et Cotchesqui, au Pérou, mesurée par Bouguer et La Condamine, est égale à 176 875,5 toises, et leurs latitudes sont respectivement

$$-3^\circ 4' 32'',068, \qquad +0^\circ 2' 31'',387;$$

la distance des parallèles de Malœrn et Pahtawara, en Laponie, mesurée par Swanberg, est égale à 92 777,981 toises et leurs latitudes sont respectivement

$$+65^\circ 31' 30'',265, \qquad +67^\circ 8' 49'',830.$$

Nous déduirons de là pour valeur d'un degré en toises, d'après les opérations du Pérou

$$G = 56\,734{,}01 \quad \text{à la latitude} \quad \varphi = - \quad 1^\circ\,31'\,0'',34,$$

et d'après les opérations de Laponie

$$G' = 57\,196{,}15 \quad \text{à la latitude} \quad \varphi' = +66.20.10,05;$$

on en conclut

$$\varepsilon^2 = 0{,}006\,435\,1, \quad a = 3\,271\,651 \text{ toises},$$

et puisque l'aplatissement de la Terre est $\alpha = 1 - \sqrt{1-\varepsilon^2}$,

$$\alpha = \frac{1}{310{,}29}.$$

On a déterminé ainsi, avec le plus grand soin, la longueur d'un degré en différents lieux de la surface de la Terre. Mais combinées deux à deux, ces déterminations donnent, pour les dimensions de la Terre, des nombres qui diffèrent les uns des autres, soit à cause des erreurs d'observation, soit à cause de ce fait, que la forme de la Terre n'est pas un véritable ellipsoïde. On devra donc déduire de toutes ces déterminations particulières le résultat qui concorde le plus exactement possible avec les différentes mesures effectuées.

137. *Mesure d'un nombre quelconque d'arcs du méridien terrestre.* — La longueur s d'un arc de courbe est donnée par la formule

$$s = \int \sqrt{1 + \frac{dy^2}{dx^2}}\, dx;$$

les valeurs de dx et dy s'obtiennent en différentiant, par rapport à φ, les expressions de x et y données dans le numéro précédent; nous obtenons ainsi, pour longueur de l'arc du méridien elliptique compris entre l'équateur et le point de latitude φ,

$$s = a(1-\varepsilon^2)\int_0^\varphi (1-\varepsilon^2\sin^2\varphi)^{-\frac{3}{2}}\, d\varphi;$$

or

$$(1-\varepsilon^2\sin^2\varphi)^{-\frac{3}{2}} = 1 + \frac{3}{2}\,\frac{\varepsilon^2}{1}\sin^2\varphi + \frac{3}{2}\,\frac{5}{2}\,\frac{\varepsilon^4}{1.2}\sin^4\varphi$$
$$+ \frac{3}{2}\,\frac{5}{2}\,\frac{7}{2}\,\frac{\varepsilon^6}{1.2.3}\sin^6\varphi + \ldots;$$

remplaçons les puissances de $\sin\varphi$ par les cosinus des multiples de φ, intégrons chaque terme d'après la formule

$$\int_0^\varphi \cos\lambda\varphi\, d\varphi = \frac{1}{\lambda}\sin\lambda\varphi,$$

et posons

$$\begin{aligned}
P &= 1 + \tfrac{3}{4}\varepsilon^2 + \tfrac{45}{64}\varepsilon^4 + \tfrac{175}{256}\varepsilon^6 + \ldots,\\
AP &= \tfrac{3}{8}\varepsilon^2 + \tfrac{15}{32}\varepsilon^4 + \tfrac{525}{1024}\varepsilon^6 + \ldots,\\
BP &= \tfrac{15}{256}\varepsilon^4 + \tfrac{105}{1024}\varepsilon^6 + \ldots,\\
&\ldots\ldots\ldots\ldots\ldots\ldots\ldots\ldots,
\end{aligned}$$

nous obtenons

$$s = a(1-\varepsilon^2)\,P\,(\varphi - A\sin 2\varphi + B\sin 4\varphi - \ldots).$$

Soit g la longueur moyenne d'un degré du méridien, et faisons dans la formule précédente $\varphi = 180^\circ$, nous aurons

$$180g = \pi a(1-\varepsilon^2)P,$$

et, par suite,

$$s = \frac{180g}{\pi}(\varphi - A\sin 2\varphi + B\sin 4\varphi - \ldots).$$

Par conséquent, la distance de deux parallèles, dont les latitudes sont φ et φ', est

$$s' - s = \frac{180g}{\pi}\,[\varphi' - \varphi - 2A\sin(\varphi'-\varphi)\cos(\varphi'+\varphi)$$
$$+ 2B\sin 2(\varphi'-\varphi)\cos 2(\varphi'+\varphi)],$$

ou, en désignant $\varphi' - \varphi$ par l, la moyenne arithmétique des latitudes par L et en exprimant l en secondes à l'aide du facteur $w = 206265$,

$$\frac{3600}{g}(s'-s) = l - 2wA\sin l\cos 2L + 2wB\sin 2l\cos 4L.$$

Or, en remplaçant dans cette formule l et $s'-s$ par les valeurs que donne l'observation directe pour la différence des latitudes et la longueur de l'arc du méridien, cette équation ne sera satisfaite que si l'on adopte aussi pour g et ε, c'est-à-dire pour g, A et B les valeurs mêmes qui correspondent à l'opération actuelle. Si, au contraire, on prend pour g, A et B les valeurs qui résultent de l'ensemble des différentes mesures faites en différents lieux, il faudra, pour que l'équation précédente soit encore satisfaite, faire subir de petites corrections aux latitudes observées. Remplaçons donc φ et φ' par $\varphi+x$ et $\varphi'+x'$, x et x' étant de petites quantités dont nous négligerons les carrés et les produits; de même ne tenons pas compte des changements que ces petites variations peuvent produire sur l, nous aurons

$$\frac{3600}{g}(s'-s)$$
$$= l - 2\omega A \sin l \cos 2L + 2\omega B \sin 2l \cos 4L + (x'-x)\rho,$$

où

$$\rho = 1 - 2A\cos l \cos 2L + 4B \cos 2l \cos 4L;$$

il en résulte

$$x'-x = \frac{1}{\rho}\left[\frac{3600}{g}(s'-s) - l\right.$$
$$\left. + 2\omega A \sin l \cos 2L - 2\omega B \sin 2l \cos 4L\right].$$

Nous obtiendrons une équation analogue pour chaque détermination des latitudes de deux lieux et de la longueur de l'arc de méridien compris entre leurs parallèles; et si les mesures de degré ont été assez souvent répétées pour que le nombre de ces équations soit plus grand que celui des inconnues, on déterminera les valeurs de g et de ε par la condition que la somme des carrés des erreurs résiduelles $x, x', \ldots$ soit un minimum. Prenons g_0 et A_0 pour valeurs approchées de g et A, et posons

$$g = \frac{g_0}{1+i}, \quad A = A_0(1+k),$$

soit de même B_0 la valeur de B correspondante à la valeur A_0

adoptée pour A, remplaçons et négligeons les carrés de i et k ainsi que leur produit, nous aurons

$$x'-x=\frac{1}{\rho}\left[\frac{3600}{g_0}(s'-s)-l)\right]$$
$$+2\frac{\omega}{\rho}(A_0\sin l\cos 2L - B_0\sin 2l\cos 4L)+\frac{1}{\rho}\frac{3600}{g_0}(s'-s)i$$
$$+2\frac{\omega}{\rho}\left(A_0\sin l\cos 2L - A_0\frac{dB_0}{dA_0}\sin 2l\cos 4L\right)k.$$

Pour trouver la dérivée $\frac{dB_0}{dA_0}$, il faut d'abord exprimer B en fonction de A; or on a

$$A=\frac{\frac{3}{8}\varepsilon^2+\frac{15}{32}\varepsilon^4+\frac{525}{1024}\varepsilon^6+\ldots}{1+\frac{3}{4}\varepsilon^2+\frac{45}{64}\varepsilon^4+\frac{175}{256}\varepsilon^6+\ldots}$$
$$=\frac{3}{8}\varepsilon^2+\frac{3}{16}\varepsilon^4+\frac{111}{1024}\varepsilon^6+\ldots$$
$$B=\frac{15}{256}\varepsilon^4+\frac{15}{256}\varepsilon^6+\ldots.$$

En renversant la série qui donne la valeur de A, on obtient

$$\varepsilon^2=\frac{8}{3}A-\frac{32}{9}A^2+4A^3+\ldots,$$

d'où

$$B=\frac{5}{12}A^2+\frac{35}{108}A^4+\ldots,$$

et

$$A\frac{dB}{dA}=\frac{5}{6}A^2+\frac{35}{27}A^4+\ldots.$$

Si pour abréger on pose

$$(A)\left\{\begin{aligned}
n&=\frac{1}{\rho}\left[\frac{3600}{g_0}(s'-s)-l\right]\\
&\quad+\frac{2\omega}{\rho}\left[A_0\sin l\cos 2L-\left(\frac{5}{12}A_0^2+\frac{35}{108}A^4\right)\sin 2l\cos 4L\right],\\
a&=\frac{1}{\rho}\,\frac{3600}{g_0}(s'-s),\\
b&=\frac{2\omega}{\rho}\left[A_0\sin l\cos 2L-\left(\frac{5}{6}A_0^2+\frac{35}{27}A_0^4\right)\sin 2l\cos 4L\right],
\end{aligned}\right.$$

on a l'équation

$$(B) \qquad x' - x = n + ai + bk;$$

on obtient une équation semblable en combinant la station la plus australe employée dans la mesure du degré avec une station quelconque située plus au nord.

Traitées par la méthode des moindres carrés, ces équations donnent comme équations du minimum par rapport à x, i et k, relatives à l'ensemble des observations de la mesure de degré,

$$\mu x + [a]i + [b]k + [n] = 0,$$
$$[a]x + [aa]i + [ab]k + [an] = 0,$$
$$[b]x + [ab]i + [bb]k + [bn] = 0,$$

où μ désigne le nombre des latitudes observées dans une mesure de degré; de sorte que chacune de ces opérations fournit, pour déterminer les valeurs les plus probables de i et de k, les deux équations

$$0 = [an_1] + [aa_1]i + [ab_1]k,$$
$$0 = [bn_1] + [ab_1]i + [bb_1]k,$$

obtenues par l'élimination de x entre les équations précédentes.

Désignons par (an_1) la somme des différentes quantités $[an_1]$ que l'on trouve dans les différentes mesures de degré; représentons de même par (aa_1) la somme des quantités $[aa_1]$, ..., nous aurons

$$0 = (an_1) + (aa_1)i + (ab_1)k,$$
$$0 = (bn_1) + (ab_1)i + (bb_1)k,$$

équations qui permettront de déduire de toutes les mesures de degré les valeurs les plus probables de i et k.

Exemple. — Nous prendrons comme exemple les mesures de degré suivantes :

	Latitude.	l	Distance des parallèles exprimée en toises.
	I. — Arc péruvien.		
Tarqui............	$-3^\circ.\ 4'.32'',068$		
Cotchesqui.........	$+0.\ 2.31,387$	$3^\circ.\ 7'.\ 3'',45$	176875,500
	II. — Arc indien.		
Trivandeporum	$+11.44.52,59$		
Paudru............	$+13.19.49,02$	1.34.56.43	89813,010
	III. — Arc prussien.		
Truns.............	$+55.13.11,47$		
Kœnigsberg........	$+54.42.50,50$	0.29.39,03	28211,629
Memel.............	$+55.43.40.45$	1.30.28,98	86176,975
	IV. — Arc suédois.		
Malœrn............	$+65.31.30,265$		
Pahtawara.........	$+67.\ 8.49,830$	1.37.19,56	92777,981

Prenons maintenant

$$g = \frac{57008}{1+i}, \quad A = \frac{1+k}{400},$$

nous trouvons

$$\log A_0 = \overline{3},39794,$$

$$\log(\tfrac{15}{2} A_0^2 + \tfrac{35}{108} A_0^4) = \overline{6},41567,$$

$$\log(\tfrac{5}{6} A_0^2 + \tfrac{35}{27} A_0^4) = \overline{6},71670;$$

posons de plus

$$10000 i = y, \quad 10 k = z,$$

nous obtenons, pour les quatre mesures de degré, les équations suivantes :

$$(1) \qquad x'_1 - x_1 = +1''97 + 1,1225.y + 5,6059.z,$$

$$(2) \qquad x'_2 - x_2 = +0,94 + 0,5697.y + 2,5835.z,$$

$$(3) \qquad \begin{cases} x'_3 - x_3 = -0,37 + 0,1779.y - 0,2852.z, \\ x''_3 - x_3 = +3,79 + 0,5433.y - 0,9157.z, \end{cases}$$

$$(4) \qquad x'_4 - x_4 = -0,51 + 0,5839.y - 1,9711.z,$$

d'où nous déduisons

	$[n]$	$[a]$	$[b]$	$[an]$
(1)	+1,97	+1,1225	+5,6059	+2,2113
(2)	+0,94	+0,5697	+2,5835	+0,5355
(3)	+3,42	+0,7212	−1,2009	+1,9933
(4)	−0,51	+0,5839	−1,9711	−0,2978

	$[aa]$	$[ab]$	$[bn]$	$[bb]$
(1)	+1,2600	+6,2924	+11,0436	+31,4254
(2)	+0,3246	+1,4718	+ 2,4284	+ 6,6742
(3)	+0,3268	−0,5482	− 3,3650	+ 0,9198
(4)	+0,3409	−1,1509	+ 1,0026	+ 3,8853

et

	$[an_1]$	$[aa_1]$	$[ab_1]$	$[bn_1]$	$[bb_1]$
(1)	+1,1056	+0,6300	+3,1462	+5,5218	+15,7127
(2)	+0,2678	+0,1623	+0,7359	+1,2142	+ 3,3371
(3)	+1,1711	+0,1534	−0,2595	−1,9960	+ 0,4391
(4)	−0,1489	+0,1705	−0,5755	+0,5013	+ 1,9426

d'où

$$(an_1) = +2,3956,\quad (aa_1) = +1,1162,\quad (ab_1) = +3,0471,$$
$$(bn_1) = +5,2413,\quad (bb_1) = +21,4315.$$

Les deux équations qui déterminent y et z sont donc

$$0 = +2,3956 + 1,1162.y + 3,0471.z,$$
$$0 = +5,2413 + 3,0471.y + 21,4315.z,$$

et donnent

$$z = +0,099012,\quad y = -2,4165;$$

d'où

$$k = +0,0099012,\quad i = +0,00024165,$$

et par conséquent

$$g = \frac{57008}{1 - 0,00024165} = 57021,79,$$

$$A = \frac{1 + 0,0099012}{400} = 0,002524753.$$

Or nous avons trouvé

$$\epsilon^2 = \tfrac{8}{3}A - \tfrac{32}{9}A^2 + 4A^3,$$

il en résulte

$$\varepsilon^2 = 0,006710073,$$

ce qui donne, pour l'aplatissement de la Terre, la valeur

$$\alpha = \frac{1}{297,53}.$$

Nous avons de plus

$$\log\frac{b}{a} = \log\sqrt{1 - \varepsilon^2} = \bar{1},9985380,$$

et comme $a = \dfrac{180g}{\pi(1 - \varepsilon^2)P}$, nous trouvons

$$\log a = 6,5147884, \quad \log b = 6,5133264 :$$

c'est de cette manière que Bessel (*) a déduit de dix mesures de degré les valeurs que nous avons données au n° 65.

II. — DÉTERMINATION DES PARALLAXES HORIZONTALES DES CORPS CÉLESTES.

138. *Détermination de la parallaxe horizontale d'un astre par l'observation de sa distance zénithale méridienne en différents lieux de la Terre.* — L'observation de la position d'un astre voisin de la Terre, faite en deux points de sa surface, permet de déterminer la parallaxe de cet astre, ou, ce qui revient au même, sa distance à la Terre exprimée en fonction du rayon équatorial terrestre pris pour unité : les méthodes qui précèdent ayant donné la valeur de ce rayon, il sera facile d'obtenir la distance de l'astre à la Terre, rapportée à une unité linéaire quelconque.

Méthode générale. — Nous supposerons actuellement que les deux stations sont situées sur le même méridien, de part et d'autre de l'équateur, et que la distance zénithale de l'astre a été observée

(*) *Astronomische Nachrichten*, n°s 333 et 438.

en ces deux points au moment de la culmination. Nous avons trouvé (n° 67) pour l'expression de la parallaxe de hauteur

$$\sin p' = \rho \sin p \sin[z - (\varphi - \varphi')],$$

où p représente la parallaxe horizontale, z la distance zénithale observée et corrigée de la réfraction, φ la latitude, φ' la latitude géocentrique, et ρ la distance du lieu d'observation au centre de la Terre; nous aurons donc pour les deux stations

$$\frac{1}{\sin p} = \frac{\rho \sin[z - (\varphi - \varphi')]}{\sin p'},$$

$$\frac{1}{\sin p} = \frac{\rho_1 \sin[z_1 - (\varphi - \varphi'_1)]}{\sin p'_1}.$$

Considérons les deux triangles formés par le lieu de l'astre, le centre de la Terre et chacun des lieux d'observation; dans le premier, l'angle qui a l'astre pour sommet est égal à p', celui dont le sommet est au lieu d'observation a pour valeur $180° - z + \varphi - \varphi'$, et l'angle qui a son sommet au centre est égal à $\varphi' \mp \delta$, en désignant par δ la déclinaison géocentrique de l'astre, et en prenant le signe supérieur ou le signe inférieur suivant que le corps céleste et le lieu d'observation sont du même côté de l'équateur, ou de côtés différents. Les angles analogues du second triangle sont

$$p'_1, \quad 180° - z_1 + \varphi_1 - \varphi'_1, \quad \varphi'_1 \pm \delta.$$

On a donc

$$p' = z - \varphi \pm \delta, \quad p'_1 = z_1 - \varphi_1 \mp \delta,$$

et, par suite,

$$p' + p'_1 = z + z_1 - \varphi - \varphi_1.$$

Désignons par q la quantité connue $p' + p'_1$, c'est-à-dire posons

$$p' + p'_1 = q,$$

nous aurons l'équation

$$\frac{\rho \sin[z - (\varphi - \varphi')]}{\sin p'} = \frac{\rho_1 \sin[z_1 - (\varphi_1 - \varphi'_1)]}{\sin(q - p')},$$

d'où résulte

$$\tang p' = \frac{\rho \sin q \sin[z - (\varphi - \varphi')]}{\rho_1 \sin[z_1 - (\varphi_1 - \varphi'_1)] + \rho \cos q \sin[z - (\varphi - \varphi')]},$$

ou bien

$$\tang p'_1 = \frac{\rho_1 \sin q \sin[z_1 - (\varphi_1 - \varphi'_1)]}{\rho \sin[z - (\varphi - \varphi')] + \rho_1 \cos q \sin[z_1 - (\varphi_1 - \varphi'_1)]};$$

lorsqu'on aura déterminé p' ou p'_1, on en déduira p à l'aide de l'une des deux formules

$$\sin p = \frac{\sin p'}{\rho \sin[z - (\varphi - \varphi')]},$$

$$\sin p = \frac{\sin p'_1}{\rho_1 \sin[z_1 - (\varphi_1 - \varphi'_1)]}.$$

Nous avons supposé jusqu'ici les deux lieux d'observation situés de part et d'autre de l'équateur, car c'est le cas qui se prête le mieux à la détermination de la parallaxe. Si les deux lieux d'observation sont d'un même côté de l'équateur, les angles au centre de la Terre, dans les deux triangles considérés, sont égaux à $\varphi' \mp \delta$ dans le premier, et $\varphi'_1 \mp \delta$ dans le second. Mais en posant

$$q = p'_1 - p' = z_1 - z - (\varphi_1 - \varphi),$$

on trouvera p' et p'_1 à l'aide des mêmes équations que précédemment.

Lorsque les deux stations ne sont pas situées sur le même méridien, les deux observations ne peuvent être faites au même instant; il faut alors tenir compte du changement de déclinaison dans l'intervalle des deux observations.

C'est par cette méthode qu'en 1751, 1752 et 1753 on a déterminé les parallaxes de la Lune et de Mars. Dans ce but, Lacaille observait au Cap de Bonne-Espérance les distances zénithales de ces astres au moment de leur culmination, pendant que Cassini à Paris, Lalande à Berlin, Zanotti à Bologne et Bradley à Greenwich faisaient des observations analogues. Ces stations étaient avantageusement situées. La plus grande différence de latitude, correspondant à Berlin et au Cap, est 86°30', tandis que la plus grande différence de longitude, correspondant au Cap et à Greenwich, est égale à $1^h 15^m$, intervalle pour lequel le mouvement de la Lune en déclinaison peut être connu avec une très-grande exactitude. De leurs observations, ces astronomes ont conclu 58′3″ pour parallaxe horizontale de la Lune à sa distance moyenne de la Terre, et 27″,7 pour parallaxe horizontale de Mars.

Parallaxe de la Lune. — Nous venons de traiter le problème de la parallaxe sous sa forme la plus simple, mais, en réalité, cette solution n'est pas suffisante pour obtenir la parallaxe de la Lune; on ne peut, en effet, observer que l'un des bords de cet astre, et pour la réduction il est nécessaire de connaître son demi-diamètre apparent, variable lui-même avec la parallaxe.

Désignons par r et r' les demi-diamètres apparents de la Lune vue du centre de la Terre et du lieu d'observation, par Δ et Δ' les distances de la Lune au centre de la Terre et au lieu d'observation, nous avons

$$\frac{\sin r'}{\sin r} = \frac{\Delta}{\Delta'};$$

de plus, le triangle formé par le centre de la Terre, celui de la Lune et le lieu d'observation donne

$$\frac{\Delta}{\Delta'} = \frac{\sin(180^\circ - z')}{\sin(z' - p')},$$

où z' désigne l'angle que la ligne menée du lieu d'observation au centre de la Lune fait avec le rayon de la Terre qui aboutit en ce lieu; d'ailleurs si z est la distance zénithale du bord de la Lune donnée par l'observation, il y a entre z' et z la relation

$$z' = z - (\varphi - \varphi') \pm r',$$

le signe supérieur se rapportant au bord supérieur de l'astre; on a donc

$$\frac{\Delta}{\Delta'} = \frac{\sin[z - (\varphi - \varphi') \pm r']}{\sin[z - (\varphi - \varphi') - p' \pm r']};$$

après avoir remplacé $\frac{\Delta}{\Delta'}$ par la valeur $\frac{\sin r'}{\sin r}$, éliminons p' à l'aide de l'équation

$$\sin p' = \rho \sin p \sin[z - (\varphi - \varphi') \pm r'],$$

faisons en outre $\rho = 1$, et pour simplifier l'écriture représentons par ζ la quantité $z - (\varphi - \varphi')$, c'est-à-dire l'angle que fait avec le rayon de la Terre aboutissant au lieu d'observation la ligne allant de ce point au bord observé, il viendra

$$\sin r' = \sin r + \sin r' \sin p \cos(\zeta \pm r') + \tfrac{1}{2} \sin r' \sin^2 p \sin^2(\zeta \pm r'),$$

et en négligeant les termes du troisième ordre

$$r' = r + \sin r \sin p \cos(\zeta \pm r) + \tfrac{1}{2} \sin r \sin^2 p \sin^2(\zeta \pm r);$$

d'autre part, la distance zénithale géocentrique Z du centre de la Lune, exprimée en fonction de ζ, est donnée par la formule

$$Z = \zeta \pm r' - \sin p \sin(\zeta \pm r') - \tfrac{1}{6} \sin^3 p \sin^3(\zeta \pm r'),$$

ou, en substituant pour r' la valeur trouvée plus haut,

$$\begin{aligned} Z = \zeta \pm r \pm \sin r \sin p \cos(\zeta \pm r) \pm \tfrac{1}{2} \sin r \sin^2 p \sin^2(\zeta \pm r) \\ - \sin p \sin(\zeta \pm r) - \tfrac{1}{6} \sin^3 p \sin^3(\zeta \pm r); \end{aligned}$$

développons cette équation, et négligeons les termes qui, par rapport à p et r, sont d'un degré supérieur au troisième, nous trouvons

$$\begin{aligned} Z = \zeta \pm r - \tfrac{1}{2} \sin^2 r \sin p \sin \zeta \pm \tfrac{1}{2} \sin r \sin^2 p \sin^2 \zeta \\ - \sin p \cos r \sin \zeta - \tfrac{1}{6} \sin^3 p \sin^3 \zeta, \end{aligned}$$

équation qui, par la substitution de $1 - \frac{1}{2}\sin^2 r$ à $\cos r$ et le rétablissement de $\rho \sin p$ au lieu de $\sin p$, devient

$$\begin{aligned} Z = \zeta \pm r - \rho \sin p \sin \zeta - \tfrac{1}{2} \rho \sin p \sin \zeta \sin^2 r \pm \tfrac{1}{2} \rho^2 \sin^2 p \sin r \sin^2 \zeta \\ - \tfrac{1}{6} \rho^3 \sin^3 p \sin^3 \zeta. \end{aligned}$$

Posons enfin

$$\lambda = \varphi - \varphi', \quad \sin r = k \sin p,$$

et, par suite,

$$r = k \sin p + \tfrac{1}{6} k^3 \sin^3 p,$$

remplaçons ζ par sa valeur $z - \lambda$, nous aurons pour expression de Z,

$$Z = z - \lambda - \sin p[\rho \sin(z-\lambda) \mp k] - \tfrac{1}{6}\sin^3 p[\rho \sin(z-\lambda) \mp k]^3.$$

Si D est la déclinaison géocentrique du centre de la Lune, δ la déclinaison observée du bord de cet astre, nous avons

$$D = \varphi' - Z, \quad \delta = \varphi' - (z - \lambda),$$

la substitution de ces valeurs donne

$$D = \delta + [\rho \sin(z-\lambda) \mp k] \sin p + \tfrac{1}{6}[\rho \sin(z-\lambda) \mp k]^3 \sin^3 p.$$

Cette équation résout évidemment la question proposée et, avec deux observations de la Lune faites en des lieux différents, elle permettrait d'obtenir la parallaxe cherchée. Mais les quantités ρ et λ dépendent de l'aplatissement de la Terre, quantité qui n'est jusqu'à présent connue que d'une façon approchée; il serait donc désirable de mettre l'expression de la parallaxe de la Lune sous une forme qui rende facile toute correction due à un changement de la valeur adoptée pour l'aplatissement. C'est pourquoi nous transformerons l'expression précédente de manière à y mettre en évidence l'aplatissement lui-même.

Nous avons trouvé (n° 66)

$$\varphi - \varphi' = \frac{a^2 - b^2}{a^2 + b^2} \sin 2\varphi + \ldots,$$

or on a

$$a^2 - b^2 = a^2(2\alpha - \alpha^2),$$
$$a^2 + b^2 = a^2(2 - 2\alpha + \alpha^2);$$

d'où, en négligeant tous les termes de l'ordre de α^2,

$$\varphi - \varphi' = \lambda = \alpha \sin 2\varphi.$$

De plus

$$\rho^2 = x^2 + y^2 = \frac{\cos^2\varphi}{1 - \varepsilon^2 \sin^2\varphi} + \frac{(1-\varepsilon^2)^2 \sin^2\varphi}{1 - \varepsilon^2 \sin^2\varphi}$$

$$= \frac{1 - 2\varepsilon^2 \sin^2\varphi + \varepsilon^4 \sin^2\varphi}{1 - \varepsilon^2 \sin^2\varphi},$$

et par suite, en éliminant ε^2 par l'équation

$$\varepsilon^2 = 2\alpha - \alpha^2$$

et négligeant tous les termes de l'ordre de α^2,

$$\rho = 1 - \alpha \sin^2\varphi.$$

La dernière expression de D devient donc

$$(a)\quad \left\{ \begin{aligned} D = \delta &+ (\sin z \mp k) \sin p \\ &- (\sin^2\varphi \sin z + \sin 2\varphi \cos z)\, \alpha \sin p \\ &+ \tfrac{1}{6}(\sin z \mp k)^3 \sin^3 p. \end{aligned} \right.$$

Toute observation d'un bord de la Lune faite en un lieu de l'hémisphère boréal de la Terre donne une équation de cette forme, dans laquelle le signe supérieur correspond au bord supérieur de la Lune, et le signe inférieur à son bord inférieur.

On trouverait de la même manière pour un lieu de l'hémisphère austral

$$(b)\quad \left\{ \begin{aligned} D_1 = \delta_1 &- (\sin z_1 \mp k) \sin p_1 \\ &+ (\sin^2\varphi_1 \sin z_1 + \sin 2\varphi_1 \cos z_1)\, \alpha \sin p_1 \\ &- \tfrac{1}{6}(\sin z_1 \mp k)^3 \sin^3 p_1. \end{aligned} \right.$$

Actuellement soient

t et t_1 les temps moyens d'un premier méridien quelconque, qui correspondent aux deux observations;

p_0 et D_0 la parallaxe et la déclinaison géocentrique de la Lune au temps arbitraire T;

$\frac{dp}{dt}$ et $\frac{dD}{dt}$ leurs variations en une heure de temps moyen, la seconde étant regardée comme positive si la Lune s'approche du pôle Nord.

Nous aurons, d'une part,

$$\sin p = \sin p_0 + (t - \mathrm{T})\frac{dp}{dt}\cos p_0,$$

$$\sin p_1 = \sin p_0 + (t_1 - \mathrm{T})\frac{dp}{dt}\cos p_0,$$

d'autre part, à l'aide des équations (a) et (b),

$$\begin{aligned}(t_1 - t)\frac{d\mathrm{D}}{dt} \\ = \delta_1 - \delta - & [\sin z_1 \mp k - \alpha(\sin^2\varphi_1 \sin z_1 + \sin 2\varphi_1 \cos z_1)]\sin p_1 \\ - & [\sin z \mp k - \alpha(\sin^2\varphi \sin z + \sin 2\varphi \cos z)]\sin p \\ - & \tfrac{1}{6}(\sin z_1 \mp k)^3 \sin^3 p_1 - \tfrac{1}{6}(\sin z \mp k)^3 \sin^3 p.\end{aligned}$$

En remplaçant dans cette relation $\sin p$ et $\sin p_1$ par leurs valeurs, nous obtiendrons, pour déterminer la parallaxe au temps T l'équation suivante :

$$\begin{aligned}0 = \delta_1 - \delta + (t - t_1)\frac{d\mathrm{D}}{dt} - \tfrac{1}{6}[(\sin z \mp k)^3 + (\sin z_1 \mp k)^3]\sin^3 p_0 \\ - \frac{dp}{dt}\cos p_0[(\sin z \mp k)(t - \mathrm{T}) + (\sin z_1 \mp k)(t_1 - \mathrm{T})] \\ - \sin p_0(\sin z + \sin z_1 \mp k \mp k) \\ + \alpha \sin p_0(\sin^2\varphi \sin z + \sin 2\varphi \cos z + \sin^2\varphi_1 \sin z_1 \\ + \sin 2\varphi_1 \cos z_1)\ (^*).\end{aligned}$$

Si aux deux stations on a observé des bords différents de la Lune, le coefficient de $\sin p_0$ est indépendant de k, et puisqu'alors cette quantité n'entre plus que dans les petits termes en $\sin^3 p_0$ et $\frac{dp}{dt}$, la

---

(*) Pour tenir compte des dérivées secondes, on doit ajouter à l'expression précédente, le terme

$$+\tfrac{1}{2}[(t - \mathrm{T})^2 - (t_1 - \mathrm{T})^2]\frac{d^2\mathrm{D}}{dt^2};$$

mais il faut remarquer que pour la valeur

$$\mathrm{T} = \tfrac{1}{2}(t + t_1),$$

ce terme s'annule.

valeur p_0 obtenue à l'aide de cette équation est indépendante d'une erreur commise sur la valeur de k. En outre, par des déterminations antérieures, nous connaissons la parallaxe avec une approximation suffisante pour pouvoir calculer sans erreur appréciable le troisième et le quatrième terme de la formule; il est donc permis de considérer comme connus les quatre premiers termes, car les quantités qu'ils contiennent ont été données par l'observation, ou peuvent être tirées des Tables de la Lune. Soient n leur somme, a et b les coefficients de $\sin p_0$ et $\alpha \sin p_0$, nous avons l'équation

$$0 = n - (a - b\alpha)\sin p_0,$$

qui donne p_0 en fonction de α.

On cherche d'ailleurs non-seulement la parallaxe horizontale p_0 correspondant au temps T, mais la *parallaxe horizontale moyenne*, c'est-à-dire la valeur de cette parallaxe horizontale p_0 pour la distance moyenne de la Lune à la Terre (*). Or, si π est la valeur que donnent les Tables de la Lune pour la parallaxe horizontale au temps T, K la valeur adoptée dans les mêmes Tables pour la parallaxe horizontale moyenne, et enfin Π la valeur cherchée de cette parallaxe horizontale moyenne, on a

$$\sin p_0 = \frac{\pi}{K}\sin \Pi = \mu \sin \Pi,$$

l'équation de condition qui précède devient ainsi

$$0 = \frac{n}{\mu} - (a - b\alpha)\sin \Pi;$$

la valeur de $\sin \Pi$ ou l'angle Π lui-même est la *constante de la parallaxe lunaire*.

Exemple. — Le 23 février 1752, Lalande, observant à Berlin, trouva pour déclinaison du bord supérieur,

$$\delta = +20°26'25'',2,$$

(*) Cette distance moyenne est égale au demi-grand axe de l'orbite lunaire supposée elliptique.

et Lacaille, observant au Cap de Bonne-Espérance, obtint pour la déclinaison du bord supérieur

$$\delta_1 = + 21°46'44'',8.$$

La moyenne arithmétique des temps d'observation était, en temps moyen de Paris, $T = 6^h 40^m$; de plus, d'après les Tables lunaires de Burckhardt,

$$\frac{dD}{dt} = -34'',15, \quad \frac{dp}{dt} = +0'',28, \quad \pi = 59'24'',54,$$

et les latitudes des deux stations étaient

$$\varphi = +52°30'16'',$$
$$\varphi_1 = -33.56.\ 3.$$

Puisque le Cap de Bonne-Espérance est placé à $20^m 19^s,5$ de longitude à l'est de Berlin, et que l'accroissement horaire de l'ascension droite de la Lune était 38' 10'', la culmination de la Lune à Berlin avait lieu $21^m 11^s$ plus tard qu'au Cap, et par suite

$$t - t_1 = +21^m 11^s \quad \text{et} \quad (t - t_1)\frac{dD}{dt} = -12'',06,$$

nous avons en outre

$$\delta_1 - \delta = +1°20'19'',6;$$

si donc on prend $k = 0,2725$, le troisième terme, dépendant de $\sin^3 p$, est égal à $-0'',12$; en négligeant le terme en $\frac{dp}{dt}$, qui est tout à fait insensible, on trouve

$$n = +1°20'7'',42,$$

ou, en parties du rayon,

$$n = +0,0233307;$$

d'ailleurs, comme la valeur de la parallaxe horizontale moyenne adoptée dans les Tables lunaires de Burckhardt est

$$K = 57'0'',52,$$

on a

$$\log\mu = 0,01792,$$

d'où

$$\frac{n}{\mu} = +0,022365;$$

d'autre part,

$$z = 32^\circ 3' 51'', \quad z_1 = 55^\circ 42' 48'',$$

d'où

$$a = +1,3571, \quad b = +1,9321,$$

et en définitive pour déterminer $\sin \Pi$ on a l'équation

$$0 = 0,022365 - (1,3571 - 1,9321 . \alpha) \sin \Pi.$$

Combinaison d'un grand nombre d'observations. — Cette équation et toutes celles de la même forme

$$0 = \frac{n}{\mu} - x(a - b\alpha) = n_1 - x(a - b\alpha),$$

obtenues par la combinaison de deux observations quelconques, ne donnent qu'une relation entre l'inconnue $x = \sin \Pi$ et l'aplatissement α; une seule d'entre elles ne peut donc servir qu'à trouver la valeur de x qui, pour une valeur donnée de α, satisfait à l'équation même. Ainsi, dans l'exemple précédent, si l'on suppose

$$\alpha = \frac{1}{299,15},$$

on obtient

$$\log \sin \Pi = \bar{2},21901,$$
$$\Pi = 56' 55'',4.$$

Mais si l'on dispose d'un grand nombre de couples d'observations, et par suite d'un grand nombre d'équations, telles que

$$\begin{aligned} 0 &= n_1 - x(a - b\alpha), \\ 0 &= n'_1 - x(a' - b'\alpha), \\ 0 &= n''_1 - x(a'' - b''\alpha), \\ &\ldots\ldots\ldots\ldots\ldots\ldots, \end{aligned}$$

on les combinera par la méthode des moindres carrés, et on obtiendra pour équation du minimum par rapport à x,

$$0 = -[an_1] + [aa]x - [ab]\alpha x;$$

le dernier terme est très-petit, et dans une première approximation peut être négligé, d'où

$$x_1 = \frac{[an_1]}{[aa]},$$

et, en remplaçant x par cette valeur dans le dernier terme, on a pour équation finale

$$x = \frac{\left[a\dfrac{n}{\mu}\right]}{[aa]} + \frac{\left[a\dfrac{n}{\mu}\right]}{[aa]}\frac{[ab]}{[aa]}\alpha.$$

Telle est la méthode suivie par Olufsen pour discuter les observations faites au siècle dernier par Lacaille, Lalande, Zanotti et Bradley (*).

Il a déduit de toutes leurs observations l'équation finale

$$x = 0{,}01651223 + 0{,}02449201\,\alpha.$$

Avec la valeur $\alpha = \dfrac{1}{302{,}02}$ adoptée par Olufsen, elle donne pour constante de la parallaxe lunaire

$$57'\,2'',64;$$

en prenant, au contraire, la valeur de Bessel $\alpha = \dfrac{1}{299{,}1528}$,

(*) *Astronomische Nachrichten*, n° 326.

on a

$$57' 2'',80.$$

Par la comparaison des observations de distances zénithales méridiennes faites par lui en 1832 et 1833 au Cap de Bonne-Espérance, et des observations faites simultanément à Greenwich, Henderson a trouvé (*), avec la valeur $\alpha = \frac{1}{299,1528}$,

$$57' 1'',80$$

pour la parallaxe horizontale moyenne de la Lune. La moyenne arithmétique de cette valeur et de celle d'Olufsen est

$$57' 2'',30.$$

Les constantes adoptées dans les différentes Tables lunaires sont

Tables de Burckhardt...........	57' 0'',52,
Tables de Damoiseau...........	57.0 ,90,
Tables de Hansen..............	57.2 ,06.

Cette dernière valeur est déduite de la théorie; elle présente, avec celles qu'a données l'observation directe, un remarquable accord.

Remarque. — La parallaxe de la Lune étant considérable, on peut déjà la déterminer avec une certaine approximation à l'aide d'observations faites en un même lieu. Pour cela on combine les observations faites au voisinage du zénith, pour lesquelles la parallaxe de hauteur est très-faible, avec d'autres faites au voisinage de l'horizon, pour lesquelles au contraire la parallaxe atteint presque son maximum. C'est ainsi qu'Hipparque a découvert la parallaxe de la Lune, en remarquant dans le mouvement de cet astre une inégalité dépendant de la hauteur, et dont la période était d'un jour.

139. *Parallaxes du Soleil et des planètes.* — Les parallaxes horizontales du Soleil et des planètes sont trop petites pour pouvoir être déterminées avec exactitude par la méthode précédente. Cependant c'est ainsi qu'ont été obtenues les premières valeurs approchées. Telle est la valeur 25'',5 donnée au XVIIe siècle pour

(*) *Astronomische Nachrichten*, n° 338.

la parallaxe de Mars par Richer, Picard et La Condamine, et déduite d'observations méridiennes de Mars faites en 1761 par Richer à Cayenne, et les deux autres à Paris. Or, quand on connaît la parallaxe ou la distance d'une planète, il est facile de trouver les parallaxes de toutes les autres, et aussi celle du Soleil, car, en vertu de la troisième loi de Kepler, « les carrés des temps de révolution des planètes sont proportionnels aux cubes des grands axes de leurs orbites. »

On obtient ainsi pour parallaxe du Soleil la valeur 9″,5 à l'aide du nombre donné par Richer et La Condamine, et la valeur 10″,25 à l'aide de celui qu'ont donné Lacaille et Lalande, valeur plus inexacte que celle de Richer quoique la détermination en ait été faite presque un siècle plus tard.

Les observations faites récemment, de 1849 à 1852, par Gilliss au Chili (*) ne contribuèrent en rien à une détermination plus exacte de cette constante importante; ce résultat doit être attribué en partie à la rareté des observations correspondantes dans l'hémisphère boréal. Quoique les résultats obtenus par cette méthode soient insuffisants, il est néanmoins à désirer que l'on s'en serve encore pour obtenir une valeur nouvelle, ou bien qu'on suive la méthode d'ailleurs tout à fait analogue indiquée par Gerling (**), et qui permet de déduire la parallaxe du Soleil de l'observation de Vénus à l'époque d'une de ses stations. Avec les instruments perfectionnés dont on dispose aujourd'hui, on obtiendrait certainement ainsi une approximation beaucoup plus grande.

Effet de la parallaxe sur les passages de Vénus. — Une bonne méthode de détermination de la parallaxe solaire repose sur les observations des passages de Vénus sur le disque du Soleil; elle a été proposée par Halley. Les formules données aux nos 131 et 133 pourraient servir au calcul de ces phénomènes. Mais Encke a publié, dans le *Jahrbuch* de Berlin pour 1842, une méthode plus commode dont le principe est dû à Lagrange, et qui consiste à calculer d'abord le phénomène pour le centre de la Terre et à

(*) *U. S. Naval Expedition to Chili*, vol. III.
(**) *Astronomische Nachrichten*, n° 599.

déduire de ce premier résultat les différentes phases du passage pour les divers lieux de la Terre.

Calcul pour le centre de la Terre. — Soient :

α et δ, A et D les ascensions droites et les déclinaisons géocentriques de Vénus et du Soleil pour un temps T d'un premier méridien, temps voisin de l'époque de la conjonction;

m la distance apparente de leurs centres à ce temps T;

M et 180° — M' les angles ayant pour sommets les centres du Soleil et de Vénus dans le triangle formé par ces deux points et le pôle de l'Équateur,

on a les formules

$$\sin\tfrac{1}{2}m\sin\tfrac{1}{2}(M'+M)=\sin\tfrac{1}{2}(\alpha-A)\cos\tfrac{1}{2}(\delta+D),$$
$$\sin\tfrac{1}{2}m\cos\tfrac{1}{2}(M'+M)=\cos\tfrac{1}{2}(\alpha-A)\sin\tfrac{1}{2}(\delta-D),$$
$$\cos\tfrac{1}{2}m\sin\tfrac{1}{2}(M'-M)=\sin\tfrac{1}{2}(\alpha-A)\sin\tfrac{1}{2}(\delta+D),$$
$$\cos\tfrac{1}{2}m\cos\tfrac{1}{2}(M'-M)=\cos\tfrac{1}{2}(\alpha-A)\cos\tfrac{1}{2}(\delta-D;$$

et, comme aux moments des contacts, $\alpha - A$ et $\delta - D$, et par suite m et $M' - M$ sont de petites quantités, ces formules se réduisent alors à

$$(A)\qquad \begin{cases} m\sin M=(\alpha-A)\cos\tfrac{1}{2}(\delta+D),\\ m\cos M=\delta-D.\end{cases}$$

Posons maintenant

$$(B)\qquad \begin{cases} n\sin N=\dfrac{d(\alpha-A)}{dt}\cos\tfrac{1}{2}(\delta+D),\\ n\cos N=\dfrac{d(\delta-D)}{dt},\end{cases}$$

$\dfrac{d(\alpha-A)}{dt}$ et $\dfrac{d(\delta-D)}{dt}$ étant les variations relatives des ascensions droites et des déclinaisons dans l'unité de temps (*); dési-

(*) n est la vitesse relative de Vénus par rapport au Soleil; N définit la direction de cette vitesse : c'est l'angle qu'elle fait avec le cercle horaire passant par la position de Vénus au temps T.

gnons en outre par $T+\tau$ l'époque de l'un des contacts, par R et r les demi-diamètres du Soleil et de Vénus à cet instant, nous aurons

$$(m\sin M+\tau n\sin N)^2+(m\cos M+\tau n\cos N)^2=(R\pm r)^2,$$

le signe supérieur convenant à un contact extérieur, le signe inférieur à un contact intérieur.

De cette équation on tire

$$\tau=-\frac{m}{n}\cos(M-N)\mp\frac{R\pm r}{n}\sqrt{1-\frac{m^2\sin^2(M-N)}{(R\pm r)^2}},$$

et si, ψ étant un angle compris entre -90° et $+90^\circ$, on pose

$$\text{(C)}\qquad \frac{m\sin(M-N)}{R\pm r}=\sin\psi,$$

la valeur de τ sera donnée par l'expression

$$\text{(D)}\qquad \tau=-\frac{m}{n}\cos(M-N)\mp\frac{R\pm r}{n}\cos\psi,$$

dont le dernier terme doit être pris avec le signe $-$ pour l'entrée et avec le signe $+$ pour la sortie, de telle sorte qu'en temps du premier méridien adopté, l'entrée et la sortie ont lieu pour le centre de la Terre aux époques :

$$T-\frac{m}{n}\cos(M-N)-\frac{R\pm r}{n}\cos\psi,\ \text{pour l'entrée,}$$

$$T-\frac{m}{n}\cos(M-N)+\frac{R\pm r}{n}\cos\psi,\ \text{pour la sortie.}$$

Enfin, si $\odot$ est l'angle que le grand cercle mené du centre du Soleil au point de contact fait avec le cercle de déclinaison passant par le centre du Soleil, on a

$$(R\pm r)\cos\odot=m\cos M+n\cos N.\tau,$$

$$(R\pm r)\sin\odot=m\sin M+n\sin N.\tau,$$

ou

$$\cos\odot=-\sin N\sin\psi\mp\cos N\cos\psi,$$

$$\sin\odot=+\cos N\sin\psi\mp\sin N\cos\psi;$$

nous aurons donc

(E) $\odot = N - \psi + 180^\circ$, pour l'entrée,

(F) $\odot = N + \psi$, pour la sortie.

Les formules (A),..., (F) servent à la prédiction complète du phénomène pour le centre de la Terre.

Prédiction du passage pour un lieu donné. — Pour calculer les époques d'entrée et de sortie en un lieu de la surface de la Terre, nous traiterons d'abord un cas plus général, et nous chercherons à exprimer la distance des centres des deux astres telle qu'elle paraît à un moment donné d'un point de la surface, en fonction de la distance des centres des deux astres, telle qu'on la voit au même instant du centre de la Terre.

Or, avec les notations indiquées, on a évidemment

$$\cos m = \sin\delta \sin D + \cos\delta \cos D \cos(\alpha - A),$$

et de même, si α' et δ', A' et D' sont les ascensions droites et les déclinaisons apparentes de Vénus et du Soleil vues du lieu de la surface, et m' la distance apparente de leurs centres,

$$\cos m' = \sin\delta' \sin D' + \cos\delta' \cos D' \cos(\alpha' - A');$$

il en résulte

$$\begin{aligned}\cos m' = \cos m &+ (\delta' - \delta)[\cos\delta \sin D - \sin\delta \cos D \cos(\alpha - A)]\\ &+ (D' - D)[\sin\delta \cos D - \cos\delta \sin D \cos(\alpha - A)]\\ &- (\alpha' - \alpha) \cos\delta \cos D \sin(\alpha - A)\\ &+ (A' - A) \cos\delta \cos D \sin(\alpha - A).\end{aligned}$$

Mais, d'après les formules du n° 68 (*), π et p étant les paral-

---

(*) Ces formules donnent, en supposant ρ constant et égal à l'unité,

$$\delta' - \delta = \pi \sin\varphi \frac{\sin(\delta - \gamma)}{\sin\gamma} = \pi \sin\varphi (\sin\delta \cot\gamma - \cos\delta),$$

et puisque

$$\cot\gamma = \cos(\alpha - \Theta) \cot\varphi,$$

il vient

$$\delta' - \delta = \pi [\cos\varphi \sin\delta \cos(\alpha - \Theta) - \sin\varphi \cos\delta].$$

laxes horizontales de Vénus et du Soleil, on a

$$\delta' - \delta = \pi [\cos\varphi \sin\delta \cos(\alpha - \Theta) - \sin\varphi \cos\delta],$$
$$D' - D = p [\cos\varphi \sin D \cos(A - \Theta) - \sin\varphi \cos D],$$
$$\alpha' - \alpha = \pi \,\text{séc}\,\delta \sin(\alpha - \Theta) \cos\varphi,$$
$$A' - A = p \,\text{séc}\,D \sin(A - \Theta) \cos\varphi,$$

d'où, en portant ces valeurs dans l'expression de $\cos m'$,

$$(a) \left\{ \begin{aligned} \cos m' = \cos m &+ [\cos\delta \sin D - \sin\delta \cos D \cos(\alpha - A)] \\ &\quad \times [\pi \cos\varphi \sin\delta \cos(\alpha - \Theta) - \pi \sin\varphi \cos\delta] \\ &+ [\sin\delta \cos D - \cos\delta \sin D \cos(\alpha - A)] \\ &\quad \times [p \cos\varphi \sin D \cos(A - \Theta) - p \sin\varphi \cos D] \\ &- \cos D \sin(\alpha - A) . \pi \sin(\alpha - \Theta) \cos\varphi \\ &+ \cos\delta \sin(\alpha - A) . p \sin(A - \Theta) \cos\varphi. \end{aligned} \right.$$

Tous les termes de cette équation contiennent soit $\cos\varphi$, soit $\sin\varphi$; cherchons les coefficients de ces deux quantités. D'abord le développement de l'équation donne pour coefficient de $\cos\varphi$ l'expression

$$\begin{aligned} &+ \pi [\sin\delta \cos\delta \sin D \cos(\alpha - \Theta) - \sin^2\delta \cos D \cos(\alpha - \Theta) \cos(\alpha - A) \\ &\qquad\qquad - \cos D \sin(\alpha - \Theta) \sin(\alpha - A)] \\ &+ p [\sin\delta \cos D \sin D \cos(A - \Theta) - \sin^2 D \cos\delta \cos(A - \Theta) \cos(\alpha - A) \\ &\qquad\qquad + \cos\delta \sin(A - \Theta) \sin(\alpha - A)], \end{aligned}$$

ou, puisque $\sin^2\delta = 1 - \cos^2\delta$ et $\sin^2 D = 1 - \cos^2 D$,

$$\begin{aligned} &+ \pi \{ [\sin\delta \sin D + \cos\delta \cos D \cos(\alpha - A)] \cos\delta \cos(\alpha - \Theta) \\ &\qquad\qquad - \cos D \cos(A - \Theta) \} \\ &+ p \{ [\sin\delta \sin D + \cos\delta \cos D \cos(\alpha - A)] \cos D \cos(A - \Theta) \\ &\qquad\qquad - \cos\delta \cos(\alpha - \Theta) \}, \end{aligned}$$

qu'on peut encore écrire

$$\begin{aligned} &+ \pi \cos m \cos\delta \cos(\alpha - \Theta) - \pi \cos D \cos(A - \Theta) \\ &+ p \cos m \cos D \cos(A - \Theta) - p \cos\delta \cos(\alpha - \Theta); \end{aligned}$$

si, dans cette expression, on met en évidence les coordonnées d'un lieu déterminé de la surface de la Terre, elle devient

$$
\begin{aligned}
&+(\pi \cos m \cos \delta \cos \alpha - \pi \cos D \cos A) \cos \Theta \\
&-(p \cos m \cos D \cos A - p \cos \delta \cos \alpha) \cos \Theta \\
&+(\pi \cos m \cos \delta \sin \alpha - \pi \cos D \sin A) \sin \Theta \\
&+(p \cos m \cos D \sin A - p \cos \delta \sin \alpha) \sin \Theta,
\end{aligned}
$$

ou encore

$$
(b) \quad \left\{
\begin{aligned}
&+[(\pi \cos m - p) \cos \delta \cos \alpha - (\pi - p \cos m) \cos D \cos A] \cos \varphi \cos \Theta \\
&+[(\pi \cos m - p) \cos \delta \sin \alpha - (\pi - p \cos m) \cos D \sin A] \cos \varphi \sin \Theta.
\end{aligned}
\right.
$$

Quant au coefficient de $\sin \varphi$, il a pour valeur

$$
\begin{aligned}
&+\pi[-\cos^2 \delta \sin D + \sin \delta \cos \delta \cos D \cos(\alpha - A)] \\
&+p[-\cos^2 D \sin \delta + \sin D \cos D \cos \delta \cos(\alpha - A)],
\end{aligned}
$$

ou, puisque $\cos^2 \delta = 1 - \sin^2 \delta$ et $\cos^2 D = 1 - \sin^2 D$,

$$
(b') \quad \left\{
\begin{aligned}
&+\pi\{-\sin D + \sin \delta [\sin \delta \sin D + \cos \delta \cos D \cos(\alpha - A)]\} \\
&+p\{-\sin \delta + \sin D [\sin \delta \sin D + \cos \delta \cos D \cos(\alpha - A)]\}.
\end{aligned}
\right.
$$

Le terme qui contient $\sin \varphi$ dans l'équation (a) est donc

$$
(\pi \cos m - p) \sin \delta \sin \varphi - (\pi - p \cos m) \sin D \sin \varphi,
$$

et par suite l'équation (a) se transforme dans la suivante :

$$
(c) \quad \left\{
\begin{aligned}
\cos m' = {} & \cos m \\
&+[(\pi \cos m - p) \cos \delta \cos \alpha - (\pi - p \cos m) \cos D \cos A] \cos \varphi \cos \Theta \\
&+[(\pi \cos m - p) \cos \delta \sin \alpha - (\pi - p \cos m) \cos D \sin A] \cos \varphi \sin \Theta \\
&+[(\pi \cos m - p) \sin \delta - (\pi - p \cos m) \sin D] \sin \varphi.
\end{aligned}
\right.
$$

Posons maintenant

$$
(d) \quad \left\{
\begin{aligned}
f \sin s &= +\pi \cos m - p, \\
f \cos s &= -\pi \sin m,
\end{aligned}
\right.
$$

alors

$$
\pi - p \cos m = f \sin(s - m),
$$

et par conséquent

$$(e)\left\{\begin{aligned}&\cos m' = \cos m\\&\quad + f[\sin s\cos\delta\cos\alpha - \sin(s-m)\cos D\cos A]\cos\varphi\cos\Theta,\\&\quad + f[\sin s\cos\delta\sin\alpha - \sin(s-m)\cos D\sin A]\cos\varphi\sin\Theta,\\&\quad + f[\sin s\sin\delta - \sin(s-m)\sin D]\sin\varphi;\end{aligned}\right.$$

posons de plus

$$(f)\left\{\begin{aligned}\cos\alpha\,\sin s\cos\delta - \sin(s-m)\cos D\cos A &= P\cos\beta\cos\lambda,\\\sin\alpha\,\sin s\cos\delta - \sin(s-m)\cos D\sin A &= P\cos\beta\sin\lambda,\\\sin s\sin\delta - \sin(s-m)\sin D &= P\sin\beta;\end{aligned}\right.$$

et comme, en ajoutant les équations (e) et (f), après les avoir élevées au carré, on trouve

$$\begin{aligned}P^2 &= \sin^2 s + \sin^2(s-m) - 2\sin s\sin(s-m)\cos m\\&= \sin^2 s - \sin^2 s\cos^2 m + \cos^2 s\sin^2 m = \sin^2 m,\end{aligned}$$

les équations (f) peuvent s'écrire encore

$$\begin{aligned}\cos\alpha\,\sin s\cos\delta - \sin(s-m)\cos D\cos A &= \sin m\cos\beta\cos\lambda,\\\sin\alpha\,\sin s\cos\delta - \sin(s-m)\cos D\sin A &= \sin m\cos\beta\sin\lambda,\\\sin s\sin\delta - \sin(s-m)\sin D &= \sin m\sin\beta,\end{aligned}$$

ou

$$(g)\left\{\begin{aligned}&\sin(\lambda - A)\sin m\cos\beta = \sin s\cos\delta\sin(\alpha - A),\\&\cos(\lambda - A)\sin m\cos\beta = \sin s\cos\delta\cos(\alpha - A)\\&\qquad\qquad\qquad\qquad\qquad - \sin(s-m)\cos D,\\&\sin m\sin\beta = \sin s\sin\delta - \sin(s-m)\sin D.\end{aligned}\right.$$

Mais nous avons

$$\begin{aligned}&\sin s\cos\delta\cos(\alpha - A) - \sin(s-m)\cos D\\&\quad = \sin s[\cos\delta\cos(\alpha - A) - \cos m\cos D] + \cos s\sin m\cos D,\end{aligned}$$

et

$$\begin{aligned}&\sin s\sin\delta - \sin(s-m)\sin D\\&\quad = \sin s[\sin\delta - \cos m\sin D] + \cos s\sin m\sin D,\end{aligned}$$

de plus, dans le triangle sphérique considéré,

$$(h)\quad \begin{cases} \sin M \sin m = \cos\delta \sin(\alpha - A), \\ \cos M \sin m = \sin\delta \cos D - \cos\delta \sin D \cos(\alpha - A), \\ \cos m = \sin\delta \sin D + \cos\delta \cos D \cos(\alpha - A), \end{cases}$$

relations d'où l'on déduit

$$\cos(\alpha - A)\cos\delta = \cos D \cos m - \sin D \sin m \cos M,$$
$$\sin\delta = \sin D \cos m + \cos D \sin m \cos M,$$

et les équations (g) prennent la forme

$$(i)\quad \begin{cases} \sin(\lambda - A)\cos\beta = \sin s \sin M, \\ \cos(\lambda - A)\cos\beta = \cos s \cos D - \sin s \sin D \cos M, \\ \sin\beta = \cos s \sin D + \sin s \cos D \cos M, \end{cases}$$

formules dans lesquelles s et M ont été calculées au moyen des équations (d) et (h), et qui donneront les quantités auxiliaires λ et β; on calculera ensuite $\cos m'$ au moyen de la relation suivante, déduite de la comparaison des formules (e) et (f) :

$$\begin{aligned} \cos m' &= \cos m + f \sin m\,[\sin\varphi \sin\beta + \cos\varphi \cos\beta \cos\lambda \cos\Theta \\ &\qquad + \cos\varphi \cos\beta \sin\lambda \sin\Theta] \\ &= \cos m + f \sin m\,[\sin\varphi \sin\beta + \cos\varphi \cos\beta \cos(\lambda - \Theta)]. \end{aligned}$$

Actuellement désignons encore par T l'époque, en temps moyen du premier méridien, pour laquelle sont calculées les quantités α, δ, A et D, par L le temps sidéral correspondant, et par l la longitude supposée orientale du lieu auquel se rapportent Θ et φ, nous aurons

$$\Theta = l + L,$$
$$\lambda - \Theta = \lambda - L - l;$$

ainsi, en posant

$$(k)\quad \begin{cases} \Lambda = \lambda - L, \\ \cos\zeta = \sin\varphi \sin\beta + \cos\varphi \cos\beta \cos(\Lambda - \;), \end{cases}$$

nous obtiendrons la formule simple

$$(l)\qquad \cos m' = \cos m + f \sin m \cos\zeta.$$

Or, remarquons que les quantités auxiliaires s et f, λ et β ne dépendent que de la valeur initiale T adoptée pour le temps ; par conséquent, si l'on imagine que Λ et β définissent la direction d'un rayon de la Terre, ou, en d'autres termes, que Λ et β soient la longitude et la latitude d'un point C de la Terre, ce point sera fixe, et la Terre étant considérée comme sphérique ζ sera, d'après la seconde des formules (k), la distance angulaire de ce point fixe C et du lieu de la surface défini par la longitude l et la latitude φ, c'est-à-dire du lieu considéré. La formule (l) conduit donc à cette conséquence importante : *A un même instant absolu qui correspond, pour le premier méridien choisi, au temps sidéral* L *ou au temps moyen* T, *et pour chaque lieu de la surface, au temps moyen* $T + l$, *la distance apparente des deux astres est la même pour tous les points de la surface de la Terre qui donnent à* ζ *la même valeur*, c'est-à-dire *pour tous les lieux qui sont situés sur un petit cercle décrit du point* C *comme pôle avec la distance polaire* ζ (*).

Cherchons maintenant l'époque à laquelle, de tous ces lieux, les astres paraissent à la distance m. L'équation (l) donne

$$dm = -f\cos\zeta,$$

d'où

$$dt = -\frac{f\cos\zeta}{\frac{dm}{dt}}.$$

Mai si m est une petite quantité, comme cela a lieu au moment du contact des deux bords, on a, d'après les formules (A),

$$m = (\alpha - A)\cos\tfrac{1}{2}(\delta + D)\sin M + (\delta - D)\cos M,$$

$$\frac{dm}{dt} = \frac{d(\alpha - A)}{dt}\cos\tfrac{1}{2}(\delta + D)\sin M + \frac{d(\delta - D)}{dt}\cos M,$$

ou d'après les formules (B),

$$\frac{dm}{dt} = n\cos(M - N);$$

(*) Ce théorème a été donné par Lagrange (*Mémoires de l'Académie de Berlin pour* 1766).

il en résulte

$$dt = -\frac{f\cos\zeta}{n\cos(M-N)}.$$

Par conséquent si, pour un observateur placé au centre de la Terre, les deux astres paraissent au temps T à la distance m, ils seront à cette même distance pour un observateur placé en un point de la surface, à l'époque

$$T + \frac{f\cos\zeta}{n\cos(M-N)}, \quad \text{en temps du premier méridien},$$

$$T + \frac{f\cos\zeta}{n\cos(M-N)} + l, \quad \text{en temps du lieu}.$$

Ce problème résolu, il est facile de passer au cas particulier du contact; il suffit de remplacer dans les formules précédentes,

$$m \text{ par } R \pm r,$$
$$M \text{ par } \odot;$$

or, d'après les équations (E) et (F), on a aux moments des contacts

$$\odot = N - \psi + 180^\circ, \quad \text{pour l'entrée},$$
$$\odot = N + \psi, \quad \text{pour la sortie}.$$

Il suffira donc, pour avoir les époques de contact au lieu déterminé de la surface, d'ajouter aux temps calculés pour le centre les quantités

$$-\frac{f\cos\zeta}{n\cos\psi}, \quad \text{pour l'entrée},$$

$$+\frac{f\cos\zeta}{n\cos\psi}, \quad \text{pour la sortie}.$$

Tableau des formules. — En résumé, les formules qui servent à la prédiction complète du phénomène sont les suivantes.

Pour le centre de la Terre.

Pour un temps T d'un premier méridien voisin de l'époque de la conjonction ou même coïncidant avec la conjonction, on cherche dans les Tables les ascensions droites α et A, les déclinaisons δ et D.

de Vénus et du Soleil, ainsi que les demi-diamètres apparents r et R de ces deux astres; on calcule ensuite

$$m \sin M = (\alpha - A) \cos \tfrac{1}{2} (\delta + D),$$
$$m \cos M = \delta - D,$$
$$n \sin N = \frac{d(\alpha - A)}{dt} \cos \tfrac{1}{2} (\delta + D),$$
$$n \cos N = \frac{d(\delta - D)}{dt},$$
$$\frac{m \sin(M - N)}{R \pm r} = \sin \psi, \quad -90^\circ < \psi < +90^\circ,$$
$$\tau = -\frac{m}{n} \cos(M - N) - \frac{R \pm r}{n} \cos \psi,$$
$$\tau' = -\frac{m}{n} \cos(M - N) + \frac{R \pm r}{n} \cos \psi,$$

et on en déduit, pour époques de l'entrée et de la sortie,

pour l'entrée... $t = T + \tau$ avec $\odot = N - \psi + 180^\circ$,
pour la sortie... $t' = T + \tau'$ avec $\odot = N + \psi$.

Pour un lieu de longitude orientale l et de latitude φ.

Pour l'entrée et la sortie, et avec les valeurs correspondantes de l'angle $\odot$, on calcule les formules

$$f \sin s = + \pi \cos (R \pm r) - p,$$
$$f \cos s = - \pi \sin (R \pm r),$$
$$\frac{f}{n \cos \psi} = g,$$
$$\sin(\lambda - A) \cos \beta = \sin s \sin \odot,$$
$$\cos(\lambda - A) \cos \beta = \cos s \cos D - \sin s \sin D \cos \odot,$$
$$\sin \beta = \cos s \sin D + \sin s \cos D \cos \odot,$$
$$\Lambda = \lambda - L,$$
$$\cos \zeta = \sin \beta \sin \varphi + \cos \beta \cos \varphi \cos(\Lambda - l),$$

où L est le temps sidéral correspondant au temps t ou au temps t';

et l'on obtiendra ensuite en temps moyen du lieu les époques de l'entrée et de la sortie, en calculant les expressions

$$t + l - g\cos\zeta, \quad \text{pour l'entrée,}$$
$$t' + l + g\cos\zeta, \quad \text{pour la sortie.}$$

Tous les lieux pour lesquels

$$\sin\beta\sin\varphi + \cos\beta\cos\varphi\cos(\Lambda - l) = \pm 1$$

voient le phénomène le plus tôt ou le plus tard. Ainsi les durées de ce phénomène pour un lieu de la surface et pour le centre de la Terre peuvent différer d'une quantité presque égale à $2g$, et puisque, pour le passage central, on a approximativement

$$g = \frac{\pi - p}{n},$$

la différence des deux durées peut atteindre le double du temps nécessaire à Vénus pour parcourir sur le disque du Soleil en vertu de sa vitesse relative, un arc égal à la différence entre la parallaxe de Vénus et celle du Soleil. Or la différence de ces parallaxes est de $23''$, et le mouvement horaire de Vénus, à l'époque de sa conjonction, est de $234''$, la différence des durées peut donc atteindre 12^m; par conséquent, ces phénomènes peuvent servir à déterminer avec une grande exactitude la différence des parallaxes du Soleil et de Vénus, et par suite celle du Soleil, à l'aide de la troisième des lois données par l'immortel Kepler.

EXEMPLE. — Pour le passage de Vénus du 5 juin 1761, on a les lieux suivants du Soleil et de Vénus :

Temps moyen de Paris.	A	D	α	δ
h	° ′ ″	° ′ ″	° ′ ″	° ′ ″
16	74.17. 1,8	+22.41. 3,7	74.25.50,3	+22.33.17,6
17	19.36,4	41.19,1	24.13,2	32.32,4
18	22.10,9	41.34,5	22.36,2	31.47,1
19	24.45,5	41.49,9	20.59,2	31. 1,9
20	27.20,1	42. 5,3	19.22,2	30.16,6

et de plus

$$\pi = 29'',6068, \quad r = 29'',0,$$
$$p = 8,4408, \quad R = 946,8.$$

Les époques des contacts extérieurs pour le centre de la Terre se calculent comme il suit : en prenant

$$T = 17^{h},$$

on a

$$\alpha - A = +4'\,36'',8, \quad \frac{d\alpha}{dt} - \frac{dA}{dt} = -4'\,11'',6,$$

$$\delta - D = -8.46\;,7, \quad \frac{d\delta}{dt} - \frac{dD}{dt} = -1.\;0\;,7,$$

$$R + r = 975'',8.$$

On obtient ensuite

$$M = 154^{\circ}\;7',2, \quad \log m = 2,76746,$$
$$N = 255.21,9, \quad \log n = 2,38028,$$
$$M - N = -258^{\circ}\,45',3,$$
$$\psi = -\;36.\;2\;,6,$$
$$-\frac{m}{n}\cos(M - N) = +\,0,4756,$$
$$+\frac{R + r}{n}\cos\psi = +\,3,2870;$$

$$\tau = -2^{h},8114 = -2^{h}48^{m}41^{s},0,$$
$$\tau' = +3,7626 = +3.45.45,4.$$

D'où résulte, en temps moyen de Paris, pour époques de l'entrée et de la sortie vues du centre de la Terre,

$14^{h}\,11^{m}\,19^{s},0$, avec $\odot = 111^{\circ}\,24',5$, pour l'entrée,
20.45.45,4, avec $\odot = 219.19,3$, pour la sortie.

Si l'on veut ensuite connaître, pour un lieu de la surface de la

Terre, les époques des mêmes contacts, par exemple celle de la sortie, on devra d'abord calculer les constantes λ, β et g. Mais on a

$$s = 90^{\circ}22',7, \quad \log f = 1,32564, \quad \log g = \bar{1},03764,$$

et puisque

$$\odot = 219^{\circ}19',3, \quad D = 22^{\circ}42',3, \quad A = 74^{\circ}29',3,$$

on a

$$\lambda = 9^{\circ}15',9, \quad \beta = -45^{\circ}44',4.$$

De plus, le temps moyen de Paris $20^{h}45^{m}45^{s},4$ correspond au temps sidéral $1^{h}45^{m}34^{s},6$; on a donc

$$A = -17^{\circ}7',7.$$

Poursuivons maintenant le calcul pour un lieu donné, par exemple pour le Cap de Bonne-Espérance; pour cette station, on a

$$l = +1^{h}4^{m}33^{s},5, \quad \varphi = -33^{\circ}56'3''.$$

On en déduit

$$\log\cos\zeta = \bar{1},94643, \quad g\cos\zeta = +5'47'',0,$$

et par suite, en temps du Cap, l'époque de la sortie est

$$t + l + g\cos\zeta = 21^{h}56^{m}5^{s},9.$$

Remarque. — La différentiation de l'équation

$$T = t + l + g\cos\zeta$$

donne, en exprimant dT en secondes,

$$dT = \frac{3600 \,.\, \cos\zeta}{n\cos\psi}\, d(\pi - p) = \frac{3600 \,.\, \cos\zeta}{n\cos\psi}\, \frac{\pi - p}{p_0}\, dp_0,$$

p_0 désignant la parallaxe horizontale équatoriale moyenne du Soleil, et on a pour l'exemple précédent, $dT = 40,49\,dp_0$.

Ainsi une erreur de 0",13, dans la valeur adoptée pour la parallaxe du Soleil, change d'au moins 5^s de temps l'époque calculée des contacts. Au contraire, une erreur commise dans l'observation du temps des contacts n'aura qu'une faible influence sur la valeur de la parallaxe déduite de cette observation; et si les époques des contacts du bord lumineux du Soleil avec le bord obscur de la planète peuvent se déterminer d'une façon précise, on obtiendra de cette manière la parallaxe du Soleil avec une grande exactitude.

140. *Détermination de la parallaxe du Soleil par les passages de Vénus.* — Pour obtenir l'équation de condition complète qui convient à chaque observation de contact, on part de l'équation

$$(a) \qquad (\alpha' - A')^2 \cos^2 \delta_0 + (\delta' - D')^2 = (R \pm r)^2,$$

dans laquelle α', A' et δ', D' sont les ascensions droites et les déclinaisons apparentes de Vénus et du Soleil, non corrigées de la parallaxe, et dans laquelle δ_0 est la moyenne arithmétique des deux déclinaisons

$$\delta_0 = \tfrac{1}{2}(\delta' + D').$$

Mais les parallaxes des deux astres sont de petites quantités, il en est de même des différences de leurs ascensions droites et de leurs déclinaisons pour les époques des contacts; on peut donc, en posant

$$\alpha_0 = \tfrac{1}{2}(\alpha + A),$$

écrire

$$\alpha' - A' = \alpha - A + (\pi - p)\cos\varphi' \operatorname{séc}\delta_0 \sin(\alpha_0 - \Theta),$$
$$\delta' - D' = \delta - D + (\pi - p)[\cos\varphi' \sin\delta_0 \cos(\alpha_0 - \Theta) - \sin\varphi' \cos\delta_0].$$

Introduisons maintenant les grandeurs auxiliaires suivantes

$$(A) \qquad \begin{cases} h \sin H = \cos\varphi' \sin(\alpha_0 - \Theta), \\ h \cos H = \cos\varphi' \cos(\alpha_0 - \Theta) \sin\delta_0 - \sin\varphi' \cos\delta_0, \end{cases}$$

l'équation (a) deviendra

$$\begin{aligned}&[\alpha - A + (\pi - p)\, h \sin H \,\text{séc}\,\delta_0]^2 \cos^2\delta_0\\&\quad + [\delta - D + (\pi - p)\, h \cos H]^2 = (R \pm r)^2.\end{aligned}$$

Les quantités α, A, δ, D, π, p, R et r sont supposées prises dans les Tables; si, au contraire, $\alpha + d\alpha$, $A + dA$, $\delta + d\delta$, $D + dD$, $\pi + d\pi$, $p + dp$, $R + dR$ et $r + dr$ sont les valeurs exactes, et dl l'erreur de la valeur adoptée pour la longitude du lieu d'observation, l'équation précédente devient

$$\begin{aligned}&\Big[\alpha - A + (\pi - p)\, h \sin H \,\text{séc}\,\delta_0\\&\quad + d(\alpha - A) + d(\pi - p)\, h \sin H \,\text{séc}\,\delta_0 - \frac{d(\alpha - A)}{dt}\, dl\Big]^2 \cos^2\delta_0\\&+ \Big[\delta - D + (\pi - p)\, h \cos H\\&\quad + d(\delta - D) + d(\pi - p)\, h \cos H - \frac{d(\delta - D)}{dt}\, dl\Big]^2\\&\quad = [R + dR \pm (r + dr)]^2.\end{aligned}$$

Dans le développement de cette équation, négligeons les carrés et les produits de $\pi - p$ et des variations, et posons

$$\begin{aligned}A' &= \alpha - A + (\pi - p)\, h \sin H \,\text{séc}\,\delta_0,\\D' &= \delta - D + (\pi - p)\, h \cos H;\end{aligned}$$

nous obtenons

$$\begin{aligned}&A'^2 \cos^2\delta_0 + D'^2 - (R \pm r)^2\\&\quad = -2A' \cos^2\delta_0\, d(\alpha - A) - 2[A' h \sin H \cos\delta_0 + D' h \cos H]\, d(\pi - p)\\&\quad\quad - 2D' d(\delta - D) + 2\left[A' \frac{d(\alpha - A)}{dt} \cos^2\delta_0 + D' \frac{d(\delta - D)}{dt}\right] dl\\&\quad\quad + 2(R \pm r)\, d(R \pm r).\end{aligned}$$

Mais si on représente par m^2 la quantité $(A'^2 \cos^2\delta_0 + D'^2)$, on a approximativement

$$m^2 - (R \pm r)^2 = 2m[m - (R \pm r)]$$

et, par suite,

$$
\begin{aligned}
& m[m-(\mathrm{R}\pm r)] \\
& \quad = -\mathrm{A}'\cos^2\delta_0\, d(\alpha-\mathrm{A}) - \mathrm{D}'\, d(\delta-\mathrm{D}) \\
& \qquad - [\mathrm{A}'h\sin\mathrm{H}\cos\delta_0 + \mathrm{D}'h\cos\mathrm{H}]\, d(\pi-p) \\
& \qquad + \left[\mathrm{A}'\frac{d(\alpha-\mathrm{A})}{dt}\cos^2\delta_0 + \mathrm{D}'\frac{d(\delta-\mathrm{D})}{dt}\right] dl + [\mathrm{R}\pm r]\, d(\mathrm{R}\pm r).
\end{aligned}
$$

Soient maintenant

$$
(\mathrm{B}) \qquad \left\{\begin{aligned} m\cos\mathrm{M} &= \mathrm{D}', \\ m\sin\mathrm{M} &= \mathrm{A}'\cos\delta_0; \end{aligned}\right.
$$

$$
(\mathrm{C}) \qquad \left\{\begin{aligned} n\cos\mathrm{N} &= \frac{1}{3600}\frac{d(\delta-\mathrm{D})}{dt}, \\ n\sin\mathrm{N} &= \frac{1}{3600}\frac{d(\alpha-\mathrm{A})}{dt}\cos\delta_0; \end{aligned}\right.
$$

l'équation précédente devient

$$
(\mathrm{D}) \qquad \left\{\begin{aligned} & dl + \frac{\mathrm{R}\pm r - m}{n\cos(\mathrm{M}-\mathrm{N})} \\ & \quad = \frac{\sin\mathrm{M}\cos\delta_0}{n\cos(\mathrm{M}-\mathrm{N})}\, d(\alpha-\mathrm{A}) + \frac{\cos\mathrm{M}}{n\cos(\mathrm{M}-\mathrm{N})}\, d(\delta-\mathrm{D}) \\ & \qquad + \frac{h\cos(\mathrm{M}-\mathrm{H})}{n\cos(\mathrm{M}-\mathrm{N})}\frac{\pi-p}{p_0}\, dp_0 + \frac{1}{n\cos(\mathrm{M}-\mathrm{N})}\, d(\mathrm{R}\pm r); \end{aligned}\right.
$$

la différence de longitude a dû être déterminée par d'autres observations. On pourrait donc poser $dl = 0$, et par suite négliger le dénominateur commun $n\cos(\mathrm{M}-\mathrm{N})$; mais puisque $n\cos(\mathrm{M}-\mathrm{N}) = \frac{dm}{dt}$, il faudra, lorsque l'on conservera ce dénominateur, que $\mathrm{R}\pm r - m$ soit exprimé en secondes de temps.

Exemple. — Au Cap de Bonne-Espérance, on a observé le second contact intérieur (sortie) à l'époque

$21^{\mathrm{h}}\,38^{\mathrm{m}}\,3^{\mathrm{s}},3$ temps moyen du Cap,
$20.33.29,8$ temps moyen de Paris,
$1.33.33,2$ temps sidéral.

On avait ainsi $\Theta = 2^h 37^m 49^s,7 = 37°27'25''$. De plus, pour ce temps moyen de Paris,

$$\alpha = 74°18'28'',05, \qquad \delta = 22°29'51'',32,$$
$$A = 74.28.46,41, \qquad D = 22.42.13,90,$$
$$\alpha_0 = 74.23.37,23, \qquad \delta_0 = 22.36.\ 2,61,$$
$$\alpha - A = -\ 10.18,36, \qquad \delta - D = -\ 12.22,58,$$
$$\alpha_0 - \Theta = 34°56'12'',$$
$$(\pi - p)\,h \sin H = +\ 10'',07, \qquad H = 31°34',0,$$
$$(\pi - p)\,h \cos H = +\ 16,39, \qquad \log h = \bar{1},95835,$$
$$(\pi - p)\,h \sin H \operatorname{séc}\delta_0 = +\ 10'',90,$$
$$A' = -\ 10'7'',46, \qquad D' = -\ 12'6'',19,$$
$$M = 217°40',7, \qquad \log m = 2,96262,$$
$$N = 255.19,3, \qquad \log n = \bar{2},82412.$$

Or

$$R - r = 917'',80, \qquad p_0 = 8'',57116;$$

on obtient donc

$$o = 5,3 + 10,684.d(\alpha - A) + 14,986.d(\delta - D)$$
$$+ 42,240.dp_0 + 18,934.d(R - r).$$

Valeurs de la parallaxe. Chaque observation d'un contact intérieur ou extérieur donnera une équation de la même forme

$$o = n + a d(\alpha - A) + b d(\delta - D) + c dp_0 + e d(R \mp r);$$

d'un système de pareilles équations, on déduira les valeurs les plus probables des inconnues, en rendant minimum la somme des carrés des erreurs résiduelles.

C'est de cette manière que Encke trouva, par une discussion approfondie de toutes les observations des passages de Vénus en 1761 et 1769, que la parallaxe du Soleil était 8'',5776. Plus récemment, après la découverte du manuscrit original des observations du P. Hell, faites à Wardoë en Laponie, sur le passage de 1769, il changea cette valeur d'une petite quantité, et adopta le nombre

$$8'',57116.$$

La parallaxe du Soleil étant ainsi déterminée, celle d'un astre quelconque, dont la distance au centre de la Terre est Δ (le demi-grand axe de l'orbite terrestre est pris pour unité), sera donnée par l'équation

$$\sin p = \frac{8'',57116}{\Delta}.$$

On a pendant longtemps accordé une grande confiance au nombre donné par Encke; mais des recherches récentes sont venues lui enlever toute certitude. Ainsi M. Le Verrier a adopté, dans ses Tables du Soleil, la valeur 8",95; les travaux de Foucault sur la vitesse de la lumière conduisent au nombre 8",86, et enfin une nouvelle discussion des observations du passage de Vénus en 1769 faite par M. Powalky donne la valeur 8",86.

En raison de l'importance et de l'actualité de cette question, nous y reviendrons dans la seconde Partie.

Remarque I. — Les passages de Mercure sur le disque du Soleil se prêtent moins à une bonne détermination de la parallaxe du Soleil, que ceux de Vénus. En effet, au moment de sa conjonction inférieure, le mouvement horaire de Mercure atteint 550", et la différence des parallaxes de Mercure et du Soleil est d'environ 9"; si l'on applique l'équation (D) au passage de Vénus et à celui de Mercure, les coefficients de dp_0 seront donc entre eux dans le rapport

$$\frac{23}{9} \times \frac{550}{234}.$$

Ainsi ce coefficient sera six fois plus grand pour Vénus que pour Mercure, et une erreur de 5^s sur l'observation du temps d'un contact dans un passage de Mercure produirait une erreur de 0",8 sur la parallaxe du Soleil. En raison de la grande excentricité de l'orbite de Mercure, cet rapport peut néanmoins devenir favorable, par exemple si, à l'époque de sa conjonction inférieure Mercure se trouve en même temps à son aphélie, c'est-à-dire à sa plus grande distance du Soleil.

Remarque II. — Consulter sur les passages de Vénus et de Mercure :

Encke. — *Die Entfernung der Sonne von der Erde aus dem Venusdurchgang von 1761 hergeleitet.* Gotha, 1822.

Encke. — *Der Venusdurchgang von 1769 als Fortsetzung der Abhandlung über die Entfernung der Sonne von der Erde.* Gotha, 1824.

Le Verrier. — *Annales de l'Observatoire impérial.* On trouvera, vol. V et VI, une discussion des anciennes observations des passages de Mercure et de Vénus et les formules relatives à ces passages.

FIN DE L'ASTRONOMIE SPHÉRIQUE.

www.ingramcontent.com/pod-product-compliance
Ingram Content Group UK Ltd.
Pitfield, Milton Keynes, MK11 3LW, UK
UKHW021840190726
13855UKWH00001B/62